DAS FÄRBEN VON PAPIER

EIN HANDBUCH FÜR DEN PAPIERFÄRBER

VON

DIPL.-ING. BERTHOLD CORNELY

MIT 17 ABBILDUNGEN UND 16 FARBTAFELN

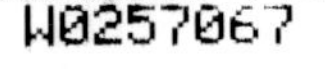
W0257067

SPRINGER-VERLAG
BERLIN HEIDELBERG GMBH
1951

ISBN 978-3-642-86049-2 ISBN 978-3-642-86048-5 (eBook)
DOI 10.1007/978-3-642-86048-5

ALLE RECHTE, INSBESONDERE DAS DER ÜBERSETZUNG
IN FREMDE SPRACHEN, VORBEHALTEN

COPYRIGHT 1951 BY SPRINGER-VERLAG BERLIN HEIDELBERG
URSPRÜNGLICH ERSCHIENEN BEI SPRINGER-VERLAG OHG. BERLIN, GOTTINGEN AND HEIDELBERG 1951
SOFTCOVER REPRINT OF THE HARDCOVER 1ST EDITION 1951

Vorwort.

Die in der Papierfabrikation auftauchenden färberischen Probleme sind so mannigfaltig, daß es im Interesse sowohl des Papiermachers als auch des Papierverarbeiters und -verbrauchers ist, wenn der heutige Stand dieses wichtigen Spezialzweiges der Fabrikation eingehend gewürdigt wird. Die Werke von HOFMANN, ERFURT, KIRCHNER (RISTENPART), GOTTLÖBER, HEUSER u. a. sind überholt oder vermitteln uns nur Ausschnitte oder kurze Übersichten aus dem umfangreichen und vielseitigen Gebiet der Papierfärberei.

Es ist daher notwendig, im Fachschrifttum eine Lücke zu schließen, die noch dadurch besonders sichtbar wird, daß sich in den letzten Jahrzehnten eine ungeahnte Fülle neuartiger Anwendungsgebiete für farbige Papiere erschlossen hat, und daß neue Arbeitsmethoden Eingang in die Papier erzeugende und verarbeitende Industrie gefunden haben, die nicht ohne Einfluß auf die Technik des Papierfärbens geblieben sind.

Auch von der Farbstoffseite her sind zahlreiche Fortschritte zu verzeichnen, die sich zum Teil in Anpassung an die speziellen Arbeitsbedingungen in der Papiererzeugung, die, wie in jeder sich weiter entwickelnden Industrie, einem steten Wandel unterworfen sind, zwangsläufig herausgebildet haben, die aber auch völlig neue Einzelfarbstoffe und Farbstoffgruppen, wie auch Färbemethoden und Färbereihilfsmittel betreffen.

Eine klare Entscheidung darüber, ob irgendein vorherbestimmtes färberisches Ziel erreicht werden kann, oder aber ob die an eine bestimmte Färbung gestellten Echtheitsanforderungen, und zwar mit Rücksicht auf Farbstoff und Stoffzusammensetzung überhaupt erfüllt werden können, ist nicht nur für den Papierfabrikanten, sondern auch für den Verarbeiter eine unabweisbare Forderung, die in ihrer Bedeutung nicht unterschätzt werden darf.

Die physikalisch-chemischen Grundlagen, die bei der Erklärung dieser Fragen allein eine befriedigende Auskunft geben können, müssen deshalb weitestmöglich klargelegt werden; d. h. in großen Zügen muß der Farbstoffverarbeiter sowohl die chemische Natur der Farbstoffe kennen, als auch über die physikalisch-chemischen Wechselbeziehungen zwischen Farbstoff und Papierrohstoff Bescheid wissen.

Es kann deshalb auch nicht ganz darauf verzichtet werden, auf die theoretische Seite des Färbens einzugehen. Nicht erforderlich hingegen ist das tiefere Eindringen in die Farbstoffchemie selbst; das ist Sache des geschulten Chemikers.

Das vorliegende Buch soll demnach nicht nur die praktischen, sondern auch die wichtigsten theoretischen Grundlagen der Papierfärberei dem

Fabrikanten, dem Färber und dem Lernenden vermitteln. Dabei ist sich der Verfasser auf Grund seines langjährigen Umganges mit den ausübenden Färbern der wichtigen Tatsache voll bewußt, daß die wissenschaftlichen Erkenntnisse zwar den zu gehenden Weg leichter finden lassen, daß aber das praktische Färben im übrigen nicht von jedermann erlernt werden kann. Das Färben bleibt im gewissen Sinne eine Kunst. Das gefühlsmäßige Wissen um die Gesetzmäßigkeiten muß vorhanden sein, dann wird auch der Färber fast jede Aufgabe meistern können. Was damit gesagt ist, kann nur der im vollen Umfange ermessen, der Tag und Nacht kleinste und auch größte Mengen an farbigen Papieren herauszuarbeiten Gelegenheit hatte. Mit vollem Recht genießt deshalb ein treffsicherer Färber in jeder Papierfabrik ein besonderes Ansehen. Jede Fabrik aber sollte eine gute färberische Veranlagung zur Reife bringen.

Der Aufbau des Buches, d. h. die Betrachtung des Färbens sowohl von der Farbstoffseite her als auch von der Papierfaser ausgehend, macht hier und da Überschneidungen und Wiederholungen grundsätzlicher Feststellungen notwendig, die jedoch nicht stören, sondern das wissenschaftliche Fundament einprägsamer gestalten.

Andererseits mußten zur Wahrung der Übersichtlichkeit Grenzen gezogen werden, und es konnten nicht alle in der Praxis auftauchenden färberischen Probleme besprochen bzw. ausführlicher behandelt werden. Immerhin wird der Papiermacher aus der Fülle der gebrachten Tatsachen und Zusammenhänge schöpfen und seine Arbeiten auf einen sicheren Grund stellen können. Ich nehme an, daß das kleine Werk geeignet sein wird, dem daran Interessierten das notwendige theoretische und praktische Rüstzeug hierzu, d. h. das Verständnis für das Färben selbst, zu vermitteln, und daß es den Platz ausfüllen wird, der ihm vom Verfasser zugedacht ist, nämlich ein bescheidenes, aber brauchbares Hilfsmittel für die Papierindustrie zu sein.

Die dem Buche beigegebenen Farbmustertafeln der verschiedenen Farbenfabriken stellen ein wertvolles Anschauungsmaterial dar, das zur Lebendiggestaltung des Inhaltes beiträgt. Es ist mir deshalb eine besondere Pflicht, in diesem Zusammenhang der Badischen Anilin- und Sodafabrik, Ludwigshafen a. Rh., den Cassella Farbwerken Mainkur, Frankfurt a. M.-Fechenheim, den Farbenfabriken Bayer, Leverkusen-Bayerwerk und den Farbwerken Hoechst vorm. Meister Lucius & Brüning, Frankfurt a. M.-Höchst, für die gewährte Unterstützung zu danken.

Ziegelhausen (Neckar), im Januar 1951.

BERTHOLD CORNELY.

Inhalt.

Verzeichnis der Farbmustertafeln

* Lu: Badische Anilin- und Soda-Fabrik, Ludwigshafen a. Rh.
Le: Farbenfabriken Bayer, Leverkusen – Bayerwerk.
Hö: Farbwerke Hoechst vormals Meister Lucius & Brüning, Frankfurt a. M.-Höchst.
Ma: Cassella Farbwerke Mainkur, Frankfurt a. M.-Fechenheim.

Geschichtliche Entwicklung des Färbens.

Wenn man in früheren Jahrhunderten vom „Papierfärben“ sprach, so meinte man fast ausnahmslos jene zur Veredlung von Papier entwickelten Färbeverfahren, die auch heute noch in der Buntpapiererzeugung lebendig sind. Über diese „Papierfärbekunst“ sind zahlreiche Literaturangaben zu finden, die uns ein zum Teil recht anschauliches Bild über den damaligen Stand der Farbstoffherstellung bzw. -zubereitung sowie der Musterungstechniken vermitteln. Für diese Oberflächenfärbungen bereits fertiger Papiere, um solche handelt es sich in allen Fällen, kamen vorwiegend *Körperfarbstoffe* in Betracht, doch finden sich auch manche Hinweise auf die Verwendung von sogenannten „Saftfarben“. Diese flüssigen Farben, wie man sie auch bezeichnete, waren Abkochungen oder Auflösungen von vegetabilischen oder tierischen Färbemitteln, die als Bindemittel Stärke oder arabischen Gummi beigemengt enthielten.

Die Auswahl der Farbstoffe war nicht groß, und in den überlieferten alten Rezeptangaben stößt man immer wieder auf die gleichen Produkte. Beim Arbeiten mit den „Saftfarben“ handelt es sich übrigens im Grunde genommen um Bürst- oder Tauchfärbungen, die mit den reinen Buntpapierfärbungen nur lose in Verbindung gebracht werden können, und die eher eine Verwandtschaft zu den Massefärbungen aufweisen, da die Wechselwirkungen zwischen Papierfaser und löslichem Farbstoff nicht auszuschalten sind. Sie haben mit den Buntpapierfärbungen lediglich die Ähnlichkeit der Aufbringungsart der Farbstoffe gemeinsam.

Nach dem „Umdet el-Kuttâb“ verwendeten die Araber bereits im elften Jahrhundert, einer damaligen Geschmacksrichtung folgend, Saftfarben zum „Altfärben“ von Papieren, und sie benutzten hierzu Abkochungen von Safran und Sykomoren (Feigen), die durch Tauchen, Auflegen und Abheben, Besprengen und Einreiben auf das fertige Papier gebracht wurden. Später wurden mit den Saftfarben vereinzelt die Nachleimlösungen getönt. Sie dienten in den letzten drei Jahrhunderten vorzugsweise zum Färben von Blätter- und Blumenpapieren und wurden am Ausgang des 18. Jahrhunderts vereinzelt auch zum nachträglichen Färben und Tönen von Postpapieren herangezogen. Während die Quellen über das Färben (Streichen) des *fertigen* Papiers recht zahlreich fließen, sind die Überlieferungen über das Färben des „Zeugs“, d. h. über das Färben des Stoffes in der Masse, viel spärlicher. Der Ausdruck „Färben in der Masse“ erscheint in der Literatur etwa um die Wende des 18. Jahrhunderts. Zweifellos ist diese sehr naheliegende Bezeichnung schon früher gebraucht worden, aber der vorwiegend übliche Ausdruck für die Massefärbung dürfte „Färben in der Bütte“ oder „Färben des Zeugs“ gewesen sein. Obzwar sich nirgends völlig klarstellende und eindeutige Angaben darüber finden lassen, unterliegt es keinem Zweifel, daß in den frühen Tagen der Papierfärberei die Färbungen zumeist in diesem Stadium der Stoffaufbereitung vorgenommen wurden. In den Stampfen (Geschirr) wurde jedenfalls seltener gefärbt. Dazu waren die Löcher viel zu klein, und außerdem mußte die ständige Wassererneuerung stören. In JOHANN BECKMANNS „Anleitung zur Technologie (1777)" allerdings ist zu lesen, daß man zu den gefärbten Papieren schlechte, befleckte Lumpen nimmt und dem Zeuge im „Geschirr" oder im Holländer die Farbe zugibt. Beim Färben im Geschirr wurde dann die Ausflußröhre der Stampfe geschlossen und das Wasser, das der Stampfe zufloß, abgeleitet. Als die deutschen Geschirre, wie man die Stampfwerke auch nannte, jedoch durch die Cylindermühlen, holländischen Geschirre, Reibbacks, Roerbaks, kurz die „Holländer" ergänzt und später (zu Beginn des 19. Jahrhunderts) ganz abgelöst wurden, da war der Ort für das Färben eindeutig gegeben.

Für den Papierfärber ist es nun von besonderem Reiz, ja vielleicht sogar erstaunlich zu hören, daß das Färben im Holländer bis auf den heutigen Tag die übliche Arbeitsweise geblieben ist. Denn ebenso wie für die Zerteilung der Papierfasern in wäßriger Umgebung der Holländer seit nahezu 250 Jahren unserer Weisheit letzter Schluß blieb, so blieb er es auch als Mischmaschine, in welcher neben den Faserstoffen die Leim- und Füllstoffe sowie auch die Farbstoffe ihre innige Verteilung und Durchmischung erhielten.

Eine zweite Möglichkeit des Färbens von Papier war bei der Nachleimung gegeben. In diesem Falle wurde der lösliche oder auch unlösliche Farbstoff dem Leimbad zugefügt und mit der nunmehr angefärbten Leimbrühe auf das Papierblatt aufgebracht. Es ist verständlich, daß bei einer solchen Arbeitsweise *satt*gefärbte Papiere nicht hergestellt werden konnten, und daß der Vorteil der Färbeart in der Erzielung *zarter* Farbtöne – meistens wohl Blautöne – zu erblicken war.

Über Sinn und Zweck der Färbungen in der Bütte geben die recht seltenen, in den alten Überlieferungen eingestreuten Hinweise auf Farbstoffe und Färbungen keine befriedigende Auskunft. Wohl brachte die am Anfang des 16. Jahrhunderts infolge der raschen Ausbreitung der Druckkunst – mit welcher die Erzeugung von Papier nicht Schritt halten konnte – einsetzende allgemeine Qualitätsverschlechterung des Papiers den Italiener ALDUS MANUTIUS auf den Gedanken, farbige, und zwar bläulich getönte Papiere für einzelne Buchausgaben (Aldinen) zu verwenden; aber es war dies nicht der Niederschlag ästhetischer Forderungen in jenem ausgesprochenen Sinne, wie man sie für alle „schönen" Textilfärbungen annehmen muß.

Das Papier war in erster Linie ein Beschreibstoff und später auch Träger und Wegbereiter der schwarzen Kunst. Für beide Anwendungsgebiete aber kann man die alten Begriffe und philosophischen Spekulationen über die Schönheit der Farbe nur in seltenen Fällen in Anspruch nehmen. So vielleicht in dem Zusammenhang, daß ein hochwertiges Papier unser Auge dann besonders fesseln wird, wenn es in klaren, bläulichweißen oder elfenbeinfarbenen Tönen vor uns liegt.

Das „Bläuen" der Papiere war über Jahrhunderte hinweg mit wenigen Ausnahmen die einzige färberische Betätigung des Papierers. Dabei muß festgestellt werden, daß es sich noch nicht um ein regelrechtes „Weißfärben" handelte, wie es der heutige Papiermacher kennt, sondern es galt, das Papier mit einem Blaufarbstoff leicht anzufärben, um die Mängel, die den schmutzigen Rohstoffen anhafteten, zu überdecken, d. h. diese weniger sichtbar zu machen.

Gebläut wurde im 16. und 17. Jahrhundert mit Indigo, Waid und Blauholz, später kamen die Smalte und das Berliner Blau und schließlich, als der technisch wertvollste Blau-Farbstoff, das Ultramarin hinzu.

Vom Bläuen des Papiers zum regelrechten Färben, d. h. zur Herstellung stärker getönter Papiere war es nur ein kleiner Schritt. Daß es dann die Farbe Blau war, die vorherrschend wurde, ist nur zu verständlich. Aber auch die weitere Ausbreitung des Papiers, vor allem im merkantilen Zeitalter, war für diese Entwicklung mitbestimmend, denn nun ergaben sich für das Papier, das bisher mit geringfügigen Ausnahmen den Druckern und Schreibern vorbehalten war, ganz neue Verbrauchsmöglichkeiten. Es sei in diesem Zusammenhang vor allem an die Zucker-, Nähnadel- und Tabak-Papiere erinnert, die in den Farben Blau und Violett eingefärbt wurden, und deren Färbeweise lange Zeit hindurch ein großes Geheimnis bildete, um welches sich sogar die staatlichen Behörden mancher Länder annahmen.

Schon frühzeitig wird das blaue Zuckerpapier erwähnt. So hat in den Jahren 1609 und 1610 Hans Esteler an einen gewissen Oliver Jansen (aus Amsterdam stammend) nach Leipzig 50 Ballen blaues Zuckerpapier geliefert[1]. Der Engländer Charles Hildeyard nahm am 16. Februar 1665 ein Patent auf die Herstellung blauen Zuckerpapieres, das die Nr. 147 trug. Diese Erfindung dürfte aber kaum der Niederschlag eigenen Gedankengutes gewesen sein, und der Weg von Deutschland, wo man also schon vor 1609 Zuckerpapier gefärbt hat, demnach das Verfahren gekannt haben muß (Nürnberg? Strundertal?), über Holland nach England zeichnet sich zwanglos ab. Breitkopf, Leipzig, bezeichnet die Holländer als die Erfinder des blauen Zuckerpapiers[2]. Diese Annahme gewinnt große Wahrscheinlichkeit auch durch die Feststellungen Victor Thiels[3].

Im Bergischen Land waren es die rühmlich bekannten Familien der Gohr. und Soeter, die die Blau- und Violettfärberei für Zucker- und Nadelpapiere pflegten. Durch einen aus dem Jahre 1757 stammenden Lageplan für ein Farbhaus, in dem Blauholz gekocht wurde[4], erhalten wir den Hinweis, daß die blauen Nadelpapiere in gleicher Weise wie die Zuckerpapiere unter Verwendung von *Blauholz* gefärbt wurden.

Eine Sonderstellung ist jenen blauen, braunen und roten Papieren einzuräumen, die ohne jede färberische Maßnahme, allein durch die Verwendung blauer, brauner oder roter Hadern, hergestellt wurden. Es sind dies die blauen, braunen und roten Konzeptpapiere und Aktendeckel, die fast in jeder Papiermühle je nach Anfall der entsprechenden Hadern erzeugt wurden.

---

[1] Buchmann, „Geschichte der Papiermacher zu Oberweimar".

[2] Johann Beckmann, „Beyträge zur Oekonomie, Technologie etc.", 4. Teil, Seite 466. Göttingen 1779.

[3] Victor Thiel, „Geschichte der Papiererzeugung im Donauraum".

[4] v. Hössle, „Alte Papiermühlen der Rheinprovinz".

Am Ausgange des 18. Jahrhunderts und nach dessen Wende begegnen wir dann den Bestrebungen einzelner französischer, englischer und deutscher Papierfabrikanten, auch farbige Papiere für Druckzwecke auf den Markt zu bringen. Besonders der Papierfabrikant Joh. Engels aus Werden a. d. Ruhr wurde nicht müde, in seinen verschiedenen, auf grünen und blauen Papieren gedruckten Aufsätzen und Büchern für diese Idee zu werben.

Dazu ist zu bemerken, daß in jenen Tagen für den Papierfärber bereits manche Erleichterungen dadurch eingetreten waren, daß er Indigo, Berliner Blau und andere Pflanzen- und Mineralfarbstoffe in verarbeitungsfertiger und -fähiger Form im freien Handel bekommen konnte. Ja, es gab sogar schon ausgesprochene Farbstoff-Fabrikanten, wie beispielsweise Herrn de la Vieville in Marseille (1790), der „liqueurs propres à faire des papiers en toutes couleurs" herstellte und an die Papierfabrikanten vertrieb.

Trotz dieser Vereinfachung blieb auch am Anfange des 19. Jahrhunderts das Färben für den Papiermacher noch eine Geheimwissenschaft. Dafür sorgten schon die „Mühlbereiter", die ihre meist ererbten Kenntnisse von der Herstellung der Farbstoffe, vom Ansetzen der Färbebrühen und vom Färben selbst nicht in unberufene Hände gelangen ließen. Der Boden, in dem diese Geheimniskrämerei wuchern konnte, wurde mit Überzeugung und Liebe von den alten Papierern selbst vorbereitet und gepflegt. Diese erblickten von jeher in ihrer Betätigung mehr eine Kunst als ein bloßes Handwerk – sie schlossen sich daher auch nie zu einer Zunft zusammen –. Die Sitten und Gebräuche der Papierer bringen uns diese Auffassung in lebendige Nähe und gewähren uns einen aufschlußreichen Einblick in den damaligen Überlieferungskult. Dieser ging so weit, daß jeder wandernde Geselle verfemt wurde, der versucht hätte, etwas Altgewohntes abzuschaffen oder etwas Neues aufzubringen.

Zu besonderer Blüte aber reifte die Saat bei den Papierfärbern heran. In den überkommenen alten Rezeptbüchern finden sich immer wieder Aufzeichnungen in mehr oder minder leicht zu entziffernden Geheimschriften (siehe Abb. 1 Faks.-Beilage!), und wir wissen, daß für die Überlassung von Vorschriften zur Herstellung von Farbstoffen und dgl. oft recht ansehnliche Beträge ausgeworfen wurden. Dabei waren viele dieser Vorschriften lediglich aus dem Erfahrungsschatz der Schönfärber entlehnt, die wenigstens insoweit, als es die von ihnen verarbeiteten Textilrohstoffe anbelangt, als ein den Papiermüllern verwandtes Handwerk angesprochen werden können. Ein altes Rezeptbuch aus der Unterfichtenmühle bei Schwand (Nürnberg) aus dem Jahre 1772 bringt einige derartige Hinweise: So empfiehlt „Schönfärber Weyler von Nensling gebürtig in der Kuhgaß in Nürnberg wo 3 Krebse angemalt wohnhaft, in Arbeit in der Ruzzeschen Schönfärbe in Nürnberg" Neublau zu fl. 1.45 zum Färben von „Leinern Pappir". Ein anderer Schönfärber namens Wechsler, „Färber-Gesell von Nensling arbeitet in Nürnberg in 3 Krebs in der Rothgaß" gibt 3 Blaurezepte mit „Neublau, Indigo und Berliner Blau zum Färben von Pappir in der Bütte". Er ließ sich gut bezahlen, denn der Papierer schreibt zum Schluß: „Gab Ihm in Hembach Fl. 12.– Douceur".

Fast alle derartigen, in den alten Überlieferungen anzutreffenden Rezepte waren daher kaum auf die besonderen Erfordernisse abgestimmt, wie sie durch die handwerklichen Vorgänge bei der Papierherstellung bedingt gewesen wären. Ein wesentlicher Unterschied ist auch darin zu erblicken, daß im Gegensatz zu den Textilfärbungen z. B. Indigo und andere vegetabilische Farbgeber fast ohne Ausnahme nicht auf der Faser selbst entwickelt bzw. verküpt wurden. Man stellte die Farb-

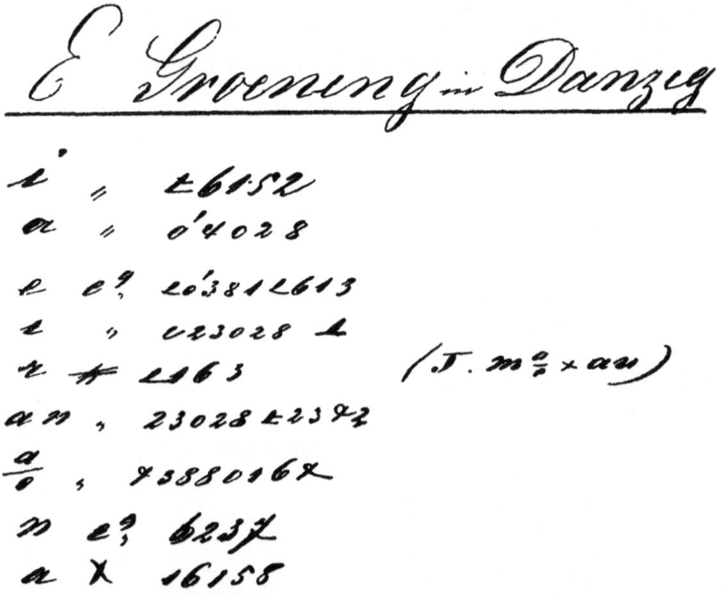

E. Groening in Danzig

Abb. 1. Geheimrezept (Blaufärbung; Faksimile).

Wurde von Frau TONI SCHULTE aus dem Nachlaß ihres Mannes, des bekannten Papierforschers ALFRED SCHULTE, zur Verfügung gestellt.
Die Angaben stammen aus einem umfangreichen Rezeptbuch des Herrn JULIUS SCHULTE aus dem Jahre 1860. Entschlüsselt lautet das Geheimrezept wie folgt:

3 B(utten)	Blaue
1 B	Hosen
2 Eimer	Chinaclay
3 Eimer	Weisen T(on)
9 Pfd.	Cali
18 Pfd.	Eisenbeize
¼ Pfd.	Zinnsalz
8 Eimer	Leim
1 B	Alaun

körper abseits der Stampfe, der Cylindermühle oder der Bütte her und begnügte sich damit, durch Zumischung der Farbkörper Pigmentfärbungen zu erzielen. Auch bei den Blauholzfärbungen wurde in den Anfängen der Papierfärberei im allgemeinen der Ansatz der Färbebrühe für sich, d. h. in Abwesenheit des Papierzeugs vorgenommen; allerdings weiß Krünitz in seiner Encyklopädie zu berichten, daß die Blauholzfärbungen mancherorts durch Vorbeizen des Zeugs mit Grünspan und Alaun hergestellt wurden, eine Arbeitsweise, die in gewissem Umfange als eine Entwicklung im Zeug selbst aufzufassen ist. Das Entwickeln der Farbstoffe im Holländer nahm erst zu Beginn des 19. Jahrhunderts größeren Umfang an, als auch die Mineralfarbstoffe Eingang in die Papiermühlen fanden.

Dadurch, daß gleichzeitig zahlreiche fertige Farbstoffe (Pflanzenfarbstoffe und Mineralfarbstoffe) auf dem Markt erschienen, worauf bereits hingewiesen wurde, war das Färben aber kaum leichter geworden, denn nun stellten sich Kombinationen ein, die das charakteristische Bild der Färberezepturen dieser Übergangszeit bis zum Auftauchen der Anilinfarbstoffe ausmachen.

Einige Beispiele aus alten Rezeptbüchern seien der Vergessenheit entrissen. Dabei wurde die alte Schreibweise beibehalten.

Ansatz einer blauen Färbebrühe für das *Bläuen* von Papier:

	1 Pfd.	Blau Spahn (Blauholz)
	10 Loth	Blauer Lackmus
	8 Loth	Kupfer Wasser
	8 Loth	Blau Vitriol
	8 Loth	Grün Spahn
Dunkelblau:	1/4 Pfd	Blauholz extrakt
	3 Loth	Kupfervitriol
	1 1/4 Pfd.	Zinnsalz
	6 Pfd.	Salpetersaures Eisen
	2 1/2 Pfd.	Blausaures Kali
	1 Schoppen	Schwefelsäure
Laubgrün:	3 Loth	Indigopräcipitat
	4 Pfd.	Bleizucker
	1 1/2 Pfd.	chromsaures Kaly
	2 1/2 Kannen	von der blaus. Kaly-Farbe
Braun:	6 Pfd.	Eisenvitriol
	3 Pfd.	Ocker
	1/8 Pfd.	Kalk
	1/2 Pfd.	Blauholzextrakt
	1/2 Pfd.	Nürnbergerroth

Eine Umstellung von Grund auf zu völlig neuen Zielen erfuhr die Papierfärberei, als wenige Jahrzehnte nach der langsam vor sich gehenden Entwicklung der Handpapierherstellung zur Maschinenpapiererzeugung die künstlichen organischen Farbstoffe erfunden wurden und die Teerfarbenindustrie einen sprunghaften Aufschwung nahm. Das Papierfärben gewann jetzt ein wesentlich anderes Gesicht, denn nun kamen leicht zu handhabende Farbstoffe in den Handel, die, außerdem in vielen prächtigen Farbtönen vorliegend, dem Drang des Papiermachers nach farbenfreudigen Erzeugnissen alle Wege öffneten. Diese künstlichen organischen Farbstoffe haben innerhalb der letzten Hälfte des 19. Jahrhunderts die natürlichen Farbstoffe bis auf geringste Ausnahmen vollkommen verdrängt und bildeten, ganz besonders in Deutschland, einen der blühendsten Industriezweige.

Der erste künstliche Farbstoff wurde in England 1857 von Perkins, einem Schüler des weltberühmten A. W. von Hofmann, auf den Markt gebracht. Er gab ihm den Namen Mauvein. Es folgte das Fuchsin, das von Renard Frères und Frank in Lyon 1859 zuerst erzeugt wurde. Bald reihten sich das Anilinblau, das Anilingelb und Anilinschwarz und zahlreiche andere Farbstoffe an. Die Entdeckungen und Erfindungen auf dem Gebiet der Farbstoffchemie sind übrigens fast ausschließlich von deutschen Forschern gemacht und auch von deutschen Teerfarbstoff-Fabriken ausgebeutet worden. Die Gründe, weshalb bis vor dem ersten Weltkriege die deutsche Teerfarbstoffindustrie eine unbestrittene Machtstellung auf dem Weltmarkte einnahm, liegen darin, daß die chemische Forschung in Deutland rechtzeitig die wissenschaftliche Bearbeitung der Chemie der Farbstoffe in Angriff nahm, und zwar in engster Verbindung zu den Farbstoff-Fabriken.

Nun hatten Textilfärber und Zeugdrucker und mit ihnen auch die Papierfärber eine schier endlose Reihe von Farbstoffen zu ihrer Verfügung, aber in den ersten Jahrzehnten der sich entfaltenden Teerfarbstoffindustrie schwebte noch ein schwarzer Schatten über dieser herrlichen Farbenpracht. Man erzeugte wohl viele und schöne Farbstoffe, man hatte aber keine Ahnung von ihrer chemischen Zusammensetzung. Erst ein KEKULÉ mit seiner genialen Benzoltheorie mußte kommen, um etwas Ordnung in das schon so reiche Material der künstlichen Farbstoffe zu bringen. Es gelang, das Geheimnis der herrlichsten unter den Naturfarbstoffen zu ergründen; aber nicht nur die Zusammensetzung des Krapps, des Indigos und des Purpurs gelang es zu finden, sondern auch ihre Synthese konnte verwirklicht werden. Damit kamen Produkte von höchsten Echtheitseigenschaften auf den Markt, die jeden Vergleich mit den früher von den Papierfärbern bevorzugten natürlichen Farbpigmenten bzw. Färbebrühen und Mineralfarbstoffen aushielten. Ja, mit den Indanthrenfarbstoffen kamen Produkte in die Hände des Färbers, die sich nicht nur durch ihre Leuchtkraft und die Schönheit ihrer Farbtöne auszeichnen, sondern ganz besonders durch ihre hervorragenden Echtheitseigenschaften.

Wenn schon die einfache Handhabung der Teerfarbstoffe den Papierfärber zu ihrer Verarbeitung hinführte, so mußte er ihr Erscheinen um so mehr begrüßen, als gleichzeitig mit dem Aufschwung der Teerfarbstoffindustrie eine allgemeine Industrialisierung (nicht nur in Europa, sondern auch in der übrigen Welt) einsetzte, die den Grund für die steigende Nachfrage nach farbigen Hüll- und Konfektionspapieren für die verschiedensten Verwendungszwecke legte. Hinzu kam die Erzeugung der großen Gruppe der technischen Papiere und Sonderpapiere aller Art, die für sich gleichfalls beträchtliche Mengen an Farbstoffen banden.

Die Herstellung farbiger Papiere begann seit dieser Zeit ein fest umrissenes Programm in vielen Papierfabriken zu werden, und mit geringen Schwankungen ist dies bis auf den heutigen Tag so geblieben.

Die Farbenlehre und die Färbetheorien.

Grundsätzliches über die Begriffe Farbe und Farbstoff.

Die Beschäftigung mit der Farbenlehre und den verschiedenen Farbsystemen erfordert einige grundsätzliche Vorbemerkungen. So muß mit aller Deutlichkeit darauf hingewiesen werden, daß in den Worten „Farbe“ und „Farbstoff“ zwei grundverschiedene Begriffe vorliegen, die scharf auseinandergehalten werden müssen. Diese Forderung ist um so notwendiger, als im täglichen Sprachgebrauch diese beiden Bezeichnungen recht willkürlich angewendet, das heißt ständig miteinander verwechselt und durcheinandergeworfen werden. So nennt der Anstreicher seine Farbstoffbrühen oder die zu verarbeitenden Lacke kurz Farbe. Auch der Holländermüller spricht von Farbe und meint damit den Erdfarbstoff oder den Anilinfarbstoff, wobei es ohne Bedeutung ist, ob diese in Substanz oder aber als Anschlämmung bzw. Lösung vorliegen. Mit diesem Mißbrauch des Wortes „Farbe" sollte nicht nur im Schrifttum aufgeräumt werden, sondern auch in der Praxis sollte eine sorgfältige Trennung der beiden Begriffe vorgenommen werden. Da die Farbenlehre als Wissenschaft ein in sich geschlossenes Betrachtungsgebiet darstellt, kann ihr Name, wie Ostwald einmal festlegte, am wenigsten eine Änderung ertragen. Das Wort „Farbe" ist deshalb für das letzte Ergebnis aller Umstände, die zu diesem Begriff führen, also für die Empfindung vorbehalten. Wir folgen den Anschauungen Newtons, Goethes, Ostwalds, Beckes, Manfred Richters und anderer und stellen fest, daß das Wort „Farbe" etwas Abstraktes, d. h. Nichtgreifbares, eine physiologische Wirkung in unserem Sehorgan, dem Auge, darstellt, also eine Empfindung, die für sich wieder ihre physikalischen (optischen) Grundlagen in den unterschiedlichen Schwingungszahlen und Wellenlängen des „Lichtes" besitzt. Die geistige und seelische Weiterverarbeitung des Farbreizes – der, wie dargestellt wurde, ein Bestandteil der Sinnesphysiologie ist – zur Farbempfindung fällt in das Gebiet der Psychologie. Die Farbenlehre ist also eine Wissenschaft, in deren Tiefen nur mit dem gemeinsamen Rüstzeug der Physik, der Physiologie und der Psychologie einzudringen ist. Diese Erkenntnis einer zusammengefaßten Betrachtungsweise aller Teilgebiete hat erst den fruchtbaren Ausbau des gegenwärtigen Standes der Farbenlehre ermöglicht. Es können demnach Farbreiz und Farbempfindung, d. h. Lichtsinn und Farbensinn nicht voneinander getrennt werden, und außerdem wird durch diese Tatsache verständlich, daß die in unserem Gehirn entstehenden Eindrücke immer subjektiv beeinflußt sind und entsprechend bewertet werden müssen. Diese Erkenntnis gibt übrigens auch die Erklärung für das Vorhandensein der gar nicht selten vorkommenden Farbenfehlsichtigkeit. Nach dem Grade der Fähigkeit, bunte Farben wahrzunehmen, muß man deshalb farbentüchtige und teilweise oder vollständig farbenblinde Menschen unterscheiden. Dabei kann die Unfähigkeit, Licht verschiedener Wellenlängen als verschiedenfarbig zu unterscheiden, sowohl angeboren als auch erworben sein. Verhältnismäßig häufig wird die sogenannte Rot-Grün-Blindheit beobachtet, und zwar besonders beim männlichen Geschlecht, von dem 4% und darüber daran leiden, ohne es vielleicht besonders störend zu empfinden. Zwischen den ausgesprochenen Farbentüchtigen und Rot-Grün-Blinden gibt es, wie bei allen Farbenfehlsichtigen, graduelle Abstufungen. Diese Farbenschwachen, Farbenfehlsichtigen und vor allem die Farbenblinden sind grundsätzlich von einer Reihe von Berufen auszuschließen. So von allen Verkehrsberufen und in erster Linie natürlich auch vom Beruf des Färbers. Für die Untersuchungen des Farbensinnes steht eine große Reihe von Methoden zur Verfügung, die fast alle auf die Prüfung des

Rot-Grün-Farbensinnes hinauslaufen (STILLINGS pseudoisochromatische Tafeln, NAGELS Punktproben usw.).

Der „Farbstoff" ist etwas durchaus Reales, den man anfassen kann und mit dem man sich, wie jeder Papierfärber in der Praxis zu seinem Mißvergnügen erfahren haben wird, die Hände beschmutzen kann. Man denke nur an Ultramarin und Ruß, an Auramin, Rhodamin, Malachitgrün und an all die anderen Anilinfarbstoffe, und man ist dann im klaren darüber, daß man es nicht mit bloßen Eindrücken und Empfindungen unseres Gehirns zu tun hat, sondern daß Körper vorliegen, die gewogen werden können, die man aufschlämmen oder auflösen kann, mit denen man, kurz gesagt, färbt. Bei den „Farbstoffen" handelt es sich also um farbige Substanzen anorganischen oder organischen Ursprungs, die anderen Körpern durch meist chemisch-physikalische Wechselwirkungen eine „Farbe" zu erteilen vermögen.

Geschichtliche Entwicklung und Grundzüge der bekanntesten Farbsysteme.

Auch in einem Fachbuche, das vorwiegend den praktischen Bedürfnissen des Papierfärbers Rechnung tragen soll, kann mit Rücksicht auf die Geschlossenheit der Darstellung nicht darauf verzichtet werden, die grundlegenden physikalischen (optischen) Erkenntnisse, die die Grundlagen der einzelnen Farbsysteme bilden, entwicklungsgeschichtlich herauszuschälen. Die bis heute gewonnenen Erkenntnisse sind jedenfalls geeignet, das Rüstzeug des Färbers insofern zu vervollständigen, als dieser in manchen ehedem rein gefühlsmäßig erfaßten färbereitechnischen Maßnahmen nunmehr die sinnvolle Ausführung einer theoretischen Forderung erblickt. Das muß aber schon als eine wertvolle Hilfe gewertet werden, denn mancher, der das Färben erlernen will, wird nun gewisse Anfangsschwierigkeiten leichter erkennen und überbrücken können. Bei der Beurteilung der durchzusprechenden Farbsysteme kann nicht über die grundlegende Bedeutung der Farbreizmetrik hinweggesehen werden, zumal sie das Fundament jeder Weiterentwicklung der Farbenlehre abgibt. MANFRED RICHTER hat in seinem „Grundriß der Farbenlehre der Gegenwart" aus der großen Fülle der Probleme das Wichtigste ausgewählt und die Ansichten, Erkenntnisse, Arbeitsverfahren und Ziele der modernen naturwissenschaftlichen Farbenlehre aufgezeichnet. Für den Weiterstrebenden sei dieses Werk deshalb zum Studium empfohlen.

Ehe wir uns eingehender mit der Systematik der Farben beschäftigen, ist ein kurzer Hinweis auf die physikalischen Grundlagen der Farbe, auf Wellenlänge und Schwingungszahl angebracht. Diese sind umgekehrt proportional zueinander, das heißt je größer die eine ist, desto kleiner ist die andere und umgekehrt. Der klassische Versuch der Zerlegung weißen Lichtes ist wohl jedem bekannt. Wird z. B. Sonnenlicht durch ein Prisma geschickt, so zerlegt und ordnet es sich in die sogenannten Spektralfarben. Die spektrale Auflösung des weißen Lichtes durch ein Prisma hat ihre

Ursache in der unterschiedlichen Brechbarkeit der im weißen Licht vereinigten Farben, die beim Durchgang durch das Prisma unter verschiedenen Winkeln abgelenkt werden. Die Spektralfarben sind nach wachsender Brechbarkeit geordnet und gehen von Rot über Orange, Gelb, Gelbgrün, Grün, Blaugrün, Cyanblau, Indigo nach Violett, und das prächtige Farbenband gewinnt an Schönheit noch dadurch, daß die Farbübergänge in voller Kontinuität auftreten. Wen hätte nicht schon die herrliche Naturerscheinung des Regenbogens erfreut, der uns das Spektrum in überwältigender Größe und Eindringlichkeit zeigt?

Newton wählte das Spektrum zum Ausgangspunkt seiner Betrachtungen über die Systematik der Farben, und er ist als der Begründer der wissenschaftlichen Farbenlehre anzusehen. Er bog das Farbenband zu einem Kreis zusammen und unterschied in Analogie zu der siebenstufigen musikalischen Tonleiter sieben Grundfarben. Es waren dies:

Rot
Orange
Gelb
Grün
Blau
Indigo
Violett.

Die Mischung aller Farben des Spektrums ergibt Weiß, es zeigt sich aber, daß schon durch die Mischung zweier Farben Weiß erhalten werden kann; so z. B. von Rot mit Grünblau, von Orange mit Blau und Gelb mit Violett. Solche Farben, die zusammen Weiß ergeben, heißen komplementäre Farben oder Komplementärfarben. Die Ergebnisse dieser Farbenmischungen sind natürlich völlig andere, als man nach den praktischen Färbeerfahrungen, beispielsweise mit dem Malkasten, erwarten sollte, denn es werden eben keine Körperfarbstoffe oder Anilinfarbstoffe, sondern farbige Lichter des Sonnenspektrums miteinander gemischt.

Andere Forscher, und zwar Praktiker und Gelehrte, stellten schon frühzeitig fest, daß der Newtonsche Farbenkreis auch Mischfarben enthielt, daß Orange als eine Mischung von Rot und Gelb, Grün als eine Mischung von Gelb und Blau und Indigo und Violett als Mischungen von Blau und Rot aufzufassen sind, so daß von den sieben Stufen nur die drei Grundfarben, Gelb, Rot und Blau als Fundamente des Farbengebäudes bestehenblieben.

Die Mischfarben wurden von Tobias Meyer (1745) eingehend untersucht, und er war der erste, der eine Farbensystematik dadurch aufbaute, daß er die drei Grundfarben in die Form eines Dreiecks brachte, wobei die Farben Gelb, Rot und Blau die Ecken innehatten. In den Seiten brachte er alle Mischungen aus den jeweilig benachbarten zwei Grundfarben und im Innern die Mischungen der drei Grundfarben unter. Die Abstufungen nach Schwarz waren auf diese Art aufzubauen, nicht aber die hellen Farben bis Weiß. Weitere Dreiecke, die er mit helleren Ausgangsfarben entwickelte, sollten diesem Mangel abhelfen und die Lücke zum Weiß schließen.

Diese Farbensystematik wurde später durch J. H. Lambert durch Vorschlag der dreiseitigen Farbenpyramide verbessert, wobei der Weißpunkt im Raume über der Dreiecksfläche als Spitze der Pyramide zu liegen kam.

Hier taucht also zum erstenmal ein „Farbkörper" auf, eine Tatsache, die für die Weiterentwicklung der Farbenlehre von großer Bedeutung werden sollte.

Von dem Maler PHILIPP OTTO RUNGE (1809) stammt die Farbenkugel, in deren Polen (wenn man im Vergleich zur Erdkugel sprechen will) die Farben Weiß und Schwarz und in deren Äquator die reinen Farben liegen. Im Innern der Kugel sind bei dieser Anordnung alle Mischfarben aus den Komponenten

reine Farbe
Weiß und
Schwarz

enthalten.

Wenn die Farbenlehre GOETHES in diesem Zusammenhang erwähnt wird, so muß von vornherein festgestellt werden, daß sich seine Anschauungen nicht in die bisher behandelten Theorien und Systeme eingliedern lassen. Im physikalischen Teil seiner Farbenlehre geht er von der eigenartigen These aus, daß „Licht" mit „Dunkel" gemischt werden müsse, um zur Farbe zu gelangen. Er postuliert damit nicht nur die Einheitlichkeit des weißen Lichtes und stellt sich mit dieser Auffassung in bewußten Gegensatz zu NEWTON, sondern er bekennt sich bei den Farben in allen ihren vermeintlich gegensätzlichen Beziehungen zueinander zu einer allgemein gültigen „Polarität", eine Auffassung, die übrigens einen Grundpfeiler der GOETHEschen Naturbetrachtung überhaupt darstellt. Im physiologischen Teil seiner Farbenlehre beschäftigt er sich viel mit den Täuschungen beim Beurteilen von Farb- und Helligkeitsunterschieden, mit den sogenannten Nachbildern und farbigen Schatten- und Kontrasterscheinungen. Der psychologische Teil seiner Farbenlehre fand besonderen Anklang bei den Künstlern, und manches, was er über die sinnlich-sittliche Wirkung und die Harmonie der Farben sagte, hat auch heute noch Gültigkeit.

H. HELMHOLTZ entwickelte einen achtstufigen Farbenkreis mit den drei Veränderlichen: Farbton, Reinheit und Helligkeit. Da er mit Spektralfarben arbeitete, fehlte das Schwarz, das jedoch E. HERING in seiner „Lehre vom Lichtsinn" an Stelle der „Helligkeit" setzte. Er nannte seine Veränderliche „Schwärzlichkeit" und konstruierte als erster das *farbtongleiche Dreieck*, in dessen Ecken er Weiße, Reinheit und Schwärzlichkeit unterbrachte.

Die Ostwaldsche Farbenlehre.

Mit den Arbeiten PHILIPP OTTO RUNGES war die Dreifaltigkeit der Farbe als grundlegende Erkenntnis festgefügt und gesichert, und die drei veränderlichen Elemente aller Farben

reine Farbe
Weiß und
Schwarz

bildeten dann auch den Ausgangspunkt für die etwa 1915 einsetzenden Forschungen von WILHELM OSTWALD. Er war es, der in gleicher Weise wie der Philosoph und Psychologe WUNDT zum erstenmal einen Farbkörper in Gestalt eines Doppelkegels entwickelte, in dem alle Farben nicht nur einzuordnen waren, sondern in dem jede Farbe eindeutig einen bestimmten Ort zugewiesen erhielt. In den letzten Jahrzehnten seines Lebens hat er sich fast ausschließlich mit den grundlegenden Arbeiten nicht nur der theoretischen Farbenforschung, sondern – was den Färber vor allem angeht – mit dem praktischen Ausbau dieser Farbenlehre und deren Einbau in die Technologie beschäftigt[1]. WILHELM OSTWALD ist der Begründer der *messenden* Farbenlehre, und dies ist auch der Grund dafür, daß wir uns mit seiner Farbenlehre etwas eingehender befassen müssen.

In den Spitzen des OSTWALDschen Doppelkegels liegen Weiß und Schwarz, sein größter Umfang (Äquator) wird von dem Kreis der Vollfarben gebildet. Der Kegelmantel mit der Spitze Weiß enthält die hellklaren Farben und der Kegelmantel mit der Spitze Schwarz die dunkelklaren. Auf der Verbindungslinie der beiden Kegelspitzen liegen die unbunten Farben (Weiß und Schwarz), während das übrige Innere des Doppelkegels von den trüben Buntfarben ausgefüllt wird (Abb. 2). Vom HERINGschen farbtongleichen Dreieck ausgehend, ordnete OSTWALD in seinem Farbkörper, beim 24-Stufen-Farbkreis zum Beispiel, 24 farbtongleiche Dreiecke so an, daß sie die Achse, die von der „Graureihe" gebildet wird, gemeinsam haben. In jedem dieser gleichseitigen Dreiecke sind dann alle möglichen Abwandlungen der reinen Farbe mit Weiß und Schwarz enthalten, und es gilt die Grundgleichung $r + w + s = 1$. Darin bedeutet r = reine Farbe, w = Weiß und s = Schwarz, und die Relation besagt nichts anderes, als daß jede Farbe aus diesen drei Bestandteilen zusammengesetzt ist. Der Wert 1 drückt aus, daß die Farbe ihr Maß in sich selbst trägt, also nicht mit anderen Maßstäben bestimmt wird. Bei einer Aufteilung des Vollfarbenkreises in 100 oder 24 Teile ist für die rechte Seite der Gleichung der Wert 100 bzw. 24 einzusetzen. Doch zurück zum farbtongleichen Dreieck. In seiner oberen Spitze liegt jeweils Weiß, in der unteren Spitze Schwarz und in der Dreiecksspitze, die der Grauleiterachse gegenüberliegt, die reine Farbe. Die reinen Farben bilden demnach mit ihren 24 Spitzen den Äquator, auf dem diese in gleichen Abständen verteilt liegen. In jedem Dreieck ergeben sich bei einer achtgeteilten Grauleiter nach dem psychologischen WEBER-FECHNERschen Gesetz und dem Gesetz der inneren Symmetrie 28 Abkömmlinge einer Vollfarbe, im ganzen 672 bunte Farben und dazu 8 unbunte (Weiß + Schwarz = Grauleiter). Teilt man den Äquator des Farbkörpers, d. h. den Kreis der reinen Farben in 100 Teile ein, dann liegt Gelb bei 00, Rot bei 25, Blau bei 50 und Grün bei 75. Von den unterscheidbaren Farben, die zwischen 1 und 10 Millionen liegen, wird bei einer Hundert-Teilung natürlich eine größere Anzahl erfaßt als bei einer Vierundzwanzig-Teilung, die wir unserer Betrachtung zugrunde legten. Beim 24-Stufen-Kreis reicht Gelb von 1 → 3, Kress von 4 → 6, Rot von 7 → 9, Veil von 10 → 12, U-Blau von 13 → 15, Eisblau von 16 → 18, Seegrün von 19 → 21 und Laubgrün von 22 → 24. Von den genannten 8 Hauptfarben sind Gelb, Rot, U-Blau und Seegrün die 4 Urfarben, während die anderen vier als Zwischenfarben zu bezeichnen sind (Abb. 3).

---

[1] WILHELM OSTWALD, Die Farbenlehre, 4 Bände; Leipzig 1939ff.

Durch Bezifferung der drei Veränderlichen kann man den Ort der Farbe im Farbkörper festlegen und gelangt so zu den sogenannten *Kennzahlen* oder *Farbzeichen*. Die Farbtonnummer ist der erste wichtige Bestandteil der Bezeichnung der Buntfarben. Sie ist identisch mit der entsprechenden

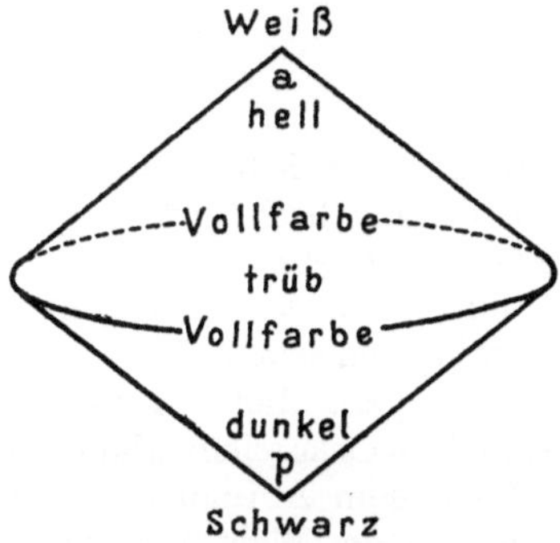

Abb. 2. Farbkörper (OSTWALDscher Doppelkegel).

Abb. 3. OSTWALDscher Farbtonkreis 24teilig.

Für jeden Farbton gibt es 28 Buchstabenpaare, nämlich:

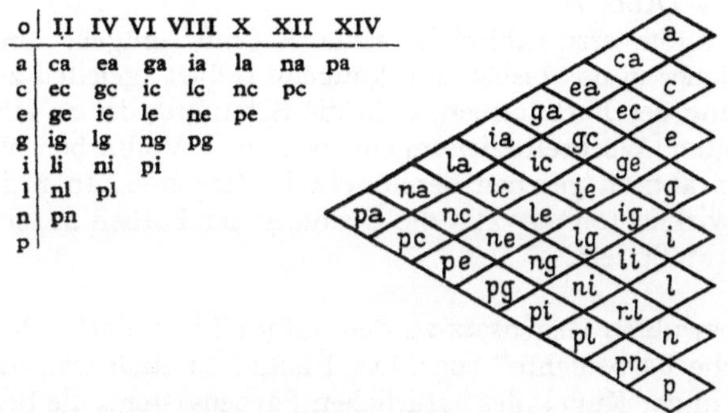

o	II	IV	VI	VIII	X	XII	XIV
a	ca	ea	ga	ia	la	na	pa
c	ec	gc	ic	lc	nc	pc	
e	ge	ie	le	ne	pe		
g	ig	lg	ng	pg			
i	li	ni	pi				
l	nl	pl					
n	pn						
p							

Abb. 4. Farbtongleiches Dreieck.

Nummer des Farbkreises. Nun hat aber jede Buntfarbe, wie wir wissen, einen bestimmten Anteil an Weiß und Schwarz, der den bestimmten Verhältnissen der als gleich empfundenen Grauen entspricht. Werden der Farbtonnummer die *beiden Buchstaben*, welche den *Weißanteil und den Schwarzanteil* angeben – der Weißanteil steht dabei zuerst –, hinzugefügt, so ist die Kennzahl (die Farbbezeichnung) vollständig. Die Farbe hat als Normfarbe ihr „Farbzeichen“, z. B. 4 ga, 12le usw. (Abb. 4).

Es ist noch einiges zur Grauleiter (Ordnung der Unbunten) zu sagen, die zur Feststellung der Farben eine so große Bedeutung hat. Die

8 Sprossen der Grauleiter werden bei dem 24-Stufen-Farbtonkreis wie folgt bezeichnet:

Weiß	= a
Grauweiß	= c
Weißgrau	= e
Hellgrau	= g
Dunkelgrau	= i
Schwarzgrau	= l
Grauschwarz	= n
Schwarz	= p.

In der Graureihe a–p nimmt der Weißanteil nach dem Schwarzpol hin ab, der Schwarzanteil dagegen zu. Man kann danach leicht jede gegebene Kennzahl deuten. 2ca z. B. ist das zweite Gelb mit sehr viel Weiß (c) und fast ohne Schwarz. Der zweite Buchstabe muß immer kleiner sein als der erste, weil ja noch ein Anteil für Vollfarbe vorhanden sein muß.

Kurz sei noch auf die *Schattenreihen* eingegangen. Man nennt sie auch Reingleichen, und es handelt sich um die parallel zur Graureihe verlaufenden, von oben nach unten gehenden Reihen. Nach dem Aufbau des „Farbkörpers" liegen also die hellsten Kreise oben an der Weißspitze und die dunkelsten Kreise in der Nähe des Schwarzpunktes (Abb. 5).

Parallel zur Seite r s, gegenüber dem Weißpunkt verlaufen die *Weißgleichen*, das sind die Linien, in denen die Farben gleichen Weißgehaltes liegen (Abb. 6).

Eine weitere Schar ausgezeichneter Linien sind die Linien gleichen Schwarzgehaltes, die *Schwarzgleichen*. Sie verlaufen gegenüber der Ecke s parallel zu r w (Abb. 7).

Ostwald mußte erst zahlreiche neue Begriffe prägen, um den Interessierten sicher in das bisher unbegangene Gebiet geleiten zu können. Die Aufstellung der Farbnormen, d. h. die Schaffung der zu einer Kennzahl vereinigten Wechselbeziehungen zwischen Vollfarbe, Weiß und Schwarz ist praktisch gesehen bereits ein Endergebnis. In meisterhafter Intuition verwirklichte Ostwald die Ordnung der Farben in seinen Farbatlanten und Meßtafeln.

In einem bewußten Gegensatz zu den aufgezählten Farbsystemen steht die „Natürliche Farbenlehre" von Max Becke. Er stellt fest, daß nur im Würfel (oder in der Kugel) des natürlichen Farbensystems die bestehenden geometrischen Gesetzmäßigkeiten zutreffend darzustellen sind. Die Einfachheit, Gesetzmäßigkeit, Zweckdienlichkeit und die Freiheit von Irrtümern, die durch die natürliche Dreifarbenordnung gegeben ist, wird von Becke in erster Linie in der Aufdeckung des unmittelbaren Zusammenhanges zwischen den stofflichen Farben der Außenwelt und den von ihnen hervorgerufenen gedanklichen Farbenbegriffen erblickt. Eine Besprechung des von Becke entwickelten „Dreifarbenwürfels" ist hier nicht am Platze.

Ein wichtiges Teilgebiet der Farbenlehre stellt die *Farbenmessung* dar, die eine nicht zu unterschätzende Hilfe für zahlreiche Probleme der Praxis, vor allem aber der Wissenschaft sein kann. Bei der Zielsetzung des vorliegenden Buches ist es jedoch nicht angängig, eine Darstellung der Grundelemente der Optik, Elektrotechnik, Physiologie und Psychologie zu bringen, auf denen eine jede Farbmessung aufgebaut werden muß. Es können nur einige fundamentale Beziehungen aufgezeigt werden. Eine der Grundtatsachen lernen wir später noch kennen in dem Begriff der *metameren* Farben OSTWALDS, und erfahren, daß das Aussehen einer zusammengesetzten

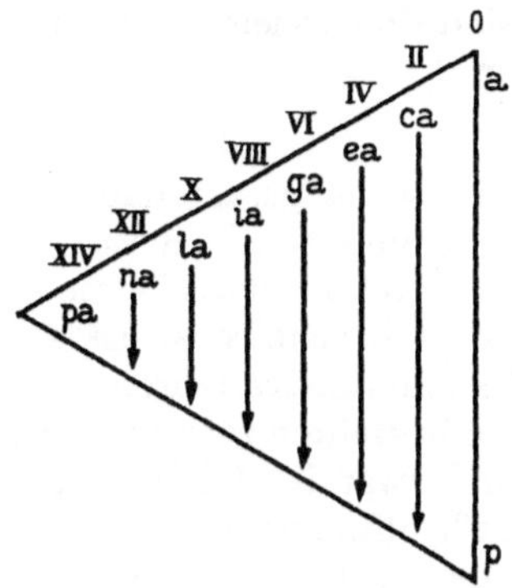

Abb. 5. Schattenreiben (Reingleichen).

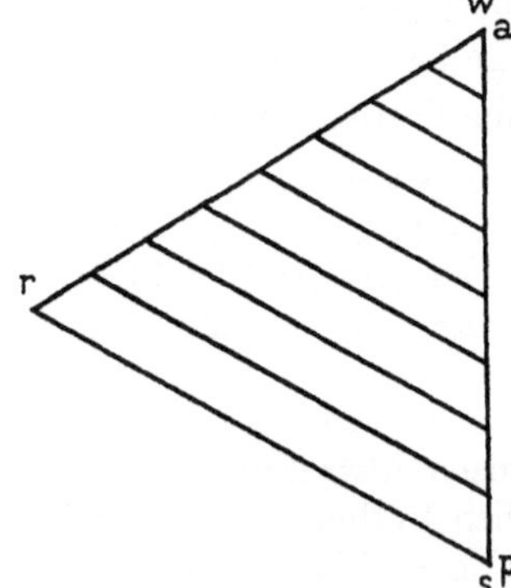

Abb. 6. Weißgleichen.

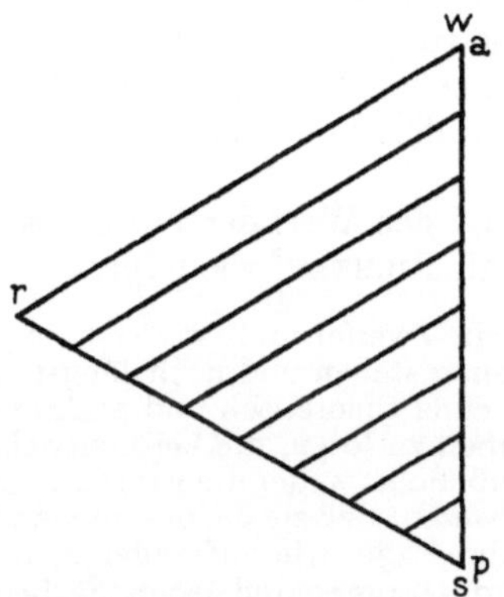

Abb. 7. Schwarzgleichen.

Farbe keine Rückschlüsse auf die Komponenten zuläßt. Mit anderen Worten: es gibt verschieden zusammengesetzte Farben, die gleiches Aussehen besitzen. Bei der Farbmessung darf unter gleichbleibenden Beobachtungsbedingungen (gleichbleibender Beleuchtung) aber nur der „Farbreiz" erfaßt werden. Wir wissen weiter, daß ein Einfluß der Beleuchtungsquellen auf den Farbreiz vorhanden ist und haben außerdem gesehen, daß das Auge verschiedener Menschen auch verschiedene Eindrücke einer Farbe vermitteln kann. Deshalb müssen zur Farbmessung genormte Lichtquellen benutzt werden, und durch Normblatt DIN 5033 „Bewertung und Messung von Farben" wurde die „Glühlampe der Farbtemperatur 2848° K" vereinbart.

Die Grundlage für jede Farbmessung bilden die GRASSMANNschen Gesetze über die additive Farbmischung. Die Tatsache der linearen Beziehung zwischen je vier Farbreizen ist der Ausdruck für die Dreidimensionalität des Farbreizes. Die Gesetzmäßigkeiten lassen sich wie folgt formulieren[1]:

I. Auf das Ergebnis einer additiven Farbmischung hat nur das Aussehen des Farbreizes Einfluß, nicht deren Zusammensetzung.

II. Zur Kennzeichnung eines Farbreizes sind drei voneinander unabhängige Größen notwendig und hinreichend.

III. Alle Farbmischungsreihen sind stetig.

Über die Verfahren zur Farbmessung sei nur so viel gesagt, daß zwischen reizmetrischen und empirischen Methoden zu unterscheiden ist. Zu den ersten gehören die Gleichheits-, Spektral- und Helligkeitsverfahren (Farbmeßgeräte von GUILD, DONALDSON, BECHSTEIN, RICHTER, LEIFO und NUTTING), zu den letzten das OSTWALDsche Filtermeßverfahren.

MANFRED RICHTER hat über diese Farbmeßverfahren zusammenfassend in kritisch instruktiver Weise berichtet, und zwar im Hinblick auf die speziellen Verhältnisse in der Papier- und Zellstoffindustrie[2].

Die Entwicklungsarbeit auf dem Gebiet der Farbmessung ist trotz des Baues kostspieliger Apparaturen (z. B. Register-Spektralphotometer nach HARDY) noch in stetem Fluß, und es müssen durch die Forschung noch manche Lücken geschlossen werden. So wird einer objektiven Farbmessung, d. h. einer Ersetzung des messenden Auges durch die Fotozelle größte Bedeutung zukommen. Dabei ist festzustellen, daß die systematische Forschung in Amerika auf diesem Gebiete besonders große Fortschritte zu verzeichnen hat.

Über die Aussichten und den Wert der Farbmessung in der Papier- und Zellstoffindustrie urteilt M. RICHTER[3] wie folgt:

„. . . Denn es besteht kein Zweifel, daß wir erst im Anfang der technischen Entwicklung der Farbmessung stehen und noch längst nicht imstande sind, mit den *derzeitigen* Mitteln in einer theoretisch und praktisch gleichermaßen befriedigenden Weise die Aufgaben zu lösen, die beispielsweise auch die Papier- und Zellstoffindustrie stellen muß. So ist weder die Empfindlichkeit einer Farbmessung bisher so weit zu treiben gewesen, daß sie die des unbewaffneten Auges überträfe, noch ist man bis jetzt in der Lage, wie auf anderen, rein physikalischen Meßgebieten, die Toleranzen, das Sorgenkind jeden Färbers, zahlenmäßig einfach zu beschreiben und festzulegen. Auch die im Zellstoff- und Papierfach so wichtige Frage der Weiße hat noch keine befriedigende Lösung finden können, auch wenn dafür in neuerer Zeit sehr gute und brauchbare Meßgeräte, wie das Leukometer von Zeiß, entwickelt worden sind, freilich auch wieder auf rein empirischer Grundlage . . .“

Obwohl das Schrifttum der letzten 10 Jahre keine Berücksichtigung fand, dürfte das obige Urteil auch heute noch seine Gültigkeit besitzen. Die Forschungsentwicklung hat zwar keinen Stillstand zu verzeichnen, aber die Frage der Farbmessung ist auch heute noch nicht in befriedigender

---

[1] MANFRED RICHTER, „Grundriß der Farbenlehre der Gegenwart“. Verlag Theodor Steinkopf, 1940.

[2] MANFRED RICHTER, Papierfabrikant 1940 Heft 7.

[3] MANFRED RICHTER, Papierfabrikant 1940 Heft 7.

Weise gelöst. Das ist mit ein Grund dafür, weshalb sich der Verfasser nicht dazu entschließen konnte, sich näher mit der praktischen Seite der Farbmessung, d. h. mit den verschiedenen Farbmeßverfahren, zu befassen.

Die Harmonie der Farben.

Harmonie bildet die ästhetische Grundlage für das Färben. Früher beschränkte man sich darauf, gewisse Harmoniegesetze aufzustellen, d. h. man suchte und fand, welche Farbtöne zueinander passen und welche nicht. So werden die Komplementärfarben schon von LEONARDO DA VINCI als harmonische Partner erkannt; sie sind es im allgemeinen auch, doch lehrt die Erfahrung, daß es Gegenfarbenpaare (Gegenfarbenpaare, da sie sich im Farbtonkreis gegenüberliegen) gibt, beispielsweise Grün-Rot, die zweifellos häßlich wirken.

GOETHE bezeichnet in seiner Farbenlehre z. B. die Zusammenstellung Gelb und Grün gemein-heiter, Blau und Grün hingegen gemein-widerlich. Physiologische Farben sind nach seinen Untersuchungen, die zum Teil auch heute noch in wesentlichen Grundzügen Gültigkeit besitzen, immer zu Paaren verbunden, und man findet die von GOETHE beschriebene Regel in ihrer Tendenz bestätigt:

Gelb fordert Blaurot (Violett)
Blau fordert Gelbrot (Orange)
Rot fordert Grün.

Er unterscheidet zwei große Gruppen von Farben, die der „Plus-Seite", das sind Gelb, Rotgelb, Gelbrot, die – wie er sich ausdrückt – „regsam, lebhaft und strebend" stimmen, und die der „Minus-Seite", das sind Blau, Rotblau und Blaurot, die zu einer „unruhigen, weichen und sehnenden Empfindung" führen sollen. – Die *Farbensymbolik* hängt mit solchen und ähnlichen Überlegungen zusammen. – Man unterscheidet ferner *warme* und *kalte* Farben, und der OSTWALDsche Farbenkreis zeigt uns, daß er die beiden Gruppen durch die Achse 88–38 bzw. 22–10 streng scheidet. Die rechte Hälfte enthält die Töne Gelb, Kreß und Rot, die als warm angesprochen werden, und die linke Hälfte enthält die seegrünen, eisblauen, u-blauen und veilen Töne, die als kalt empfunden werden. (Gegenfarben bestehen deshalb fast immer aus einer warmen und einer kalten Farbe.) Sinnfällig ergibt sich aus dieser Anordnung, daß die Empfindungen von Wärme und Kälte von der Reinheit der Farbe abhängen, und es gilt die Abhängigkeit: je reiner eine Farbe ist, desto wärmer wirkt sie und je größer der Schwarzgehalt ist, desto kälter wird sie empfunden. Der Begriff der warmen und kalten Farben ist ebenso alt wie die Kenntnis von den Helligkeitsverschiedenheiten der verschiedenen Farben, nur wußte man vor der Entdeckung der quantitativen Farbenlehre nicht, daß der unterschiedliche Reinheitsgrad der Farben – der sich als Ergänzung der Summe von Weiß- und Schwarzgehalt zu 100 ergibt – hierzu die Erklärung gab.

Der allgemeinste Grundsatz aller Harmonik und daher auch der Farbenharmonie ist die Gleichung:

$$\text{Harmonie} = \text{Gesetzlichkeit.}$$

Schönheit und Ordnung hängen doch enger zusammen als man gemeinhin weiß. Man betrachte beispielsweise die Graustufen a–p, und man wird feststellen, daß die nebeneinanderliegenden Stufen, z. B. ace, harmonisch sind, ebenso aei, auch der noch größere Abstand agn (Farbtonfolge des Gefieders der Bachstelze!). In jedem Falle sehen wir, daß die Stufen *gleichabständig* sein müssen, um harmonisch wirken zu können; und das ist auch das *Hauptgesetz* für alle Harmoniemöglichkeiten. Sämtliche früheren Versuche, Farbenharmonien zu bilden, mußten mißlingen, weil die Veränderlichen der Farbnormen – Vollfarbe, Weißanteil und Schwarzanteil – und ihre Beziehungen untereinander früher eben nicht berücksichtigt werden konnten. Die genannten drei Veränderlichen sind immer *gleichzeitig* miteinander in gesetzmäßige Beziehungen zu bringen.

Farbtongleiche Harmonien entstehen, wenn man die Regeln, die wir bei den grauen Harmonien betrachteten, auf die Schattenreihen anwendet.

Farbtonverschiedene Harmonien. Es können wertgleiche Farben, d. h. solche aus einem Farbkreis mit gleichem Weiß- und Schwarzanteil, immer miteinander verbunden werden. Man bezeichnet solche Stufen als *wertgleiche Harmonien.* Diese lassen sich weiter mit Grau verbinden, ohne das harmonische Bild zu stören.

Es lassen sich auch farbtongleiche und wertgleiche verbinden, eventuell noch mit grauen Harmonien zusammen. Es ergeben sich dann zusammengesetzte Harmonien von großartigster Wirkung.

Ganz allgemein kann gelten: Nahe beieinanderliegende Stufen wirken sanft und weich, der Doppelsprung wirkt lebhaft; noch größere Abstände sind hart und schreiend. Es kommt nun allein auf den jeweiligen Zweck an, für den man das Harmoniegebilde benötigt. Mehrfarbige Effektpapiere für Reklamezwecke z. B. werden große Gegensätze direkt erfordern, hingegen wird man bei mehrfarbigen Melierungen und Marmorierungen für Umschlagpapiere und dgl., ferner bei den Rauhfasertapetenpapieren (Holzmehlmelierungen), helle Farben mit nächstliegenden Stufen verwenden.

Der Sinn für ein sicheres Farbengefühl ist nicht allen Menschen gegeben. Farbengefühl ist oft ein Maß für die Kulturhöhe eines Volkes, doch ist es nicht angängig, solche Feststellungen verallgemeinern zu wollen, wie uns das farbige Kunstschaffen mancher primitiver Völker lehrt. Vielbunte Farbwirkung ist übrigens nicht schreiend, wenn die Farben geordnet aus denselben oder aus verwandten Kreisen oder Reihen genommen sind.

Jedenfalls dürfte Einigkeit in der Auffassung bestehen, daß man, sei es nun bewußt oder unbewußt, allen jenen Dingen des täglichen Lebens den Vorzug gibt, die sich durch gefällige, blickfesselnde und originelle, also harmonische Farbengebung auszeichnen. Das den meisten Menschen eigene ästhetische Gefühl lehnt, einem inneren Zwange folgend, also Disharmonien ab. Die mangelnde Begabung für Farbenwohlklänge kann durch rein technische Hilfsmittel, wie Grauleiter, Farbtonleiter (Farbtonkreis), Harmoniestern und Farborgel, um die wichtigsten derartiger Hilfsmittel anzuführen, zum Teil ausgeglichen werden.

Welchen Nutzen bringen die Farbsysteme mit ihren physikalisch-optischen Erkenntnissen für den Papierfärber?

Diese Frage ist nicht leicht zu beantworten, denn eine Entscheidung über den Wert oder Unwert der einzelnen Systeme ist weder beabsichtigt noch zweckdienlich. Es wird in jedem Falle darauf ankommen, welchen Standpunkt der sich mit diesen Fragen Beschäftigende einnehmen kann bzw. einzunehmen gewillt ist. Bei dem einen wird das theoretische Rüstzeug den Ausschlag geben können, während bei einem anderen das rein Gefühlsmäßige in den Vordergrund gedrängt wird. Von beiden Seiten aber kann das praktische Färben angefaßt werden. Genauer gesagt: Für den einen sind die Begriffsbildungen, die erkenntnistheoretischen Einordnungen in irgendein System, nicht nur das Nutzbringende, sondern das Notwendige; erst auf Grund bestimmter Richtlinien vermag er zu handeln. Beim anderen hingegen sind die Farbenempfindungen, das gefühlsmäßige Wissen um die sogenannten Gesetzmäßigkeiten, bereits vorhanden und bestimmen kompromißlos seine Entscheidungen. Wie wäre es sonst möglich, daß man Färber unbelastet von aller Theorie findet, und zwar nicht selten, die mit einer verblüffenden Sicherheit handeln, während der von einem wissenschaftlichen System Abhängige zwar ebenfalls richtig, aber nur vorsichtig weitertastet.

Mit der Erkenntnis, daß durch die Mischung aller Farben des Spektrums als Gesamteindruck Weiß entsteht, ist für den Färber praktisch nichts anzufangen. Mehr schon mit der Tatsache der Komplementärfarben; denn das oft notwendige und beliebte „Drücken" ist eng damit zusammenhängend. Allerdings muß man sich klar darüber sein, daß es sich in der Färberei fast ausschließlich um sogenannte subtraktive Mischungen handelt, im Gegensatz zu den additiven Mischungen des Lichtes der Spektralfarben. Während die komplementären additiven Mischungen immer Weiß ergeben, resultiert aus der subtraktiven Mischung stets ein mehr oder weniger dunkles Grau. Beim Drücken ist deshalb immer eine Abtrübung zu erwarten, die um so stärker sein wird, je größer die zur Korrektur angewendeten Farbstoffmengen gewählt werden.

Und wie ist es nun mit der aus dem Heringschen farbgleichen Dreieck abgeleiteten Grundgleichung und mit der Anwendung beispielsweise der Ostwaldschen Kennzahlen? Mit der Relation $r + w + s = 1$, so bedeutsam diese Erkenntnis für den Forscher auch ist, kann der praktische Färber nicht allzuviel anfangen. Wenn er beim Ausmustern, um bei einer noch etwas zu leeren Färbung den Farbanschluß zu finden, vor der Frage steht, ob die gewünschte Farbtiefe mit dem richtunggebenden Hauptfarbstoff oder mit den abtrübenden Komponenten oder mit beiden zugleich erreicht werden kann, dann wird ihn allein sein Fingerspitzengefühl und die Erfahrung leiten können. Allerdings, wenn er sich verfärbt hat, dann wird er einsehen, daß die Ostwaldsche Grundgleichung auch eine Realität ist, und daß es bedenklich ist, einfach darauf los zu färben und beim Ausmustern die farbtontragende Buntfarbe mit den Abtrübern zu verwechseln. Für wissenschaftliche Zwecke sind die Angaben für den Farbton, den Weißgehalt und den Schwarzgehalt ohne weiteres eindeutig. Sie bringen Vorteile zunächst allgemeiner Art, wie sie jeder Normung zukommen. So kann man sich über Farbtöne brieflich verständigen, ohne Muster zu zeigen; und unverkennbare Vorteile sind von der Benutzung der Farbzeichen für die leichte Aufstellung harmonischer Farbenklänge zu erwarten. Für den praktischen Papierfärber, der sich damit abfinden soll, eine geforderte Nachstellung nun nach der genormten Farbvorlage vorzunehmen, ist diese Farbnormvorlage aber alles andere als eindeutig, denn man muß wissen, daß alle OSTWALDschen Farbkreise, Farbtonleitern und Farbtafeln durch *Aufstriche* hergestellt werden. Für eine Holländerfärbung ist ein gestrichenes Vorlagemuster zur Nachbildung aber nur sehr bedingt brauchbar. Anders läge der Fall, wenn ein Farbatlas bzw. Farbtafeln zur Verfügung ständen, bei welchen die einzelnen Normfärbungen *in der Masse* genau auf dem gleichen Grundstoff (also gleicher Stoffzusammensetzung, Beschwerung, Mahlung, Opazität und gleicher Oberfläche) hergestellt wurden, auf dem die Nachstellungen erfolgen sollen. Außerdem müßten die im Farbatlas enthaltenen, als Vorlagen zu benutzenden Färbungen mit den gleichen Farbstoffen eingefärbt sein, mit denen imitiert werden muß. Auf dieses „muß" ist allergrößtes Gewicht zu legen, denn ein vorgeschriebenes Farbmuster läßt sich genau eigentlich nur unter Anwendung der gleichen Farbstoffe nachstellen.

Die Begründungen für beide Forderungen sind jedem praktischen Papierfärber geläufig. Wem wurde nicht schon einmal die Aufgabe gestellt, beispielsweise eine gestrichene Färbung (aus dem OSTWALDschen Atlas!) als Vorlage für eine Massefärbung eines maschinenglatten oder gar satinierten Papieres zu benutzen? Er wird gefunden haben, daß ein auch nur annähernder Farbanschluß an die Vorlage mit der Holländerfärbung überhaupt nicht zu erreichen war, da die eigentümliche Auf- und Übersicht des gestrichenen Musters niemals in Übereinstimmung mit dem Aussehen der Massefärbung gebracht werden kann. Ganz ähnlich, wenn auch weniger augenfällig, liegen die Verhältnisse in allen den Fällen, in denen Vorlage und Nachbildung von ungleicher stofflicher Beschaffenheit sind.

Um diesen oft schwerwiegenden Fehlerquellen auszuweichen, müßte nun eine Vielzahl von Farbatlanten geschaffen werden. So müßten die Farbnormfärbungen, um nur einige wichtige Grundstoffe anzuführen, auf gebleichten, ungebleichten, holzhaltigen Rohstoffen, auf Mischungen dieser Stoffe untereinander, die schließlich noch beschwert sein können, auf maschinenglatten, satinierten, schmierig gemahlenen (Pergamyn) und schließlich auf gestrichenen Papieren vorhanden sein.

Diese Forderung kann aber unmöglich erfüllt werden, und zwar schon auf Grund rein färbetechnischer Überlegungen; denn eine ganze Reihe der Farbnormfärbungen ist in der Masse auf einigen Grundstoffen überhaupt nicht zu erreichen. Es sei nur an die Rohstoffe Schrenz, ungebleichter Sulfitzellstoff und ungebleichter Natronzellstoff erinnert, die als Träger von Färbungen sehr viel verwendet werden.

Die Notwendigkeit der zweiten Forderung ergibt sich aus den Schwierigkeiten, die sich bei der Nachstellung von Vorlagen dann einstellen, wenn deren Färbeweise nicht bekannt ist, oder, falls dies der Fall sein sollte, aus bestimmten Gründen (Echtheitsanforderungen) bei der Nachstellung nicht eingehalten werden kann. Der praktische Färber kennt und rechnet mit diesen Schwierigkeiten, die beim Arbeiten mit Farbstoffen schlechter „Abendfarbe“ auftreten. Sie machen das Ausmustern oft zur Unmöglichkeit, und zwar dann, wenn die Vorlage mit derartigen Farbstoffen gefärbt ist, die Nachstellung aber andere Farbstoffe mit anderen Eigenschaften erfordert, oder aber im umgekehrten Fall, wenn die Vorlage einwandfrei gefärbt ist und zur Nachstellung aus irgendwelchen Gründen Produkte benutzt werden müssen, die eine schlechte Abendfarbe haben.

Die „Abendfarbe“ ist auf den unterschiedlichen Einfluß der künstlichen Lichtquellen zurückzuführen. Durch das Fehlen meistens von Grün und Blau verschieben sie die Tageslichtfarbe überwiegend nach Rot hin. OSTWALD hat für die Erklärung dieser Erscheinung den Begriff der „metameren“ Farben aufgestellt.

Metamere Farben sind solche, welche trotz verschiedener Zusammensetzung der Lichtarten gleiches Aussehen haben. Sie besitzen gleichzeitig gleichen Weiß- und Schwarzgehalt. Das Vorhandensein metamerer Farben geht am deutlichsten aus der Tatsache hervor, daß es im Spektrum unbestimmt viele Paare von gleichartigen Lichtern gibt, die sich als Gegenfarben zu Weiß mischen. Bei bezogenen Farben ergibt sich selbstverständlich Grau.

Die Kenntnis von der *Harmonie der Farben* ist für den Papiermacher beim Herausarbeiten neuer farbiger Sorten und Muster von Wichtigkeit, besonders dann, wenn Zwei- oder Mehrfarbeneffekte bei Sondererzeugnissen gesucht werden.

So zeigen die *Schattenreihen* der hellklaren Farben ruhig wirkende Harmonien.

Die *schwarzgleichen Reihen* sind weich und kontrastarm und ergeben die sogenannten „Pastelltöne“.

Weißgleiche Reihen zeigen Harmonien von eigenartiger Farbwirkung, da sie, mit Grau oder Schwarz beginnend, in einer völlig schwarzfreien Farbe enden.

Auf eine gewisse Unvollkommenheit des OSTWALDschen Farbenatlas sei noch hingewiesen. Wie schon an anderer Stelle erwähnt wurde, wird durch den Farbenatlas nur eine begrenzte Anzahl aus der ungeheuer großen Zahl der unterscheidbaren Farben erfaßt. Die willkürliche Einteilung des Farbkreises in regelmäßige Abstände hat mit der „Schwelle“ nichts zu tun. Wenn man von 24 Farbtönen und einer 15teiligen Grauleiter ausgeht, dann resultieren 2520 bunte und 15 unbunte Farben. Das ist sicher eine sehr große Anzahl, und es hat sich gezeigt, daß damit den praktischen Bedürfnissen des Färbers im allgemeinen Genüge getan ist; dennoch finden sich beispielsweise im Schwarzgebiet Lücken, das heißt dem praktischen Färber kommen sehr oft Schwarztöne in die Hände, die er jedoch im OSTWALDschen Atlas nicht findet. Das ist unbedingt ein Mangel.

Die Färbetheorien.

Die Färbetheorien bzw. die aus ihnen sich abzeichnenden Wege für die Verarbeitung der Farbstoffe besitzen für den Papierfärber nicht das überragende Interesse, wie es für den Textilfärber zweifellos als bestehend angenommen werden muß.

Dies ist in erster Linie darauf zurückzuführen, daß der Färbevorgang in der Papierindustrie mit wenigen Ausnahmen keine selbständige Phase der Erzeugung darstellt. Aus diesem Grunde kann auch in den meisten Fällen keine Rücksicht auf die Erfordernisse der zweckmäßigsten Färbearbeit genommen werden. Es sei nur daran erinnert, daß im Holländer – bekanntlich die Hilfsmaschine, in der fast ohne Ausnahme gefärbt werden muß – die verschiedensten Reaktionen, beispielsweise die der Mahlung, Leimung und Beschwerung, nebeneinander ablaufen, und zwar gleichzeitig mit dem Färben, wobei jenen aus rein papiertechnischen Erwägungen heraus meistens eine größere Bedeutung zuerkannt werden muß als dem Färben.

Was nun die Beziehungen zwischen den Farbstoffen und den Papierfasern anbelangt, so vereinfacht sich die Fragestellung für den Papierfärber insofern, als es sich bei den Papierfasern ausschließlich um pflanzliche Fasern handelt. (Wolle und andere tierische oder synthetische Faserarten finden nur in den allerseltensten Fällen für Sonderpapiere Verwendung.) Die wichtigsten dieser Papierfasern sind: Leinen, Hanf, Ramie, Baumwolle, Laubholz-, Nadelholz- und Strohzellstoffe (Weizen, Roggen, Gerste, Esparto, Mais, Reis), Solanumzellstoffe, Halbzellstoffe, Braunschliff, Weißschliff, Jute, gelber Strohstoff, brauner Strohstoff und Ersatzfaserstoffe wie Schilf, Torf, Bagasse, Hopfentreber, Lohe und Kartoffelkraut. Alle diese Fasern enthalten in wechselnden Mengen als wichtigsten Bestandteil die Cellulose; ferner Kitt- und Begleitstoffe, die gewöhnlich mit dem Sammelnamen „Inkrusten" belegt werden.

Über den *Färbevorgang* bzw. über die Theorie des Färbens hat die Forschung der letzten Jahrzehnte eine Fülle von Erkenntnissen gebracht, aus welchen sich ganz bestimmte Vorstellungen herausschälen. Sie bringen zwar für die Wechselwirkungen zwischen den verschiedenen Fasern und Farbstoffgruppen in manchen Fällen recht brauchbare Erklärungen, zeigen aber, daß eine einheitliche Theorie, die allen Einzelerscheinungen restlos gerecht wird, nicht angenommen werden kann.

Bei den Färbevorgängen sind nach unseren heutigen Erkenntnissen folgende Kräfte wirksam:[1]

1. chemische Kräfte, wie sie etwa bei der Salzbildung in Betracht zu ziehen sind. Ferner

2. van der Waalssche Kräfte.

Diese letzteren können einmal bei den Adsorptionsvorgängen in Erscheinung treten; dabei ist unter Adsorption die Aufnahme eines in Lösung befindlichen Stoffes an der Grenzfläche eines festen Stoffes (der Faser) zu verstehen. Als zweite Möglichkeit kommt die molekulare Durchdringung

[1] Fritz Mayer, „Chemie der organischen Farbstoffe". Springer-Verlag 1935.

des Stoffes – im Gegensatz zur intermicellaren – durch den gelösten Farbstoff in Betracht, d. h. die Adsorption geht in eine feste Lösung über. Zwischen beiden Erscheinungen besteht im übrigen eine innere Verwandtschaft.

Da beim Färben der Papierfasern nie die reine Cellulose vorliegt, so ist es klar, daß die Färbevorgänge in mancher Hinsicht gehemmt, jedenfalls aber aus ihren normalen Bahnen gedrängt sein werden. So wird eine völlige Durchdringung der inkrustierten Faser mit Farbstofflösung normalerweise nie eintreten können. Das bedeutet aber: unvollkommene Reaktionsbedingungen für beispielsweise alle Adsorptionsvorgänge, die für sich bei der Erklärung vieler Färbevorgänge bekanntlich eine wichtige Rolle spielen.

So dürften beim Färben von pflanzlichen Fasern mit *substantiven* Farbstoffen vorwiegend Adsorptionsvorgänge wirksam sein. Die Erzielung reib- und wasserechter Färbungen mit diesen Produkten, trotz der generellen Umkehrbarkeit der Adsorptionsvorgänge, ist so aufzufassen, daß auf der Faser mit dem Farbstoff Veränderungen vor sich gehen, die darin bestehen, daß der Dispersitätsgrad der Farbstofflösung im Kapillarsystem der Faser verkleinert wird und die so entstehenden Koagulate infolge ihrer Größe das Kapillarsystem nicht mehr verlassen können. Für diese Auffassung spricht die Tatsache, daß die meisten substantiven Farbstoffe kolloidale Lösungen bilden; zudem erweist sie die Bedeutung der Salz- bzw. Elektrolytkonzentration für den Färbevorgang.

Die in ihren Reduktionsstufen den substantiven Farbstoffen wesensverwandten *Schwefel-* und *Küpenfarbstoffe* verhalten sich der Cellulosefaser gegenüber gleich den substantiven Farbstoffen, d. h. sie werden adsorbiert und in den Kapillaren festgehalten. Beide Farbstoffgruppen besitzen jedoch keine besondere Bedeutung in der Papierfärberei.

Bei der *Beizenfärbung* – die *basischen* Farbstoffe färben die pflanzliche Faser erst nach einer Vorbeize mit beispielsweise Katanol oder Tannin an – wird die Beize vermutlich von der Faser adsorbiert und kommt an den Grenzflächen der Fasern mit dem basischen Farbstoff zur chemischen Reaktion. Es bilden sich dann wasserunlösliche Verbindungen in und auf der Faser, die für sich, als typisches Kolloid, eine ausgesprochene Verwandtschaft zum Beizenkolloid besitzt. Beim Färben mit basischen Farbstoffen gewinnt in der Papierindustrie der Umstand an Bedeutung, daß in der Zellstoff-Faser (Baumwolle natürlich ausgenommen) nie die reine Cellulose vorliegt, sondern ein Produkt, das gewissermaßen schon im Naturzustand „gebeizt" ist. Die erhöhte Verwandtschaft zum basischen Farbstoff ist auf die Begleitstoffe (Inkrusten) der Zellstoffe (Jute, Holzschliff usw.) zurückzuführen. Die verholzten Bestandteile sind ihrer chemischen Natur nach Lignocellulosen, die gerbstoffartigen Charakter besitzen.

Die *sauren* Farbstoffe besitzen zur pflanzlichen Faser fast keine Verwandtschaft und färben diese in nur so geringem Ausmaße an, daß eine Verarbeitung der sauren Farbstoffe nur in Verbindung mit Fällungsmitteln (meistens Tonerdesalzen) möglich ist. Auch bei den sauren Farbstoffen besteht zu einer Reihe von Papierfasern eine gewisse, wenn auch geringe Verwandtschaft, die darauf zurückzuführen ist, daß die Fasern, die ja keine reine Cellulose darstellen, Beimengungen enthalten, die fällend und verlackend auf den sauren Farbstoff wirken. Es ist jedoch nur ein geringer Teil dieser Beimengungen, der gewissermaßen als natürliche – d. h. in der Faser von Hause aus vorhandene – Beize bzw. Fällungsmittel für den sauren Farbstoff wirksam sein kann. Daher auch die schwache fixierende Wirkung im Vergleich zu den basischen Farbstoffen.

Für das Färben mit *Körperfarbstoffen* (organische und anorganische Pigmente) sind Adsorptionsvorgänge nur im kolloidalen Zerteilungsbereich der Farbkörper anzunehmen. Im übrigen bilden Stoff-Filtration und Okklusionsvorgänge einen Maßstab für das Anlagerungsvermögen der Farbstoffpigmente an die pflanzliche Faser und somit für das Festgehaltenwerden im Stoffe.

Betrachtet man die verschiedenen Farbstoffgruppen in ihrem färberischen Verhalten zu pflanzlichen Fasern, so zeigt sich die folgende Einteilung für den Papierfärber als zweckdienlich, da sie für große Gruppen Abgrenzungen gestattet, die für fast alle Einzelindividuen gültig sind:

1. Basische Farbstoffe,
2. Saure Farbstoffe,
3. Substantive Farbstoffe,
4. Schwefelfarbstoffe (Küpenfarbstoffe),
5. Körperfarbstoffe (organische und anorganische Pigmente).

Diese Einteilung vermittelt für den praktischen Papierfärber ein brauchbares Fundament, auf dem er aufbauen kann. Die Küpenfarbstoffe wurden nicht in einer selbständigen Gruppe aufgeführt, da mit verküpten Farbstoffen (außer den wenigen Schwefelfarbstoffen) in der Papierindustrie nicht gefärbt wird. Da sie als Pigmente verarbeitet werden, rangieren sie unter den „Körperfarbstoffen“. Im Kapitel, in dem die in der Praxis gültigen und auswertbaren Wechselbeziehungen zwischen den Farbstoffgruppen einerseits und den Papierrohstoffen andererseits eingehender durchzusprechen sind, wird deshalb auf obige Unterteilung zurückgegriffen werden.

Die färberischen Grundlagen.

Die in der Papierindustrie gebräuchlichsten Farbstoffgruppen.

Im nachfolgenden soll in der Hauptsache das Färben im *Holländer* betrachtet werden. Die hierbei gewonnenen Ergebnisse lassen aber auch Rückschlüsse auf alle anderen in der Papierindustrie gebräuchlichen Färbemöglichkeiten zu. (In einem besonderen Abschnitt werden wir diese Möglichkeiten noch eingehender behandeln.)

Hierzu ist es erforderlich, vor allem die Eigenschaften der wichtigsten Farbstoffgruppen zu kennen, außerdem aber auch das Verhalten der verschiedenen Grundstoffe zu den Farbstoffen selbst.

Zur Massefärbung kommen vorwiegend wasserlösliche und zum kleineren Teil auch wasser*un*lösliche Farbstoffe in Betracht. Wenn wir ihr chemisches Verhalten, d. h. in eingeschränktem Sinne die rein färberischen Beziehungen zu den Papierrohstoffen betrachten, so lassen sie sich in bestimmte Gruppen unterteilen:

a) Basische Farbstoffe (Janusfarbstoffe, Astrazonfarbstoffe),
b) Saure Farbstoffe (Resorcinfarbstoffe, Alizarinfarbstoffe, Palatinechtfarbstoffe),
c) Substantive Farbstoffe (Halbwollfarbstoffe),
d) Schwefelfarbstoffe,
e) Organische Pigmente,
f) Anorganische Pigmente.

In dieser Aufstellung wurden bewußt die natürlichen Pflanzenfarbstoffe weggelassen, da diese Produkte heute für den Papierfärber der Vergangenheit angehören. Am Anfange der Papierfärberei allerdings spielten sie eine bedeutende Rolle, und dieser Umstand soll auch die Begründung dafür sein, daß wenigstens einige ihrer Namen der Vergessenheit entrissen und im nachfolgenden festgehalten seien. So wurden verarbeitet: Waid, Indigo, Krapp, Safran, Gelbholz, Rotholz, Blauholz, Katechu, Curcuma, Querzitron. Das Färben mit diesen Produkten war sehr umständlich, und wir haben im einleitenden geschichtlichen Teil des Färbens feststellen können, mit welchen Geheimnissen diese „Färbekunst" umgeben wurde.

Die obige Aufstellung der Farbstoffgruppen kann der geschichtlichen Entwicklung der Papierfärberei naturgemäß keine Rechnung tragen; sie erfolgte ausschließlich aus Gründen der Zweckmäßigkeit. Auf diesen Umstand sei deshalb hingewiesen, da bisher in der Literatur ganz allgemein über die Erdfarbstoffe (und Pflanzenfarbstoffe) und über die Mineralfarbstoffe in das Gebiet der Papierfärberei vorgestoßen wurde, eine Gepflogenheit, die heute keine innere Berechtigung mehr besitzt. Eine Milderung in dieser Auffassung, etwa mit dem Hinweis auf ein leichteres Eindringen in die Gesamtmaterie bei Beschreiten des altgewohnten Weges kann nicht vertreten werden.

Ehe wir uns mit den Farbstoffen selbst beschäftigen, ist es notwendig, etwas über die *Farbstoffbezeichnungen* zu sagen. Diese sind von größter Bedeutung nicht nur für den Hersteller, sondern auch für den Färber, denn es gilt, unter den vielen Tausenden von Handelsprodukten eine Übersicht und Ordnung zu schaffen, die erst das Arbeiten mit ihnen möglich macht. Das wäre eindeutig und nicht allzu schwer zu erreichen, wenn man sich an die chemischen Bezeichnungen halten würde. Aber das läge kaum im Sinne der Farbstoff-Fabrikanten, die unmöglich ein Interesse daran haben können, klare Hinweise auf die Konstitution ihrer Erzeugnisse zu geben.

Eine einheitliche Linie ist bei den Grundbezeichnungen unmöglich einzuhalten. Eine Reihe von Bezeichnungen nehmen Bezug auf den *Farbton*, wie z. B. Phloxin, Erika, Fuchsin, Orange, Schokoladenbraun u. a. m. Bei anderen wird der *Hauptverwendungszweck* angedeutet, wie bei Nuancierblau, Papierbraun, Papierrot, Papierschwarz, Halbwollbraun. Andere Namen wieder deuten durch den Gruppenhinweis auf die *Färbeart* hin, wie z. B. Schwefelgrün, Pigmentschwarz und Pigmosolgelb, oder spielen auf hervorstechende *Echtheitseigenschaften* an: Alkaliechtgrün, Siriuslichtgelb, Helioechtrot, Litholechtgelb, Permanentechtscharlach.

Die Farbstoffklassenbezeichnungen sind schon umfassender. Sie werden meist der Farbtonbezeichnung vorangesetzt und finden sich fast allgemein bei Farbstoffen, die besondere Echtheitseigenschaften aufzuweisen haben. Es sei auf die Alizarin-, Halbwoll-, Benzo-, Sirius-, Siriuslicht-, Immedial-, Pigmosol-, Helio- und Indanthrenfarbstoffe hingewiesen.

Jede Farbenfabrik stellt derartige Sortimentsbezeichnungen ziemlich willkürlich auf. Doch sieht man darauf, daß immer nur Produkte gleicher färberischer Eigenschaften und gleicher Echtheiten unter ein und derselben Grundbezeichnung anzutreffen sind. Bei der Prägung der Phantasie-Gattungsnamen ist man an keine Regeln und Vereinbarungen gebunden, solange man nicht dem Namensschutz anderer Firmen zu nahe kommt.

So kommen die direktziehenden (substantiven) Produkte z. B. als Diamin-, Oxamin-, Benzo-, Dianil- und Siriusfarbstoffe in den Handel. Ähnlichen synonymen Bezeichnungen begegnen wir bei den organischen Pigmenten, die als Pigmosole, Helioecht-, Permanentecht-, Hansa-, Lithol-, Litholechtfarbstoffe usw. vertrieben werden. Das gleiche gilt von den Schwefelfarbstoffen, die als Thiogen-, Kryogen-, Katigen- und Immedialfarbstoffe bekannt wurden.

Aufschlußreicher sind für den Färber die Indexbezeichnungen der Farbstoffe. Sie geben oft Auskunft darüber, in welcher Form der Farbstoff vorliegt, ob pulverförmig, ob körnig, ob kristallisiert, ob in Pasten- oder Teigform. Einschränkend muß aber bemerkt werden, daß oft auch nur betriebs- bzw. verkaufstechnische Deckbezeichnungen vorliegen, mit denen der Färber nichts anfangen kann. Es haben sich aber bestimmte Gepflogenheiten herausgebildet, die fast von allen Farbenfabriken übernommen wurden, da man sie als zweckmäßig erkannte.

Der Buchstabe B hinter der Farbstoffbezeichnung z. B. bedeutet Blau, R = Rot und G = Gelb. Ein zweites, drittes, viertes usw. B, R oder G (im Index meistens als 2B, 3B, 4B usw. geschrieben) bedeutet jeweils eine Verstärkung des Blau-, Rot- oder Gelbstiches. Von den Methylviolettmarken ist demnach Methylviolett 3B blaustichiger als 2B und dieses blaustichiger als Methylviolett B; Methylviolett R ist rotstichiger als B und Methylviolett 2R ist wiederum röter als R.

Hinweise auf die Ergiebigkeit, d. h. die Farbstärke der einzelnen Farbstoffe (die nur in den seltensten Fällen Fabrikationspartien darstellen und fast regelmäßig verschnitten werden) erhalten wir durch die Indexbezeichnungen X, XX, extra, konz., extra konz., extra hochkonz., extra stark.

In dem vorliegenden Buche werden bei der Farbstoffbesprechung und der Erläuterung von Standardrezepturen die Farbstoffbezeichnungen der ehemaligen I. G. Farbenindustrie AG. beibehalten. Das erscheint insofern zweckmäßig, als die verschiedenen Nachfolgefabriken die Mehrzahl der alten Verkaufstypen meist unverändert übernommen haben. Es sind aber auch Namensänderungen vorgenommen worden, ebenso wie Sortimentserweiterungen, so daß es im Hinblick auf die später zu machenden färbereitechnischen Ausführungen geraten erscheint, auch die neuen Handelsbezeichnungen hier und da zu verankern. Dies geschieht durch Anfügen der folgenden in Klammern gesetzten Abkürzungen an die Farbstoffbezeichnungen. (Die I.G.-Produkte bleiben ohne Klammer-Index.):

Hö: Farbwerke Hoechst vormals Meister, Lucius & Brüning, Frankfurt a. M.-Höchst.
Le: Farbenfabriken Bayer, Leverkusen-Bayerwerk.
Lu: Badische Anilin- und Soda-Fabrik, Ludwigshafen a. Rh.
Ma: Cassella Farbwerke Mainkur, Frankfurt a. M.-Fechenheim.
Gy: J. R. Geigy A.G., Basel.
S: Sandoz A.G., Basel.

Die auf den Farbtafeln neben den einzelnen Farbstoffen angebrachten Abkürzungen bedeuten:

bas. = Basische Farbstoffe
as. = Astrazonfarbstoffe
sa. = Saure Farbstoffe
res. = Resorcinfarbstoffe
al. = Alizarinfarbstoffe
pal. = Palatinechtfarbstoffe
hw. = Halbwollfarbstoffe
sub. = Substantive Farbstoffe
si. = Siriuslicht- bzw. Siriusfarbstoffe
schw. = Schwefelfarbstoffe
pig. = Pigmentfarbstoffe (org. u. anorg.)
i. = Indanthrenfarbstoffe
wl. = wasserlöslicher Heliogenfarbstoff

A. Basische Farbstoffe (Janusfarbstoffe).

(Tafeln 1, 6 und 14.)

Die basischen Farbstoffe sind in ihrer überwiegenden Mehrzahl salzsaure Salze oder auch Chlorzinkdoppelsalze von Farbstoffbasen verschiedenen chemischen Aufbaues. Die Bezeichnung „basisch" gibt uns jedoch keinen Hinweis auf den Reaktionsmechanismus der Produkte, so daß auch keine Rückschlüsse auf die notwendige Färbearbeit aus diesem Beiwort gezogen werden können. Sie besitzen eine besonders große Verwandtschaft zu solchen Papierrohstoffen, welche inkrustierende Bestandteile enthalten: also zu Holzschliff, Braunschliff, Halbzellstoff, ungebleichtem Sulfit- und Natronzellstoff, gelbem Strohstoff, Rohjute u. a. m. Diese Affinität beruht darauf, daß in den verholzten Begleitstoffen (Inkrusten) der Fasern Körper zugegen sind, die ähnlich wie die Gerbsäuren das Aufziehen des Farbstoffes begünstigen, sich also wie Beizen verhalten.

Bei den genannten Papierrohstoffen und ihren Mischungen miteinander ist es im allgemeinen überflüssig, mit zusätzlichen Beizen zu arbeiten. Man hat es sogar in manchen Fällen in der Hand, durch Auswahl eines besonders günstigen Rohstoffes die Affinität zu steigern, eine Möglichkeit, auf die besonders hingewiesen sei und auf die wir wegen ihrer Bedeutung für den Papierfärber bei der Besprechung der Rohstoffe noch näher eingehen müssen.

Über das Aufspeicherungsvermögen der inkrustierten Fasern für basische Farbstoffe lassen sich keine eindeutigen Zahlen geben. Der praktische Färber wird jedoch im allgemeinen auf über 2% basische Farbstoffe, bezogen auf das lufttrockene Fasergut, nicht hinausgehen. Das gilt natürlich nur für ungeleimte und ungebeizte Stoffe. Er besitzt übrigens im

„Abwasser“ eine genaue Kontrollmöglichkeit für das Aufziehvermögen. Durch die *Leimung*, d. h. durch die verlackende Wirkung sowohl des Harzleims als auch der schwefelsauren Tonerde wird eine erhöhte Aufnahmefähigkeit der Faser für basische Farbstoffe durch Ein- und Anlagerung der basischen Farbstofflacke erreicht. Der praktische Sättigungsgrad tritt deshalb bei geleimten Färbungen erst bei etwa 3 % Farbstoff, bezogen auf das lufttrockene Fasermaterial, ein. Dabei muß jedoch festgestellt werden, daß infolge der Lackbildung und des mit dieser gleichzeitig auftretenden Verlustes an feinsten füllstoffähnlichen Lackteilchen das Abwasser nicht mehr das Kriterium für das mehr oder weniger gute Aufziehen abgeben kann.

Auch durch *schwefelsaure Tonerde* allein wird infolge der eintretenden Verlackung in etwa dem gleichen Ausmaße wie bei der Leimung, eine erhöhte Fixierung von basischem Farbstoff eintreten. Auch hierbei werden zusätzliche Mengen des basischen Farbstoffes in Form feinster Lackteilchen in und auf der Faser niedergeschlagen werden. Es kann also trotz relativ stark gefärbten Abwassers eine sehr weitgehende Fixierung eingetreten sein.

Die bekannten *Beizmittel* wie Tannin, Sumach, Tamol NOP (Lu); NL (Le), Solegal S (Hö) und Katanol B (Le) bzw. LF (Ma) unterstützen bei ungeleimten Papieren das Aufziehen der basischen Farbstoffe ganz wesentlich, dagegen werden sie bei geleimten, inkrustenhaltigen Papierrohstoffen praktisch keine zusätzliche, intensitätserhöhende Wirkung ausüben können.

Basische Farbstoffe besitzen zu Papierstoffen, bei denen die Inkrusten ganz oder teilweise fehlen, wie bei den *gebleichten* Hadernstoffen und *gebleichten* Zellstoffen (Leinen, Hanf, Ramie, Baumwolle, Sulfit-, Natron-, Stroh-, Esparto-, Jute-, Bambus-Zellstoff usw.) keine oder nur geringe Verwandtschaft. Beim Färben solcher Stoffe oder Stoffmischungen mit basischen Farbstoffen ist deshalb eine Befestigung auf der Faser unerläßlich. Die *Fixierungsmöglichkeiten*, die bei den gebleichten Stoffen für die basischen Farbstoffe durch die Leimung bzw. durch die schwefelsaure Tonerde allein gegeben sind, genügen im allgemeinen schon dem Papiermacher bei Weißnuancierungen und zarten Farbtönen. Bei satten Farbtönen sind die Beizen Tannin, Katanol B (Le) bzw. LF (Ma), Tamol NOP (Lu); NL (Le) und Solegal S (Hö) unentbehrlich. Dabei wird man Tannin und Katanol überall dort den Vorzug geben, wo eine bessere Reib- und Wasserechtheit gefordert wird.

Die Beizen werden in wäßriger Lösung dem Holländerstoff vor dem Färben und Leimen zugegeben, und zwar gelangen, bezogen auf lufttrockene Fasern, von Tannin oder Katanol 0,5–2,0% (je nach der Tiefe der basischen Färbung) und von Tamol bzw. Solegal 0,5–1,0% zur Anwendung.

Eine Fixierung der basischen Farbstoffe in gewissem Umfange ist auch durch die Verlackung mit sauren Farbstoffen gegeben. Solche *Kombinationsfärbungen* sind im übrigen vom Papierfärber sehr geschätzt. Allerdings kann man die sedimentierende Wirkung der schwefelsauren Tonerde (Elektrolytwirkung) dabei nicht ganz entbehren. Bei dieser Arbeitsweise wird durch eine zusätzliche Leimung die Fixierung der gebildeten Farblacke in deutlich sichtbarer Weise gefördert, denn es ist zu bedenken, daß durch die eintretende Harzausfällung eine erhöhte Zurückhaltung der Farblacke auf der Faser und im Faserfilz stattfindet.

Die hauptsächlichsten Vorzüge der basischen Farbstoffe bestehen in ihrer außerordentlichen Lebhaftigkeit und Ausgiebigkeit. Auf Lichtechtheit können sie keinen Anspruch erheben. Man verwendet sie deshalb für alle Sorten billiger Papiere, für welche holzhaltige, ungebleichte Rohstoffe und Altpapier die Rohstoffbasis bilden. Da die *Wasserechtheit* und auch die *Dampfechtheit* der basischen Farbstoffe (besonders bei Verwendung von Tannin bzw. Katanol) als sehr gut zu bezeichnen sind, werden z. B. dampfechte Hülsenpapiere ganz allgemein mit basischen Farbstoffen (und Janusfarbstoffen) eingefärbt. Auch sehr gut reibechte Färbungen lassen sich mit den basischen Farbstoffen gegebenenfalls in Kombination mit Tannin oder Katanol erzielen. Den Papiermacher interessieren solche reibechten Färbungen besonders bei der Herstellung von Adjustierpapieren für Textil-, Genußmittel- und Lebensmittelpackungen (z. B. Leinen- und Wolleinwickelpapiere, Nudel- und Zuckerpapiere).

Die basischen Farbstoffe sind begrenzt löslich, worauf bei ihrer Verarbeitung Rücksicht genommen werden muß. Zur Lösung ist zweckmäßig nur destilliertes Wasser (Kondenswasser) zu benutzen, da die Härtebildner des Wassers (Kalk- und Magnesiumsalze) Abscheidungen der Farbbasen und Verharzungen verursachen. Für den Fall, daß nicht genügend Kondenswasser zur Verfügung steht, kann dem schädlichen Einfluß der Härtebildner dadurch begegnet werden, daß man den basischen Farbstoff vor dem Lösen mit der gleichen bis doppelten Menge (bezogen auf das Gewicht des zu lösenden Farbstoffes) 30%iger Essigsäure anteigt.

Bei den basischen Farbstoffen muß man sich davor hüten, die Löslichkeitsgrenze zu überschreiten, was bei Holländerfärbungen nur dadurch zu erreichen ist, daß man den zu lösenden Farbstoff auf eine entsprechende Anzahl Eimer oder aber größere Gefäße verteilt. Das ist übrigens bei sehr satten Färbungen nicht immer durchzuführen, denn das Fassungsvermögen des Holländers wird in erster Linie vom Fasermaterial beansprucht. Im allgemeinen dürfen zum Lösen auf 1 l Wasser nicht mehr als 30 g Farbstoff genommen werden; es gibt jedoch unter den basischen Farbstoffen auch Produkte, die von geringerer oder auch besserer Löslichkeit sind und daher entsprechend mehr oder weniger Lösewasser erfordern. Zu den schwerlöslichen Vertretern z. B. zählen u. a. die Viktoriablau-, Fuchsin-, Brillant- und Malachitgrün-Marken.

Das Lösen selbst erfolgt am besten in der Weise, daß die Farbstoffe in kochend heißes Wasser unter gleichzeitigem kräftigem Rühren eingestreut werden. Es stellt sich auf diese Art eine Lösetemperatur von etwa 90–95° C ein, die den meisten basischen Farbstoffen zuträglich ist. Ein längeres Aufkochen ist in jedem Fall zu vermeiden, wie man aus der sich oft bildenden öligen Aufrahmung, die eine beginnende Dissoziation anzeigt, sinnfällig wahrnehmen kann.

Bei den schwer löslichen Produkten (wie z. B. Viktoriablau), die vor dem Lösen mit 30%iger Essigsäure anzuteigen sind, wird kochend heißes

Wasser über die Paste gegossen und dabei kräftig umgerührt. Auch bei dieser Lösearbeit bleibt man immer unter Kochtemperatur.

Auramine, Chrysoidine und Vesuvine dürfen nur bei etwa 60° C gelöst werden. Schon bei 70° und 75° C tritt eine teilweise oder vollständige Zerstörung durch Dissoziation und Sublimation ein.

Dem Lösevorgang, d. h. der vollständigen Lösung der Farbstoffe, ist größte Aufmerksamkeit zu schenken. Die nicht gelösten Farbstoffteile sind für die Färbung immer verloren und außerdem sind sie eine Quelle zahlreicher Fabrikationsmängel. Überaus wichtig ist es ferner, die basischen Farbstofflösungen nur abgekühlt – bis etwa auf die Temperatur des Holländerinhalts – dem Stoff einzuverleiben, andernfalls ergeben sich Störungen bei der Färbearbeit, auf welche wir an anderer Stelle noch zu sprechen kommen.

Die *Haltbarkeit* der angesetzten basischen Farbstofflösungen ist begrenzt, und der Färber sollte sich ein für allemal daran halten, die kurz vor dem Gebrauch hergestellten Lösungen unmittelbar nach der erfolgten Abkühlung zu verarbeiten. Vor der Herstellung sogenannter *Vorratslösungen* muß entschieden gewarnt werden, zumal diese Unsitte weiter verbreitet ist als man gewöhnlich anzunehmen geneigt ist. Schon nach kurzem Stehen beginnt die Zersetzung infolge hydrolytischer Spaltung, und bereits nach 24 Stunden ist bei zahlreichen Produkten ein Rückgang in der Ergiebigkeit von 20% und mehr nicht selten. Zu diesem beträchtlichen Verlust kommt noch die Gefahr der Farbstippenbildung im Papier infolge der gleichzeitig in der Vorratslösung auftretenden unlöslichen Abscheidungen. Diese Mängel sind in bestimmten Grenzen von der Konzentration der Farbstofflösung abhängig: je stärker die Lösung, desto größer die Verluste und Störungen; je schwächer die Lösung, desto weniger die Einbuße an Ergiebigkeit und Gefahr der Fleckenbildung. Aber selbst bei sehr schwachen Farbstofflösungen ist die Haltbarkeit noch außerordentlich gering. So zeigt eine „Stammlösung" von Auramin O in destilliertem Wasser in einer Konzentration von 1:1000 schon nach 12–20 Stunden Abscheidungen und einen Stärkerückgang von etwa 20%.

Die basischen Farbstoffe finden auch Verwendung für *Tauchfärbungen*, so z. B. für ganz bestimmte Farbtöne, die sich mit sauren Farbstoffen nicht oder nicht allein erzielen lassen, ferner dann, wenn niedrigste Färbekosten verlangt werden und schließlich, wenn eine höhere Wasserechtheit erwünscht ist, als sie mit sauren Farbstoffen erreicht werden kann.

Für *Bürst- und Streichfärbungen* und für *Gummiwalzendrucke* werden die basischen Farbstoffe gleichfalls mit Vorteil herangezogen, ebenfalls zum *einseitigen* Färben durch Walzenübertragung oder vermittelst Färbeschlitze und zu den sogenannten *Kalanderfärbungen.*

In allen diesen Fällen bringen sie Vorteile mit sich, die in ihrer Ausgiebigkeit und Brillanz zu suchen sind. Aus den gleichen Gründen sind sie bei der *Effektpapier-Herstellung* – es sei hier nur an die Phidias-, R-C- und Kufrapapiere erinnert, die wir mit anderen bekannten Verfahren zusammen noch näher zu besprechen haben – trotz mancher Mängel nicht zu umgehen.

Die im *Handel* befindlichen basischen Farbstoffe liegen meist in Pulverform vor, hier und da auch in Form von Kristallen oder kristallinischem Bruch. Bei den Pulvermarken handelt es sich in der Regel nicht um die reinen Farbstoffe bzw. die Fabrikationspartien, sondern um Mischungen der anfallenden Fabrikationsware mit sogenannten Stellmitteln. Diese Stellmittel – Steinsalz, Dextrin, Zucker u. a. m. – bedeuten aber keine Verfälschung des Farbstoffes, sondern verfolgen ausschließlich den Zweck, ein Produkt von stets gleichbleibendem Farbton, gleicher Farbstärke bzw. besserer Löslichkeit in den Handel bringen zu können. Mit dieser fabrikationstechnischen Maßnahme hat man es auch in der Hand, ein und denselben Farbstoff in verschiedenen Konzentrationen herzustellen, was in vielen Fällen den Wünschen der Praxis entgegenkommt. Es sei nur an die verschiedenen Rhodaminmarken erinnert.

Solche *typgerechten* Lieferungen von seiten der Farbenfabriken ermöglichen erst das leichte und einwandfreie Arbeiten mit den technischen Produkten, denn es muß bemerkt werden, daß eine strenge Einhaltung des Farbtons und der Farbstärke bei Verwendung der ungestellten Fabrikationsware – wegen der nie absolut gleichmäßig verlaufenden chemischen Reaktionen – von der einen Fabrikationspartie zur anderen nicht gewährleistet werden kann.

Es sei vorweggenommen, daß das in diesem Zusammenhang für die basischen Farbstoffe Gesagte auch sinngemäß für die sauren und direktziehenden Farbstoffe, ferner für die Schwefelfarbstoffe und die organischen bzw. anorganischen Pigmente zutrifft. Nur werden bei diesen Farbstoffgruppen zumeist andere Stellungsmittel und Zusätze Verwendung finden müssen, als solche bei den basischen Farbstoffen am Platze sind.

Die wichtigsten, für die Papierfärberei geeigneten Vertreter aus der sehr umfangreichen Gruppe der basischen Farbstoffe sind im nachfolgenden zusammengefaßt. Die gegebene Auswahl kann keinen Anspruch auf Vollständigkeit erheben, worauf ausdrücklich aufmerksam gemacht sei. Es wurde gleichzeitig darauf verzichtet, in den chemischen Aufbau der einzelnen Produkte einzudringen, da Angaben über die Konstitution und typische Reaktionen nur für den Farbstoffchemiker von Interesse sein können, dem praktischen Färber aber nicht allzuviel zu sagen vermögen. Die gleichen Gesichtspunkte waren auch für die Besprechung der anderen Farbstoffgruppen maßgebend.

Gelbe Farbstoffe.

Grünstichige, sehr reine und lebhafte Gelbtöne ergeben die Auramine, unter denen Auramin O (Lu), (S), (Gy) der wichtigste Vertreter ist. Noch etwas grüner, jedoch weniger brillant sind Tannoflavin T (S) und Astrazongelb 5 G bzw. 3 G (Le), die sich durch besondere Deckkraft auf gemischten Stoffen auszeichnen und hierin den Auraminen nicht nachstehen. Lebhafte, leuchtende Farbtöne werden durch geringen Zusatz an basischem Grün erhalten. Rotstichige Gelbmarken finden wir in Janusgelb G und R. Sie ergeben Färbungen von bester Wasser- und Dampfechtheit.

Orangegelbe bis orangerote Farbstoffe.

Die bekanntesten Vertreter sind Flavophosphin GG konz.; GGO (Lu); H (Lu); R konz. (Lu), Sabaphosphin 2G; O (S). Astrazonorange G und R (Le) ergeben besonders reine und brillante Farbtöne; auf gemischten Stoffen werden damit gut egalisierende Färbungen erzielt.

Braune Farbstoffe.

In den Chrysoidin-, Vesuvin-, Bismarckbraun- und Schokoladenbraunmarken (Basischpapierbraun, Kraftbraun) liegen Farbstoffe vor, die für die Papierindustrie von großer Bedeutung sind. Sie werden zum Färben billig einstehender Brauntöne, z. B. für Schrenz-, Pack-, Tüten-, Umschlag- und Affichenpapiere herangezogen und sind zum Abdunkeln bestens geeignet. Die wichtigsten Produkte sind: Chrysoidin A; RL, Chrysoidin A konz. (Le), B konz. (Lu), HG konz. (Hö), GS (S), R (Gy), Vesuvin 4BG konz., BPXX, BLX, Vesuvin BA; BAX (Lu), Bl (Le), H 3R (Hö), R (S), Bismarckbraun HB, 2G conc. (S), Schokoladenbraun RX, V, GX, Schokoladenbraun BG (Lu), Schokoladenbraun RX; C (S), Basischpapierbraun SCH; SB; 3R (S), Kraftbraun AS; AST; ASG (S). Janusbraun B und R liefern gedeckte Brauntöne von höchster Wasser- und Dampfechtheit.

Rote Farbstoffe.

Die größte Bedeutung unter diesen besitzen die Rhodamin-, Safranin- und Fuchsinfarbstoffe. Hervorstechende Vertreter dieser Gruppen sind: Rhodamin 6GDN extra; 4GD extra; 3GO; B; B extra (Lu), ferner 6G extra; 6GH extra; B extra (S) und 6G; G; B (Gy), Safranin TH extra konz. (Hö), Safranin dopp. B (S), Pulverfuchsin AB (Le), Fuchsin MLB Plv. (Hö), Magenta E (S), Fuchsin MC (Gy), Cerise B (Le), Fuchsin kleine Kristalle, Neufuchsin 90. Leuchtende Rottöne lassen sich mit Astrazonrosa FG (Le) und Astrazonrot 6B (Le) erzielen, die besonders auch wegen ihrer gut deckenden Eigenschaften zum Färben gemischter Stoffe geeignet sind. Das gleiche gilt für Papierrot 4BS; ES (Gy), ferner für Astraphloxin FF extra (Le) und Brillantrhodulinrot B (Hö). Das letzte Produkt wie auch Astraviolett FN extra (Le) dienen zur Herstellung besonders lebhafter Rotviolettöne. In der Nuance etwas gedeckter als Safranin ist Janusrot B, das für dampfechte Hülsenpapiere geeignet ist.

Violette Farbstoffe.

Die basischen Violettfarbstoffe besitzen nicht nur zur Herstellung violetter Papiere größte Bedeutung, sondern werden vom Papierfärber in weitem Umfange auch zur Erzielung von Mischtönen, vor allem von gedeckten Blaunuancen und Schwarzfärbungen herangezogen. Die reinsten blaustichigen Violettöne ergeben Kristallviolett Krist., Äthylviolett (Lu) und Kristallviolett Plv. leicht löslich (Lu). Diese Produkte werden deshalb auch zum Weißnuancieren häufig benutzt. Den Anschluß an die Fuchsintöne liefern uns die rotstichigen Methylviolettmarken wie: 5R extra (Lu) und R extra hochkonz. (Lu). Weitere wichtige Vertreter, und zwar blauere Marken sind Methylviolett N blau; B extra hochkonz.; B Ia; BB extra hochkonz. (Lu), ferner Methylviolett 5BO; 2BDS (S), Methylviolet 2B (Gy).

Blaue Farbstoffe.

Die reinsten, lebhaftesten Blautöne sind mit Viktoriareinblau BOC konz. (Lu), Viktoriablau BA; B hochkonz.; B hochkonz. X (Lu) und Viktoriablau B (S), (Gy), ferner Helvetiablau (Gy) zu erreichen. Die Färbungen sind von guter Abendfarbe, und das ist auch der Grund dafür, daß die Viktoriablaufarbstoffe häufig für Weißnuancierungen holzhaltiger Druck- und Schreibpapiere benutzt werden. Lebhafte reine Blautöne werden außerdem mit Astracyanin B (Le) und Astrablau 3R konz. (Le) erzielt. Für Weißnuancierungen holzhaltiger, gemischter Stoffe, aber auch zur Herstellung von vollen rotstichigen bis grünstichigen Blautönen für fast alle Papiersorten eignen sich: Nuancierblau RE konz. (Lu); 2RN (S); MV (Gy); RK konz., Marineblau RNX (Lu); BNX (Hö); NJ (S), Methylenblau BB extra hochkonz. (Hö); BGX; 2B (S), außerdem Basischpapierblau BR conc.; TBA (S), Papierblau MM (Gy). Mit den grünstichigen Rhodulinblaumarken 5B extra konz. und 6G konz. (Le), Setoglancin (Gy), Azurblau B und G (S) wird der Übergang zu den Grünfarbstoffen hergestellt. Erwähnung verdienen Janusblau R und Janusdunkelblau R, die zwar nur relativ stumpfe, rötliche Blaunuancen ergeben, aber ebenso wie die Viktoriablaumarken zur Herstellung reib-, wasser- und dampfechter Färbungen geeignet sind.

Grüne Farbstoffe.

Diamantgrün GX; BXX (Le), Brillantgrün R crist. (S); Krist. (Gy), Malachitgrün Krist. 1–4 extra konz. 25 SE (Le); crist. conc. (S), Burmagrün G (Lu), Spritgrün IV (Lu) und Basischgrün HB konz. (Hö) – die letzten drei sind im Farbton etwas blumiger, gelber als Diamantgrün GX – sind die wichtigsten basischen Grünfarbstoffe. Sie werden für billigst einstehende lebhafte Grüntöne oder in Kombination mit basischem Violett für gedeckte, volle Blaunuancen für Hüllpapiere aller Art, Umschlag- und Affichenpapiere verwendet. Die gelbstichigen Grünmarken sind zum Grünerstellen von Auramin sehr gut geeignet.

Schwarze Farbstoffe.

Die Kohlschwarzmarken (Basischschwarzmarken) stellen Farbstoffgemische aus drei und mehr Komponenten dar, die in gleicher Weise zum Färben von Schrenzstoffen, holzhaltigen und auch holzfreien Hüll- und Umschlagpapieren benutzt werden. Meist werden sie zum Abstumpfen und für Kombinationsfärbungen herangezogen, doch sind sie auch in Kombination mit Ruß oder direktziehenden Schwarzmarken zur Herstellung billig einstehender Schwarztöne von großer Fülle und Deckung geeignet. Die wichtigsten Marken sind: Kohlschwarz HB konz. (Hö); CH konz.

(Le); GGX; ZX konz. (Le); D (Le); BTX (Le); A neu (Gy), Basischschwarz A extra conc. (S); B conc. (S). Janusschwarz D ist wegen seiner guten Wasser- und Dampfechtheit zu erwähnen.

B. Saure Farbstoffe (Resorcin-Alizarinfarbstoffe).

(Tafeln 2, 7, 8 und 14.)

Die sauren Farbstoffe, auch sauer ziehende oder Säurefarbstoffe genannt, sind meistens Natronsalze oder auch Ammonium- oder Kalziumsalze von Farbstoffsulfosäuren. Die Bezeichnung „saure" gibt keinen Hinweis auf die Reaktionsfähigkeit der einzelnen gruppenzugehörigen Produkte. Sie besitzen auf Grund ihres chemischen Aufbaues wohl charakterisierte Eigenschaften und unterscheiden sich in ihrem chemisch-technischen Verhalten grundsätzlich von den basischen Farbstoffen.

Mit den letzteren ergeben sie in wässerigen Lösungen Ausfällungen, die schwer- bis unlöslich sind. Solche *Lackfällungen (Kombinationsfärbungen*, auf die bereits bei den basischen Farbstoffen hingewiesen wurde), besitzen in der Papierfärberei eine überragende Bedeutung insofern, als sie den Färber in den Stand setzen, auch ohne besondere Leimungs- und Fällungsmittel eine z. B. für Weißnuancierungen oder schwache Tönungen völlig genügende Fixierung herbeizuführen. Diese Fällungsprodukte machen es, wie leicht einzusehen ist, unmöglich, daß die sauren und basischen Farbstoffe zusammen in einem Gefäß gelöst werden können. Die Lösungen müssen stets getrennt voneinander hergestellt werden, und auch die Zugabe der Lösungen zum Holländer muß getrennt erfolgen. Dabei ist noch folgende wichtige Regel zu beachten. Ist der Stoff vorgeleimt, dann beginnt man die Färbung mit der sauren Komponente. Erst nach der vollständigen Verteilung der Farbstofflösung im Stoff erfolgt der Aufsatz des basischen Anteils. Da es im allgemeinen richtiger ist, den Holländerstoff erst nach erfolgter Färbung zu leimen, wird man umgekehrt verfahren müssen, und man beginnt die Färbung mit dem basischen Farbstoff und beendet sie mit der Zugabe der sauren Komponente.

Die gegenseitige Ausfällung der sauren und basischen Farbstoffe in Gegenwart des Papierstoffes im Holländer bringt keine Störungen in der Färbearbeit mit sich. Im Gegenteil, durch den äußerst feinen Niederschlag des Farblackes auf der Einzelfaser wird neben der bereits festgestellten Fixierung eine ausgesprochen ruhige, gedeckte und gleichmäßige Färbung erzielt. Der bei sehr satten Färbungen auch abseits der Faser, im Holländerwasser, entstehende Farblack, der sich infolge der Misch- und Mahlarbeit im Stoff gut verteilt und darin einlagert, wird diesen Effekt noch erhöhen. Allerdings zeigt die Arbeitsweise den Nachteil stark gefärbter Abwässer.

Die sauren Farbstoffe besitzen eine ausgesprochene Verwandtschaft zur *tierischen* Faser, zur Wolle. Diese Eigenschaft interessiert den Papiermacher nur in ganz speziellen Fällen, so bei der Herstellung von Woll-Melierfasern, beim Färben von sogenannten Ingrain-Papieren oder bei der Herstellung von Kalanderpapieren und Rohpappe (Unterlagspappe). Dabei arbeitet man zweckmäßig nach Färbeverfahren, wie sie in der Textilfärberei angewendet werden, und die von der sonst üblichen Technik der Holländerfärbung abweichen. Das Färben der Woll-Melierfasern, für Löschpapiere z. B., erfolgt unter Zusatz von Schwefelsäure bei Kochtemperatur.

Das Anfärbevermögen der sauren Farbstoffe für alle *pflanzlichen* Fasern ist jedoch gering; die Säurefarbstoffe müssen auf diesen in jedem Falle durch Fällungsmittel fixiert werden.

Die geeignetsten Fällungsmittel sind *Tonerdesalze*, und unter diesen das wichtigste die schwefelsaure Tonerde. Für den Papierfärber liegt nun der Vorteil darin, daß die schwefelsaure Tonerde bereits für die Leimung in jeder Papierfabrik verwendet wird. Da bei der Leimung fast stets mit einem Überschuß an Fällungsmitteln gearbeitet wird, ist eine Sonderdosierung der Tonerde nur bei mittleren bis satten Farbtönen notwendig. Immerhin ist zu beachten, daß auch das Tonerderesinat ganz wesentlich zur Fixierung des sauren Farbstoffes beiträgt und daß aus diesem Grunde eine starke Leimung immer von Vorteil ist. Im allgemeinen rechnet man in der Praxis mit Zusätzen von

3–4% Harzleim (50%ig) und
5–6% schwefelsaurer Tonerde.

Der *Fixierungsvorgang* kann durch die eintretende Farblackbildung erklärt werden. Man muß jedoch auseinanderhalten, daß diese Lackbildung nicht ausschließlich auf der Faser selbst stattfinden wird, sondern daß im umgebenden Holländerwasser die gleiche Reaktion abläuft, wie wir sie auch bei den Kombinationsfärbungen (sauer + basisch) feststellten. Die abseits der Faser gebildeten Lackteilchen verhalten sich nun genau so wie die „Füllstoffe“. Ein Teil wird also zu dem auf der Faser gefällten Anteil durch bloße Anlagerung und Niederschlagung durch die gleichzeitig erfolgende Harzleimfällung hinzukommen, während ein anderer Teil, der beim Entwässerungsvorgang nicht durch das als Filter wirkende verfilzte Faserfließ zurückgehalten werden kann, im Abwasser zu finden sein wird.

Dieser Umstand einer mangelhaften Fixierung ist für eine Reihe von Fabrikationsstörungen verantwortlich zu machen. Es sei hier nur an die Zweiseitigkeit erinnert, ferner an das Auftreten stark gefärbter Abwässer. Es muß weiter darauf hingewiesen werden, daß die sauren Färbungen auf Grund obiger Feststellungen von sehr schlechter Reib- und Wasserechtheit sind.

Durch *erhöhten* Tonerdezusatz kann allerdings die Farblackbildung weitergetrieben werden – vollständig wird sie nie sein, da der Holländer einen denkbar ungeeigneten Reaktionsraum darstellt –, aber eine Verbesserung der Reib- und Wasserechtheit läßt sich durch diese Maßnahme auch nicht erzielen.

Der Einfluß der *Wasserstoffionenkonzentration* auf die Fixierung der sauren Farbstoffe ist kurz dahin zu kennzeichnen, daß jeder Einzelfarbstoff sein Färbeoptimum bei einem ganz bestimmten p_H-Wert besitzt. Wenn aus dieser Erkenntnis der praktische Papierfärber nicht die notwendigen Folgerungen ziehen kann, so sind hierfür Faktoren maßgebend, mit denen er sich wohl oder übel abfinden muß. Das Färben in der Papierindustrie stellt keine selbständige Phase in der Erzeugung dar, und meistens ist es so, daß die Färbearbeit den Vorgängen der Leimung, Füllung, Mahlung nachgeordnet werden muß. Es wäre also nicht angebracht, ja direkt falsch, wenn der Färber die günstigsten p_H-Werte für das Fixierungsvermögen der einzelnen sauren Farbstoffe bei der Holländerarbeit berücksichtigen würde. Hierdurch würden die anderen Reaktionsabläufe meistens empfindlich gestört werden. (Über die p_H-Kontrolle in der Papierfärberei werden wir an anderer Stelle noch zusammenfassend berichten.) Hinzu kommt noch, daß die Lackbildung der sauren Farbstoffe im wesentlichen eine Funktion der titrierbaren Azidität darstellt. Das besagt, daß der Ausfall der Endfärbung in weit höherem Maße von dieser abhängig ist als von der Wasserstoffionenkonzentration.

Es gibt aber auch Ausnahmen, und zwar vor allem unter den *Resorcinfarbstoffen* (Eosine, Phloxine usw.). Von diesen verhalten sich einige wie regelrechte Indikatoren, so daß größere Überschüsse an schwefelsaurer Tonerde unter allen Umständen vermieden werden müssen. Es ist notwendig, einen p_H-Wert von ungefähr 5 einzuhalten, und man erreicht dies durch die Anwendung von essigsaurer Tonerde an Stelle von schwefelsaurer Tonerde. Eine weitere Möglichkeit, die Reinheit, Lebhaftigkeit und Fluoreszenz, beispielsweise der Eosin-Färbungen, zu entwickeln und zu erhalten, besteht in einer Abstumpfung eines etwaigen Tonerdeüberschusses mit einem schwach wirkenden Alkali, am besten durch einen Nachsatz von 1–3% Borax (bezogen auf den lufttrockenen Stoff). Durch Bleiacetat werden die Resorcine praktisch vollständig verlackt und niedergeschlagen; es ergeben sich zwar echtere und vollere Färbungen, die jedoch die ursprüngliche Brillanz und Lebhaftigkeit vermissen lassen und einen starken Blaustich aufweisen. Im übrigen bietet das Verfahren kaum praktisches Interesse, da die Giftigkeit des Fällungsmittels seine Anwendung in den meisten Fällen ausschließt.

Auch einige Orange-Farbstoffe (Tropäoline) und besonders die Metanilgelb-Marken besitzen eine starke *Tonerdeempfindlichkeit.* Die Verarbeitung dieser Farbstoffe erfordert bei mäßigem Tonerdeüberschuß eine immer gleichbleibende Azidität, eine Forderung, die mit Rücksicht auf die heute allgemein übliche Rückwasserwiederverwendung im Kreislauf nur schwer erfüllbar ist. Ein gewisser Ausgleich kann dadurch geschaffen werden, daß man die ersten Holländer, allerdings bei nur mäßigem Tonerdezusatz (Verfärbung!), etwas saurer hält als die folgenden Einträge.

Einige *Wasserblaumarken* sind mit schwefelsaurer Tonerde nur unvollkommen zu fixieren. Dies macht sich besonders beim Weißnuancieren nachteilig bemerkbar, und zwar durch Schwankungen im Farbton. Diese sind ebenfalls als Folge wechselnder p_H-Werte anzusehen, und es ist deshalb zweckmäßig, z. B. bei allmählich schwächer sauer werdendem Fabrikationswasser, die Farbstofflösungen schon bei ihrer Bereitung mit Schwefelsäure anzusetzen. Durch diese Maßnahme wird eine Nachentwicklung ausgeschaltet. Man arbeitet derart, daß man die gleiche Gewichtsmenge Schwefelsäure 66° Bé, bezogen auf Farbstoffgewicht, und zwar stark verdünnt, mit der erkalteten Wasserblaulösung vermischt.

Es sei bei dieser Gelegenheit erwähnt, daß dieses Nachdunkeln besonders störend auch in der Tauchfärberei auftritt. Wir werden bei Besprechung des Tauchprozesses hierauf noch näher einzugehen haben.

Bei den sauren *Orange- und Scharlachmarken* hat sich bei sehr satten Farbtönen eine Fixierung mit gelöschtem Kalk als vorteilhaft erwiesen. Der Zusatz erfolgt nach dem Färben, aber vor dem Leimen, denn eine bereits vorgenommene Fällung und Ausflockung würde durch die Zugabe des Alkali gestört werden. Dabei ist die Menge an schwefelsaurer Tonerde, die zur Leimung erforderlich ist, so abzustimmen, daß der Holländerinhalt gerade deutlich saure Reaktion zeigt.

Die sauren Farbstoffe des Handels sind fast durchweg „gestellt", worauf bereits bei der Besprechung der basischen Farbstoffe hingewiesen wurde. Sie liegen wie diese zumeist in Pulverform vor und zeichnen sich im allgemeinen durch eine leichte Löslichkeit aus. Das Lösen selbst geschieht mit kochendheißem Wasser (Kondenswasser), am vorteilhaftesten wieder durch Einstreuen des Farbstoffpulvers. Ein Aufkochen ist zu vermeiden. Die von Hause aus oft ausgezeichnete Löslichkeit einiger sauerer Farbstoffe brachte den Farbstoff-Fabrikanten auf den naheliegenden Gedanken, die Löslichkeit durch geeignete Stellmittel oder andere physikalisch-chemische Maßnahmen noch weiter zu steigern mit dem Ziele, solche zusätzlich behandelten Farbstoffe ohne Gefahr einer Fleckenbildung ungelöst, also als Farbstoffpulver, in den Holländerstoff eintragen zu können. Das bedeutet für den Papierfärber eine außerordentliche Vereinfachung seiner Arbeit, und es wäre zu begrüßen, wenn die Farbstoff-Fabrikanten ein größeres Sortiment solcher „Holländer-Pulver-Farbstoffe" aufstellen würden.

Die Herstellung von *Vorratslösungen* muß auch bei den sauren Farbstoffen prinzipiell abgelehnt werden. Zwar verhalten sie sich besser als die basischen und können längere Zeit, ohne Abscheidungen zu zeigen, als „Stammlösungen" – die manche Vorteile z. B. bei der Nuancierungsarbeit bringen – auf Vorrat gehalten werden. Aber auch die Lösungen der sauren Farbstoffe gehen nach einiger Zeit in ihrer Ergiebigkeit zurück.

Hinsichtlich *Lichtechtheit* genügen die sauren Farbstoffe mit einigen Ausnahmen (Alizarinfarbstoffe, Palatinechtfarbstoffe, Chinolingelb, Baumwollscharlach, Nigrosin usw.) auch mäßigen Ansprüchen nicht. Sie unterscheiden sich hierin kaum von den basischen Farbstoffen. In der Fachliteratur allerdings stößt der Papierfärber immer wieder auf die lapidare Feststellung, daß die sauren Farbstoffe lichtechter sind als die basischen. Das trifft, streng genommen, auch zu. Aber aus dieser Feststellung kann der Papiermacher keinen Gewinn ziehen, denn der Begriff der Lichtechtheit ist ein relativer und besagt nur, daß der eine Farbstoff lichtechter oder lichtunechter ist als der andere; er sagt aber noch nichts über den Lichtechtheitsgrad selbst aus. Man übersieht also die Tatsache, daß sich die Dauer der Beständigkeit gegen Lichteinwirkung bei den Vergleichspartnern meistens nur um wenige Stunden unterscheidet und daß sowohl der saure als auch der basische Farbstoff den an eine halbwegs lichtechte Papierfärbung zu stellenden Ansprüchen nicht gerecht wird.

Einige der sauren Farbstoffe schädigen auf Grund ihres chemischen Aufbaues die Harzleimung nicht unbeträchtlich. Es scheint sich dabei um

Reaktionen zwischen dem Tonerderesinat und hydrolisierten Natriumsalzen zu handeln, und wir finden solche *Leimungsschäden* besonders beim Färben mit Metanilgelb, Orange II und Baumwollscharlach. Man bekämpft diese Entleimung am besten durch Schutzkolloide oder durch Anwendung einer kombinierten Leimung (z. B. Harz + Wachs + Tierleim).

Es ist eine auffällige Erscheinung, daß die gleichen Produkte, vor allem aber die Orange- und Scharlachmarken, sehr stark zum *Schäumen* neigen, und es muß deshalb angenommen werden, daß zwischen Entleimung und Schäumen bestimmte Zusammenhänge bestehen. Die Badische Anilin- und Soda-Fabrik hat sich im übrigen mit Erfolg bemüht, die schlimmsten Schaum-Schäden von vornherein dadurch zu unterbinden, daß sie in den Farbstoff schaumverhütende bzw. schaumdrückende Mittel einbaute.

Die schwere Fäll- und Fixierbarkeit der sauren Farbstoffe bringt nicht nur den Nachteil gefärbter Abwässer mit sich, sondern gibt auch Anlaß zur sogenannten *Zylinderzweiseitigkeit*, die eng mit der *Hitzeunbeständigkeit* der sauren Farbstoffe verknüpft ist. Diese Mängel sind nur den sauren Farbstoffen eigen, da sie keine oder aber nur sehr geringe Verwandtschaft zur pflanzlichen Faser besitzen und auf dieser nur ungenügend verankert werden können. Sie sind damit zu erklären, daß beim Verdampfungsvorgang die noch im Wasser gelösten oder kolloidal ausgefällten Farbstoffe infolge der einseitigen Kontakterhitzung durch die Trockenzylinder auf die andere Papierseite befördert werden. (Daher der Name „Zylinderzweiseitigkeit"!) Hier findet eine Anreicherung des zum Auskristallisieren gezwungenen Farbstoffes statt, und es entstehen Stärke- oder Tönungsunterschiede; letztere besonders dann, wenn die Farbstoffe eine ungenügende Hitzebeständigkeit zeigen und, wie der Fachmann sagt, „verbrennen" oder „herausbrennen". Wir werden noch Gelegenheit haben, die „Zweiseitigkeit farbiger Papiere" in einem besonderen Kapitel eingehender zu untersuchen.

Trotz ihrer geringen Verwandtschaft zur Papierfaser haben die sauren Farbstoffe eine ausgedehnte Verwendung zum Färben von Papier in der Masse gefunden. Die Gründe hierfür haben wir im einzelnen kennengelernt. Ein sehr wichtiges Anwendungsgebiet besitzen die sauren Farbstoffe außerdem in der *Tauchfärberei*, die ausführlicher noch in einem besonderen Kapitel zu behandeln ist. Nur soviel sei hier festgehalten, daß es vor allem die sehr gute Löslichkeit der sauren Farbstoffe ist, welche sie für das Tauchverfahren geeignet machen. Hand in Hand damit geht ein hervorragendes *Egalisiervermögen*, das für das Tauchfärben ebenfalls von größter Bedeutung ist und das in der zu allen Papierfasern und Fasermischungen praktisch gleichen Affinität, besser gesagt Nicht-Affinität, der sauren Farbstoffe begründet liegt.

Die sauren Farbstoffe werden gleichfalls mit Vorteil für *Bürst-* und *Streichfärbungen*, für *einseitige* Färbungen innerhalb und außerhalb der Papiermaschine, weiter für *Kalanderfärbungen* und *Effektpapierfärbungen* benutzt. Bei einer Reihe von Effektpapierverfahren spielen die sauren Farbstoffe insofern eine höchst interessante Rolle, als dabei ihre sonst so wenig geschätzten Eigenschaften der mangelhaften Fixierung, der ungenügenden Wasserechtheit und der Zylinderzweiseitigkeit durch sinnvolle Lenkung für die Kennzeichnung dieser Sonderpapiere in Anspruch genommen werden.

Im nachfolgenden werden die wichtigsten sauren Farbstoffe aufgeführt, soweit sie für Massefärbungen Bedeutung erlangt haben, und ihre hervorstechendsten Eigenschaften kurz besprochen. Die Aufzählung ist unvollständig, worauf ausdrücklich hingewiesen sei. Aus der sehr großen Anzahl der von den verschiedenen Farbenfabriken herausgebrachten sauren Farbstoffe wurden verständlicherweise nur solche Produkte berücksichtigt, deren Farbtöne die Abrundung eines „Papier-Sortimentes" gestatten.

Die vorwiegend zum Tauchen geeigneten sauren Farbstoffe werden in dem Abschnitt über „Tauchfärbung" behandelt werden.

Gelbe Farbstoffe.

Reinste schwefelgelbe Farbtöne werden mit Chinolingelb KT extra konz.; P extra konz. (Lu), Eriogelb S (Gy) und Chinolingelb O (S) erzielt, Farbstoffe, die auf Grund ihrer guten Lichtechtheit vorwiegend auf holzfreien Stoffen Verwendung finden. Das gleiche gilt von Xylenwalkgelb 6G (S), das relativ gute Abwässer auch bei schwacher Leimung ergibt, ferner von dem etwas röteren Supramingelb R konz. (Hö). Auch Sulfongelb 5G; R (Le), Beizengelb G (Le) und Walkgelb OX (Le) sind zur Erzielung klarer, grünstichiger Gelbfärbungen in der Masse bei guten Abwässern bestens geeignet.

Die im Farbton röteren Metanilgelbmarken haben trotz ihrer Säure- und Hitzeempfindlichkeit in der Papierfärberei größte Bedeutung erlangt. Sie werden vorzugsweise zur Herstellung billigst einstehender goldgelber Farbtöne auf Hüll- und Umschlagpapieren, Tapeten- und Affichenpapieren und dgl. verwendet. Wegen der Säureempfindlichkteit sind Tonerdeüberschüsse zu vermeiden, da trübe Färbungen resultieren. Die gängigsten Marken für Massefärbungen sind: Metanilgelb extra; PL (Lu), Metanilgelb supra P (Lu), Metanilgelb (Gy) und Metanilgelb conc. (S). Die Metanilgelbmarken sind sehr gut löslich. Die Marke supra P kann sogar ungelöst dem Holländer zugegeben werden. Dem Metanilgelb im Farbton und in Eigenschaften sehr ähnlich sind Beizengelb 3R (Le) und Resorcinbraun G (Gy). Wertvolle Papierfarbstoffe stellen auch Papiergelb A und AX (Lu), Papiergelb XG (Gy), ferner Papiergelb AHX (S) dar; sie liegen im gleichen Farbtonbereich wie Metanilgelb, sind aber weniger säure- und hitzeempfindlich als dieses und werden deshalb überall dort als Ersatz für Metanilgelb verwendet, wo eine bessere Säure- und Hitzebeständigkeit gefordert werden muß.

Orangegelbe bis orangerote Farbstoffe.

In Orange II (Lu), (S), (Gy) und Spezialorange H (Hö) besitzen wir die wichtigsten Papierfarbstoffe überhaupt. Orange II wird ganz allgemein zum Färben billigst einstehender feuriger Orangetöne verwendet. Außerdem ist es ein wichtiger Kombinationsfarbstoff und ergibt z. B. mit Rhodamin, Safranin, Baumwollscharlach und Papierscharlach feurige Scharlachfärbungen.

Ponceau 4GBL (Le) und Xylenechtrot 2GP (S) sind relativ gut fixierbare Farbstoffe, die in Massefärbung zur Erzielung gelboranger Töne auf mittelfeinen Papieren Vorteile bieten. Zur Herstellung gedeckter voller

Orangetöne sind außerdem Sulfonorange G (Le) und Brillantwalkorange GR (Le) geeignet, doch besitzen Orange RO (Lu), Papierorange R (Gy) und Orange R (S) mit ihrem röteren Farbton und mit ihrer besseren Hitzeechtheit und Fixierbarkeit nicht zu unterschätzende färberische Vorteile vor Ponceau und Xylenechtrot. Orange RO (Lu) bzw. R (S) und Papierorange R (Gy) werden in gleicher Weise wie Orange II verwendet und dienen vorwiegend als Kombinationsfarbstoffe.

Scharlachrote und rote Farbstoffe.

Die wichtigsten Scharlachfarbstoffe sind: Baumwollscharlach extra (Le), Papierscharlach R (S), Papierrot G (S), Papierscharlach G conc.; R conc.; WEG (Gy), Brillantscharlach GX (Le), Supranolscharlach GN (Le), Brillantcrocein MOOL, Baumwollscharlach extra NP, Echtscharlach GPX, Fixierscharlach RXX (Lu), Cartafixrot G; R; 2R und B (S). Die mit diesen Produkten zu erzielenden Scharlachtöne sind untereinander in Ton und Fülle sehr ähnlich. Fixierscharlach RXX (Lu), Echtscharlach GPX, Brillantscharlach GX (Le) und die Cartafixmarken (S) ergeben auf den verschiedensten Papierstoffen bei relativ wenig gefärbten Abwässern hervorragend gedeckte Rosa- und Rottöne, die in ihrer Zylinderechtheit den Färbungen der übrigen Scharlachmarken überlegen sind.

Baumwollscharlach extra NP ist eine nicht schäumende Einstellung.

In Verbindung mit Orange II (Lu), (S), (Gy) und Spezialorange H (Hö), RO (Lu), R (S), Papierorange R (Gy) werden gelbstichige Scharlachtöne von höchster Brillanz erhalten.

Unter den Rotfarbstoffen zeichnen sich Papierrot A extra (Le) und Papierrot G (S) durch große Lebhaftigkeit aus. Die Abwässer auch auf holzhaltigen, gemischten Stoffen sind gut. Papierrot HRR (Hö) liegt im Farbton diesen beiden Produkten sehr nahe.

Trübere, gedeckte Rottöne für Tapeten-, Hüll-, Umschlagpapiere und dgl. werden vorteilhaft mit Echtrot AV (Lu), Roccelin (S) oder Roccellin L (Gy) kombiniert. Für blaustichige Rotnuancen eignen sich Brillantcrocein 9B (Le), Papierechtbordo B (Le) und Naphtolrot B (Gy). Diese Produkte sind von bemerkenswerter Lichtechtheit, großer Lebhaftigkeit und fixieren sich auf holzhaltigen Stoffen gut. Das gleiche gilt von Bordo extra (Le), das sich ebenfalls durch wenig gefärbte Abwässer auszeichnet. Es dient zur Herstellung trüberer Violettöne und zum Abstumpfen.

Die *Resorcinfarbstoffe* ergeben auf holzfreien, geleimten Stoffen gelbliche bis bläuliche Rosatöne von höchster Brillanz. Sie werden allgemein zum Tönen feiner Papiere gebraucht, außerdem zum Schönen lebhafter Rot- und Scharlachtöne. Sie sind in hellen Färbungen nicht lichtecht, ferner außerordentlich hitze- und säureempfindlich. Zur Verbesserung der Nuance, d. h. zur Abstumpfung des durch die Leimung bedingten, die Färbung aber abtrübenden Tonerdeüberschusses empfiehlt es sich deshalb, nach dem Leimen mit etwa 2% Borax (bezogen auf das Fasertrockengewicht) zu avivieren. Die bekanntesten Handelsmarken sind: Eosin A; BNX; G konz. (Lu), Phloxin GN konz.; BBN konz. (Lu), Bengalrosa GTO (Lu), Eosin AN pur.; bläulich (S), Eosin gelblich (Gy).

Violette Farbstoffe.

Die sauren Violettmarken sind nicht nur als Selbstfarbstoffe brauchbar, sondern besitzen auch Bedeutung als Nuancierfarbstoffe speziell zum Ausgleichstönen (Drücken) bei Weißfärbungen. Die wichtigsten Vertreter sind: Säureviolett 6BN (Lu); 4BSO (Le), Echtsäureviolett 10B (Le), Säureviolett 4BNS (S), Papierviolett 4 BL (S), Säureviolet RN; 5B (Gy). Die Farbstoffe sind leicht löslich, gut hitzebeständig und lassen sich gut fixieren.

Blaue Farbstoffe.

Als Selbstfarbstoffe werden die sauren Blaumarken nur selten benutzt. Hingegen sind sie als Bläuungsfarbstoffe in der Farbküche nicht zu entbehren. Sie dienen vorwiegend zum Weißtönen mittelfeiner und feiner, holzhaltiger und holzfreier Druck- und Schreibpapiere. Sie zeichnen sich durch gute Säurebeständigkeit aus und sind den basischen Nuancierfarbstoffen in der Lichtechtheit überlegen. Vor allem ergeben sie gut egalisierende, nicht melierende Weißtönungen und sind in Kombination mit basischen Produkten geeignet, der farbig strukturellen Zweiseitigkeit entgegenzuwirken. Die wichtigsten Handelsprodukte sind: Wasserblau TR; TBA und IN (Hö), Brillantwollblau FFR extra (Le), Brillantwalkblau B (Le), Reinblau G conc. (S), Tintenblau S conc. (S), Seidenblau H (S), Papierreinblau (Gy), Neutralblau R (Gy).

Für gut lichtechte Färbungen (schwache bis mittlere Töne) und vor allem Weißnuancierungen sind geeignet: Helioechtblau BL extra konz. (Le), Alizarinsaphirol SE (Le), Alizarinbrillantreinblau R; SE (Le), Cyananthrol RBX (Le), Anthracenblau SWGG Plv. (Le), Alizarinlichtblau B (S), Palatinechtmarineblau BRN (Lu).

Grüne Farbstoffe.

Die sauren Grünfarbstoffe werden nur in Ausnahmefällen als Selbstfarbstoffe verarbeitet. Auch als Kombinationsfarbstoffe besitzen sie bei Massefärbungen nur geringe Bedeutung. Eine Ausnahme bilden Lichtgrün SF gelblich XX (Le) und Alkaliechtgrün 10 G (Le), ferner Cyanolechtgrün G extra hochkonz. (Hö) und Xylenbrillantgrün 3GM (S), die sich durch gute Fixierbarkeit auch bei schwach geleimten Massefärbungen auszeichnen und den basischen Grünfärbungen in der Lichtechtheit überlegen sind.

Braune Farbstoffe.

Bei den sauren Papierbraunmarken handelt es sich um Produkte, die auf gemischten Stoffen sehr gleichmäßige Färbungen ergeben und hierin den basischen Braunmarken überlegen sind. Sie besitzen jedoch nicht das gute Fixiervermögen und die gute Zylinderechtheit der basischen Braunfarbstoffe. Die bemerkenswertesten Produkte sind: Papierbraun BL; BB; R 8480 (Lu), Havannabraun S konz. (Le), Cedernbraun A 1312 (Le), Supranolbraun 5 R (Le), Papierbraun G; SRH; SBB (S) und Papierbraun B (Gy).

Schwarze Farbstoffe.

Unter den schwarzen Farbstoffen müssen die Nigrosinmarken an erster Stelle genannt werden. Sie zeichnen sich durch eine sehr gute Licht- und Wasserechtheit aus, sind hervorragend zylinderecht und finden für blau- bis rotstichige Grautöne vorzugsweise auf holzfreien Stoffen Verwendung. Außerdem stellen sie billige Nuancier- bzw. Abtrübungsfarbstoffe dar. Die wichtigsten Marken sind: Nigrosin NBL; TS (Le), Nigrosin WL Pulver, WLA Körner, Nigrosin BTS extra; BBS extra (Gy), Nigrosin K; G (S).

Weitere Schwarzmarken, die meistens ebenfalls zum Nuancieren bzw. Abtrüben dienen, sind: Amidoschwarz HTT (Hö); 10 B (Le), Velourlederschwarz S (Lu), Naphtylaminschwarz D (Gy), Brillantschwarz BX (Le), Papiertiefschwarz GX; RX (Le), Echtsulfonschwarz F (S).

C. Substantive Farbstoffe.

(Tafeln 9, 10, 15 und 16.)

Die substantiven Farbstoffe werden häufig auch als direktziehende Farbstoffe bezeichnet und stellen Natronsalze von Azofarbstoffen mit Sulfo- oder Carboxylgruppen (meist Benzidin- und Stilben-Farbstoffe) dar. Die Bezeichnung „direktziehend" enthält bei dieser Gruppe den Hinweis darauf, daß ihre Vertreter eine große Affinität zu allen Cellulosefasern, also zu Baumwoll- und Leinenhadern, gebleichten und ungebleichten Holz- und Strohzellstoffen, besitzen und diese ohne Zuhilfenahme von Fixiermitteln *direkt* anfärben. In dieser Eigenschaft liegt auch die besondere Bedeutung der substantiven Farbstoffe für den Papierfärber begründet. Bei der Herstellung von Löschpapieren, farbiger Zellstoffwatte, Carbonroh-, Vulkanfiberrohpapieren, Kabelpapieren und Pergamentrohstoffen ist es eine der wichtigsten Forderungen, die Faser für den nachfolgenden Verwendungs- bzw. Verarbeitungszweck saugfähig zu erhalten. Durch die bloße Aufladung der Fasern mit direktziehenden Farbstoffen wird die Saugfähigkeit kaum beeinträchtigt. Dies würde aber in starkem Maße der Fall sein, wenn zur Fixierung der Farbstoffe eine Lackbildung vorausgehen müßte, also die Verwendung von Leim- und Beizmitteln erforderlich wäre.

Auf *holzfreien* Rohstoffen sind die direktziehenden Färbungen von einer sehr guten Reib- und Wasserechtheit, auch die Dampfechtheit ist in vielen Fällen als gut zu bezeichnen. Die Sättigungsgrenze der Zellstoff-Faser liegt – Massefärbungen im Holländer vorausgesetzt – für die direktziehenden Farbstoffe bei etwa 5–6%, bezogen auf lufttrockenes Material. Bei sehr satten Farbtönen ist durch die *Leimung* bzw. durch schwefelsaure Tonerde allein eine Farbtonvertiefung nur im geringsten Ausmaße möglich. Dagegen ist eine geringe Verbesserung der Reib- und Wasserechtheit durch diese Fixierungsmittel gegeben.

Von großer Bedeutung ist bei der Leimung direktziehender Färbungen die Reihenfolge der einzelnen Zusätze. Es ist unbedingt die Reihenfolge: Farbstoff – Harzleim – schwefelsaure Tonerde einzuhalten, denn es hat sich in der Praxis gezeigt, daß die *vorgeleimten* Stoffe oftmals eine wesentlich geringere Aufnahmefähigkeit für die direktziehenden Farbstoffe besitzen als Papierstoffe, die erst nach dem Färben geleimt werden.

Bei Herstellung satter Färbungen, vor allem, wenn eine Leimung nicht möglich ist, werden zum Fixieren der direktziehenden Farbstoffe mit Vorteil *Glaubersalz* oder *Kochsalz* oder beide zusammen benutzt; auch *Soda* findet für den gleichen Zweck Verwendung. Es handelt sich dabei nicht um Fällungen, wie etwa bei den basischen und sauren Farbstoffen, sondern um ein vollständigeres „Aufziehen" als Folge der Salzkonzentration.

Die *Färbetemperatur* spielt als Fixierungsmittel der substantiven Farbstoffe ebenfalls eine wichtige Rolle, und in der Praxis hat sich die Erwärmung des zu färbenden Rohstoffes als farbvertiefendes Mittel bestens bewährt. Für zahlreiche direktziehende Farbstoffe kann man bei Temperaturen zwischen 60 und 70° C eine gesteigerte Affinität zur Baumwoll-, Leinen- und Zellstoff-Faser feststellen, die ihren Ausdruck in einem leichteren und schnelleren Aufziehen und in vollkommen klaren Abwässern findet.

Diese Maßnahmen sind vor allem bei der Herstellung von *Melierfasern* zu beachten. Wir werden hierauf noch an anderer Stelle zu sprechen kommen.

Für die Verarbeitung der einzelnen Beizmittel seien im nachfolgenden die Richtlinien gegeben:

Glaubersalz calc. 10–20%iger Zusatz, bezogen auf lufttrockenes Fasergut, *nach* der Farbstoffzugabe,

Kochsalz denat. (Gewerbesalz) 10–20%iger Zusatz, bezogen auf lufttrockenes Fasergut, *nach* der Farbstoffzugabe,

Soda calc. 2–4%iger Zusatz, bezogen auf lufttrockenes Fasergut, *nach* der Farbstoffzugabe.

Hierzu ist zu bemerken, daß Soda calc. zweckmäßig nur zur besseren Entwicklung satter Rottöne (Congorot, Cosmosrot, Benzopurpurin) angewandt wird. Eine Erwärmung auf 50–60° – bei der Herstellung von Melierfasern ½–1 stündiges Kochen – unterstützt das Aufziehen der Farbstoffe.

Eine besondere Stellung nimmt *Kupfervitriol* als Beizmittel bei einigen direktziehenden Farbstoffen ein. Durch Zugabe von Kupfervitriol (gleiche bis doppelte Gewichtsmenge der verwendeten Farbstoffe) wird die *Lichtechtheit* der betreffenden Farbstoffe ganz beträchtlich erhöht. Diese Arbeitsweise gewinnt praktische Bedeutung bei der Herstellung einiger lichtechter Blautöne, wobei die gefärbte Faser natürlich auch für Melierungen benutzt werden kann. Durch die Behandlung mit Kupfervitriol wird der Farbton immer etwas abgetrübt, worauf beim Ausmustern zu achten ist. Die einzuhaltende Reihenfolge beim Färben ist: Farbstoff, Kupfervitriol, Harzleim, schwefelsaure Tonerde.

Es ist außerordentlich interessant, festzustellen, daß die Lichtechtheit gewisser direktziehender Farbstoffe, auf Baumwolle gefärbt, eine bessere ist als auf gebleichtem Zellstoff (Chrysophenin G). Beim Congorot (Cosmosrot, Benzopurpurin) hingegen ist es umgekehrt; hier sind die Färbungen auf gebleichtem Zellstoff lichtechter als jene auf Baumwolle. Es ist deshalb zweckmäßig, eine Entscheidung nur von Fall zu Fall zu treffen, und zwar an Hand eines praktischen Versuches auf dem verlangten Grundstoff, und sich nicht auf bestehende Lichtechtheitstabellen, beispielsweise auf Baumwolle hergestellt, zu verlassen.

Ganz allgemein kommt den direktziehenden Farbstoffen eine *gute* Lichtechtheit zu; einige Vertreter der Gruppe zeigen sogar sehr gute Beständigkeit gegen Lichteinwirkung. Zusammen mit der vorzüglichen Reib- und Wasserechtheit sind hiermit die Vorbedingungen für einige spezielle Verwendungszwecke gegeben, z. B. für besondere Hüllpapiere (Textileinwickelpapier, Tabakpapier, schwarz-rotes und schwarz-grünes Filmpapier usw.), Spinnpapier, Umschlagkarton, Löschpapier, Kopierseiden, Zigarettenpapier, Umblattpapier, Bakelitrohpapier usw.

Gegenüber den stark inkrustierten oder holzhaltigen Stoffen bzw. Stoffmischungen verhalten sich die direktziehenden Farbstoffe ähnlich wie die basischen Farbstoffe. Allerdings sind die zu beobachtenden Affinitätsunterschiede wesentlich geringer als bei den basischen Färbungen. Genau wie bei diesen stellen sich die lästigen Melierungen ein, aber die Gesetzmäßigkeit, die zu ihrem Auftreten führt, ist eine andere. Die substantiven Farbstoffe ziehen um so besser auf, je reiner der Zellstoff vorliegt. Dies ist aber nicht eine reine Zeitfunktion, obwohl dieser beim *schipprigen* Ausfall der direktziehenden Färbungen auf holzhaltigen Stoffmischungen zweifellos eine ausschlaggebende Bedeutung zukommt. Es ist eben nicht möglich, in der für die Holländerarbeit zur Verfügung stehenden Zeit die harzigen, dichten Holzschliff-Fasern völlig *durch*zufärben.

Die substantiven Farbstoffe des Handels liegen in „gestellten" Pulvermarken vor. Die Löslichkeit ist im allgemeinen nicht so gut wie die der basischen und fällt somit stark gegen die der sauren Farbstoffe ab. Sie werden in möglichst kalkfreiem, kochendheißem Wasser, am besten Kondenswasser, gelöst. Steht nur kalkhaltiges Wasser zur Verfügung, so hilft man sich in der Weise, daß man dem Lösewasser etwa $1/4$ oder auch mehr vom Gewicht des zu lösenden Farbstoffes an Soda calc. zusetzt. Die Lösungen sind stark verdünnt und abgekühlt dem Holländer zuzugeben.

Die Herstellung von Vorratslösungen verbietet sich, schon wegen der relativ schweren Löslichkeit der substantiven Farbstoffe, von selbst. Außerdem bestehen natürlich auch bei diesen Produkten ohne Ausnahme alle Einwände gegen eine solche Arbeitsweise, wie wir sie bereits bei den basischen und sauren Farbstoffen herausstellten.

Die substantiven Farbstoffe werden durch die basischen gefällt. Es ist also nicht möglich, Vertreter dieser beiden Farbstoffgruppen zusammen zu lösen oder ihre Lösungen vor der Zugabe zum Holländer miteinander zu vermischen.

Als Kombinationsfärbungen ergeben die beiden Gruppen keine Vorteile hinsichtlich einer besseren Fixierung, wohl aber hinsichtlich einer *Avivierung* der substantiven Färbung durch einen basischen Aufsatz.

Die substantiven und sauren Farbstoffe hingegen können zusammen gelöst werden, und auch ihre Lösungen können ohne Gefahr von Ausfällungen miteinander vermischt werden. Die Farbstoff-Fabrikanten haben sich übrigens dieser Möglichkeit bei der Schaffung bestimmter, mit sauren Farbstoffen gestellter substantiver Typen bedient. Diese sind meist unter der Bezeichnung „Halbwollfarbstoffe" im Handel. Die Vorteile solcher

Farbstoffmischungen sind mehr in ihrem färberischen Verhalten zu suchen als in dem eventuell blumigeren, reineren Farbton gegenüber den substantiven Produkten. Die Halbwollfarbstoffe eignen sich besonders zum Anfärben gemischter (holzhaltiger) Stoffe; sie ergeben gedeckte, warme Farbtöne bei fast farblosen Abwässern und verhindern weitgehend melierte bzw. schipprige Färbungen (Tafel 8).

Trotz eines relativ hohen Preises (verglichen mit den basischen und sauren Farbstoffen) haben die substantiven Farbstoffe in der Papierindustrie eine weite Verbreitung gefunden. Vor allem sind es die direktziehenden Eigenschaften, die dem Papierfärber zahlreiche Färbemöglichkeiten bieten, die mit Farbstoffen der anderen Gruppen nicht zu erreichen sind. Aber auch die guten Echtheitseigenschaften der direktziehenden Farbstoffe (vor allem die Reib- und Wasserechtheit, die Hitzebeständigkeit und Lichtechtheit) haben dazu beigetragen, sie für viele färberische Aufgaben, besonders bei technischen Papieren, unentbehrlich zu machen.

Die substantiven Farbstoffe besitzen ihr Hauptanwendungsgebiet in der Massefärbung. Für *Tauchfärbungen* ist ihre Löslichkeit zu gering; dennoch werden sie auf Grund ihrer übrigen guten Echtheitseigenschaften in Sonderfällen (Gärtnerkrepp, Kuvertfutterseiden usw.) herangezogen.

Für *Streich-* und *Bürstfärbungen* sind sie ebenso brauchbar wie für einseitige *Kalanderfärbungen.*

Bei der *Effektpapierherstellung* spielen die direktziehenden Farbstoffe eine überragende Rolle.

Die Farbenfabriken sind den Wünschen der Praxis entgegengekommen und haben umfangreiche Sortimente entwickelt, die besonders auch die hervorragend lichtechten Vertreter der Gruppe berücksichtigen. Sie sind als Sirius- und Siriuslichtfarbstoffe und unter anderen Sortimentsbezeichnungen im Handel anzutreffen.

Hier ist auch die Gruppe der *Blankophore* zu erwähnen, auf die wir im Kapitel über das „Weißfärben" noch näher eingehen werden. Diese optischen Weißtöner verhalten sich wie substantive Farbstoffe, d. h. sie ziehen ohne Fixierungsmittel auf Zellstoff auf. Das Ziehvermögen kann durch Kochsalz oder Glaubersalz calc. erheblich gesteigert werden.

Die Anwendung der Blankophore beschränkt sich nicht nur auf weiße Papiere, sondern erstreckt sich auch auf die Herstellung klarer, hell getönter Papiere. Bei satten Färbungen hingegen wird die Lumineszenzfarbe dadurch beeinträchtigt, daß die dunklen Färbungen kurzwelliges Licht schlucken.

Im nachfolgenden werden die wichtigsten Produkte aufgeführt und kurz besprochen.

Gelbe Farbstoffe.

Die wichtigsten grünstichigen substantiven Gelbfarbstoffe, die etwa im Bereich des Auramintones liegen, sind: Benzoreingelb FF (Le), Thiazolgelb G (Le), Dianilgelb 5G hochkonz. (Hö), Direktgelb 5G conc. (S), Diphenylcitronin GE (Gy), ferner die nachstehend aufgeführten Farbstoffe, die sich gegenüber den gewöhnlichen substantiven Marken besonders durch erhöhte Lichtechtheit bei gleichzeitig guter Wasser-, Reib- und Zylinderechtheit auszeichnen: Siriuslichtgelb 5GP (Le), Solarflavin 5G (S) und Solophenylgelb FFL (Gy).

Mittlere Gelbtöne werden mit Chrysophenin G (Le), Diaminechtgelb A (Le), Direktgelb C (S), Sonnengelb 2G (S) und Diphenylechtgelb GL (Gy) erreicht; außerdem mit den besonders lichtechten Marken Siriusgelb G (Le); GC (Le) und Solarflavin 2GA (S); BGL (S).

Volle goldgelbe Nuancen, vorwiegend für bessere Umschlag-, Lösch- und Tapetenpapiere, liefern die rotstichigen Gelbfarbstoffe: Papiergelb 3GX (Le), Stilbengelb GLX (Le), Papiergelb RRNX (Le), Papiergelb RF (Ma), Dianilgelb RR (Hö), Cartagelb GE (S); GC conc. (S); 2RE (S), Sonnengelb 3G (Gy). Rotstichige substantive Farbstoffe besonders guter Lichtechtheit liegen vor in : Siriuslichtgelb R extra (Le); RR (Le); RT (Le); FRRL (Le), Diaminlichtgelb RR extra (Ma), Solarflavin R (S); RN (S), Solophenylgelb 2RL (Gy).

Orangegelbe bis orangerote Farbstoffe.

Zum Färben von Löschpapieren, Melierfasern und holzfreien Papieren aller Art sowie zum Nuancieren gelber Töne nach Rot hin sind die substantiven Orangefarbstoffe, vorzugsweise die sehr lebhaften Marken Benzoechtorange WS (Le); F3R (Le), Cartaorange P (S), Chloraminechtorange RS (S), Diaminorange D (Ma) und Diphenylechtorange SE (Gy) hervorragend geeignet. Sie ergeben gut lichtechte, klare Orangetöne, die gegenüber Orange II und Orange RO den Vorteil guter Wasser- und Hitzebeständigkeit haben.

Auch weniger brillante Orangemarken wie z. B. Baumwollorange R (Le), Diaminorange B (Le), Congoorange G (Le), Benzoorange R (Le), Dianilorange G (Hö), Polyphenylorange R (Gy) und Sonnengelb 3R (S) sind zum Färben holzfreier, geleimter und ungeleimter Papiere aller Art sowie zur Herstellung von Melierfasern und Marmorierstoffen geeignet.

Produkte, die wegen ihrer besonders guten Lichtechtheit bzw. Gesamtechtheit von den verschiedenen Farbenfabriken herausgestellt werden, sind: Siriuslichtorange 7GL (Le); GGL (Le); 5G (Le); RRL (Le); 3R (Le), Solophenylorange 3GL (Gy); 2RL (Gy); 3RL (Gy), Solarorange 2GL (S); 2RN pat. (S).

Braune Farbstoffe.

Zur Herstellung billiger Brauntöne auf gebleichten und ungebleichten Zellstoffen, von Vulkanfiberroh- und Löschpapieren, von Melierfasern und zum Nuancieren gedeckter lichtechter Brauntöne für Umschlagpapiere und Albumkartons werden die verschiedenen substantiven Braunmarken recht häufig herangezogen. Ihre gute Fixierbarkeit auch auf gemischten Stoffen, die selbst bei satten Färbungen fast farblose Abwässer gewährleistet, und ihre gute Zylinderechtheit bieten in vielen Fällen große Vorteile für den Papierfärber. Die Farbenfabriken sind deshalb den Wünschen der Praxis durch Schaffung umfangreicher Sortimente entgegengekommen. Wichtige braune Farbstoffe sind: Toluylenechtbraun 3G (Le), Diaminbraun 33 (Le),

Oxaminbraun 3GX (Le), Thiazinbraun R (Le), Diaminkatechin G (Le), Oxamindunkelbraun GX (Le), Piassavabraun R4N (Le), Columbiabraun R (Le), Diaminkatechin B (Le), Papierbraun HM (Ma), Diaminbraun BC (Ma), Papierdirektbraun CM (Hö), Cartabraun BRN (S); N conc. (S); A (S), Cartadunkelbraun BG (S), Trisulfonbraun MB (S); CCN (S); B (S), Viscolanechtbraun SR (S), Diphenylbraun GS conc. (Gy); GVF (Gy); BBN (Gy), Diphenylcatechin R (Gy).

Besonders gut lichtechte Brauntöne werden u. a. mit den folgenden Farbstoffen erzielt: Siriuslichtbraun G (Le); 5G (Le); RT (Le); R (Le); 3 RL (Le); BRS (Le); T (Le), ferner Solarbraun G (S); R (S); PL (S); 2GL (S); 2G (S); GL (S) und Solophenylbraun 8 GL (Gy); RL (Gy); BL (Gy).

Rote und scharlachrote Farbstoffe.

Congorot (Le), (S), Baumwollrot 5B (Gy), Benzopurpurin 4B (Le), (S) werden in ausgedehntem Maße für billig einstehende volle Rottöne, hauptsächlich für holzfreie Umschlag-, Lösch-, Pergamynpapiere und dgl. verwendet. Die Farbstoffe sind säureempfindlich und werden daher mit Sodazusatz gefärbt.

Die Direktscharlachmarken hingegen sind säureechter als Congorot und Benzopurpurin. Sie zeichnen sich allgemein durch ihre große Lebhaftigkeit aus und sind besonders für Löschpapiere, Melierfasern und holzfreie Hüll- und Umschlagpapiere geeignet. Wichtige Direktscharlachmarken u. a. sind: Benzoechtscharlach 4BS (Le), Chloraminechtscharlach SE (S), Diphenylechtscharlach RS (Gy), Chloraminrot 8BS (Le), Thiazinrot RXX (Le), Chloraminechtscharlach 8BS (S).

Reine blaustichige Rot- bis Scharlachtöne sind mit Benzopurpurin 10B (Le), Benzorhodulinrot B (Le), Brillantgeranin BK (Le), Erika B (S), Chloraminbrillantrosa B (S); 3B (S), Diphenylechtbrillantrosa BL (Gy) zu erreichen. Wichtige gedeckte, blaustichige substantive Rotfarbstoffe mit ziemlich guter Lichtechtheit z. B. für Tapeten- und Umschlagpapiere, ferner für Melierfasern sind: Diaminbrillantbordo R (Le), Oxaminbordo B (Le), Cartabordeaux O3B (S), Chloraminechtblaurot B (S), Diphenylechtrot 7BL (Gy).

Die lichtechtesten Vertreter der substantiven Rot- und Scharlachfarbstoffe finden vorzugsweise für Löschpapiere, Melierfasern und Feinpapiere Verwendung. Es kommen in Betracht: Siriuslichtscharlach GG (Le), Siriusscharlach B (Le), Siriuslichtrot 4BL (Le), Siriusrot BB (Le); 4B (Le); F3B (Le), Siriusrosa G (Le), Solarscharlach BL (S), Solarrot 2BL (S); B (S); 3B (S), Solarbrillantrot BA (S), Papierechtrot G (Gy); B (Gy).

Den Übergang zu den Violettönen bilden Siriusbordo 5B (Le), Siriuslichtrotviolett RL (Le), Solarrosa BN (S), Solarbordeaux 3BN (S), Solarrubinol (S), ferner Papierechtbordeaux (Gy).

Violette Farbstoffe.

Die substantiven Violettfarbstoffe zeigen fast durchweg ziemlich stumpfe rot- bis blaustichige Töne. Mit den sehr rotstichigen Marken Brillantbenzoechtviolett 5 RH (Le); RRL (Le) und Diphenylbrillantviolet 2R (Gy) lassen sich verhältnismäßig lebhafte, lichtechte Färbungen auf gebleichten Stoffen erzielen. Blauere Farbtöne zeigen Benzoviolett R (Le), Oxaminviolett (Le), Trisulfonviolett N (S); B (S) und Diphenylbrillantviolet 3B (Gy).

Produkte mit besonders guter Lichtechtheit liegen in Siriusviolett BB (Le), Siriuslichtviolett BL (Le), Solarviolett 4 RL (S); R (S); BL (S); 3BN (S), Solophenylviolet RL (Gy); Bl (Gy) vor.

Blaue Farbstoffe.

Die substantiven Blaufarbstoffe werden vorzugsweise für gut lichtechte, gedeckte Blautöne auf vorwiegend holzfreien Stoffen verarbeitet; sie dienen weiter zur Herstellung von Melierfasern und Löschpapieren und werden zum Abdunkeln auf holzfreien Stoffen verwendet. Die wichtigsten Vertreter sind: Oxaminreinblau 3R (Le), Brillantcongoblau 5R (Le), Oxamindunkelblau BG (Le), Benzoazurin G (Le), Brillantcongoblau BFL (Le), Papierdirektblau CP (Le), Diaminschwarz BH (Le); BHM konz. (Ma), Dianilblau G (Le); B (Le), Benzoreinblau (Le), Brillantreinblau R (Le), Chloraminblau 3B (S), Cartablau 3B (S), Cartakupferblau CP (S), Chloraminkupferblau 3G (S), Trisulfonblau W (S); FO (S), Chloraminschwarz BH (S), Diphenylblau 3B conc. (Gy); KF (Gy); BT (Gy).

Die lichtechtesten Vertreter unter den substantiven blauen Farbstoffen sind: Siriuslichtblau 3RL (Le); BRR (Le); B (Le); FBGL (Le); G extra (Le), Solarbrillantblau A (S), Solarblau 3GL (S); F (S); 5GL (S), Solophenylblau 3RL (Gy); FBL (Gy), Siriuslichtblau F3GL (Hö); FF2GL (Hö); FFRL (Hö).

Grüne Farbstoffe.

Diese ergeben durchweg gedeckte Nuancen, die für Löschpapiere, Melierfasern, Effektstoffe sowie für holzfreie Umschlagpapiere, Albumkartons und dgl. geeignet sind. Speziell für Löschpapiere werden bevorzugt: Brillantbenzoechtgrün 3GL (Le), Diamingrün G (Le), und vor allem Benzogrün FF (Le), ferner Chloramindunkelgrün B (S) und Diphenylgrün KG conc. (Gy). Erwähnung verdienen außerdem Papiergrün BG (Ma), Brillantdianilgrün GP (Ma) und Papierdirektgrün FGL (Hö).

Die lichtechtesten unter den substantiven Grünfarbstoffen sind: Siriuslichtgrün BTL (Le); BB (Le), Siriusgrün G (Le), Solargrün BL (S); GL (S); 5GL (S), Papierechtgrün BL (Gy); 5GL (Gy). Lichtechte Olivtöne werden mit Siriuslichtoliv GL (Le) erzielt.

Graue und schwarze Farbstoffe.

Die direktziehenden Schwarzmarken besitzen für Mischtöne, billigste Grau- und Schwarzfärbungen und zum Abdunkeln große Bedeutung. Auch für holzhaltige Stoffmischungen, dann allerdings in Kombination mit basischen oder sauren Farbstoffen, können sie ohne Bedenken verwendet werden. Die Herstellung tiefschwarzer Melierfasern erfolgt allgemein mit den substantiven Schwarzmarken. Die hervorstechendsten Vertreter sind: Papierschwarz RW (Le); T extra (Le), Papiertiefschwarz C extra konz.

(Ma), Papierdirektschwarz H extra konz. (Hö), Chloraminechtschwarz B (S); FF (S), Cartaschwarz T (S); R (S), Papierschwarz DN (Gy); DG (Gy).

Die lichtechtesten Vertreter der substantiven Schwarzmarken besitzen für den Papierfärber in satten Färbungen keine praktische Bedeutung. Nur bei der Herstellung von Grautönen spielt die Lichtechtheit eine Rolle. Zu nennen sind z. B. Siriuslichtgrau GG (Le); R (Le), Siriusschwarz L konz. (Le); VE konz. (Le), Solargrau 2 BL (S); R pat. (S), Solophenylgrau 4 GL (Gy); RL (Gy).

Halbwollfarbstoffe.

Die Halbwollfarbstoffe ergeben gedeckte, warme Farbtöne und eignen sich besonders zum Anfärben holzhaltiger, gemischter Stoffe, da sie selbst beim Vorliegen ungünstiger färberischer Bedingungen kaum zu melierten und schipprigen Färbungen führen. Einige wichtige Einzelfarbstoffe dieser Gruppe sind: Halbwollechtorange G (Le), Halbwollbrillantrot B (Le), Halbwollreinblau KF extra konz. (Le), Halbwollmarineblau 21 718 (Le), Halbwolloliv G (Le), Halbwollgrün 3 GF (Le), Halbwollbraun GN (Le); KA (Le), Halbwollschwarz L extra konz. (Le).

Optische Aufhellungsmittel.

Die wichtigsten Vertreter dieser Gruppe besitzen substantiven Charakter und sind deshalb zweckmäßig mit den substantiven Farbstoffen zusammen aufzuführen. Sie dienen vorzugsweise zum Weißfärben gebleichter Papierrohstoffe. Es stehen die folgenden Weißtöner zur Verfügung: Blankophor R extra bzw. R extra hochkonz. (Le); B extra bzw. B extra hochkonz. (Le); G extra bzw. G extra hochkonz. (Le), Tinopal BV (Gy), Leukophor B und R (S).

D. Schwefelfarbstoffe.

(Tafel 16.)

Die Schwefelfarbstoffe enthalten, wie ihr Name andeutet, als konstituierenden Bestandteil chemisch gebundenen Schwefel. Sie verhalten sich der Papierfaser gegenüber ähnlich wie die substantiven Farbstoffe, ziehen direkt auf und ergeben Färbungen von guter Reib-, Wasser-, Licht-, Säure- und Alkaliechtheit. Im wesentlichen unterscheiden sie sich von ihnen darin, daß sie *nicht* wasserlöslich sind und zu ihrer Lösung fast alle eines Zusatzes an Schwefelnatrium erfordern. Dabei spielt dieser Zusatz nicht einfach die Rolle eines Lösungsmittels, sondern das Schwefelnatrium wirkt reduzierend auf den Farbstoff; es können deshalb auch alkalische Hydrosulfitansätze (wie bei den Küpenfarbstoffen) zum Lösen benutzt werden.

Beim Lösen verfährt man so, daß man dem Farbstoff etwa die gleiche Gewichtsmenge Schwefelnatrium konz. zufügt und Farbstoff und Schwefelnatrium zusammen mit kochendem Wasser übergießt. Es wurden auch

Produkte entwickelt, die bereits Schwefelnatrium in einem für die Lösung notwendigen Anteil enthalten. Diese können ohne weiteres in Wasser gelöst werden. Wenn hier auf die Lösearbeit näher eingegangen wird, so geschieht dies im Hinblick auf die Leimung der mit Schwefelfarbstoffen gefärbten Papiere. Es ist einleuchtend, daß der Anteil des Lösewassers an Alkali die Leimungsarbeit gründlich stören würde, und es ist deshalb unerläßlich, daß vor dem Leimen zunächst der Stoff sorgfältig von Schwefelnatrium befreit werden muß. Dies kann sowohl durch Auswaschen als auch durch ein Neutralisieren mit Natriumbisulfat geschehen. Für den Färber ergeben sich hieraus bestimmte Forderungen:

1. Es muß bereits *vor* dem Leimen auf Nuance gefärbt werden.

2. Weder Harzleim + schwefelsaure Tonerde noch die schwefelsaure Tonerde allein können zum Fixieren der Färbungen mit Schwefelfarbstoffen herangezogen werden.

Kombinationsfärbungen, denen bei der Fixierung der basischen, sauren und auch substantiven Farbstoffe ein bestimmtes Arbeitsfeld zugewiesen werden konnte, können bei Färbungen mit Schwefelfarbstoffen keine vermehrte oder verbesserte Fixierung des direktaufziehenden Schwefelfarbstoffes im Gefolge haben, sondern sie wirken ausschließlich im Sinne einer Auffärbung.

Für diese zusätzliche Färbung allerdings gelten die unter den einzelnen Gruppen festgelegten Gesetzmäßigkeiten.

Die Schwefelfarbstoff-Färbung ist im Grunde genommen als Endergebnis einer Luftoxydation des Farbkörpers aufzufassen, die besonders durch die mechanische Durcharbeitung des Papierstoffes im Holländer gefördert wird. Eine Oxydation auf chemischem Wege ist zwar möglich, in der Papierindustrie aber nicht gebräuchlich.

Auf Grund ihrer guten Echtheiten und der gedeckten, ruhigen Farbtöne, die sie liefern, sind die Schwefelfarbstoffe vorzüglich zum Färben von Albumkarton, Umschlag- und Spinnpapier geeignet. Das ist nur ein kleines Anwendungsgebiet. Größere Bedeutung hat eine besonders entwickelte Schwefelschwarzmarke während des Krieges zur Herstellung licht- und infrarotdichter Verdunklungspapiere erlangt. Es handelt sich um ein Farbstoffpigment, das eine Verküpung, d. h. eine Lösung mit Schwefelnatrium, überflüssig macht. Das bedeutet nicht nur eine Vereinfachung der Färbeweise, sondern auch eine weitgehende Befreiung von allen lästigen Nebenwirkungen, die das Arbeiten mit schwefelnatriumlöslichen Produkten mit sich bringt.

Die Zugabe des gelösten Schwefelfarbstoffes zum Papierbrei muß, wie bei den anderen bisher besprochenen Farbstoffgruppen, gut abgekühlt, in kleinen Portionen, direkt vor der Holländerwalze erfolgen. Die direktziehenden Eigenschaften der Schwefelfarbstoffe bringen andernfalls die Gefahr ungewollter Melierungen mit sich.

Die Schwefelfarbstoffe sind für alle übrigen Färbearten (Tauchfärbung, Kalanderfärbung usw.) ungeeignet. Sie kommen als amorphe Pulverware unter den verschiedensten Bezeichnungen in den Handel. Die wichtigsten Vertreter, die Eingang in die Papierindustrie finden konnten, sind nachstehend aufgeführt.

Gelbe und braune Farbstoffe.

Immedialgelb G extra (Ma) ist ein trübes, grünstichiges Gelb; Immedialorange FRR extra (Ma) liegt etwa im Tone von Oxaminbraun 3GX, während Immedialbraun R extra konz. (Ma) in satter Färbung ein volles Schwarzbraun ergibt.

Ein roter Schwefelfarbstoff existiert nicht.

Violette und blaue Farbstoffe.

Immedialviolett 3R extra konz. (Ma) stellt ein sehr trübes Violett dar, das meist zum Nuancieren und Abtrüben Verwendung findet.

Dagegen finden wir im Immedialindon RB extra (Ma) ein überraschend blumiges Blau vor, das im Farbton an Indigoblau erinnert. Etwas röter und voller ist Immedialdirektblau BX extra hochkonz. (Ma).

Grüne Farbstoffe.

Immedialgrün GG extra (Ma) ist ein volles neutrales Grün, das im Farbton dem Benzogrün FF nahe kommt.

Schwarzfarbstoffe.

Immedialschwarz MO extra stark ergibt ein neutrales tiefes Schwarz. Der wichtigste Vertreter unter den Schwarzmarken ist aber Immedialcarbon LP (Ma). Es handelt sich um ein sehr billiges und dabei ausgiebiges Schwarz, das abweichend von den anderen Immedialfarbstoffen nicht verküpt wird. Es kann zutreffend als Schwefelpigment angesprochen werden, das sich in einfachster Weise lösen und anwenden und mit Eisen- oder Aluminiumsulfat auf der Faser niederschlagen läßt.

E. Organische Pigmente.

(Tafeln 3, 11, 15 und 16.)

Diese Gruppe von Farbstoffen wurde ausschließlich unter dem Gesichtswinkel einer besonderen Eignung für den Papierfärber zusammengestellt. Sie schließt Farbkörper von völlig unterschiedlichem chemischen Aufbau ein, die, chemisch-physikalisch betrachtet, nur das *eine* gemeinsam haben, daß sie in feinst verteilter Pulver-, Teig- oder Pastenform vorliegen (Kornform, Korngröße) und bei bester Ausgiebigkeit eine störungsfreie Verarbeitung mit dem Papierbrei gewährleisten. Die organischen Pigmente enthalten neben Indanthrenfarbstoffen auch Vertreter aus der Klasse der Fanalfarbstoffe, ferner Helioecht-, Pigmosolfarbstoffe, Lithol- und Litholechtfarbstoffe, Hansafarbstoffe, Permanentechtfarbstoffe usw. Auch Ruß muß zu den organischen Pigmenten gezählt werden.

Die Indanthrenfarbstoffe werden, wie die Aufzählung erkennen läßt, in der Papierindustrie direkt als Körperfarbstoffe angewandt im Gegensatz zur Textilindustrie, wo sie zunächst durch Hydrosulfit oder andere Reduktionsmittel und Natronlauge verküpt, d. h. in Lösung gebracht werden müssen und dann erst das Textilgut aus der Küpe anfärben. Im Prinzip läßt sich dieses Verfahren auch auf das Färben von Papierstoff übertragen. Wegen seiner Umständlichkeit (Oxydieren, Auswaschen usw.) und hohen Kosten im Betrieb wird es jedoch praktisch nicht durchgeführt.

Die organischen Pigmente werden in allen den Fällen angewandt, in denen sehr hohe Anforderungen an Lichtechtheit, Wasserechtheit, Säure- und Alkaliechtheit gestellt werden, und in denen der Preis der Färbung keine ausschlaggebende Rolle spielt. Vorwiegend kommen nur helle bis mittelstarke Farbtöne in Frage, bei denen auch die Reibechtheit als gut anzusprechen ist. Die Indanthrenblaumarken besitzen ein wichtiges Anwendungsgebiet in der Weißnuancierung, während die Fanalfarbstoffe wegen ihrer lebhaften Nuancen bevorzugt für sehr reine, brillante Töne auf holzfreien, geleimten Stoffen verarbeitet werden. In hellen Farbtönen fällt die Lichtechtheit der Fanalfarbstoffe stark ab; vermutlich handelt es sich bei dieser auffälligen Erscheinung um eine Reaktion mit dem zur Leimung verwendeten Harz (Alkali).

Beim Färben mit diesen wasser*un*löslichen Farbstoffen (mit Ausnahme einiger wasserlöslicher Fanalfarbstoffe) werden *Beizmittel* selbstverständlich ohne jede Wirkung bleiben. Dagegen ist es möglich, den in feinster Verteilung befindlichen Farbkörper durch *Bindemittel* so auf die Faser niederzuschlagen bzw. zu befestigen, daß er bei der Entwässerung der Papierbahn auf dem Sieb nicht oder aber in nicht zu großem Umfange weggespült wird. Das sich bildende Papierblatt wirkt hierbei zwar in gewissem Sinne als Filter, aber die Entwässerungsarbeit hinterläßt in der Verteilung der feinsten Farbstoffkörperchen im entstehenden Faserfließ noch andere tiefe Spuren, auf die wir im Abschnitt über die „Zweiseitigkeit“ noch näher eingehen werden.

Der einfachste Weg einer praktisch genügenden Bindung ist uns durch die *Leimung* vorgezeichnet. Durch die Harzausfällung bzw. Ausflockung wird ein Mitreißen und Niederschlagen der Farbstoffteilchen auf die Faser erfolgen, und dieser Effekt wird noch durch die *sedimentierenden* (einer Fixierung gleichkommenden) Eigenschaften der im Überschuß vorhandenen schwefelsauren Tonerde vervollständigt. Es handelt sich also bei diesem Färbeprozeß um physikalisch-kolloidchemische Vorgänge, die in ihren Einzelabläufen zwar erfaßt, aber nicht getrennt werden können.

Andere in der Praxis bekannte Bindemittel sind die verschiedenen Stärkearten, Kaltleim, Tierleim, Kasein u. a. m. Auch das SVEEN-Verfahren kann in gleicher Weise wie zur Füllstoffbindung auch zur Festhaltung der organischen Pigmente herangezogen werden.

Ganz allgemein ist zu sagen, daß die Beziehungen zwischen Faserstoffen und Füllstoffen, die BRECHT und PFRETZSCHNER[1] in klarer Form herausgestellt haben, auch im System Faserstoff- organisches Farbstoffpigment

[1] Schriften des Vereins der Zellstoff- und Papierchemiker und -Ingenieure Nr. 21, „Untersuchungen über die Beschwerung der Papiere.“

ihre Gültigkeit besitzen. So werden alle jene, an der Blattbildung beteiligten Faktoren, die eine Verdichtung des Blattgefüges bewirken, in gleicher Weise die An- und Einlagerung der kleinsten Farbstoffteilchen begünstigen. Dabei werden Stoffkonzentration und Pigmentkonzentration praktisch keinen feststellbaren Einfluß auf die Farbtiefe ausüben. Auch das Speicherungsvermögen der Faserstoffe für die Pigmente liegt in der gleichen Linie wie für die Füllstoffe. Es ist bei weichen (und röschen) Stoffen geringer als bei harten (und schmierigen).

Ein Punkt von größter Wichtigkeit bedarf noch der Erwähnung, das ist der Verteilungszustand der organischen Pigmente, der auf mechanischem Wege oder mit Hilfe geeigneter Stellmittel (Zucker, Dispergierungsmittel usw.) so weit getrieben sein kann, daß man bei oberflächlicher Betrachtung geneigt ist, eine Wasserlöslichkeit dieser Produkte anzunehmen. Diese weitgehende Dispergierung bewirkt eine große Oberfläche und damit parallelgehend eine Farbtonvertiefung. Das mechanische Filtrationsvermögen, das die Tiefe der Pigmentfärbung maßgeblich mitbestimmt, wird wohl etwas herabgesetzt, denn es werden die feinsten Pigmentteilchen durch die von den Fasern gebildeten Kapillaren hindurchschlüpfen; dagegen wird die Ausbeute infolge der leichteren Beeinflußung der nahe an der kolloidalen Zerteilungsgrenze liegenden Farbstoffteilchen durch Chemikalien, in der Hauptsache durch schwefelsaure Tonerde, beträchtlich erhöht werden können. Adsorptions- und Okklusions-Vorgänge werden bei geleimten Papieren, besonders bei Zusätzen von 4–6% schwefelsaurer Tonerde, wesentlich an der Farbtonvertiefung beteiligt sein.

Die wasserunlöslichen organischen Pigmente werden sowohl in Pulverform als auch in Teigform in den Handel gebracht. Eine besondere „Einstellung" der Typen auf Papier ist unerläßlich.

Die Pulverware wird lediglich mit heißem Wasser gut angeschlämmt und dem Holländerstoff durch ein feinmaschiges Sieb zugegeben. Die Zuteilung muß möglichst frühzeitig erfolgen, damit die Farbstoffteilchen lange an der Mahlung teilnehmen können. Hierdurch wird eine wesentliche Vertiefung der Färbung erreicht, die damit zu erklären ist, daß die einzelnen Pigmente fester im Stoff verankert werden und so der Gefahr, während des Entwässerungsvorganges weggeschwemmt zu werden, entgehen.

Die Lieferung in Teigform bringt manche Unbequemlichkeiten mit sich. Vor dem Abwiegen muß die Teigware kräftig durchgerührt werden, damit Konzentrationsunterschiede ausgeschaltet werden. Sie muß vor dem Eintrocknen und auch vor Frost geschützt werden. Auf die richtige Behandlung der Farbstoffe werden wir an anderer Stelle noch zu sprechen kommen.

Einer sehr interessanten Gruppe organischer Pigmente begegnen wir in den *Lumogenfarbstoffen*. Es handelt sich um bestimmte wasserunlösliche höhere Kohlenwasserstoffe wie Anthracene, Dixanthylene, deren Derivate oder andere aromatische Oxyverbindungen, die sich bei der Bestrahlung mit ultraviolettem Licht durch besonders starke Fluoreszenzfärbungen auszeichnen. Es liegt also das gleiche Prinzip einer „optischen Färbung" vor, das wir bei den Blankophoren kennenlernten.

Die charakteristischen Färbungen der Lumogene sind also nicht in der Eigenfarbe des Pigmentes zu suchen, sondern in der Umwandlungsfarbe durch das UV-Licht.

Die Lumogenpigmente können in einer genügend feinen Verteilung hergestellt werden, die allen vom Papierfärber zu stellenden Ansprüchen genügt. Sie sind von guter Lichtechtheit und sind mit den gebräuchlichen Füllstoffen mischbar. Sie sollten jedoch nur auf gebleichten Rohstoffen Verwendung finden, da die Brillanz der Eigenlumineszenz durch ungebleichte Rohstoffe gestört wird. Zur Erzielung einer optimalen Lumineszenzwirkung sind Lumogenzusätze von 3–5% erforderlich. Höhere Zusätze beeinträchtigen den Lumineszenzeffekt.

Ein Wort noch über den *Ruß*, der in der Papierfärberei ein größeres Anwendungsgebiet besitzt als man geneigt ist, anzunehmen. Nach der Herstellungsart unterscheidet man u. a. Flamm (Kien)-, Lampen-, Gas- und Acetylenruß. Es handelt sich in allen Fällen um vorwiegend reinen Kohlenstoff, der durch unvollständige Verbrennung kohlenstoffreicher organischer Substanzen gewonnen wird.

Für den Papiermacher sind die wichtigsten Kriterien die Netzbarkeit, die Verteilung im Papier und damit zusammenhängend die Ausgiebigkeit. Die Netzbarkeit ist von Hause aus schlecht, so daß man zu Hilfsmitteln greifen muß, die erst eine einwandfreie Anschlämmung ermöglichen. Geeignet sind sowohl Alkalien als auch denat. Spiritus. Die besten Erfolge hat man aber mit ausgesprochenen Netzmitteln, z. B. mit Nekal BX extra (Lu), Leonil DB (Hö), u. a. m.

Die organischen Pigmente sind außer für geleimte Massefärbungen nur noch für Aufstriche verwendbar.

In der anschließenden Aufzählung wird jede Untergruppe für sich besprochen, wobei aber nur die besonders für Papier eingestellten, d. h. die durch Papierfärbungen geprüften Typen Berücksichtigung finden.

Indanthrenfarbstoffe usw.

Im Gegensatz zum Textilfärber, der die Farbstoffe verküpt, färbt der Papiermacher, wie wir bereits feststellten, ganz allgemein mit dem unverküpten Farbstoff, indem er ihn als Pigment dem Holländer zugibt. Die Küpenfarbstoffe zeichnen sich durch hervorragende Gesamtechtheiten aus und eignen sich daher für Papiere höchster Qualität. Allerdings ist es äußerst wichtig, daß die Farbstoffpigmente in feinster Zerteilung vorliegen. Die hauptsächlichsten Vertreter dieser Gruppe, nach Farbtönen geordnet, sind:

Gelb bis *Orange*: Indanthrengelb 5GK Suprafix Teig; 3G Suprafix dopp. Teig (Le); GFP Teig (Ma), Sandothrengelb NGC dopp. Teig; NGN dopp. Teig (S), Tinonchlorgelb 5GK fein Pulver; RGN fein Pulver (Gy), Indanthrengoldorange 3G Teig (Le), Indanthrengoldgelb RK Plv. fein für Färbung (Hö), Indanthrenbrillantorange GR Plv. fein für Färbung (Hö), Indanthrengoldorange G Plv. fein für Färbung (Lu), Sandothrengoldorange NG dopp. Teig (S).

Rosa bis *Rot*: Indanthrenbrillantrosa RP Teig (Ma); BBL Plv. fein für Färbung (Lu), Sandothrenbrillantrosa R Teig (S), Indanthrenrot 5GK Plv. (Le).

Scharlach: Indanthrenscharlach GG Plv. fein für Färbung (Hö), Indanthrendruckscharlach GG suprafix Teig (Hö), Tinonscharlach G fein Pulver (Gy), Indanthrenbrillantscharlach RK Plv. fein für Färbung (Lu).

Violett: Indanthrenbrillantviolett RK Teig; BBK Suprafix Teig (Le), 3B Plv. fein für Färbung (Lu), Indanthrendruckviolett RH Teig (Hö), Tinonchlorviolett 6B fein Pulver (Gy), Sandothrenviolett N2RB dopp. Teig (S).

Blau: Indanthrenblau RPZ Plv. fein; GPZ Plv. fein (Lu); BP Teig (Ma), Indanthrenbrillantblau 4G Teig (Le); R Plv. fein (Lu), Tinonchlorblau RS fein Pulver (Gy), Sandothrenblau NRSZ fein Teig (S). Ein sehr wichtiges Anwendungsgebiet für die Indanthrenblaumarken und die anderen entsprechenden Produkte ist das der Weißnuancierung. Als Gegenfarbstoff wird Indanthrenbrillantrosa bzw. ein anderes entsprechendes Produkt benutzt.

Grün: Indanthrengrün 4G Teig; BB Plv. fein für Färbung (Le), Indanthrenbrillantgrün GG Plv. fein für Färbung (Lu), Sandothrenbrillantgrün N2GF dopp. Teig (S).

Braun: Indanthrenbraun R Suprafix Teig; RT Teig; 3GT Teig (Le), Indanthrenrotbraun 5RF Suprafix Teig (Le).

Oliv und *Grau*: Indanthrenoliv R dopp. Teig (Le), Indanthrengrau BG Suprafix Teig (Le); RRH Plv. fein für Färbung (Lu).

Organische Pigmentfarbstoffe.

Die von fast allen Farbenfabriken unter den verschiedensten Bezeichnungen speziell für das Färben von Papier in der Masse herausgebrachten (geprüften) Farbstoffe sind von sehr guter Lichtechtheit, Alkali-, Säure- und Wasserechtheit. Sie stehen in den Gesamtechtheiten den Indanthrenfarbstoffen nur wenig nach und haben wie diese für hochwertige Feinpapiere aller Art ein weites Anwendungsgebiet gefunden. Ihre hauptsächlichsten Vertreter sind:

Gelb bis *Orange*: Pigmosolgelb 3G; R (Lu), Hansagelb 10GT Teig; GT Teig (Hö), Permanentechtgelb NRP Teig (Lu), Tinofilgelb 13/445 Teig 18% (Gy), Graphtolechtgelb 8G; G; HA (S), ferner Pigmosolorange R (Lu), Litholechtorange RN Teig (Hö), Tinofilorange PG Teig 15% (Gy), Graphtolechtrot 2GL (S).

Rot: Pigmosolcarmin G (Lu), Helioechtrosa RL Teig (Le), Helioechtrot RL Teig; BB (Le), Graphtolechtrot R; 4R (S), Tinofilrot G Teig 14% (Gy), Permanentechtrot BBP Teig.

Scharlach: Pigmosolscharlach B (Lu), Litholechtscharlach RGN dopp. Teig (Hö), Permanentechtscharlach RNP Teig.

Violett: Pigmosolviolett 3B (Lu), Eglantin BBP Teig.

Blau: Heliogenblau B Teig (Lu), Pigmosolblau 5G (Lu), Heliomarin RL Teig (Le), Graphtolechtblau BLP Teig (S), Tinofilbrillantblau BL Teig 20% (Gy).

Grün: Heliogengrün G Teig (Lu), Pigmosolgrün G; B (Lu), Graphtolechtgrün GLP Teig (S), Tinofilbrillantgrün GL Teig 20% (Gy), Permanentechtgrün 3BP Teig.

Schwarz: Permanentechtschwarz P Teig (Lu), Pigmosolschwarz N (Lu), Helioechtschwarz T Teig (Le), Tinofilschwarz B Teig 20% (Gy).

Fanalfarbstoffe.

Die Fanalfarbstoffe zeichnen sich durch ihre besondere Fülle und Leuchtkraft aus. Sie sind von guter Lichtechtheit, reichen jedoch an die Lichtechtheit sowie an die übrigen Echtheiten der organischen Pigmente nicht heran. Sie finden vorwiegend auf holzfreien Stoffen für sehr reine, leuchtende Töne Verwendung. In schwachen Tönungen sind die Fanalfarbstoffe nur mäßig lichtecht. Die für den Papierfärber wichtigsten Farbstoffe sind: Fanalrosa GTX supra Teig; BTX supra Teig, Fanalrot 6BTX supra Teig, Fanalviolett RTX supra Teig (Lu), Fanalblau BTX supra Teig, 3BTX supra Teig, Fanalblaugrün GTX supra Teig (Lu), Fanalblaugrün LG. Das letzte Produkt ist wasserlöslich; die Anwendung ist die gleiche wie die der TX supra-Marken.

Lumogenfarbstoffe.

Die Lumogenfarbstoffe stellen lumineszierende Pigmente dar, die zu ihrer guten Fixierung zweckmäßig einer Leimung bedürfen. Ihre optimale Lumineszenzwirkung liegt bei 3–5%igen Zusätzen. Lumogen L wasserblau Plv. fein leuchtet im UV-Licht stark blau; Lumogen L gelb Plv. stark gelb.

F. Anorganische Pigmente (Erdfarbstoffe, Mineralfarbstoffe).

(Tafel 11.)

Zu dieser Gruppe zählen sowohl die natürlichen anorganischen Farbstoffe, die sogenannten *Erdfarbstoffe*, als auch die künstlichen anorganischen Körperfarbstoffe, die man allgemein als *Mineralfarbstoffe* bezeichnet.

Die Erdfarbstoffe fanden schon frühzeitig ausgedehnte Verwendung für das Färben von Papier. Auf Grund ihres sehr billigen Einstandes und nicht zuletzt wegen ihrer unübertroffenen Echtheit besitzen sie auch heute noch ein festumrissenes Anwendungsgebiet. Allerdings ist ihr Verbrauch in der Papierindustrie gegenüber früher stark zurückgegangen, da die ihnen vorbehaltenen Spezialgebiete, rein mengenmäßig betrachtet, im Vergleich zur Gesamterzeugung von Papier und Pappe verschwindend gering sind. Dabei ist noch zu beachten, daß die Erdfarbstoffe allgemein nur zum Grundieren Verwendung finden können, wie beispielsweise für Preßspäne, Vulkanfiber-Rohpapiere, Tapetenpapiere und am ausgiebigsten für Packpapiere. Bei allen diesen Sorten ist ein Aufsatz direktziehender, basischer oder saurer Farbstoffe allein oder in Kombination miteinander allgemein üblich. Das hat seinen Grund darin, daß die Erdfarbstoffe einmal ein nur sehr geringes Anfärbevermögen besitzen, und andererseits die Verwendung größerer Mengen zur Erzielung satter Farbtöne daran scheitert, daß das mit den Erdfarbstoffen beladene Papier eine ganz beträchtliche Einbuße seiner Festigkeitseigenschaften erleidet. Was das Anfärbevermögen anbelangt, so gelten für die Erdfarbstoffe – und ebenso für alle übrigen anorganischen (und auch organischen) Pigmente – ausschließlich die Gesetze der *additiven* Mischung. Das anorganische Pigment dringt also nicht wie der lösliche Farbstoff in den Faserschlauch ein und verteilt sich in diesem, sondern es umhüllt durch mechanische Anlagerung die Papierfaser und mischt sich gewissermaßen mit dieser. Eine Parallele hierzu bilden z. B. die melierten Papiere, die ebenfalls Mischungen zweier oder mehrerer verschiedenfarbiger Körper darstellen. Die mit einem Erdfarbstoff überhaupt erzielbare Farbtiefe einer Färbung ergibt sich auf Grund der getroffenen Feststellungen in einfachster Weise aus der Beurteilung der Selbstfarbe des anorganischen Pigmentes, das heißt, da die Umhüllung und Abdeckung der Einzelfaser mit dem Pigment nie vollständig sein kann, muß die Papierfärbung auch bei, papiertechnisch gesehen, unzulässig hohen Farbstoffzusätzen immer heller bleiben als die Eigenfarbe des Pigmentes.

Eine Bindung der feingeschlämmten Erdfarbstoffe an die Papierfaser ist in praktisch genügender Weise schon durch die Holländerarbeit möglich; sie kann durch die Leimung noch verbessert werden oder in den Fällen, in denen eine solche nicht möglich ist, durch Zusatz von Stärke oder anderen verdickenden Mitteln. Auch die Sveen-Lösung und eine Adka-Präparation werden eine größere Zurückhaltung der Farbstoffpigmente ermöglichen.

Im übrigen gelten hinsichtlich der Bindung der Erdfarbstoffe und Mineralfarbstoffe die gleichen Gesetzmäßigkeiten, wie sie ausführlich bei den organischen Pigmenten besprochen wurden. Während jedoch beim Festhalten der weitgehend dispergierten organischen Pigmente vorzugsweise elektrische Umladungsvorgänge angenommen werden dürfen, sind es beim Fixieren der Erd- und Mineralfarbstoffe (die man als farbige Füllstoffe ansprechen kann) in erster Linie die Okklusionsvorgänge – Bindung des anorganischen Pigmentes durch das gallertartige Tonerdehydrat –, die vermutlich die innigere und damit festere Bindung des Farbkörpers an die Faser bewirken. Erhöhte Zusätze von schwefelsaurer Tonerde, Mengen von etwa 5–6%, bezogen auf den lufttrockenen, holländerfertigen Eintrag, sind deshalb unerläßlich.

Das höhere spezifische Gewicht der Erdfarbstoffe und Mineralfarbstoffe gegenüber dem der organischen Pigmente ist nicht von Einfluß auf die Ausbeute und damit auf die Farbtiefe. Da aber die Kornfeinheit ein Kriterium für die Zurückhaltung der farbigen Papierfüllstoffe darstellt, ist die Ausgiebigkeit besonders der Erdfarbstoffe geringer als jene der organischen Pigmente.

An dieser Stelle sei auch noch auf einen Farbstoff hingewiesen, der seiner Abstammung nach zu den Erdfarbstoffen gerechnet werden kann, und der als Braunfarbstoff zum Färben von vorwiegend Zellstoff- und Schrenzpackpapieren Eingang gefunden hat. Es handelt sich um *Saftbraun*, auch Nußbeize, Nußbraun oder Lohbraun genannt. Das Ausgangsprodukt für diesen löslichen Farbstoff ist eine erdige Braunkohle, das Kasselerbraun. Saftbraun wird in Schuppen und Körnern geliefert und hat in seinen Eigenschaften vieles mit den sauren Farbstoffen gemein, so daß es auch in diese Gruppe eingegliedert werden könnte. Das Produkt besitzt keine Verwandtschaft zur Papierfaser und läßt sich durch schwefelsaureTonerde nur schwer und unvollkommen verlacken. Eine Fixierung auf der Papierfaser ist deshalb nur in geringem Umfange möglich, so daß die Ausgiebigkeit des Produktes gleichfalls sehr gering ist. Saftbraun ist zweckmäßig nur zum Grundieren zu benutzen. Seine Lichtechtheit ist gut. Die Abwässer sind stark gefärbt.

Obwohl die weißen Erden in der Papierindustrie überwiegend als „Füllstoffe" und Beschwerungsmittel verarbeitet werden, kommt ihnen in manchen Fällen eine nicht zu unterschätzende Bedeutung als Weißpigment zu. So benutzt man sie zum Aufhellen, d. h. zum *Weißfärben* ganz bestimmter Grundstoffe und Stoffmischungen. Neben Kaolin (China Clay), Blanc fixe, Talkum, kohlensaurem Kalk (speziell für Zigarettenpapiere), Annaline und Zinksulfid findet vor allem Titandioxyd zum Aufweißen in steigendem Maße Verwendung. Die Kriterien für ihre Eignung sind Weißgehalt, Deckkraft (Teilchengröße) und Ausgiebigkeit. Sie sind proportional dem Lichtbrechungsvermögen und hierin zeigen sich Titandioxyd und Zinksulfid allen anderen gebräuchlichen Füllstoffen weit überlegen. Je größer der Brechungsindex eines Weißpigmentes gegenüber seiner Umgebung ist, desto größer ist auch der Anteil des zurückgeworfenen Lichtes. Die „Umgebung" (im Papierblatt) besteht, volumenmäßig gesehen, zum größeren Teil aus Luft und zum kleineren Teil aus Fasern. – Pergamynpapiere und andere scharf satinierte Papiere machen eine Ausnahme. – Deshalb ergänzen sich die Lichtbrechungskoeffizienten gegenüber Luft mit denen gegenüber der Zellstoff-Faser zu einer anschaulichen Bewertungsgrundlage.

Weißpigment	Lichtbrechungskoeffizient gegenüber	
	Luft	Zellstoff-Faser
Titandioxyd	2,76	1,78
Zinksulfid	2,37	1,53
Blanc fixe	1,64	1,06
China Clay	1,55	1,00
Annaline	1,53	0,99

Je größer der Unterschied in den Brechungsindices gegenüber Luft und Zellstoff ist, desto weißer erscheint das Papier dem Auge.

Weiße, Deckkraft und Opazität hängen eng mit der Teilchengröße des Pigmentes zusammen. Es gilt die Beziehung: Je kleiner die Teilchengröße eines Pigmentes, desto größer seine Oberfläche und als Auswirkung davon seine Deckkraft. Aus rein papiertechnischen und auch optischen Erwägungen heraus darf die Zerteilung aber nicht zu weit getrieben werden. Unterschreitet die Teilchengröße ein bestimmtes Maß, so ist die Zurückhaltung im Papier mangels Filtrationsfähigkeit ungenügend, oder es treten Beugungserscheinungen auf für den Fall, daß die Korngröße des Pigmentes kleiner werden sollte als die Wellenlänge des Lichtes.

Weiße und Opazität werden in ihrem Effekt hierdurch beeinträchtigt werden.

OTTO HANSEN[1] machte über die Teilchengröße von Titanweiß Supra P (ein speziell für die Papierindustrie eingestelltes Titandioxyd) die folgenden Angaben:

r in μ	0,0–0,2	0,2–0,3	0,3–0,4	0,4–0,5	0,5–0,6	0,6–0,7	0,7–0,8
100 Teile Supra P unterteilen sich in	6 Tln.	12 Tln.	33 Tln.	30 Tln.	12 Tln.	5 Tln.	2 Tln.

Die Längen wurden mit der Ultrazentrifuge nach SVEDBERG gemessen. Die außerordentliche Feinheit der Teilchen, deren größter Anteil Korngrößen besitzt, die wenig größer als die Wellenlängen des Lichtes sind, ist mit die Voraussetzung zur Erlangung bester Weiße und eines hohen Opazitätsgrades des damit hergestellten Papieres.

Aber auch der Zusammenhang zwischen Teilchengröße und Absitzzeit muß den Papiermacher im Hinblick auf die bei der Blattbildung stattfindenden Entmischungsvorgänge interessieren[2]. So braucht zum Absinken von 10 cm ein Teilchen vom Durchmesser:

$$1\,\mu = 30 \text{ Stunden}$$
$$4\,\mu = 1 \text{ Stunde}$$
$$10\,\mu = 18 \text{ Minuten}$$
$$40\,\mu = 1 \text{ Minute.}$$

Da von den Weißpigmenten, sei es nun zum Zwecke der Füllung und Beschwerung, sei es zur Aufweißung oder Transparenzverhinderung, relativ hohe Zusätze zur Anwendung kommen, ist die Frage der Zurückhaltung der Erden im Papier von Wichtigkeit. Es gibt heute eine ganze Reihe von Einrichtungen und Verfahren, die es ermöglichen, eine optimale Füllstoffausbeute durch restlose Wiederverwendung des Rückwassers zu erzielen. In diesen Fällen kann natürlich zwischen dem tatsächlichen Füllstoffverbrauch und der unmittelbaren Füllstoffausbeute überhaupt kein Zusammenhang bestehen. Eine Ausbeutesteigerung, wie sie z. B. mit der Adka-Präparation oder mit dem SVEEN-Leim erreicht wird, kann also nicht als entsprechend große Einsparung an Weißpigment gleichgesetzt werden.

Die getroffenen Feststellungen gelten in gleicher Weise auch für die Erdfarbstoffe, denn diese sind im Grunde genommen nichts anderes als farbige Füllstoffe.

Die *künstlichen* anorganischen Körperfarbstoffe haben, ähnlich wie die Erdfarbstoffe, an Bedeutung stark verloren. Wohl werden sie wegen ihrer teilweise recht guten Echtheitseigenschaften für bestimmte Papiersorten

---

[1] OTTO HANSEN, „Zellstoff und Papier", 9/1939.

[2] RUDOLF SIEBER, „Untersuchungsmethoden der Zellstoff- u. Papierindustrie". Springer-Verlag, Berlin 1943.

und Farbtöne noch beibehalten, doch muß festgestellt werden, daß diese Gepflogenheit in manchen Fällen nur aus Scheu vor einer Änderung des Althergebrachten zu erklären ist. Diese Überlegungen mögen früher begründet gewesen sein, als die zuerst auf den Markt gebrachten Teerfarbstoffe von mangelhafter Echtheit, besonders Lichtechtheit, waren. Heute hingegen haben sie keine Berechtigung mehr, denn in der hervorragend echten Gruppe der „organischen Pigmente" besitzen wir hochwertige Produkte, die allen Echtheitsansprüchen der Praxis gerecht werden. Es ist sogar so, daß diese Farbstoffe in einigen Echtheitseigenschaften den Mineralfarbstoffen wesentlich überlegen sind. Es sei nur an die Alaunempfindlichkeit, d. h. schlechte Säureechtheit, des Ultramarins erinnert, oder an die ungenügende Alkalibeständigkeit des Berliner Blaues und zum Vergleich an das hervorragende Verhalten z. B. der Indanthrenblau-Marken.

Zu den künstlichen anorganischen Farbstoffen müssen auch die *Eisenoxydfarbstoffe* gezählt werden, die überall dort eingesetzt werden können, wo auch die Erdfarbstoffe mit Vorteil verarbeitet werden: also zum Färben billiger und dabei lichtechter Packpapiere, zum Grundieren von Preßspänen, Tapetenpapieren und Vulkanfiberrohpapieren. Beim Färben der letzten ist jedoch Vorsicht insofern geboten, als die Eisenoxydfarbstoffe wesentlich feiner verteilt, d. h. von geringerer Korngröße sind als die vergleichbaren Erdfarbstoffe. Hierdurch aber wird Volumen und Saugfähigkeit der damit gefärbten Vulkanfiberrohpapiere in manchmal unzulässiger Weise beeinträchtigt.

Die Mineralfarbstoffe können dem Papierstoff entweder als fertiges Farbstoffpulver, das vor der Zugabe gut angeschlämmt wird, zugesetzt, oder aber direkt im Holländer durch Fällung von Metallsalzlösungen erzeugt werden. Diese Präzipitationsfärbungen waren noch um die Jahrhundertwende ziemlich weit verbreitet. Heute besitzen sie kaum noch praktisches Interesse, und nur aus Achtung vor der Färbekunst unserer alten Papiermacher seien kurz zwei Beispiele herausgegriffen:

Rostgelb = Entwicklung mit Eisenoxydulsalzen (Eisenvitriol) und Chlorkalk

Chromgelb = Entwicklung mit Bleinitrat oder Bleiacetat und Kalium- oder Natriumbichromat.

Der Vorteil der Mineralfarbstoffe gegenüber den Erdfarbstoffen liegt in ihrer feinen Verteilung begründet. Hierdurch sind sie nicht nur farbkräftiger, sondern auch deckkräftiger, und außerdem wird sich ihre feinere Verteilung durch eine bessere Zurückhaltung im Papier auswirken. Bezüglich der Bindung der künstlichen Mineralfarbstoffe gilt übrigens das gleiche wie für die Erdfarbstoffe und weißen Pigmente.

Die anorganischen Pigmente, soweit sie als Naturprodukte vorliegen, enthalten oft sandige Verunreinigungen, die durch sorgfältiges An- und Abschlämmen entfernt werden können. Die Zugabe zum Holländer darf deshalb nur durch ein sehr feinmaschiges Haarsieb erfolgen. Bei den natürlichen Weißpigmenten zeigt sich oft ein Glimmergehalt als sehr störend.

Entsprechend ihrer geringen Bedeutung für den Papierfärber seien im folgenden nur die bekanntesten anorganischen Pigmente zusammengefaßt und kurz besprochen.

Erdfarbstoffe.

Ockerarten.

Es handelt sich um Eisenverbindungen, in denen das Eisen als Eisenoxyd und Eisenoxydhydrat enthalten ist. Beimischungen von Ton und Mangansalzen beeinflussen den Farbton, der zwischen Gelb- und Rotbraun liegt. Durch Glühen kann der Farbton in bestimmter Weise geändert werden. Die verschiedenen Ockersorten werden meist nach ihren Fundorten benannt, z. B.

Ocker,
Umbra (manganhaltig),
Siena.

Man erzielt mit ihnen sehr echte, ruhige, samtartige Farbtöne, die besonders bei Tapetenrohpapieren geschätzt werden. Auch als Grundierungsfarbstoffe vermitteln sie diese guten Eigenschaften und beeinflussen den Gesamtcharakter der Färbung in günstigem Sinne. Bei den Vulkanfiberrohpapieren wird die Lichtechtheit, ferner die Säure- und Alkaliechtheit der Erdfarbstoffe in Anspruch genommen, außerdem besitzen sie bei diesen Spezialpapieren die Funktion eines Ascheüberträgers. Bei den Preßspänen ist diese Eigenschaft wenig erwünscht, noch weniger bei den Schrenz- und Zellstoffpackpapieren, deren Festigkeitswerte schon bei mäßigen Zusätzen – die, rein färberisch gesehen, noch vertretbar sind – stark beeinträchtigt werden. Der Papiermacher besitzt demnach keine Möglichkeit, sich den billigen Preis und die guten Echtheitseigenschaften der Erdfarbstoffe in größerem Umfange nutzbar zu machen.

Ähnlich liegen die Verhältnisse beim Saftbraun, das trotz seines billigen Preises und seiner guten Echtheitseigenschaften nur für Grundierungen in Betracht kommt.

Weiße Pigmente.

Von den Naturprodukten (Erden) sind die bekanntesten:

Kaolin (China Clay),
Kohlensaurer Kalk (Kreide),
Talkum (Magnesiumsilikat),
Annaline (Gips, Satinweiß, Brillantweiß).

Auf chemischem Wege werden hergestellt:

Blanc fixe (Permanentweiß),
Zinksulfid,
Titandioxyd (Kronos Titandioxyd).

Als „Füllstoffe“ werden in erster Linie die Kaoline, ferner Talkum, Annaline, und, speziell für kombustible Zigarettenpapiere, kohlensaurer Kalk verarbeitet.

Zum „Weißfärben" und Füllen wird Blanc fixe von vielen Papiermachern bevorzugt; es wird in seinem Weißgehalt weder von Zinksulfid noch von Titanweiß übertroffen.

Zinksulfid und Titandioxyd, besonders das letzte, sind zur Herstellung undurchsichtiger und hochweißer Papiere nicht mehr fortzudenken. Titandioxyd wirkt schon in geringen Mengen transparenzverhindernd und wird in großem Umfange für solche Wachsrohpapiere (Twistings) verwendet, die nicht nur undurchsichtig gewünscht werden, sondern gleichzeitig weiß erscheinen sollen. Titandioxyd ist auch zum Weißfärben gebleichter Pergamynpapiere geeignet; jedoch dürfen, um den Charakter der Pergamynpapiere nicht zu stören, nur geringste Mengen zur Anwendung kommen. Zum Weißnuancieren nonkombustibler Zigarettenpapiere ist Titandioxyd bestens geeignet.

Mineralfarbstoffe.

Nur zwei Farbstoffe sind es, die noch hier und da in der Farbküche einer Papierfabrik anzutreffen sind:

Ultramarin (Lasur-, Azurblau) und
Berliner Blau (Pariser Blau, Miloriblau, Preußisch Blau).

Ultramarin ist eine Kieselsäure- und schwefelhaltige Aluminium-Natriumverbindung und wurde wegen seines reinen, blumigen, rotstichigen Blautones besonders zum Weißnuancieren gern verwendet. Ein Nachteil dieses Farbstoffes ist seine mehr oder weniger große Empfindlichkeit gegen schwefelsaure Tonerde und freie Säure.

Dabei wird Schwefelwasserstoff frei, wie man leicht am Geruch wahrnehmen kann. Der Nachteil der Alaunempfindlichkeit sollte nicht unterschätzt werden. Papiere, die mit Ultramarin getönt wurden, sind nicht lagerbeständig. Dabei handelt es sich um eine Zeitwirkung der schwefelsauren Tonerde, und es ist keine Seltenheit, daß erst nach Monaten die Verfärbungen sichtbar werden. Auch sorgfältigste Verpackung und Aufbewahrung im Dunkeln können diese Lagerunechtheit nicht beheben.

Berliner Blau ist Ferriferrocyanid. Es ist ein reines, grünstichiges Blau von guter Lichtechtheit, das aber den Nachteil der Alkaliunechtheit besitzt. Dieser Umstand schließt in manchen Fällen seine Verwendung aus, z. B. für Beklebepapiere, Soda- und Seifeneinwickelpapiere und dgl. Zusammen mit lichtechten Anilinfarbstoffen wird es hier und da für lebhafte, satte Blau- und Grüntöne benutzt. Aber die Indanthrenblau-Marken konnten auf Grund ihrer besseren Gesamtechtheiten im Laufe der Jahre die ehemals sehr starke Stellung des Berliner Blaues in der Papierfärberei erschüttern. Die gleiche Entwicklung ist bei dem einst für jede Papierfabrik unentbehrlichen Ultramarin festzustellen. Berliner Blau ist in Oxalsäure löslich und wird über diesen Umweg auch wasserlöslich. Das ist für manche Fälle von Vorteil.

Die *Eisenoxydfarbstoffe* besitzen gegenüber den Erdfarbstoffen (Ockerarten) den Vorteil größerer Kornfeinheit und Reinheit; außerdem können sie in stets gleichbleibenden Typen geliefert werden, was bei den Naturprodukten mit Schwierigkeiten verbunden ist.

Die wichtigsten Vertreter sind:

Eisenoxydgelb 420 (Le),
Eisenoxydrot 140 F (Le),
Eisenoxydbraun 660 F (Le),
Eisenoxydbraun spezial (Le),
Eisenoxydschwarz 306 F (Le).

Die Papierrohstoffe und ihr Verhalten zu den einzelnen Farbstoffgruppen.

Bei der Besprechung der in der Papierindustrie gebräuchlichen Farbstoffe wurden tiefgehende theoretische Erörterungen über die verschiedenen Färbetheorien und eventuell daraus abzuleitende färberische Maßnahmen bewußt vernachlässigt. Dennoch ließ es sich nicht vermeiden, daß Grenzgebiete hier und da gestreift werden mußten, um gewisse Beziehungen der einzelnen Färbevorgänge zueinander zu klären. Dabei wurde jedoch das spekulative Moment ausgeschaltet, denn der praktische Papiermacher kann sich bei Betrachtung aller färberischen Fragen der vielleicht wichtigsten Erkenntnis, daß der Färbeprozeß in der Papierindustrie keine *selbständige* Phase der Erzeugung darstellt, nicht entziehen. Damit aber wird er automatisch daran gehindert sein, manchen besonderen Eigenschaften der Farbstoffe so nachzugehen, wie es vielleicht theoretische Überlegungen erfordern. Mit anderen Worten, er muß auf Mahlung, Beschwerung, Leimung, d. h. alle anderen Manipulationen, die im Holländer stattfinden, Rücksicht nehmen, und meistens wird er festzustellen haben, daß der Färbeprozeß all den genannten anderen Vorgängen, die von den Rohstoffen nicht zu trennen sind, nachgeordnet werden muß. Diese Einzelarbeitsbedingungen bzw. Reaktionsabläufe aber sind es, die auch jene Maßnahmen bestimmen, die für den Färber im wahren Sinne des Wortes *übrigbleiben*. Auch hier fand reine Empirie schon die Wege, die wir auch heute im Zeitalter der chemisch-physikalischen Betriebskontrolle auf Grund eindeutiger Erkenntnisse noch gehen müssen, weil sie intuitiv vorausgeschaut und vorweggenommen wurden etwa in der gleichen klassischen Form, wie es bei der Harzleimung zutrifft. Dieser handwerksmäßig anmutende langsame Fortschritt ist in seinen letzten Ursachen auf die seit vielen Jahrzehnten gleichgebliebene Arbeit jener Hilfsmaschine zurückzuführen, die dem Färber in erster Linie zur Verfügung steht: des Holländers.

Bei den Farbstoffbesprechungen mußte schon in dem einen oder anderen Fall auf das Verhalten der Farbstoffe zur Papierfaser eingegangen werden. Diese Frage ist von größter Wichtigkeit für den Papiermacher, denn die in der Praxis vorkommenden Papierrohstoffe und Mischungen aus denselben lassen sich nicht wahllos mit jedem beliebigen Farbstoff, den man in einer Musterkarte illustriert findet und der im Farbton zu passen scheint, anfärben. Die Entscheidung über die einzuhaltende Färbeweise wird noch schwerer, wenn außerdem Sonderwünsche betreffend Mahlung, Füllung und Leimung des Papieres geäußert werden, oder wenn an die Färbung ganz bestimmte Echtheitsanforderungen gestellt werden müssen. Über das Verhalten der wichtigsten Papierrohstoffe zu den einzelnen Farbstoffgruppen sei deshalb in gedrängter Form das Wissenswerteste zusammengefaßt.

A. Holzschliff: Nadelholz- oder Laubholzschliff.

(Braunschliff, gelber Strohstoff, brauner Strohstoff, Rohjute und Rohleinen besitzen praktisch die gleichen färberischen Eigenschaften.)

Holzschliff ist ein Halbfabrikat und wird nur selten ohne Zusatz anderer Faserarten verarbeitet, so z. B. für Holzschliffpappe, Bierdeckel und Melierstoffe.

Basische Farbstoffe färben Holzschliff in geleimtem wie auch ungeleimtem Papier fast ausnahmslos gut an. Die inkrustierenden Bestandteile des Holzschliffes wirken dabei als natürliche Beize. Bei gemischten, holzschliffhaltigen Stoffen kommt es jedoch häufig vor, daß sich die gröberen Holzschliffsplitter nur schwer durchfärben, ja oftmals ungefärbt bleiben. Diese beiden Feststellungen scheinen sich zu widersprechen, denn logischerweise müßte der Holzschliff – den man in seiner Zusammensetzung als eine noch vollkommen von den Inkrusten eingehüllte Cellulose charakterisieren kann – in der Stoffmischung das höchste Anfärbevermögen zeigen. Wenn dies jedoch nicht zutrifft, so liegt dies daran, daß die Funktion der Zeit beim Färbeprozeß nicht ausgeschaltet werden kann, d. h. daß die *Durchfärbung* der harzigen, dichten, in ihrem Gefüge nicht genügend aufgelokkerten Holzschliffsplitter während der zur Verfügung stehenden kurzen Färbedauer im Holländer nicht möglich ist. Hierdurch aber wird das Aufziehen des basischen Farbstoffes beeinträchtigt.

Es sei bei dieser Gelegenheit erwähnt, daß auf diesen Umstand auch der „schipprige" Ausfall bei gemischten, holzhaltigen Papierfärbungen zurückzuführen ist, der so manchem Papiermacher zu schaffen macht. Durch Vorkollern des Holzschliffes mit einem Teil der basischen Farbstofflösung, bzw. durch Vorfärben des Holzschliffes im Holländer, können ruhigere, gleichmäßigere Färbungen erzielt werden. Bei beiden Maßnahmen handelt es sich um nichts anderes als um eine Verlängerung der Färbedauer.

Bei Betrachtung dieser Zusammenhänge darf jedoch nicht vergessen werden, daß der Aufnahmefähigkeit der basischen Farbstoffe, und zwar gilt dies für alle Einzelindividuen in unterschiedlichem Maße, auch beim Vorliegen von völlig inkrustierten Fasern wie Holzschliff Grenzen gesetzt sind, die auch durch erhöhte Färbedauer nicht überschritten werden können. Diese Schwellenwerte sind bedingt einmal durch den Sättigungszustand der Faser und zum andern durch den rein physikalisch zu beurteilenden Widerstand, den die Faser dem Eindringen der Farbstofflösung entgegensetzt.

Eine gute Leimung begünstigt das Aufziehen der basischen Farbstoffe auf den Holzschliff, worauf besonders bei der Herstellung satter Farbtöne zu achten ist. Auch die schwefelsaure Tonerde allein wirkt als Beize für den basischen Farbstoff.

Holzschliff wird meistens erst im Holländer oder im Mischer gebleicht. Beim Nuancieren mit basischen Farbstoffen ist deshalb eine gewisse Vorsicht insofern am Platze, als sich noch Bleichmittelreste von Natriumbisulfit und Natriumhydrosulfit im Stoff befinden können, die mehr oder weniger stark auch mit dem basischen Farbstoff in Reaktion treten. In solchen Fällen darf man aus Gründen der Betriebssicherheit nur Farbstoffe benutzen, die gegen Reduktionsmittel genügend widerstandsfähig sind, wie z. B.

Äthylviolett-Marken	Alizarinbrillantreinblau R (Le)
Kristallviolett-Marken	Brillantreinblau R (Le)
Viktoriablau-Marken	Säureviolett 4BLO (Le)
Rhodamin-Marken	Astrablau 3R konz. (Le).

Bei basischen Färbungen auf *Braunschliff* ist zu beachten, daß dieser vom Dämpfprozeß her oft sauer reagiert. Chrysoidin- und Vesuvinfärbungen werden deshalb, auch bei ungeleimten Stoffen, meist rotstichiger als die Typfärbung ausfallen, was im übrigen nicht immer als Mangel angesehen wird.

Beim gelben und braunen *Strohstoff* liegen die Verhältnisse umgekehrt. Beide werden durch alkalische Behandlung für einen mechanischen Aufschluß vorbereitet und reagieren mehr oder weniger stark alkalisch. Basische Farbstoffe von ungenügender Alkaliechtheit müssen deshalb beim Färben ausscheiden; so z. B. alle Brillant- und Malachitgrün-Marken sowie Farbstoffe, die mit Vertretern dieser beiden Gruppen gestellt sind; ferner die Chrysoidin- und Vesuvin-Farbstoffe.

Die Abwässer der basischen Farbstoffe bleiben praktisch farblos.

Saure Farbstoffe erfordern beim Färben von Holzschliff stets einen Zusatz von schwefelsaurer Tonerde. Eine volle Leimung, sofern eine solche zulässig ist, ist aber in jedem Falle der alleinigen Verwendung von schwefelsaurer Tonerde vorzuziehen. Bei der Leimung ist der übliche Tonerdezusatz entsprechend dem Verbrauch durch die Verlackung des sauren Farbstoffes zu erhöhen.

Bei vorwiegend holzhaltigen Stoffmischungen erfreuen sich die sauren Farbstoffe besonderer Beliebtheit dadurch, daß sie mangels Verwandtschaft weder zum Holzschliff noch zum Zellstoff, allein durch die abdeckende und kapillarenfüllende Lackfällung, sehr ruhige, gleichmäßige Färbungen ergeben.

Die direktziehenden Eigenschaften der *substantiven* und *Schwefelfarbstoffe* können beim Holzschliff nur unvollkommen zur Auswirkung gelangen, da die von den verholzten Bestandteilen völlig eingehüllte Cellulose nur an den Bruchstellen ihre Verwandtschaft zum Farbstoff zeigen kann. Die genannten beiden Farbstoffgruppen besitzen deshalb zum Holzschliff unter normalen Färbebedingungen nur eine geringe bis mäßige Verwandtschaft. Hierauf muß bei vorwiegend holzschliffhaltigen Stoffmischungen Rücksicht genommen werden, da die Gefahr „schippriger" Färbungen noch in weit höherem Ausmaße gegeben ist, als dies bei den basischen Farbstoffen der Fall ist, für welche die Inkrusten immerhin die Rolle einer Beize spielen. Im übrigen hätte es nur dann einen Sinn z. B. direktziehende Farbstoffe zu verarbeiten, wenn deren Echtheitseigenschaften auf einem Rohstoff wie Holzschliff zur Geltung kommen könnten. Das aber ist bei normaler Färbeweise nicht der Fall. Denn Holzschliff wie auch holzschliffhaltige Stoffmischungen sind licht*un*echt und vergilben schon nach kürzester Zeit. Das bedeutet aber in jedem Falle eine mehr oder minder beträchtliche Abtrübung des Farbtons und somit eine Nuancenverschiebung. Dennoch ist es ganz allgemein gebräuchlich, die Holzmehl-Melierfasern (für sogenannte Rauhfaserpapiere und Oat-meals) mit substantiven Farbstoffen einzufärben. Allerdings wird durch die Anwendung relativ hoher Farbstoffmengen, durch den einstündigen Kochprozeß und durch Aussalzung die Holzschliff-Faser oder das Holzmehl für eine satte Anfärbung bestens vorbereitet, d. h. mit genügend großen Mengen an Farbstoff beladen, so daß die Veränderungen der Faser durch Licht und Atmosphärilien einigermaßen überdeckt werden.

Die *organischen* und *anorganischen Pigmente* kommen schon auf Grund wirtschaftlicher Überlegungen nicht zum Färben von Holzschliff oder holzschliffhaltigen Stoffmischungen in Betracht.

Eine gewisse Bedeutung haben jedoch die Weißpigmente wie z. B. Blanc fixe und Titandioxyd, um nur die beiden wichtigsten zu nennen, zum Aufhellen von holzschliffhaltigen Papierstoffen erlangt. Eine Erhöhung der *Grundweiße* ist besonders dann vorteilhaft, wenn Stoffmischungen aus ungebleichtem Holzschliff mit ungebleichtem Zellstoff vorliegen.

B. Ungebleichte Zellstoffe.

(Nadelholz- und Laubholzzellstoff nach dem Sulfit- oder Natronverfahren, Strohzellstoff, Bambuszellstoff, Jutezellstoff usw.)

Die *basischen* Farbstoffe besitzen eine große Verwandtschaft zu ungebleichten Zellstoffen. Diese Affinität beruht, wie wir gesehen haben, darauf, daß in den Inkrusten der Fasern Beizstoffe enthalten sind, die den Farbstoff verlacken und dadurch sein Aufziehen begünstigen. Das Anfärbevermögen der Faser für den basischen Farbstoff ist um so größer, je mehr von diesen Ligninsubstanzen in ihr enthalten sind. Man hat es demnach in der Hand, durch Auswahl eines besonders günstigen Rohstoffes die Affinität zu steigern, ein Umstand, auf den wegen seiner Bedeutung für den Papierfärber näher eingegangen sei. Je nach der Führung des Kochprozesses kann der Zellstofferzeuger einen mehr oder weniger inkrustenhaltigen Zellstoff – einen mehr oder weniger „harten", wie sich der Papiermacher ausdrückt – herstellen. Wenn es der Charakter des herzustellenden farbigen Papiers erlaubt, wird man aus rein färbereitechnischen Gesichtspunkten heraus immer dem härtesten Zellstoff den Vorzug geben. Es besteht dabei die Gesetzmäßigkeit, daß die Mengen der vorhandenen Inkrusten bzw. Ligninsubstanzen im Zellstoff nicht nur ein Maß für den Aufschlußgrad des Zellstoffes, sondern auch für dessen Anfärbevermögen darstellen. Auf eine kurze Formel gebracht: Das Aufnahmevermögen von basischen Farbstoffen ist direkt proportional dem Gehalt an Ligninsubstanzen und demnach auch direkt proportional der Chlorverbrauchszahl eines Zellstoffes. SIEBERzahl und ROSCHIERzahl geben also eindeutige Auskunft darüber, ob ein Zellstoff zum Färben gut geeignet ist oder nicht. Es muß jedoch darauf hingewiesen werden, daß die einzelnen basischen Farbstoffe eine voneinander abweichende Affinität zum gleichen Zellstoff besitzen können. Irgendwelche Störungen sind hieraus für den Färber nicht herzuleiten.

Jeder Zellstoffhersteller bzw. -verbraucher lehnt sich übrigens bei der Ausführung der bekannten Malachitgrünprobe nach KLEMM[1] an diese Erkenntnis an.

Der Einfluß der Inkrusten auf das Anfärbevermögen wird auch bei den von den Papiermachern so gefürchteten ungewollten *Melierungen* deutlich. Sie sind so zu erklären, daß die von der Farbstofflösung zuerst getroffenen Einzelfasern den Farbstoff sofort begierig aufnehmen und festhalten, ehe die Lösung eine Weiterverdünnung durch das Holländerwasser erfahren kann. Die zuerst getroffenen Fasern werden hierdurch intensiver angefärbt als jene, die erst später auf die weiter verdünnte Lösung stoßen.

Es können aber auch Zellstoffe oder Zellstoffmischungen von unterschiedlichem Aufschlußgrad vorliegen, d. h. von unterschiedlichem Anfärbevermögen, dann wird sich, selbst bei vorsichtigster Färbearbeit, ein Teil schneller anfärben als der andere; es resultiert ebenfalls eine mehr oder weniger starke unerwünschte Melierung.

Der praktische Färber hat verschiedene Wege beschritten, um die störenden Auswirkungen der sonst so geschätzten Affinität zwischen ungebleichtem Sulfitzellstoff und basischem Farbstoff auf ein erträgliches Maß zurückzudrängen. Wir werden zusammenfassend an anderer Stelle über die Melierungsverhinderung noch eingehend berichten.

Es besteht in der Praxis im allgemeinen kaum die Notwendigkeit, die Affinität der ungebleichten Zellstoff-Faser zum basischen Farbstoff durch Beizmittel steigern zu wollen. Bei sehr „weich" gekochten Stoffen allerdings wird mit Tannin, Sumach, Katanol B (Le); LF (Ma) und Tamol NOP (Lu); NL (Le), Solegal S (Hö) eine Intensitätserhöhung zu erreichen sein.

Die Abwässer sind praktisch farblos.

Die *sauren* Farbstoffe besitzen zur ungebleichten Zellstoff-Faser ebensowenig Verwandtschaft wie zum Holzschliff. Die Fixierungsmöglichkeiten durch die Leimung bzw. durch schwefelsaure Tonerde allein sind die gleichen. Die dabei notwendigerweise eintretende Ausfällung des Farbstoffes im Holländer ist für die je nach der Tiefe der Färbung mehr oder weniger stark gefärbten Abwässer verantwortlich zu machen.

Im Gegensatz zu den basischen Farbstoffen ergeben die sauren Farbstoffe auf ungebleichten Zellstoffen sehr ruhige, mattwirkende und gleichmäßige Färbungen. Das gleiche gilt auch von den Kombinationsfärbungen (basisch + sauer).

---

[1] Papierindustrie-Kalender, 1931, S. 116ff.

Die mangelhafte Fixierung der sauren Farbstoffe auf ungebleichten Zellstoffen wird bei einseitig glatten Zellstoffpapieren gern für sogenannte Markierfilzeffekte ausgenutzt.

Die *substantiven* (und *Schwefel-*) Farbstoffe besitzen zum ungebleichten Zellstoff eine ausgesprochen gute Verwandtschaft, die sich noch deutlicher zeigt als bei den basischen Farbstoffen. Bei schwachen und mittleren Farbtönen ist deshalb ohne Leimung auszukommen, der nur bei sehr satten Färbungen eine gewisse Fixierarbeit zufällt. Das ist für bestimmte Sondererzeugnisse von Vorteil. Wie bei den basischen Farbstoffen, bestehen Zusammenhänge zwischen Aufschlußgrad und Anfärbevermögen, allerdings ist, wie wir festgestellt haben, die Gesetzmäßigkeit eine andere: je weniger Inkrusten ein Zellstoff enthält, desto besser ist seine Affinität zum direktziehenden Farbstoff. Die bei den substantiven Farbstoffen ebenfalls häufig zu beobachtenden *Melierungen* müssen deshalb vorwiegend auf die Affinitätsunterschiede im Fasergemisch zurückgeführt werden.

Das gute Aufziehvermögen der substantiven Farbstoffe auf ungebleichten Zellstoffen wird bei der Herstellung von Melierfasern und Marmorierstoffen praktisch ausgenutzt.

Die Abwässer sind farblos bzw. schwach gefärbt.

Die Schwefelfarbstoffe sind in ihrem Verhalten den direktziehenden Farbstoffen sehr ähnlich. Auch sie neigen stark zum Melieren.

Die *organischen* und *anorganischen Pigmente* scheiden zum Färben ungebleichter Zellstoffe schon aus Preisgründen aus. Außerdem können ihre sehr guten Echtheitseigenschaften, im besonderen die Licht- und Alkaliechtheit, auf den noch mehr oder minder inkrustierten und deshalb stark zur Vergilbung neigenden Zellstoffen niemals zur Geltung gebracht werden.

Die billigen Erdfarbstoffe (Ocker usw.) sind zur Grundierung geeignet, ebenso wie Saftbraun.

Ruß kann zur Abtrübung, ferner für Grau- und Schwarzfärbungen Verwendung finden.

Die *Weißpigmente* können zur Erhöhung der Grundweiße von Zellstoffen herangezogen werden und wirken besonders vorteilhaft auf gemischten, holzhaltigen Stoffen.

C. Gebleichte Zellstoffe und gebleichte Hadernstoffe.

(Nadelholz- und Laubholzzellstoffe, die sauer oder alkalisch aufgeschlossen wurden, Strohzellstoff, Esparto, Jute- und Bambuszellstoff, Ramie, Leinen, Hanf, Baumwolle usw.)

Die *basischen* Farbstoffe besitzen für diese Faserarten kein oder nur ein geringes Aufziehvermögen, da die gebleichten Hadernstoffe und die gebleichten Zellstoffe praktisch frei von Begleitstoffen sind, die für den basischen Farbstoff als Beize wirken könnten. Die bei einzelnen Rohstoffen zu beobachtende geringe Affinität genügt jedenfalls selbst bescheidenen Ansprüchen in der Praxis nicht. Die basischen Farbstoffe bedürfen deshalb stets einer Fixierung, und schon die *Leimung* ist bei den gebleichten Stoffen in der Lage, eine beträchtliche Wirkung in diesem Sinne auf den basischen Farbstoff auszuüben. An dem Fixierungsvorgang sind sowohl der Harzleim als auch die schwefelsaure Tonerde als selbständige, reaktionsfähige, d. h. für den basischen Farbstoff verlackende Partner beteiligt. Aber auch ihre Fällungsprodukte bzw. Ausflockungen (Tonerde-Resinat, Freiharz) wirken fixierend, da beim Fällungsvorgang, bei der Ausflockung, die im umgebenden Medium gebildeten Farblackteilchen mit auf die Faser niedergeschlagen und dort mechanisch festgehalten werden. Auf Grund dieser Überlegungen ist es auch verständlich, daß die schwefelsaure Tonerde für sich allein schon eine fixierende Wirkung ausübt. Diese besteht, ähnlich wie bei der Leimung, einmal in der Lackbildung auf der Faser und im umgebenden Holländerwasser, sodann in der Sedimentierung der gebildeten Lackteilchen auf der Faser. Hierbei ist der Einfluß des p_H-Wertes im Sinne eines Ladungsaustausches wirksam.

Für Weißnuancierungen und schwache Farbtöne genügt diese Art der Fixierung; nicht jedoch für satte Färbungen. Für diese sind Beizen wie Tannin, Sumach, Katanol und Tamol bzw. Solegal unentbehrlich. Während sich die Tamol- bzw. Solegalfällung lediglich farbtonvertiefend und vergleichmäßigend auswirkt, kommt den drei anderen genannten Beizen noch eine *fixierende*, die Reib-, Wasser- und Dampfechtheit erhöhende Wirkung zu. Es mag dies zum Teil an der Ausfällungsform der gebildeten basischen Lacke liegen. Wichtiger jedoch dürften die Affinitätsbeziehungen zwischen Faser und Beizmittel bei der Erklärung dieser Tatsache sein. So kommt dem Katanol eine ausgesprochene substantive Wirkung zu, denn dieses Produkt zieht für sich allein schon fast vollständig auf die gebleichte Papierfaser auf.

Wenn festgestellt wird, daß sowohl mit Tannin als auch mit Sumach und Katanol die basischen Farbstoffe sich reib-, wasser- und dampfechter fixieren lassen als dies durch die übliche Leimung, durch schwefelsaure Tonerde und auch Tamol bzw. Solegal der Fall ist, so ist dabei zu beachten, daß diese Eigenschaften ebenso relativ zu werten sind, wie beispielsweise die Lichtechtheit eines Farbstoffes. Die Wirkung der Katanolbeize ist dabei derjenigen von Tannin (und Sumach) wesentlich überlegen.

Die *sauren* Farbstoffe besitzen ebensowenig wie die basischen eine Verwandtschaft zu den gebleichten Hadern und gebleichten Zellstoffen. Sie bedürfen zu ihrer Fixierung einer Voll-Leimung und, je nach der Tiefe der Färbung, einen mehr oder weniger großen Überschuß an schwefelsaurer Tonerde. Eine Fixierung mit schwefelsaurer Tonerde allein ist bei Weißnuancierungen und schwachen Tönungen ausreichend. Die Färbungen mit sauren Farbstoffen zeichnen sich auf allen gebleichten Stoffen durch große Ruhe und Gleichmäßigkeit aus. Diese vom Papiermacher so geschätzten Eigenschaften übertragen sich übrigens auch auf die mit basischen Farbstoffen kombinierten Färbungen.

Es wurde bereits an anderer Stelle darauf hingewiesen, daß die sauren Färbungen eine sehr schlechte Reib- und Wasserechtheit besitzen und stark zur Zylinderzweiseitigkeit neigen. Das gilt ganz besonders von

Färbungen auf gebleichten Rohstoffen. Diese Mängel aber lassen sich durch keine färbereitechnischen Maßnahmen beseitigen.

Die Abwässer sind stark angefärbt.

Die *substantiven* Farbstoffe besitzen zu den gebleichten Papierrohstoffen eine große Verwandtschaft. Wie bereits erwähnt wurde, färben sie die gebleichte Faser ohne Zuhilfenahme von Fixierungsmitteln *direkt* an, und darin liegt auch ihre Bedeutung für den Papiermacher begründet. So bilden gebleichte Rohstoffe mit substantiven Farbstoffen zusammen die Ausgangsmaterialien für die Herstellung von Löschpapier, Kammgarnpergament, Bakelitrohpapier, Vulkanfiber-Rohpapier, farbiges Zigarettenpapier und Umblattpapier. Die Erhöhung der Aufnahmefähigkeit der gebleichten Hadern und der gebleichten Zellstoffe für substantive Farbstoffe durch Kochsalz, Glaubersalz oder Soda und durch Erwärmung wird nur in Spezialfällen anzustreben sein.

Die Abwässer sind auch bei vollen Färbungen praktisch farblos.

Die *Schwefelfarbstoffe* besitzen wegen ihrer trüben gedeckten Töne und ihrer nicht einfachen Anwendungsweise zum Färben gebleichter Stoffe in der Praxis keine Bedeutung.

Die *organischen Pigmente* werden auf Grund ihrer hervorragenden Echtheitseigenschaften zum Färben von Feinpapieren aller Art gern verwendet. Wegen ihrer im allgemeinen sehr hohen Einstandspreise, aber auch wegen ihrer fehlenden Verwandtschaft zur Faser kommen sie jedoch nur für helle bis mittelstarke Färbungen in Betracht. Eine gute Leimung ist zur Bindung der Körperfarbstoffe an die Faser erforderlich, doch haben wir festgestellt, daß auch eine Sedimentierung mit schwefelsaurer Tonerde allein im Bereich der Möglichkeit liegt. Quellende Bindemittel wie Stärke, Tylose u. a. erhöhen die Ausgiebigkeit; auch mit steigendem Mahlungsgrad wird die Zurückhaltung der Pigmente im Stoff vollständiger.

Bei Weißnuancierungen, die vorwiegend für einige Sondererzeugnisse in Betracht kommen, ist eine Befestigung des organischen Pigments auf der gebleichten Faser im Hinblick auf die geringen Anwendungsmengen nicht erforderlich.

Für die *anorganischen Pigmente* gelten bezüglich ihrer Beziehungen zu den gebleichten Papierrohstoffen die gleichen Gesetzmäßigkeiten wie für die organischen Pigmente.

Besondere Funktionen kommen den *Weißpigmenten* zu. Bei graphischen Papieren z. B. dienen sie nicht nur zur Erhöhung der Grundweiße, sondern auch zur Erzielung einer geschlossenen Oberfläche, zur Regulierung der Wegschlagzeit der Druckfarbe und zur Verhinderung der Transparenz. Auch bei den sogenannten „geräuschlosen Programmpapieren“, die Aschengehalte bis zu 40% besitzen, ist nicht das Primäre die damit verbundene Aufweißung. Der Einfluß des gebleichten Rohstoffes auf die natürlichen und künstlichen Erden ist dabei oft nur schwer einzugrenzen, denn nicht immer liegen die Verhältnisse so klar zutage, wie bei den Zigarettenpapieren oder den Dünndruckpapieren (Bibeldruck), bei denen die sehr hohe Aufspeicherung der Weißpigmente (auch geringe Mengen an organischen und anorganischen farbigen Pigmenten kommen in

Betracht) erst durch die weitgehende Fibrillierung und Schmierigmahlung vorwiegend der Leinenfaser ermöglicht wird.

D. Altpapier.

Der Papierrohstoff „Altpapier" setzt sich aus Abfällen aller Art zusammen – es kann sich dabei um Papiere handeln, die ihren Verwendungszweck bereits einmal erfüllt haben, oder um Späne, wie sie an der Papiermaschine, im Papiersaal oder bei der Papierverarbeitung anfallen – und kann deshalb alle in der Papierindustrie verwendbaren Faserstoffe enthalten; und zwar werden diese in stets unterschiedlichen Mischungen und Mengen vorhanden sein. Da die einzelnen Rohstoffe ein stark voneinander abweichendes Verhalten zu den verschiedenen Farbstoffgruppen zeigen, ist es ohne weiteres einzusehen, daß allgemein gültige Angaben über das Färben dieses Rohstoffes nicht gemacht werden können. Eine Entscheidung über den besonderen stofflichen Charakter des jeweils zu verarbeitenden Altpapiers wird man jedoch immer treffen können. Wird ein überwiegender Anteil an Holzschliff oder an ungebleichtem Zellstoff festgestellt, so trifft für diese Altpapierstoffe das zu, was vorstehend unter „Holzschliff" bzw. „Ungebleichte Zellstoffe" gesagt wurde. Liegen weiße, holzfreie Späne vor, so hat man sich an die besonderen färberischen Eigenschaften der „gebleichten Zellstoffe und gebleichten Hadernstoffe" zu halten. Bei gemischten, *farbigen* Papierabfällen sind diese Entscheidungsmöglichkeiten naturgemäß nicht ohne vorherige Sortierung nach Farben gegeben.

Im übrigen wird man bei den Altpapierrohstoffen, die einen außerordentlich billigen Träger der Färbungen darstellen, keine Bewegungsfreiheit bezüglich der Auswahl der Farbstoffe besitzen. Die gefärbten, aus Altpapier hergestellten Papiersorten, die unter den verschiedensten Bezeichnungen im Handel sind, dienen meistens als Hüllpapiere, für welche die billigste Färbeweise gerade noch tragbar ist. Auf Grund dieser Überlegung kann auf eventuell notwendige Erfordernisse des Grundstoffes nicht eingegangen werden, und es müssen schließlich sogar färberische Mängel mit in Kauf genommen werden. Die billigste Färbeweise ist durch die Verarbeitung der leuchtenden und sehr farbkräftigen *basischen* Farbstoffe gewährleistet. Eine Kombination mit *sauren* Farbstoffen bringt keine Verteuerung mit sich. Es ergeben sich im Gegenteil färbereitechnische Vorteile, die in einer größeren Gleichmäßigkeit und Ruhe der Färbung zu suchen sind. Im Hinblick auf die unterschiedliche Stoffzusammensetzung erscheinen selbst die ungefärbten, aus gemischten Abfällen hergestellten Papiere meistens meliert. In diesem Falle läßt sich diese unerwünschte Eigenschaft durch überwiegende Verwendung der gut egalisierenden sauren Farbstoffe herabmindern. Bei alleiniger Verwendung von sauren Farbstoffen läßt sich eine bereits bestehende Melierung fast völlig überdecken. Ist das Arbeiten mit sauren Farbstoffen aus irgendwelchen Gründen nicht möglich, so lassen sich auch mit basischen Farbstoffen einwandfreie Färbungen erzielen, sofern man den Stoff *vor* dem Färben mit Tamol NOP (Lu); NL (Le) oder Solegal S (Hö) beizt. Eine Voll-Leimung ist in allen skizzierten Fällen unerläßlich.

Substantive Farbstoffe, ausgenommen Congo- und Dianilrot 4 B (Benzopurpurin 4 B), sowie die *organischen Pigmente* kommen aus Preisgründen zum Färben dieses billigen, ordinären Rohstoffes nicht in Betracht. Ihre Echtheitseigenschaften kämen im übrigen nicht oder nur unvollkommen zur Geltung.

Das gleiche gilt für die *Schwefelfarbstoffe*, die für Altpapierfärbungen ohne jede Bedeutung sind, mit der einzigen Ausnahme einer Schwarzmarke, die speziell zum Färben infrarotdichter Verdunklungspapiere entwickelt wurde.

Selbst die sehr billig einstehenden *Erdfarbstoffe* Ocker, Englischrot u. a. müssen zum Färben der Altpapierrohstoffe oftmals ausscheiden, da die Einbuße der Festigkeitseigenschaften, die mit ihrer Anwendung einhergeht, gerade bei diesen ordinären Stoffen nicht tragbar ist. Man trifft sie deshalb nur dort an, wo lediglich eine Grundierung beabsichtigt ist oder wo die Qualitätsherabminderung in Kauf genommen werden kann. Eine Ausnahme machen einige Spezialpappensorten wie Preßspäne und Matrizenpappen. Die letzteren enthalten je nach ihrer Verwendung verschiedene Mengen bildsamer Füllstoffe und Farbstoffpigmente meist anorganischer Natur.

Für *Ruß*, der die Asche des Papieres nicht erhöht und deshalb auch dessen Festigkeit nur insoweit etwas beeinträchtigt, als er die innige Verfilzung von Faser zu Faser stört, liegen die Verhältnisse hinsichtlich einer Verarbeitung mit Altpapier günstiger. Die additive Mischung des organischen Schwarzpigmentes bringt sogar einen Vorteil dadurch, daß die Mängel des oft schipprigen und melierten Altpapiergrundstoffes durch die feinst verteilten Rußkörperchen weitgehend überdeckt werden. Schwarzfärbungen, die ausschließlich mit Ruß hergestellt werden, bilden dennoch die Ausnahme. Auch bei Altpapier als Grundstoff greift man aus fabrikationstechnischen Gründen zu Kombinationen mit löslichen Produkten.

Auch *Saftbraun* wird in größerem Maßstab auf Altpapier verarbeitet, wenngleich in fast allen Fällen nur zur Grundierung brauner Papiere und Pappen. Eine Überfärbung mit sauren oder basischen Farbstoffen oder mit beiden zusammen ist allgemein üblich und auch wegen des Farbanschlusses an eine gegebene Vorlage mit Rücksicht auf die stets wechselnde Eigenfarbe des Altpapiers immer notwendig.

Beim Verarbeiten von bereits *gefärbtem* Altpapier ist fast stets damit zu rechnen, daß Melierungen auftreten, da die aus dem Altpapier stammenden, schon mehr oder weniger stark und verschiedenartig gefärbten Fasern erneut Farbstoffe aufspeichern und daher satter bzw. verschieden gefärbt hervortreten. Derartige Melierungen sind nicht mehr ungeschehen zu machen. Auch rein saure Färbungen vermögen nicht mehr zu egalisieren. Eine Ausnahme bilden die Rußfärbungen, da das feinst verteilte Pigment die Einzelfaser praktisch vollständig abdeckt.

Die natürlichen und künstlichen *weißen Erden* werden zur Aufhellung weißer holzhaltiger oder auch holzfreier Späne gern herangezogen. Für gemischte Altpapiere sind sie ohne Bedeutung.

Die Behandlung der Farbstoffe.

Von der sachgemäßen Aufbewahrung, der pfleglichen Behandlung und Verarbeitung der Farbstoffe hängt für den Papierfärber sehr viel ab, und manche Mängel, die den Färbeprozeß erschweren oder aber erst im fertig gefärbten Papier in Erscheinung treten, verdanken ihr Auftreten einer falschen Behandlung der Farbstoffe. Zahlreiche, oft recht kostspielige Reklamationen und große Mengen an Ausschuß, ja manche Betriebsstillstände könnten vermieden werden, wenn man den Arbeiten im Vorratslager und in der Farbküche und vor allem der Holländerarbeit die erforderliche Sorgfalt angedeihen ließe. Schon bei der Entnahme und beim Abwiegen der Farbstoffe lauern die ersten Gefahren. Verschmutzte Schaufeln oder Waagschalen können ebenso zur Fleckenbildung im Papier beitragen wie die Verarbeitung eingetrockneter Teigfarbstoffe oder zusammengeklumpter Pulver- oder Kristallware.

Das unsachgemäße Lösen der Farbstoffe kann eine weitere Quelle für Störungen beim Färben abgeben, aber auch die unrichtige Zuteilung der Farbstofflösungen oder das fehlerhafte Nachfärben im Holländer, im Mischer oder in der Bütte werden in manchen Fällen der Anlaß zu Fehlfärbungen sein.

In einem gut geleiteten Betrieb muß es deshalb oberster Grundsatz sein, die durch die angedeuteten Unzulänglichkeiten entstehenden Verluste durch Schaffung geeigneter Einrichtungen von vornherein auszuschalten. Leider wird dieser Zweig der Fabrikation oft in erstaunlicher Weise vernachlässigt, weil man, mit recht wenigen Ausnahmen, das Abwiegen und Lösen völlig dem Holländermüller überläßt, der mit anderen Arbeiten und dem Mustermachen meist schon überlastet ist. Die nachstehenden Richtlinien sollen den Weg zeigen, wie durch zweckentsprechende Maßnahmen ein zuverlässiges, sauberes Arbeiten ermöglicht werden kann. Einschränkend ist dazu zu sagen, daß selbstverständlich ein Unterschied zwischen großen Farbstoffverbrauchern und Papierfabriken, deren Farbstoffaufwand vielleicht nur durch das Weißnuancieren gegeben ist, zu machen ist. Aber auch für diese sind die Mindestforderungen noch so hoch zu halten, daß die gröbsten Störungen vermeidbar bleiben. Das gleiche gilt auch dort, wo das Fertigfabrikat keine allzu hohen Ansprüche zu rechtfertigen scheint: bei Hüllpapieren und Pappen auf Altpapierbasis. Grundsätzlich sollte an diesen Richtlinien übrigens nicht nur bei den Massefärbungen, sondern auch bei allen übrigen Färbearten, wie dem Tauchen, Streichen, Bürsten u. a., festgehalten werden.

In Papierfabriken, Tauchfärbereien und anderen papierverarbeitenden Industrien, die große Farbstoffmengen verarbeiten, ist eine räumliche Dreiteilung in Farbstofflager, Wägeraum und Farbküche (Löseraum) angezeigt. Meistens wird zwar das Farbstofflager dem Hauptmagazin angegliedert sein und getrennt vom Wägeraum und Löseraum liegen; wenn es aber die örtlichen Verhältnisse erlauben, so ist es sehr zweckmäßig, die drei Räume nebeneinander anzuordnen. Die Badische Anilin- und Soda-Fabrik, Ludwigshafen a. Rh., hat in einer früheren Papierbroschüre eine

„Schematische Skizze für die Einrichtung einer Farbküche mit Farblager und Wägeraum“ gebracht, die allen färbereitechnischen Forderungen gerecht wird und in glücklicher Weise Betriebssicherheit mit zweckmäßiger

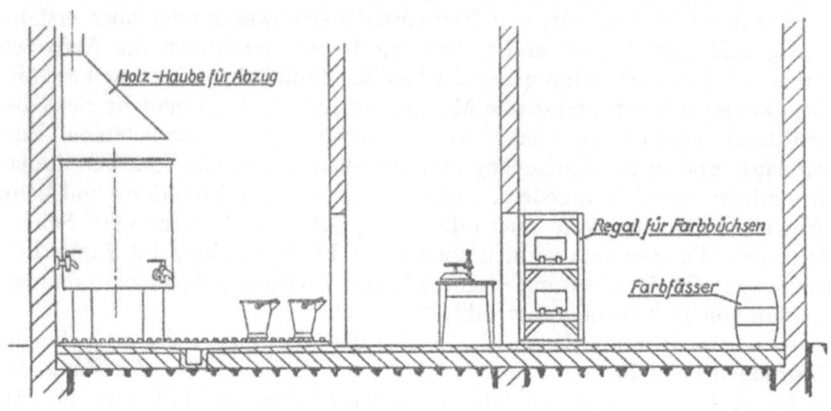

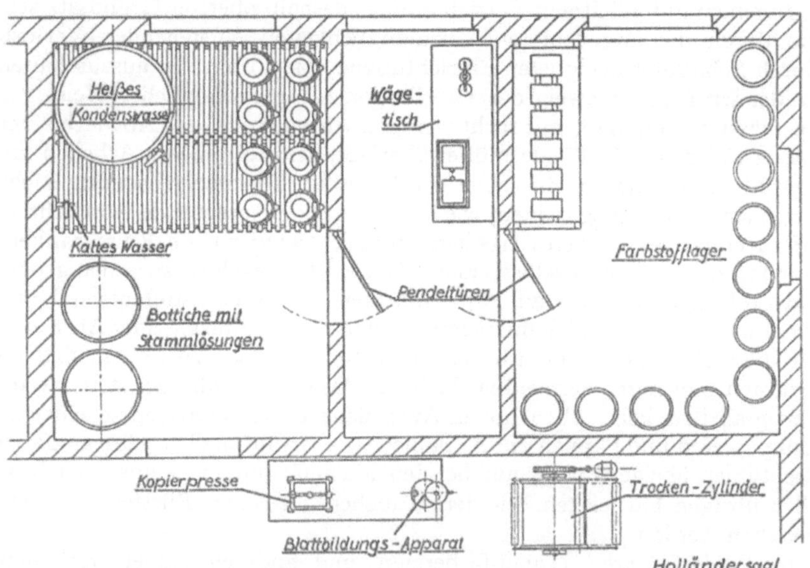

Abb. 8. Schematische Skizze für die Einrichtung einer Farbküche mit Farbstofflager und Wägeraum. (Nach einem Vorschlag der Badischen Anilin- und Soda-Fabrik.)

Schönheit verbindet. Mit freundlicher Erlaubnis des Werkes bringe ich obenstehend den Entwurf einer dreigeteilten Anlage von Farbstofflager, Wägeraum und Farbküche (Abb. 8).

Das Lagern.

Die Lagerung der Farbstoffe geschieht tunlichst in einem hellen, trokkenen, vor direkter Sonnenbestrahlung und Zugluft geschützten Raum. Undichte Dampfleitungen und Wasserleitungen oder Feuchtigkeitseinflüsse, aus anderen Quellen stammend, werden die lagernden Farbstoffe immer in Mitleidenschaft ziehen, da diese fast durchweg zu einer starken Feuchtigkeitsaufnahme neigen. Die Wasseraufnahme hat ein Zusammenbacken des pulverförmigen oder kristallinischen Farbstoffes zur Folge, wodurch nicht nur die Entnahme, sondern auch die Löslichkeit der fraglichen Produkte erschwert wird. Es sei nur an das Verhalten zahlreicher, vorwiegend basischer Farbstoffe, z. B. Fuchsin, Brillantgrün, Methylviolett und Kohlschwarz, erinnert, die wohl jedem Färber bei der Verarbeitung schon Sorgen bereitet haben. An diesem Zusammenklumpen sind vor allem auch die Stellmittel beteiligt (Salze, Dextrin), und es muß festgestellt werden, daß selbst einwandfrei gelagerte Farbstoffgebinde, wenn sie jahrelang auf Lager gehalten werden, hier und da hygroskopische Schäden zeigen. Hierauf muß bei der Lagerhaltung Rücksicht genommen werden, und man sollte, um sich vor allen Eventualitäten zu schützen, die Vorräte so bemessen, daß sie nach längstens einem Jahr erneuert werden müssen. Leider läßt sich diese einfach klingende Forderung in der Praxis nur selten verwirklichen. Ein großer Nachteil der Wasseraufnahme muß noch darin erblickt werden, daß eine Veränderung der Farbstärke eingetreten ist, ein Umstand, der sich bei der Wiederholung früherer Rezepturen sehr unangenehm auswirken kann.

Offene Fässer und Büchsen sind auf jeden Fall zu vermeiden, und angebrochene Gebinde müssen sofort nach der Entnahme des Farbstoffes wieder gut verschlossen werden. Das ist überaus wichtig, denn hierdurch wird einer Verschmutzung durch Staub oder durch aufgewirbelte Teilchen anderer Farbstoffe vorgebeugt. Farbstoffe in Teig- oder Pastenform müssen vor dem Abwiegen stets gründlich durchgerührt werden, damit der Faß- oder Kanneninhalt an jeder Entnahmestelle gleiche Konzentration aufweist. Gerade bei den Teigfarbstoffen ist es deshalb von größter Wichtigkeit, die Behälter nach der Entnahme des Farbstoffes wieder absolut dicht zu verschließen, denn bei offenen oder nicht gut abgedichteten Fässern und Kannen wird durch die Verdunstung des Wassers nicht nur eine Änderung in der Konzentration, sondern auch ein Verkrusten der Teigfarbstoffe an den Wänden eintreten. Direkte Sonnenbestrahlung der Fässer fördert die Verdunstung und erhöht die angedeuteten Gefahren. Solche durch Verkrustung entstandenen Farbstoffagglomerationen sind auch durch intensivste Bearbeitung im Holländer nicht mehr genügend zu zerteilen, so daß sie Anlaß zur Farbstoffstippenbildung im fertigen Papier geben. Im Winter müssen die Teigfarbstoffe vor Frost geschützt werden. Durch das Ausgefrieren tritt eine Trennung von Farbstoffpigment (Stellmittel) und Wasser ein, die auch durch sorgfältigste Anschlämmarbeit nicht mehr rückgängig gemacht werden kann. Die damit Hand in Hand gehende Teilchenvergröberung bedeutet aber eine Quelle für die gefürchtete Pünktchenbildung im fertigen Papier. Der Versand der Teigfarbstoffe erfolgt deshalb in der gefährdeten Zeit heute allgemein in frostsicheren Pakkungen.

Die einzelnen Farbstoff-Fässer, -Kannen usw. ordnet man zweckmäßig nach Gruppenzugehörigkeit auf einem Lattenrost entlang der Wand oder auf einem niedrigen Holzgestell an; es sollen die basischen Farbstoffe von den sauren und direktziehenden Farbstoffen ebenso deutlich sichtbar getrennt aufgestellt werden, wie die organischen Pigmente von den Erdfarbstoffen und Mineralfarbstoffen. In der Praxis zeigt es sich immer wieder, daß die Bezeichnungen auf den Gebinden, wie sie von den Farbenfabriken angebracht werden, nicht von Bestand sind. Es empfiehlt sich deshalb, über den Fässern an einer geeigneten Stelle der Wand oder des Lattengestells jeweils Zettel mit den genauen Farbstoffbezeichnungen zu befestigen. Auf diesen Zetteln können dann auch Vermerke über den Eingang des Farbstoffes, über die Menge und die einzelnen Entnahmen gemacht werden. Diese Lagerkontrolle hat sich als sehr zweckmäßig erwiesen, da sie eine gewisse Gewähr dafür bietet, daß die einmal begonnenen ordnenden Maßnahmen nicht so schnell in Vergessenheit geraten.

Die Büchsenpackungen bringt man in gleicher Ordnung auf leicht zugänglichen und bequem zu reinigenden Holzregalen unter. Auch bei den Büchsen ist dafür Sorge zu tragen, daß durch das Abfallen der Farbstoffbezeichnungen keine Verwechslungen vorkommen.

Eine wichtige Forderung ist, daß jedes Faß und jede Büchse eine eigene Schippe zur Farbstoffentnahme besitzen. Die Form und Ausführung auch dieses kleinen Behelfsmittels sind der Beachtung wert. Tote Winkel und scharfkantige Löt- oder Preßstellen sind bei diesen Farbstoffschippen und -löffeln zu vermeiden. Sie bestehen vorteilhaft aus nichtrostendem Stahl, Aluminium, Emaille oder Holz. Hierdurch wird das Arbeiten mit den Farbstoffen ganz wesentlich erleichtert, denn sie können sehr leicht gereinigt werden, und Fehlerquellen, die zu Verunreinigungen mit anderen Farbstoffen führen können und die, wie wir wissen, oft zur Fleckenbildung im Papier beitragen, werden geschlossen.

Die weißen, natürlichen und künstlichen Pigmente gehören nicht ins Farbstofflager; nur dort, wo nur geringe Mengen an hochwertigem Titandioxyd verarbeitet werden, sollte man eine Ausnahme gestatten.

Bleichmittel wie Chlorkalk, Natriumbisulfit und Natriumhydrosulfit haben nichts im Farbstofflager zu suchen. Diese stark reaktionsfähigen Chemikalien würden unter den Farbstoffen großen Schaden anrichten.

Die wasserlöslichen „optischen Aufhellungsmittel" hingegen sind als Farbstoffe zu behandeln, ebenso die Lumogene.

Aus dem Farbstofflager muß auch der Ruß unbedingt ferngehalten werden. Das außerordentlich leichte und voluminöse Produkt stäubt bei der Entnahme derart stark, daß eine Verschmutzung des Raumes, wie jeder Färber weiß, auch bei vorsichtigstem Hantieren nicht zu vermeiden ist. Man zieht es deshalb meistens vor, Abwiegen, Netzen und Anteigen in einem weit genug vom Holländersaal entfernten, abgelegenen Fabrikwinkel vorzunehmen.

Der Wägeraum und die Farbküche.

Es ist immer von Vorteil, einen besonderen Wägeraum einzurichten. Am besten ist er zwischen Farbstofflager und Farbküche anzuordnen, wie es aus der obigen schematischen Skizze zu ersehen ist. Dabei ist darauf zu achten, daß aus der Farbküche keine Dampfschwaden oder Feuchtigkeit, aus anderen Quellen herrührend, eindringen können. Man erreicht dies, wie aus der Skizze zu entnehmen ist, durch den Einbau gut schließender Pendeltüren, die außerdem so anzuordnen sind, daß kein Durchzug entstehen kann, der die Wiegearbeit stören könnte.

Ein erschütterungsfrei auf festem Boden, am besten Betonfußboden, aufgestellter starker Holztisch, der geräumig ist und gut beleuchtet sein muß, dient als Abwiegestelle. Im allgemeinen genügen zwei Waagen, um allen Anforderungen, auch denen eines großen Betriebes, gerecht zu werden: eine für größere Farbstoffmengen und eine kleine zweischalige Balken-Waage, die noch das genaue Abwiegen von etwa einem Gramm gestattet. Eine analytische Waage ist zum Abwiegen kleinster Farbstoffmengen weder für Weißnuancierungen noch für Farbstoffstärke-Bestimmungen erforderlich. Als Waage für größere Farbstoffmengen wählt man aus Gründen der Zweckmäßigkeit eine solche mit Laufstange und verschiebbarem Gewicht. Das Austarieren wird mit einer solchen Waage sehr erleichtert, und vor allem wird das unsaubere Manipulieren mit Einzelgewichten, kleinen Metallstückchen, Nägeln, Schraubenmuttern und dgl., die zum unausrottbaren Inventar des Papierfärbers zu gehören scheinen und deren Handhabe beim Abwiegen oft zu Wiegefehlern führen, von vornherein unterbunden.

Im Wägeraum ist ein kleines Schränkchen mit allen im Betrieb verwendeten Farbstofftypen unterzubringen. Diese sind als Behelfs-Stammtypen zu betrachten und ausschließlich zur Kontrolle der einzelnen Farbstofflieferungen heranzuziehen. Farbstoffmuster von etwa 100 Gramm in braunen Pulvergläsern mit eingeschliffenen Glasstopfen sind ausreichend. Außer diesen sollen im Wägeraum nur kleine Gebinde von Farbstoffen stehen, die gerade gebraucht werden oder die ständig abgehen, wie z. B. die wichtigsten basischen und sauren Nuancierfarbstoffe.

Das Abwiegen der Farbstoffe auf losen Blättern oder gar direkt in der Waagschale, wie es in der Praxis leider noch häufig genug anzutreffen ist, kann nicht gutgeheißen werden. Eine Verschmutzung der Waage ist bei dieser Arbeitsweise unausbleiblich. Außerdem entstehen oft Farbstoffverluste beim Umfüllen und Verunreinigungen durch das Stäuben einzelner Farbstoffe. Es ist deshalb vorteilhaft, besonders wenn größere Farbstoffmengen gebraucht werden, die Farbstoffe in einem mit Henkel versehenen Emaille- oder Steinguttopf abzuwiegen. Die weitverbreitete Methode des Einwiegens in selbstgedrehte Spitztüten ist beim Verarbeiten kleiner Farbstoffmengen hingegen ohne Einschränkung zu empfehlen. Sie hat noch den Vorteil, daß durch Abreißen der Spitze der Farbstoff in einfachster Weise und sauber in kleinsten Portionen dem Lösewasser zugefügt werden kann.

Wie aus dem Farbstofflager, so muß aus den gleichen Gründen der Ruß auch aus dem Wägezimmer ferngehalten werden.

Es ist unbedingt davon abzuraten, das Lösen oder Anteigen der Farbstoffe im Holländersaal vorzunehmen, da in diesem stets zugigen Raum ein Aufwirbeln der Farbstoffteile unvermeidlich ist. Allzu leicht kann dann der Fall eintreten, daß ungelöste Farbstoffpartikelchen in einen gerade im Ableeren begriffenen Holländer geraten, sich hier nicht mehr vollständig lösen können und im fertigen Papier schließlich als Farbstoffstippen in Erscheinung treten. Es sollte deshalb in unmittelbarer Nachbarschaft des Holländersaales ein besonderer Raum vorhanden sein, der ausschließlich dazu dient, den Farbstoff holländerfertig zu machen. Die Anlage einer solchen Farbküche mit direkten Zugängen zum Wägeraum und zum Holländersaal (siehe schematische Skizze) dürfte die zweckmäßigste Lösung darstellen. Um allen Erfordernissen der Praxis Rechnung zu tragen, ist neben einer Wasserleitung und einem Behälter für destilliertes Wasser (Kondenswasser) auch eine Dampfzuleitung notwendig, damit jederzeit heißes oder kochendes Wasser hergestellt werden kann. Nicht nur zum Lösen und Anschlämmen der Farbstoffe wird Wasser verbraucht, sondern vor allem auch zum Reinigen der Löseeimer und Vorratsgefäße; und zwar werden zum Spülen wesentlich größere Wassermengen beansprucht, als zur Lösearbeit erforderlich sind. Mit Rücksicht auf die Reinigungsarbeit ist der Fußboden, wenn irgend möglich, mit einem Betonglattstrich zu versehen und mit Gefälle nach einer Abflußstelle hin auszugestalten. Zur Erhöhung der Betriebssicherheit und zur Unterstützung der Reinhaltung ist es erforderlich, den Platz vor den Wasserbehältern und den Standort der Löse- und Vorratsgefäße mit Lattenrosten auszulegen.

Als Lösegefäße verwendet man am besten emaillierte oder Holzeimer. Auch Steinzeuggefäße sind geeignet, während verzinkte oder kupferne Eimer nicht immer unbedenklich sind, da sie in manchen Fällen Veränderungen des Farbtones, ja sogar Ausscheidungen verursachen können. Den Holzeimern wird meist schon aus dem Grunde der Vorzug zu geben sein, daß sie nicht stoßempfindlich sind und auch weniger Anlaß zu Beschädigungen der Holländerwanne geben, wie sie beim Hantieren mit Metallgefäßen oft beobachtet werden können. Löseeimer sollen stets in genügender Anzahl vorhanden sein, desgleichen Hohlmaße verschiedener Größe. Das Vorhandensein letzterer, unterteilt von etwa 1 l bis herunter zu $^1/_{16}$ l, erleichtert z. B. bei Weißnuancierungen das Arbeiten mit Stammlösungen durch bequeme und zuverlässige Erfassung allerkleinster Farbstoffmengen ganz erheblich. Auch Rührscheite sollten in verschiedenen Abmessungen in genügender Anzahl vorhanden sein.

Für Stammlösungen sind Bottiche aus Steinzeug am besten geeignet. Sie sind vor jeder Füllung gründlich zu reinigen, da sich an den Wänden stets Farbstoffe auskristallisieren oder auch Zersetzungsprodukte absetzen. Die Bottiche sind mit einem gut passenden Holzdeckel abzudecken, um Verschmutzungen vorzubeugen. Für die Lösung eines bestimmten Farbstoffes sollte man immer den gleichen Bottich verwenden. Diese Forderung wird man im allgemeinen leicht erfüllen können, da es meist nur einige wenige Farbstoffe sind, die immer wieder in der laufenden Produktion gebraucht werden. In der Praxis werden als Löse- und Vorratsbehälter oft auch gebrauchte Hartholzfässer verwendet. Wenn man für eine gründliche Reinigung sorgt, wird der frühere Verwendungszweck nicht stören, und es ist nichts dagegen einzuwenden. Es muß jedoch darauf aufmerksam gemacht werden, daß bei der Bevorratung von Stammlösungen, besonders wenn diese erst nach längerer Zeit aufgebraucht werden können, durch Auslaugung der Eichen- oder Buchenholzdauben gerbstoffartige Körper in die Farbstofflösung gelangen können. Beim Vorliegen basischer Farbstoffe bilden sich dann unlösliche Farbstofflacke, welche nicht selten als Ursache für manche zunächst unerklärliche Störungen in der Färbearbeit (Farbstoff-Flecken) erkannt werden konnten. Wenn man sich trotz aller vorgebrachten Bedenken dazu entschließt, mit Stammlösungen zu arbeiten, dann sollte man eine weitere Konzession machen und die Vorratslösung nicht in der Farbküche aufbewahren, sondern in nächster Nähe der Holländer unterbringen.

In der Farbküche müssen alle jene Hilfsmittel vorhanden sein, die zur Lösungsverbesserung, zum Annetzen oder zur Fixierung der Farbstoffe dienen. Es sind dies: Essigsäure, Lösungsmittel GC, denaturierter Spiritus, Butanol, Emulphor, Glycerin, Nekal BX extra (Lu), Leonil DB (Hö), Glaubersalz, Soda, Kochsalz denaturiert, Kupfervitriol, Katanol B (Le); LF (Ma), Tamol NOP (Lu); NL (Le), Solegal S (Hö), Tannin, Borax, Bleiacetat, Aluminiumacetat u. a. m.

Lösen und Zuteilen.

Bei der Besprechung der in der Papierindustrie gebräuchlichsten Farbstoffgruppen wurde schon näher auf die speziellen Löslichkeitseigenschaften eingegangen, da es sich bei diesen um charakteristische Merkmale handelt, die nicht nur den Farbstoffgruppen, sondern mehr oder weniger auch den Einzelindividuen zukommen. Wir erfuhren, daß schon dem Lösewasser eine wichtige Rolle zufällt. Eine Reihe von Farbstoffen erfordert ein weiches Wasser, und man sollte sich dazu entschließen, ganz allgemein zum Lösen der Farbstoffe, also auch solcher, die mit den Härtebildnern keine Reaktion eingehen können, Kondenswasser zu verwenden. Man hat dann die Sicherheit, daß keine Störungen eintreten können, die z. B. bei der Verarbeitung basischer Farbstoffe in der Bildung schwerlöslicher bis unlöslicher Verbindungen bestehen, und die nicht nur die Ergiebigkeit der Farbstoffe herabsetzen, sondern auch oft als Farbflecken im fertigen Papier auftreten können. Das zum Lösen zu verwendende Kondenswasser muß frei von allen Verunreinigungen sein, wie sie häufig durch nicht ständig benutzte Rohrleitungen auftreten. Großen Schaden können Ölreste im Lösewasser anrichten, da eine Reihe vor allem basischer Farbstoffe öllöslich ist. Hierdurch ergeben sich wasser*un*lösliche Abscheidungen, die auf der Sieboberseite des Papiers charakteristische, schlierige Schmierflecken hinterlassen, und welche durch die Pressenschaber meist noch streifig auseinandergezogen werden und so den Anlaß zu den gefürchteten „Fahnen“ geben.

Wenn kein Kondenswasser zur Verfügung steht, kann eine Korrektur des harten, d. h. des an Kalk- und Magnesiumsalzen reichen Fabrikationswassers dadurch vorgenommen werden, daß man den basischen Farbstoff, bei dem allein die Abstumpfung des Alkalis erforderlich ist, mit 30%iger Essigsäure (6° Bé) anteigt. Der angeteigte Farbstoff wird sodann mit kochendheißem Wasser übergossen und durch kräftiges Umrühren gelöst. An Stelle von Essigsäure kann mit gleich gutem Erfolg Lösungsmittel GC oder Emulphor O benützt werden. Die Arbeitsweise ist die gleiche. Man teigt mit dem lösungsverbessernden Mittel an – es genügt in beiden Fällen etwa die halbe Menge vom Gewicht des angewendeten basischen Farbstoffes – und löst in üblicher Weise mit kochendheißem Wasser nach. Wenn große Mengen an Farbstoff verarbeitet werden müssen, z. B. für sehr intensive Farbtöne, steht man mit der Lösearbeit oft vor einer nicht zu erfüllenden Aufgabe. Dann genügt nämlich der Fassungsraum des Holländers nicht, um die Menge des vorschriftsmäßig gelösten Farbstoffes aufnehmen zu können. Es müssen dann Zugeständnisse durch Verarbeitung etwas konzentrierterer Lösungen gemacht werden, die normalerweise bei Befolgung der Lösevorschriften nicht zu vertreten sind. Um die Gefahrengrenze nicht allzuweit überschreiten zu müssen, verfährt man am besten in der Weise, daß der zu lösende Farbstoff auf möglichst so viele Eimer verteilt wird, als im Holländer gerade noch unterzubringen sind. Kleinere färberische Mängel sind bei satten Färbungen übrigens nicht immer besonders deutlich sichtbar; das darf aber nicht der Anlaß dazu sein, die Lösefehler überhaupt zu bagatellisieren. Man hat auch Farbstoffauflöser konstruiert, mit denen man diese Löseschwierigkeiten zu bekämpfen gedachte. Aber mit solchen Auflösern ist wohl eine innigere und schnellere Durchmischung zu erreichen, was natürlich eine Unterstützung der Lösearbeit bedeutet; aber die zu einer völligen Lösung notwendige Wassermenge kann dabei nicht herabgesetzt werden. Der Vorteil derartiger Mischer liegt mehr in einer Homogenisierung und Emulgierung, wie sie z. B. bei der Verarbeitung von weißen oder farbigen Pigmenten zusammen mit quellenden Bindemitteln wie Tylose, Stärke, Kaltleim, Tierleim usw. allerdings sehr erwünscht sind. Bei löslichen Farbstoffen besteht die große Gefahr des Schäumens, die man zwar durch Schaumverhütungsmittel mit gutem Erfolg bekämpfen, aber nie völlig verhindern kann. In der Papierindustrie haben sich deshalb die speziell für die löslichen Anilinfarbstoffe entwickelten Farbstoffauflöser nicht durchsetzen können, wohl aber die Mischer, mit denen eine Homogenisierung und Emulgierung schnell und störungsfrei zu erreichen ist. Von den zahlreichen auf dem Markt erschienenen Konstruktionen seien einige genannt. (Die Auswahl erfolgte vollkommen willkürlich und beinhaltet kein Werturteil.)

Farbstoffauflöser, Konstruktion Postl, früher Mödling b. Wien;
Farbstoffauflöser, System Loebel-Franz;
Kreiselmischer, Petzholdt, Freital-Dresden;
Lenartmischer, Paul Vollrath, Köln, Rheinhafen.

Beim Lösen der Farbstoffe ist folgende Grundregel zu beachten: Farbstoffe verschiedener Gruppenzugehörigkeit dürfen nicht zusammen in einem Gefäß gelöst werden, auch die Lösungen solcher Farbstoffe dürfen nicht miteinander vermischt werden. Eine Ausnahme kann nur stattfinden, wenn saure und substantive Farbstoffe vorliegen, oder wenn organische Pigmente mit Mineralfarbstoffen zusammen verarbeitet werden sollen. Dennoch sollte man es sich zur Regel machen, jeden Farbstoff für sich zu lösen und für sich dem Holländer zuzuteilen. Das ist der beste Schutz, um sich vor Schaden zu bewahren, denn nicht immer ist sich der Papierfärber über den chemischen Charakter der von ihm verwendeten Farbstoffe im klaren, und nicht immer vermitteln die Farbstoffbezeichnungen der einzelnen Farbenfabriken unmißverständliche Aussagen über die Gruppenzugehörigkeit.

Über das Lösen wurde bereits das Wichtigste bei der Besprechung der Farbstoffe berichtet. In gedrängter Form sei es wiederholt. Lösliche Farbstoffe werden am zweckmäßigsten durch Einstreuen in kochendheißes Wasser gelöst. Eine Ausnahme ist bei Auramin, Chrysoidin und Vesuvin am Platze, die sich bei Temperaturen von über 60° C durch weitgehende hydrolytische Spaltung und Sublimation mehr oder weniger vollständig zersetzen. Schwer lösliche basische Farbstoffe werden mit einem besonderen Lösungsmittel vorbehandelt. Saure Farbstoffe sind im allgemeinen leichter löslich als basische und diese, mit Ausnahmen, wieder leichter löslich als die substantiven Produkte. Auch die Löslichkeit der einzelnen Produkte innerhalb der gleichen Gruppe zeigt typische Unterschiede; so gibt es unter den sauren Farbstoffen neben den leicht löslichen Vertretern wie Metanilgelb, Orange II und Baumwollscharlach auch schwerer lösliche wie Echtrot, Cyananthrol und Brillantschwarz. Von den basischen Farbstoffen sind Auramin, Rhodamin, Kristallviolett, Nuancierblau u. a. gut löslich, während Chrysoidin, Viktoriablau und Pulverfuchsin schwerer in Lösung zu bringen sind.

Die organischen und anorganischen Pigmente werden lediglich mit kochendheißem Wasser angeschlämmt. Eine kräftige mechanische Durcharbeitung von Hand, besser in einem der bekannten Mischapparate, ist von Vorteil. Die Konzentration der Anschlämmung kann ohne jeden Nachteil für die Homogenisierung und Färbearbeit hochgehalten werden, und irgendwelche einschränkende Grenzen, wie sie für den löslichen Farbstoff gegeben sind, bestehen nicht. Bei der Verarbeitung der Erdfarbstoffe und der Weißpigmente ist jedoch darauf zu achten, daß beim Abschlämmen Quarzkörner bzw. Glimmerbruchstücke sorgfältig entfernt werden. Diese Fremdkörper stören während der Fabrikation und verursachen beim Satinieren und Kalandrieren Ausschuß. Etwaige Rückstände, die beim Anschlämmen der Pigmente, aber auch beim Lösen der Farbstoffe, in den Gefäßen und auf den Sieben bleiben, sind deshalb beim Nachbehandeln, das zur Vermeidung von Pigment- und Farbstoffverlusten unbedingt erforderlich ist, besonders aufmerksam zu kontrollieren. Das Nachlösen geschieht mit kochendheißem Wasser; Aufkochen ist zu vermeiden.

Von der vor allem in den Pappenfabriken anzutreffenden Gepflogenheit, die Farbstoffe ungelöst in den Kollergang einzustreuen, wird an anderer Stelle noch zu sprechen sein. Die Methode an sich, besonders wenn sie auf den Holländer übertragen werden könnte, hat zweifellos Vorteile; aber ohne Zusammenarbeit mit den Farbenfabriken, und zwar mit dem Ziele, hervorragend lösliche, neue Farbstofftypen zu entwickeln, die für eine solche zeitsparende Arbeitsweise eingesetzt werden könnten, ist sie vorerst weder zu lösen noch gar auszubauen. Einen erfolgversprechenden Versuch machte die frühere I. G. Farbenindustrie mit der Schaffung von Metanilgelb supra P, das unbedenklich ohne vorherige Lösung in den Holländer eingetragen werden konnte.

Bei Pigmentfarbstoffen allerdings ist das unangeschlämmte Einkollern in keinem Fall ein Nachteil, wenn man die sandigen Bestandteile der natürlichen Pigmente mit in Kauf nehmen kann, was z. B. bei Mehrlagen-Pappen der Fall ist. Diese vereinfachte Arbeitsweise hat, wie wir wissen, sogar Vorteile, da die Ergiebigkeit der Pigmente durch das mechanische Hineinarbeiten in den Kollerstoff gesteigert wird.

Besondere Vorteile bietet das Arbeiten mit unangeschlämmtem Ruß. Man umgeht dabei das lästige Hantieren mit diesem stark stäubenden Produkt. Lediglich in eine Papiertüte eingehüllt, wird der Ruß in den sich umwälzenden Kollerstoff derart eingeführt, daß das Rußpaket sofort vom Stoff überdeckt wird. Der Wassergehalt des Kollerstoffs genügt dann, um Netzung und Verteilung im Fasermaterial zu besorgen.

Das Bereiten von Vorratslösungen hat sich in vielen Fabriken trotz aller Bedenken durchgesetzt. Es darf dabei allerdings nicht übersehen werden, daß die Vorteile der vereinfachten Handhabung geeignet sind, diese Bedenken weitgehend zu zerstreuen. Dennoch sollte man diese Färbeweise auf das unbedingt notwendige Maß beschränken und höchstens für Weißnuancierungen anwenden. Bei den hierfür erforderlichen geringen Anwendungsmengen hat man es dann nicht notwendig, immer wieder zur Waage zu greifen, immer wieder von neuem zu lösen und auf ein bestimmtes Maß einzustellen. Mit der einmaligen Herstellung einer Stammlösung in einer Menge von etwa 100 l hat man eine Vorratslösung, von der man dann genau weiß, daß sie im Liter soundso viel Gramm enthält. Die Dosierung wird hierdurch zweifellos sehr vereinfacht. Auf die Mängel der Vorratslösungen wurde schon an anderer Stelle hingewiesen. Soviel sei wiederholt, daß Stammlösungen nur von jenen Farbstoffen herzustellen sind, die ständig gebraucht werden. Die Konzentration der Vorratslösung ist sehr niedrig zu halten; bei basischen Farbstoffen darf sie höchstens 1–1½ g pro Liter betragen, während man bei den sauren Farbstoffen nicht über 4–8 g pro Liter hinausgehen sollte. Die Vorratsbehälter sind nach Verbrauch der Lösung jedesmal gründlich zu reinigen.

Die Herstellung von Lösungen basischer Farbstoffe mit Tamol NOP (Lu); NL (Le), Solegal S (Hö), sogenannter Pseudolösungen, für Nuancierungszwecke, hat in den letzten Jahren eine gewisse Bedeutung erlangt, da es mit solchen Lösungen gelingt, unerwünschte Melierungen auszuschalten. Hiervon wird später noch ausführlicher zu sprechen sein. Bei der Herstellung der Lösung ist zu beachten, daß der basische Farbstoff und auch das Tamol bzw. Solegal getrennt voneinander gelöst werden müssen. Wichtig ist es dabei, die Farbstofflösung in die Tamol- bzw. Solegal-Lösung einzugießen und nicht umgekehrt. Der entstehende Lack wird dann im umgebenden Tamol- bzw. Solegal-Überschuß sofort gelöst. Im allgemeinen rechnet man mit der 4–7-fachen Tamol- bzw. Solegalmenge, bezogen auf das Gewicht des verarbeiteten basischen Farbstoffes.

Tamol- (Solegal-) Farbstofflösungen sind als Stammlösungen Veränderungen unterworfen, die mit einer Alterung zusammenhängen. Nach einem Minimum an Farbkraft, das mit ziemlicher Gesetzmäßigkeit nach etwa 2 Tagen eintritt, ist eine deutliche Regeneration der Stammlösung zu konstatieren. Pseudolösungen sind also frisch angesetzt nicht zu verwenden; sicheres Färben ist erst nach 2–3 Tagen möglich.

Stammlösungen von Wasserblaumarken ergeben erfahrungsgemäß bei Weißnuancierungen Schwankungen im Farbton. Das ist eine Folge wechselnder p_H-Werte, wie sie durch das im Kreislauf wieder verwendete Rückwasser hervorgerufen werden. Die Schwankungen sind im wesentlichen Umfange zu beseitigen, wenn die Stammlösung bereits mit Säure angesetzt wird. Dies geschieht wie folgt: Man bereitet sich zunächst eine verdünnte Schwefelsäure in der Weise, daß man 66grädige Säure im Gewicht des anzuwendenden Farbstoffes in feinem Strahle langsam in Wasser einträgt. In einem Steingutgefäß mischt man sodann diese verdünnte Schwefelsäure mit der erkalteten Wasserblaulösung und stellt auf die gewünschte Stärke ein.

Der sachgemäßen Zuteilung der Farbstofflösungen bzw. -anschlämmungen zum Papierstoff kommt eine große Bedeutung zu, die der einer richtigen Lösearbeit kaum nachsteht. So ist es notwendig, die Farbstofflösung oder -anschlämmung immer durch ein Filtertuch oder durch ein Haarsieb dem Holländerstoff zuzugeben. Ungelöste Farbstoffteilchen, etwaige Ausscheidungen, sandige Verunreinigungen, Holzsplitter und dgl. mehr werden hierdurch zurückgehalten, und es wird eine Fleckenbildung im Papier unterbunden. Während bei den organischen und anorganischen Pigmenten Temperatur und Konzentration der Anschlämmung keinen Einfluß auf das Endergebnis der Färbung besitzen, darf die Zugabe der Farbstofflösungen nur in abgekühltem Zustand und stark verdünnt erfolgen. Durch diese Maßnahme allein kann die große Affinität mancher Farbstoffe zur Faser in weniger bedenkliche Bahnen gelenkt werden. Dabei ist für eine gleichmäßige Verteilung über den ganzen Holländerinhalt Sorge zu tragen. Dies geschieht am schnellsten und durchgreifendsten dadurch, daß die Farbstofflösung unmittelbar vor der Holländerwalze dem Stoffbrei zugegeben wird. Es wurden auch Vorrichtungen konstruiert, um die gute und schnelle Verteilung zwangsläufig herbeizuführen.

In den Fällen, in denen diese Maßnahmen noch nicht ausreichen, um unerwünschte Melierungen oder schipprige Färbungen zu vermeiden, muß die Zuteilung des basischen oder direktziehenden Farbstoffes – nur um diese beiden Gruppen kann es sich handeln – bereits im Kollergang, in der Füllstoffanschlämmung oder vor Eintrag des Stoffes im Holländerwasser erfolgen. Wir werden später noch zusammenfassend über die Melierungsverhinderung zu sprechen haben und bei dieser Gelegenheit auf den Einfluß der Farbstoffzuteilung zurückkommen.

Über die Zuteilung des Farbstoffes bei sehr satten Färbungen, die in erster Linie eine Lösungsfrage darstellt, wurde bereits gesprochen.

Es wurde auch schon darauf hingewiesen, daß die beim Färben einzuhaltende Reihenfolge in der Praxis nicht die Rolle spielt, die mancher Theoretiker geneigt ist, ihr zuzusprechen. Zu bedenken ist immer, daß im

Holländer nicht nur gefärbt wird, sondern daß gleichzeitig die Stoffmahlung stattfindet, und daß außerdem im gleichen Arbeitsgang beschwert, geleimt und manchmal auch imprägniert wird. Hierdurch aber sind Störungsmöglichkeiten gegeben, die zudem keiner Kontrolle unterworfen werden können. Die Reihenfolge: Farbstoff, Harzleim, schwefelsaure Tonerde hat sich, mit wenigen Ausnahmen, noch immer als am zweckmäßigsten erwiesen, denn beim Färben ist ausschließlich das Endergebnis zu betrachten. Die Kriterien aber erschöpfen sich nicht in der Farbstärke, d. h. der Ausgiebigkeit, sondern sie erfahren ihre Abrundung durch Farbtonreinheit und Echtheit.

Auch beim Nachfärben, d. h. beim Zuteilen von Farbstofflösungen in den Mischholländer oder in die Bütte, wie es manchmal beim Ausmustern notwendig wird, ist diese Reihenfolge von Wichtigkeit. Man soll es sich zur Regel machen, jede neue Farbstoffzugabe von neuem zu fixieren, denn die saure Reaktion des Stoffes reicht allein nicht aus, um den Farbstoff restlos zu fixieren, besonders wenn es sich um saure Produkte handelt. Auch beim kontinuierlichen Färben ist darauf zu achten, daß Farbstoff und Fällungsmittel aufeinander abgestimmt werden, obwohl bei sehr schwachen Färbungen bzw. bei Weißnuancierungen die Farbstoffverluste nicht allzu groß sein werden. Die gleichen Überlegungen müssen den Färber auch leiten, wenn er zur Ausschaltung von farbigen Übergängen den Trichterstoff überfärbt oder das Siebwasser dem Farbton der neu von der Bütte kommenden Partie angleicht.

Die Möglichkeiten des Färbens von Papier.

Nachdem wir die färberischen Grundlagen, d. h. die Farbstoffe und die Papierrohstoffe, in ihrem Verhalten zueinander kennengelernt haben, befassen wir uns im folgenden mit der Technik des Färbens selbst.

Für den Papiermacher ist das Färben weder ein einheitlicher, noch immer ein selbständiger Arbeitsvorgang, und es bestehen verschiedene Möglichkeiten, die Veredlung des Papieres durch Behandlung mit Farbstoffen, d. h. mit deren Lösungen oder Anschlämmungen vorzunehmen. Bei unseren Betrachtungen bleiben jedoch alle ausgesprochenen *Buntpapierverfahren* unberücksichtigt. Es muß allerdings zugegeben werden, daß es Grenzgebiete gibt, in denen eine bündige Entscheidung: dies ist ein farbiges Maschinenpapier und dies ist ein Buntpapier, nicht gut getroffen werden kann.

Das Färben in der Masse.

Man spricht auch vom Färben des Ganzzeugs im Holländer, kürzer von einer Holländerfärbung oder auch Stoff-Färbung. Wie wir bereits wissen, kommen zur Massefärbung hauptsächlich wasserlösliche, zum kleineren Teil auch wasserunlösliche Farbstoffe in Betracht. In beiden Fällen erfolgt bei der Zugabe in den Holländer eine mehr oder weniger weitgehende Verdünnung des Inhalts, und besonders bei schwer löslichen Farbstoffen und der Herstellung intensiver Farbtöne würden sich, wie bereits erwähnt wurde, unüberbrückbare Schwierigkeiten dadurch einstellen, daß der Fassungsraum des Holländers nicht mehr ausreicht, wenn man nicht hinsichtlich der Löslichkeitsgrenze Zugeständnisse machen würde. Bei beschwerten Stoffen wird man sich dadurch helfen können, daß man beispielsweise einen Teil der basischen Farbstofflösung zusammen mit dem Füllstoff einschlämmt. Man verfolgt bei dieser Arbeitsweise zwar meist den Zweck einer Melierungseindämmung, dies ändert aber nichts an der Tatsache, daß damit gleichzeitig eine Einschränkung im Wasserhaushalt erfolgt. Das Vorkollern eines Teiles des Eintrages – meist des Holzschliffanteiles – mit einem Teil der Farbstofflösung liegt in der gleichen Linie, d. h. man kommt mit weniger Wasser aus und erreicht gleichzeitig ruhigere Färbungen.

Der Holländer ist im übrigen keine gute Mischeinrichtung. Das muß man sich beim Färben in der Masse immer vor Augen halten. Wenn zum Beispiel, wie bei den Weißnuancierungen, sehr geringe Farbstoffmengen verarbeitet werden müssen und der verwendete Farbstoff außerdem eine große Verwandtschaft zur Faser besitzt, dann besteht die Gefahr, daß an der Zugabestelle der Lösung der Farbstoff sofort gebunden und hierdurch dem übrigen Holländerinhalt entzogen wird. Man hilft sich dann meistens dadurch, daß man den Nuancierfarbstoff dem Holländerwasser schon vor dem Stoffeintrag zusetzt, wenn man es nicht vorziehen sollte, einen anderen Farbstoff zu wählen, der keine Affinität zur Faser besitzt.

Diese Schwierigkeiten bestehen in gleicher Weise beim Färben im Mischholländer und in noch höherem Maße beim Färben in der *Bütte*, in der die Stoffumwälzung noch unvollkommener und langsamer vor sich geht als im Holländer. Beim Färben im Trimbey-Mischer bzw. in einem anderen der bekannten Mischsysteme, das gleichfalls als Massefärbung anzusprechen ist, handelt es sich um ein *kontinuierliches* Färbeverfahren. Das erfordert einmal die Haltung einer Vorratslösung und zum anderen eine Dosierungseinrichtung. Der Sammelbehälter besteht zweckmäßig aus einem Holzbottich, besser aus einem leicht zu reinigenden Steingutgefäß. Als Zuleitung zum Mischer ist ein Kupferrohr geeignet, das am Ende in einen Gummischlauch ausläuft. Mit einer Schlauchklemme kann die Ausflußmenge reguliert bzw. der Zulauf ganz gedrosselt werden. Das kontinuierliche Färben ist bei Weißnuancierungen bei einigem Geschick anstandslos durchzuführen. Hierbei stört auch der Trichterstoff kaum. Für farbige Anfertigungen ist eine ebenfalls kontinuierliche Korrektionsfärbung des Trichterstoffes jedoch unerläßlich, eine Färbeweise, die ein geübter Färber ohne Schwierigkeit durchzuführen in der Lage ist. Außerdem muß natürlich im Verteilungskasten (Mischer) kontinuierlich auf die gewünschte Nuance hin nachgefärbt werden. Hierdurch ist ein schnelleres Ausmustern gewährleistet. Die kontinuierliche Färbeweise hat sich bei schwachen Färbungen gut bewährt. Die dazu benutzten Farbstoffe sollen möglichst keine ausgesprochene Verwandtschaft zur Papierfaser zeigen. Zu berücksichtigen ist außerdem, daß die Stoffmischung bereits geleimt vorliegt und deshalb sauer reagiert. Am besten eignen sich demzufolge die sauren Farbstoffe.

Mit der *Kollergangfärbung* wird in manchen Fällen eine *Vorfärbung* des Stoffes zur Unterstützung der Holländerfärbung angestrebt. Das Färben im Kollergang gestattet für zahlreiche Farbstoffe eine Verarbeitung im ungelösten bzw. nicht angeschlämmten Zustand. Gewisse organische und anorganische Pigmente erfahren durch die Kollergangvorbereitung, worauf bereits hingewiesen wurde, eine nicht unbeträchtliche Erhöhung in ihrer Ergiebigkeit. Das ist ein rein mechanischer Vorgang, denn durch das Hineinkneten der feinsten Farbstoffteilchen wird eine innigere Bindung an die Faser und damit eine bessere Ausnutzung des Pigments erreicht als durch die bloße Holländerarbeit. Bei Rußfärbungen ist dies besonders auffällig, wenn mit dem Rußpigment gleichzeitig etwa 4% schwefelsaure Tonerde mit eingekollert werden. Hierbei spielen wohl Ladungsaustausch (elektrostatische Kittwirkung) und Okklusion die entscheidende Rolle.

Das Färben im Kollergang, wie es in manchen kleinen Pappenfabriken üblich ist, hat mit diesen Erwägungen nichts zu tun. Zum Färben im Holländer hat man einfach keine Zeit, ja man hat nicht einmal Zeit, den Farbstoff zu lösen, und man gibt ihn in der gerade vorliegenden Form in einigermaßen gleichgehaltenen Mengen dem Kollerstoff zu. Man erreicht damit die erstrebte Überfärbung, die keinen Anspruch auf stets gleichbleibende Nuance erheben kann, aber einen solchen auch nicht erheben will. Eine derart primitive Arbeitsweise bringt naturgemäß färberische Mängel mit sich, die aber das Fertigfabrikat in seinem Verwendungszweck als Buchbinderpappe, Modell- und Gelenkpappe und dergleichen kaum stören. Dennoch kann eine solche Arbeitsweise nicht gutgeheißen werden.

Auch alle Färbungen, die im *Halbzeugholländer* durchgeführt werden, sind als Massefärbungen aufzufassen. Dabei kann es sich immer nur um Vorfärbungen handeln, wie sie hier und da für sehr intensiv gefärbte Löschpapiere bester Qualität vorgenommen werden.

Abseits des Holländers ist in allen Fällen eine von der normalen etwas abweichende Färbearbeit noch dadurch gegeben, daß eine räumliche und auch zeitliche Trennung von den übrigen im Holländer sich abspielenden Vorgängen des Füllens und Leimens stattfindet. Die Frage, in welcher Reihenfolge die verschiedenen Zusätze beim Füllen, Färben und Leimen zu erfolgen haben, ist, wie wir gesehen haben, in den weitaus meisten Fällen nicht von ausschlaggebender Bedeutung. Zu berücksichtigen ist bei allen Entscheidungen, daß zum Eintrag nicht ausschließlich Frischwasser verwendet wird, sondern auch Rückwasser, das mehr oder weniger große Mengen an Füll- und Leimstoffen enthält und meist sauer reagiert. Die vorhandene saure Reaktion kann die Färbearbeit beeinflussen, wird aber kaum einen Schaden bringen, denn eine eventuell vorweggenommene Fällung des basischen oder sauren Farbstoffes kommt der Färbung schließlich wieder zugute.

Das Färben im Tauchverfahren.

Bei dieser Färbeart wird bereits fertiges, saugfähiges Papier auf den sogenannten Tauchfärbe- und Kreppmaschinen mit Farbstofflösungen behandelt. Das zu färbende Papier, meist Seidenpapier, durchläuft hierbei eine wäßrige, am besten heiße Farbstofflösung, wird zwischen zwei Walzen abgepreßt, sodann gegebenenfalls gekreppt und schließlich im gleichen Arbeitsgang getrocknet. Zum Tauchen dickerer Papiere wurden Spezialmaschinen entwickelt, die nach dem gleichen Prinzip arbeiten, aber einen längeren Tauchweg gestatten, oft mehrere Tauchwannen und auch mehrere Abpreßaggregate besitzen und mit einer umfangreichen Trockenpartie ausgerüstet sind. Solche Einrichtungen sind besonders vorteilhaft zum gleichzeitigen Färben und Imprägnieren in einem Bad oder zum Färben und Imprägnieren in verschiedenen Bädern, jedoch in einem Arbeitsgang. Aus der nebenstehenden schematischen Skizze ist die Arbeitsweise beim Tauchfärben zu erkennen (Abb. 9).

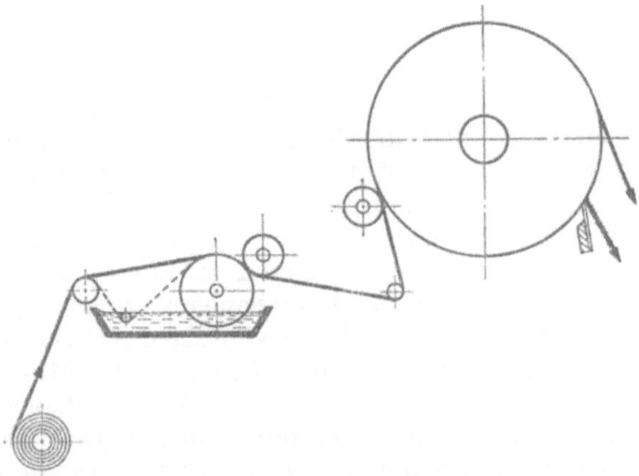

Abb. 9. Schematische Skizze einer Tauchfärbe- und Kreppeinrichtung.

Das Tauchen kann von Hand geschehen, wie es z. B. beim Färben künstlicher Blumen üblich ist, oder halbmaschinell, wie es sich zum Ausmustern herausgebildet hat und wobei das Abpressen durch eine gewöhnliche Wringmaschine geschieht. Auch innerhalb der Papiermaschine an geeigneter Stelle der Naß- oder Trockenpartie kann das Färben der Papierbahn erfolgen. Je nach der Menge der aufgebrachten Farbstofflösung, nach der mehr oder minder großen Saugfähigkeit des Papiers und abhängig von der Papierdicke resultieren dann einseitig gefärbte bis vollkommen durchgefärbte Papiere. Die letzteren unterscheiden sich nicht von den Tauchfärbungen. Auf die verschiedenen Möglichkeiten des einseitigen Färbens werden wir in einem späteren Abschnitt noch näher eingehen.

Durch die Tauchfärbung ist es möglich, außerordentlich satte Färbungen von höchster Leuchtkraft zu erhalten, wie sie durch das Färben in der Masse nie zu erreichen sind. Hierin liegen auch die hauptsächlichsten Vorteile dieser Färbeart begründet. Ein weiterer Vorteil ist darin zu erblicken, daß auf der Tauchfärbemaschine selbst kleinste Mengen gefärbt werden können, während durch Massefärbung rationell immer mindestens einige Holländereinträge herausgearbeitet werden müssen. Diese Vorteile bedeuten außerdem eine Entlastung in der Lagerhaltung, die sich nur auf einige wenige Tauchrohpapiersorten zu erstrecken braucht.

Das Tauchverfahren besitzt aber auch Nachteile, die in gewissem Umfange als Charakteristika tauchgefärbter Papiere schlechthin zu gelten haben. So besitzen sie in der Regel eine ungenügende Reibechtheit und eine schlechte Wasserechtheit. Diese Mängel rühren daher, daß beim Tauchvorgang sehr große Mengen des gelösten Farbstoffes von der Papierbahn aufgenommen werden, die nur zum Teil in die Einzelfaser eindringen und von ihr fixiert werden können. In den Kapillaren des Faserfilzes setzt sich die überschüssige Farbstofflösung ab, ohne eine andere Verankerungsmöglichkeit, als sie durch die kapillaren Kräfte bewirkt wird, zu besitzen. Sie konzentriert sich hier während des Trockenvorgangs und wird schließlich als reiner Farbstoff auf und zwischen den Fasern ausgeschieden.

Auf Grund dieser Überlegungen ist übrigens die Möglichkeit einer Unterscheidung von massegefärbten und tauchgefärbten Papieren gegeben. Die Prüfungsmethode gestaltet sich sehr einfach. Auf das zu untersuchende Papier werden einige Tropfen destilliertes Wasser aufgebracht und nach einer Einwirkungsdauer von 1 Min. mit weißem Löschpapier unter Ausübung eines gelinden Druckes abgetupft. Liegt eine Massefärbung vor, so wird im allgemeinen keine, oder aber nur eine schwache Anfärbung des Löschpapieres zu beobachten sein, während bei tauchgefärbten Papieren ein relativ intensives Anfärben des Löschpapieres erfolgt. Die Prüfungsmethode gibt in den meisten Fällen den gewünschten Aufschluß; völlig einwandfrei ist sie jedoch nicht. So kann z. B. ein in der Masse, etwa mit Baumwollscharlach extra intensiv gefärbtes, geleimtes Papier nach dem Prüfungstest leicht als nachträglich gefärbtes Papier angesprochen werden, da infolge der geringen Affinität des sauren Farbstoffes zur Papierfaser schon ein starkes Ausbluten festzustellen ist. Andererseits können aber auch tauchgefärbte Papiere, besonders solche, die zusätzlich imprägniert wurden, eine ziemlich gute Wasserechtheit besitzen, so daß ein etwaiges geringes Ausbluten leicht eine Massefärbung vortäuschen kann.

Für das Färben im Tauchverfahren sind jene Farbstoffe am besten geeignet, die sich durch sehr gute Löslichkeit und gutes Egalisiervermögen auszeichnen. Diese Forderungen werden von der Gruppe der sauren Farbstoffe im vollen Umfang erfüllt. Diese Produkte finden daher auch im größten Ausmaße für das Tauchfärben Verwendung. In zweiter Linie stehen die gut löslichen Vertreter der basischen und an letzter Stelle die substantiven Farbstoffe. Ganz kann man auf diese beiden letztgenannten Farbstoffgruppen nicht verzichten, da es eine Reihe von Farbtönen gibt, die beispielsweise nur mit basischen Farbstoffen zu erreichen sind, und da außerdem gewisse Echtheitsanforderungen nur von basischen bzw. substantiven Farbstoffen erfüllt werden können.

In diesem Zusammenhang ist auf die überraschende Tatsache hinzuweisen, daß es unter besonderen Versuchsbedingungen auch möglich ist, saure und basische Farbstoffe zusammen, d. h. in der gleichen Flotte zu verarbeiten. Eine gewisse Bedeutung besitzt das Verfahren bei der Herstellung bestimmter Farbtöne auf Basis Eosin A + Rhodamin B extra und Baumwollscharlach extra + Rhodamin B extra. Mit diesen Kombinationen ergeben sich Farbtöne von ganz eigenartigem Charakter, die sich durch ungewöhnliche Brillanz und Reinheit auszeichnen. Um die gegenseitige Ausfällung des sauren bzw. Resorcin-Farbstoffes mit dem basischen Rhodamin zu verhindern, ist die Mitverwendung von Soda calc. unbedingt erforderlich. Man arbeitet am besten in der Weise, daß jeder Farbstoff zunächst für sich gelöst wird, ebenso wie die Soda, deren Menge so zu bemessen ist, daß 20 g Soda calc. in 10 l fertiger Farbstoff-Flotte enthalten sind. Sodann setzt man die Sodalösung der Lösung des sauren bzw. Resorcinfarbstoffes zu, fügt nach guter Durchmischung die Rhodaminlösung bei und stellt auf 10 l Flotte ein.

Auch nach dem sogenannten *Schutzkolloid-Leim-Färbeverfahren*, das von den Farbwerken vorm. Meister Lucius & Brüning, Höchst, gemeinsam mit Dr. C. P. Fues, Hanau, entwickelt wurde, ist es möglich, in gewissen Grenzen Ausfällungen zwischen sauren und basischen Farbstoffen zu verhindern. Man hat es mit dieser Arbeitsweise ebenfalls in der Hand, saure und basische Farbstoffe im Einbadverfahren miteinander zu verarbeiten. Der besondere Wert des Verfahrens liegt allerdings darin, daß die so hergestellten Tauchfärbungen gleichzeitig eine Harzleimung erhalten. Das bedeutet für eine Reihe von Konfektionspapieren (Collorissima) einen nicht zu unterschätzenden Vorteil. Das Verfahren selbst beruht auf der schützenden Wirkung des Tierleims, der als typisches Schutzkolloid eine Ausfällung zwischen den einzelnen Reaktionspartnern verhindert.

Das System basischer Farbstoff + Tamol NOP (Lu), NL (Le); Solegal S (Hö) + saurer Farbstoff zeigt einen weiteren Weg, Vertreter beider Farbstoffgruppen zusammen in der gleichen Flotte zu verarbeiten. Nach bisherigen Untersuchungen [1] läßt sich die Pseudolösung eines basischen Farbstoffes (eine mit großem Überschuß an Tamol bzw. Solegal hergestellte basische Farbstofflösung) mit der Lösung eines sauren Farbstoffes versetzen, ohne daß eine Ausfällung erfolgt. Es eröffnen sich damit neue, bisher in der Tauchfärberei noch nicht gangbare Wege, die zur Erzielung von Farbtönen führen, die auf andere Weise überhaupt nicht hergestellt werden können. Es sei als Beispiel nur die Kombination Auramin + Eosin aufgeführt.

Als weiterer Vorteil des Verfahrens ist es zu werten, daß dem System basischer Farbstoff + Tamol bzw. Solegal + saurer Farbstoff ohne weiteres auch Harzmilch und Elektrolyt zugesetzt werden können, ohne daß eine Fällung eintritt. Die dispergierenden bzw. die gemeinsam und gleichzeitig wirkenden dispergierenden und schutzkolloidalen Eigenschaften des synthetischen Gerbstoffes bleiben demnach auch im erweiterten System bestehen. Das Verfahren hat vielleicht noch insofern eine Bedeutung, als es einen Weg zur Schaffung ganz neuer Typen von Mischfarbstoffen zeigt.

Das Färben im Tauchverfahren beschränkt sich fast ausschließlich auf Seiden- und Krepp-Papiere, ferner auf Blumenpapiere. In den letzten Jahrzehnten ist man auch dazu übergegangen, starkfarbige Ausstattungspapiere von hohem Quadratmetergewicht auf diesem Wege herzustellen, nicht zuletzt auf Grund der Möglichkeit, diese Papiere durch das Schutz-

[1] Veröffentlichung durch den Verfasser ist beabsichtigt.

kolloid-Leim-Färbeverfahren gleichzeitig zu leimen. Auch Löschpapiere, Pergamynpapiere und Echtpergament versuchte man mancherorts, auf dem Tauchwege zu färben. Die dabei zu überwindenden Schwierigkeiten standen zumeist in einem Mißverhältnis zu den erwarteten Vorteilen in der Lagerhaltung und Herausarbeitung kleinster Auftragsmengen.

Bei der Durchführung des Tauchverfahrens stellen sich in der Praxis manche Schwierigkeiten ein, und es ist deshalb angebracht, auf einige grundlegende Erkenntnisse und Erfahrungen hinzuweisen, die geeignet sind, den Tauchfärber vor Schaden zu bewahren.

Solche Schwierigkeiten tauchen z. B. auf, wenn man mit basischen Farbstoff-Flotten arbeitet. Es ist dann oftmals nach einiger Zeit eine gewisse Erschöpfung des Tauchbades festzustellen, die sich beim Vorliegen eines einheitlichen Farbstoffes in einem Schwächerwerden der Färbung und beim Vorliegen basischer Kombinationen noch zusätzlich in einer Nuancenverschiebung auswirken kann. Die Ursache hierfür ist in der großen Verwandtschaft des basischen Farbstoffes zur ungebleichten Zellstoff- bzw. Holzschliff-Faser zu suchen. (Bei hochgebleichten Tauchseiden-Rohpapieren besteht diese Gefahr also nicht!) Das bedeutet aber, daß die das Färbebad passierende Papierbahn nicht nur die Lösung als solche aufnimmt, sondern der Flotte noch zusätzlich einen geringen Anteil des in ihr gelösten Farbstoffes entreißt. Ein Abstellen des Übelstandes ist dadurch möglich, daß man nur mit kurzer Flotte arbeitet und diese ständig durch Zufließenlassen neuer Lösung in dem Maße auffüllt, wie sie verbraucht wird.

Es sind auch Farbtonschwankungen beim Arbeiten mit sauren Farbstoffen möglich, so beim Färben mit den Wasserblaumarken. In diesem Falle handelt es sich jedoch nicht um Affinitätsbeziehungen zwischen Grundstoff und Farbstoff, sondern um Störungen durch Änderungen des p_H-Wertes in der Tauchflotte. Diese können ihre Ursache im Herauslösen der Tonerdesalze aus dem Tauchrohpapier und dem damit verbundenen Saurerwerden der Tauchflotte haben. Beim Färben mit den Wasserblaumarken sowie mit Reinblau I empfiehlt es sich deshalb zur Erzielung gleichmäßiger Färbungen und zur vollen Entwicklung der Farbstoffe, die Farbstoff-Flotte vor ihrer Verwendung bereits anzusäuern. Im allgemeinen geschieht dies durch Mitverwendung von 50 g Oxalsäure aut 10 l Farbstoff-Flotte. An Stelle von Oxalsäure kann auch Zinnsalz oder Schwefelsäure von 66° Bé benutzt werden. Bei der Verwendung von Schwefelsäure ist $^1/_4$, bei der Verwendung von Zinnsalz $^1/_{10}$ vom Gewicht der jeweils verarbeiteten Farbstoffmenge notwendig. Nach Erfahrungen aus der Praxis schädigen diese Säurezusätze das Papier nicht, sofern man die Anwendungsmengen nicht erhöht.

Weitere Schwierigkeiten können sich beim Arbeiten mit basischen Farbstoffen durch das lästige Schäumen und bei intensiven Farbtönen durch das Broncieren ergeben. Beide Mängel können wirksam mit Lösungsmitteln wie Essigsäure, Lösungsmittel GC und Emulphor O bekämpft werden. Als ausgesprochenes Schaumverhütungsmittel hat sich außerdem Butanol bestens bewährt. Die Verwendung von Ölen (Rüböl, Baumöl usw.) und verseiften Fetten, wie es in der Praxis hier und da üblich ist, kann nicht empfohlen werden.

Die basischen Farbstoffe in der Tauchfärberei sind nun aber, wie man auf Grund der obigen Ausführungen vielleicht annehmen könnte, nicht immer nur mit Vorsicht einzusetzen, sondern ihre Vorteile überwiegen die etwaigen Nachteile in allen Fällen. Besondere Bedeutung besitzen sie z. B. bei der Herstellung wasserechter Tauchfärbungen, wie sie für Kuvertfutterseidenpapiere, Blumenseiden und dergleichen unerläßlich sind. Verschiedene Wege führen zu diesem Ziel. So kann die Tauchfärbung auf einem bereits im Holländer vorgebeizten Stoff erfolgen. Katanol B (Le) bzw. LF (Ma) ist für eine solche Arbeitsweise sehr gut geeignet, da sich Katanol wie ein substantiver Farbstoff verhält und direkt vom Zellstoff aufgenommen wird. Die Arbeitsweise hat jedoch den Nachteil, daß immer einige Holländer herausgearbeitet werden müssen, und daß das vorgebeizte Tauchrohpapier schon aus Preisgründen nur für basische Färbungen vorbehalten werden muß. Die mit basischen Farbstoffen auf dem mit Katanol imprägnierten Papier erzielten Färbungen sind allerdings von einer ausgezeichneten Wasser- und Reibechtheit; zugleich zeigen sie eine merkliche Vertiefung des Farbtones gegenüber jenen, die auf unbehandelten, gebleichten Rohstoffen hergestellt wurden. Zweckmäßiger, wenn auch umständlicher, ist es im Zweibadverfahren, gegebenenfalls ohne Zwischentrocknung, zu arbeiten. Im letzteren Falle muß mit der Gefahr gerechnet werden, daß überschüssige, d. h. von der Faser nicht gebundene Teile des Beizmittels in die Färbeflotte gelangen und hier Ausfällungen verursachen können.

Auch Tamol NOP (Lu), NL (Le); Solegal S (Hö) können in der gleichen Weise als Vorbeize für Tauchrohpapiere herangezogen werden. Bei der Holländeranwendung jedoch ist eine Fällung mit schwefelsaurer Tonerde notwendig. Wie bereits in anderem Zusammenhang erwähnt wurde, wirkt sich aber die Tamolfixierung des basischen Farbstoffes lediglich im Sinne einer Vertiefung und Vergleichsmäßigung des Farbtones aus, nicht aber in einer Erhöhung der Reib- und Wasserechtheit.

Größere Bedeutung als die beiden vorerwähnten hat das *Tannin-Verfahren* zur Herstellung wasserechter Tauchfärbungen erlangt. Schon die Tatsache, daß es sich um ein Einbadverfahren handelt, unterstreicht den Vorteil dieser Arbeitsweise, die noch dadurch gewinnt, daß mit ihr verhältnismäßig billig einstehende Tauchfärbungen zu erzielen sind. Nicht jede Tanninsorte kann dabei herangezogen werden, und die besten Ergebnisse werden mit Produkten erzielt, die neben einem hohen Gerbstoffgehalt vollständige Alkohollöslichkeit besitzen. Der Ansatz der Tauchflotte geschieht wie folgt: Der basische Farbstoff wird in trockenem Zustande mit der doppelten Menge an Tannin innig vermischt und durch Zusatz von 2 l denaturiertem Sprit und 1 l Lösungsmittel GC in kolloidale Lösung gebracht. Diese Lösung wird mit handwarmem Wasser weiter verdünnt und auf das gewünschte Maß von beispielsweise 10 l eingestellt. Beim Nachlösen ist kochendes Wasser oder ein Aufkochen unbedingt zu vermeiden, da das Lösungsmittelgleichgewicht nicht gestört werden darf (Alkoholverdunstung). Für den Fall, daß mit geheizten Tauchwannen gearbeitet wird, ist darauf zu achten, daß die Flottentemperatur möglichst nicht über 30° C ansteigt.

Ein interessantes Teilgebiet der Tauchfärberei ist die Erzeugung *flammensicherer* Papiere. Bei ihrer Herstellung im Einbadverfahren ist die zu treffende Farbstoffauswahl nicht immer leicht, da sich die verschiedenen Farbstoffgruppen, ja selbst die einzelnen Vertreter der gleichen Farbstoffgruppe, oft verschieden zu den in der Praxis gebräuchlichen flammenhemmenden Salzen verhalten können. Im Zweibadverfahren bestehen zwar keine Bedenken, doch scheidet eine solche Arbeitsweise schon aus wirtschaftlichen Erwägungen heraus aus. Es wird also von Fall zu Fall notwendig sein, durch Vorversuche zu klären, welche Farbstoffe mit einem bestimmten Flammenschutzmittel in einem Bade, ohne Ausfällungen befürchten zu müssen, zusammen verarbeitet werden können. Noch unübersichtlicher wird die Frage, wenn gleichzeitig Kreppsteifemittel mitverwendet werden müssen; der Zusatz an flammenerstickenden Salzen stört die Krepparbeit ganz erheblich.

Ganz allgemein ist festzustellen, daß die sauren Farbstoffe besser geeignet sind als die basischen. So sind in einer heißen, wäßrigen, 20%igen Lösung von Ammoniumsulfat bzw. Diammoniumphosphat oder in einer 15%igen Boraxlösung pro Liter

20 g Chinolingelb extra; KT extra konz. (Lu),
40 g Tartrazin,
20 g Naphtolgelb SXX (Lu),
40 g Sorbinrot,
40 g Baumwollscharlach extra (Le),
20 g Neptunblau BR extra,
30 g Naphtolgrün B extra,

gut löslich und verursachen keine Ausfällung. Die Auswahl ist unvollständig, und es wurden nur einige wichtige Produkte aufgezählt.

Bei Zusatz von 10% denaturiertem Alkohol zur Imprägnierlösung erweitert sich die Reihe der brauchbaren Farbstoffe. Außer den bereits genannten Produkten sind ohne Ausfällung löslich:

pro Liter 40 g Lichtgrün SF gelblich; SF gelblich XX (Le),
40 g Orange II (Lu);
ferner: 15 g Methylenblau BGX, BB extra hochkonz. (Hö),
20 g Diamantgrün BXX (Le),
10 g Auramin O (Lu),
20 g Safranin T extra konz.; TH extra konz. (Hö).

Die Herstellung flammensicherer, tauchgefärbter Papiere wird beim Arbeiten mit sauren Farbstoffen durch die gleichzeitige Anwendung eines Dispergierungsmittels in sichere Bahnen gelenkt. Als Koagulationsschutz kommen Tamol NOP (Lu), Tamol NL (Le) und Solegal S (Hö) in Betracht. Man kann dabei im Einbadverfahren arbeiten, wenn man der Lösung des sauren Farbstoffes vor der Vereinigung mit den flammenhemmenden Mitteln etwa die 2–3fache Menge des vorher gelösten synthetischen Gerbstoffes (bezogen auf das Farbstoffgewicht) hinzufügt. Beim Arbeiten mit sogenannten Pseudolösungen ist auch die gleichzeitige Mitverwendung von basischen Farbstoffen möglich.

Auch die Herstellung tauchgefärbter Krepp-Papiere erfordert die Aufmerksamkeit des Färbers, denn die in der Praxis üblichen Kreppmittelzusätze sind nicht immer unbedenklich und zeigen ein ganz unterschiedliches Verhalten zu den verschiedenen Farbstoffgruppen und Einzelindividuen.

Meistens gelangen Pflanzenleim (alkalisch aufgeschlossene Stärke), Tierleim, Dextrin, Gummiarabicum oder Mischungen dieser Produkte untereinander zur Anwendung, die gewöhnlich in Form ihrer 10%igen Lösungen (5%igen bei Pflanzenleim) der Farbstofflösung zugefügt werden. Auf 10 Liter Gesamtflotte rechnet man, auf der Erfahrung fußend, fast überall im praktischen Betrieb 8 l Farbstofflösung und 2 l Kreppsteife, bei Gummiarabicum etwas weniger. Diese erheblichen Zusätze an Kreppsteifemitteln zeigen schon deutlich, wie notwendig es ist, nur neutrale Kreppsteifen zu verarbeiten. Die Pflanzenleime reagieren meist alkalisch, vom Aufschluß der Stärke herrührend, und Tierleim und Gummiarabicum zeigen oft saure Reaktion, da sie meist mit SO_2 aufgehellt werden. Um Störungen zu vermeiden, empfiehlt es sich deshalb, in jedem Fall die Kreppsteifen vor ihrer Anwendung sorgfältig zu neutralisieren.

Allgemein ist festzustellen, daß die Resorcinfarbstoffe und die sauerziehenden Farbstoffe fast ausnahmslos mit allen genannten Kreppsteifen verträglich sind. Nur Tierleim und Gummiarabicum verursachen bei den Wasserblaumarken Ausfällungen. Dextrin kann als Kreppsteife für alle Farbstoffgruppen unbedenklich eingesetzt werden. Pflanzenleim stört nur bei schwer löslichen basischen Farbstoffen, die aber auf Grund ihrer schweren Löslichkeit bei den Tauchfärbungen überhaupt ausscheiden sollten, ferner bei einigen substantiven Produkten, die gleichfalls für den Tauchfärber ohne Bedeutung sind.

Für Tauchfärbungen werden meist ungefärbte Rohpapiere verarbeitet, die in der Regel ungeleimt sind, aber manchmal auch auf Grund rein papiertechnischer Überlegungen $\frac{1}{4}$ bis $\frac{1}{2}$ geleimt verlangt werden. In der Masse vorgefärbte Tauchrohpapiere werden in Spezialfällen von Vorteil sein; so bei der Herstellung von intensiv gefärbten Carbonrohpapieren, da bei diesen dichten, sehr schmierig gemahlenen Papieren eine gute Durchfärbung und Egalisierung auf dem Tauchwege allein nur sehr schwer und unvollkommen zu erzielen sind. Auch für Kuvertfutterseiden benutzt man hier und da in der Masse vorgefärbte Tauchrohpapiere und erreicht damit, daß die resultierende Färbung gegenüber der reinen Tauchfärbung etwas wasser- und reibechter ausfällt.

Das Gebiet der Tauchfärberei abschließend, ist noch auf eine gar nicht selten zu beobachtende Störung beim Färbeprozeß aufmerksam zu machen, die auf den ersten Blick ziemlich unerklärlich erscheint. Sie besteht darin, daß nach verhältnismäßig kurzem Stehen des Tauchbades in dem Chassis, oder schon nach kurzer Färbearbeit des öfteren Ausscheidungen entstehen, die schließlich zu einer völligen Zersetzung der Färbeflotte führen können. Es konnte festgestellt werden, daß hierfür das elektrische Potentialgefälle im Tauchbad verantwortlich zu machen ist. Meist besteht die Tauchwanne aus Kupfer und der Kern der eintauchenden unteren Färbewalze, der an der Stirnseite mit der Farbstofflösung in Berührung kommt, aus Eisen. Die Farbstoff-Flotte leitet den Strom gleich einer Salzlösung. Es liegt also ein galvanisches Element vor, denn zwei verschiedene Metalle stehen mit einer Flüssigkeit, die den Strom leitet, direkt in Verbindung. Das auftretende Potentialgefälle leitet dann die Zersetzung der Farbstoff-Flotte ein. Diese Gefahrenquelle läßt sich im übrigen sehr leicht dadurch verschließen, daß man den Chassis mit Wachstuch auslegt, oder noch besser, mit einem Hartgummiüberzug versieht.

Im nachfolgenden seien die wichtigsten für das Tauchfärben geeigneten Farbstoffe angeführt. (Die Badische Anilin- und Sodafabrik und die Farbenfabriken Bayer illustrieren auf den Tafeln 4, 5, 12 und 13 kleine Sortimente in Form von Tauchfärbungen.)

Von den am besten für Tauchfärbungen geeigneten *sauren* Farbstoffen sind aus der großen Anzahl der zur Auswahl stehenden Produkte z. B. die folgenden zu nennen:

Grünstichiges Gelb: Chinolingelb; extra (Lu), O (S), Naphtolgelb S; SSX (Lu), Echtlichtgelb EGG konz. (Hö), Flavazin E3GL extra konz.; S hochkonz. (Hö), Saturngelb 5GL (Hö), Xylenlichtgelb 2G conc. (S), Sulfongelb 5G (Le), Echtgelb extra (Le).

Mittleres bis rotstichiges Gelb: Walkgelb H5G (Hö), Supramingelb 3GL; R (Hö), Tartrazin O (Hö), Tartraphenin (S), Metanilgelb extra (Lu), Säuregelb G (Le), Gelb 27175 (Le).

Orange: Beizengelb 3R (Le), Orange II (Lu), Spezialorange H (Hö), Amidogelb E (Hö), Xylenechtorange PO (S), Ponceau 4GBL (Le), Sulfonorange G (Le), Orange GG konz. (Le), Anthralanorange GG (Le), Supranolorange RR (Le).

Braun: Papierbraun BL; BB; G 3482; R 8480 (Lu), Braun wasserlöslich 31282 (Lu), Papierbraun HEEG; HEDR (Hö), Dermabraun R (S), Havannabraun S konz. (Le), Alphanolbraun B; RO (Le), Supranolbraun 5R (Le).

Rot und Scharlach: Papierrot HRR (Hö); G (S); A extra (Le), Anthosin 3B (Lu), Fixierscharlach RXX (Lu), Papiercarmin 3B (Hö), Säurefuchsin O (Hö), Sulforhodamin B; R (Hö), Brillantcrocein MOO (Le), 9B (Le), Supranolscharlach GN (Le), Brillantscharlach GX (Le), Baumwollscharlach extra (Le), Naphtolrot S, Papierscharlach R (S), Azorhodin 2G (S), Bordo extra (Le), Azorubin S (Le), Ponceau RR (Le).

Violett: Säureviolett 4BL (Le); 6BN (Lu); 4BNS (S), Echtsäureviolett 10B (Le); GBG (Lu), Azowollviolett 7R (Le).

Blau: Wasserblau TR; TBA; IN (Hö), Blau BSC (Hö), Alkaliblau BA6B (Hö), Brillantindoblau 5G (Hö), Echtsäureblau B hochkonz., Neptunblau BGX konz.; R (Hö), Anthralanblau B (Hö), Papierblau B; G (Lu), Tolylblau ST (Le), Brillantwollblau FFR extra (Le), Brillantwalkblau B (Le), Tintenblau S conc. (S), Xylenblau VS (S), Amidoschwarz 10B (Le), Neptunblau RX.

Den Übergang zu Grün bilden: Patentblau AE konz., Patentblau A; V (Hö), Brillantsäureblau B (Le).

Grün: Cyanolechtgrün extra hochkonz. (Hö), Naphtalingrün V (Hö), Grün PLX (Lu), Naphtolgrün B (Lu), Guineagrün B (Le), Brillantsäuregrün 6B (Le), Alkaliechtgrün 10G (Le), Säuregrün S (S).

Oliv und Schwarz: Säureoliv 707 (Lu), Wollolive EA 209 (Lu), Velourschwarz HT konz. (Hö), Amidoschwarz HTT (Hö), Velourlederschwarz S

(Lu), Säureschwarz H (S), Papierschwarz B (S), Papiertiefschwarz RX; GX (Le), Alphanolschwarz VLT konz. (Le).

Für Tauchfärbungen besitzen auch die *Resorcinfarbstoffe* Vorteile besonders wegen ihrer reinen, brillanten Rottöne, nicht zuletzt aber auch dadurch, daß sie sich unter bestimmten Bedingungen mit dem reinsten basischen Rotfarbstoff, Rhodamin B extra, kuppeln, d.h. in einem Bade färben lassen. Die bekanntesten Resorcinfarbstoffe sind: Eosin extra; extra bläulich; A; BNX; G konz. (Lu), Eosin AN pur (S), Phloxin BBN konz. (Lu), Bengalrosa GTO (Lu).

Lichtechte Tauchfärbungen von mittlerer bis guter Beständigkeit sind mit folgenden sauren Farbstoffen zu erzielen (besondere Bedeutung kommt den Palatinecht- und den Alizarinfarbstoffen zu): Palatinechtgelb 3GN (Lu), Xylenlichtgelb R (S), Echtlichtgelb EGG konz. (Hö), Chinolingelb extra (Lu), Tartrazin O (Hö), Echtlichtorange GX (Le), Palatinechtorange GN (Lu), Baumwollscharlach extra (Le), Brillantcrocein 9B (Le), Naphtolrot S (Le), Azogrenadin S (Le), Palatinechtrot RN (Lu), Palatinechtrosa BN (Lu), Papierechtbordo B (Le), Palatinechtviolett 5RN (Lu), Anthrachinonviolett Plv. (Le), Palatinechtmarineblau REN (Lu), Palatinechtblau GGN (Lu), Helioechtblau BL extra konz. (Le), Alizarinsaphirol SE (Le), Alizarinbrillantreinblau R; SE (Le), Cyananthrol RBX; BGAOO (Le), Alizarinreinblau B konz. (Le); FFB extra konz. (Hö), Alizarindirektblau AR konz. (Hö), Anthracyanin 3GS (Hö), Alizarinlichtblau B (S), Alizarinlichtgrün GS (S), Alizarincyaningrün 5G (Le), Anthracyaningrün 3GS (Hö), Palatinechtgrün BLN konz. (Lu), Lichtgrün SF gelblich XX (Le), Nigrosin WL Plv.; WLA Plv. (Le), Palatinechtschwarz 5RN extra neu (Lu), Nigrosin R (S).

Aus der Reihe der *basischen* Farbstoffe verdienen besondere Erwähnung: Astrazongelb 5G; 3G (Le), Basischgelb HG konz. (Hö), Auramin O (Lu), Euchrysin GGNX hochkonz. (Lu), Chrysoidin HG konz.; HR konz. (Hö), Astrazonorange G; R (Le), Flavophosphin R konz.; GGO (Lu), Vesuvin BAX (Lu); H3R (Hö); BL konz. (Le), Rhodamin 6GDN extra; B extra (Lu), Brillantrhodulinrot B (Hö), Astrazonrosa FG (Le), Astrazonrot 6B (Le), Astrarot 3G konz. (Le), Astraphloxin FF extra (Le), Safranin TH extra konz.; HMN konz. (Hö), Safraninscharlach HG (Hö), Fuchsin MLB Pulver (Hö), Neufuchsin 90 (Le), Methylviolett R extra hochkonz.; B extra hochkonz. (Lu), Marineblau BNX (Hö), Methylenblau BB extra hochkonz. (Hö), Rhodulinreinblau 3G (Hö), Viktoriablau B hochkonz. (Lu), Astrablau 3R konz. (Le), Diamantgrün GX; BXX (Le), Burmagrün G (Lu), Basischgrün HB (Hö), Kohlschwarz ZX5 konz. (Le); HB konz. (Hö); HVX (Hö).

Auch die Gruppe der *substantiven* Farbstoffe wird zu den Tauchfärbungen herangezogen, und zwar dann, wenn neben wasserechten gleichzeitig auch lichtechte Färbungen verlangt werden. Hervorzuheben sind die Sirius- bzw. Siriuslichtfarbstoffe. Wichtige Vertreter der substantiven Gruppe sind: Dianilgelb 5G hochkonz.; 3G; RR (Hö), Chrysophenin G (Le), Stilbengelb GPX (Le), Papiergelb RF (Ma), Pyraminorange RF (Le), Dianilorange G (Hö), Diaminorange D (Ma), Benzoechtscharlach 4BS (Le), Thiazinrot RXX (Le), Erika BN (Le), Benzoazurin G extra konz. (Le), Dianilblau G extra konz. (Le), Dianildunkelblau H extra (Hö), Diaminschwarz BH (Le); BHM konz. (Ma), Benzogrün FF (Le), Papierdirektgrün FGL; CH (Hö), Papiergrün BG (Ma), Benzolichtbraun GL (Le), Piassavabraun R4N extra konz. (Le), Papierdirektbraun CM (Hö), Papierbraun HM (Ma), Papierschwarz T extra (Le), Papierdirektschwarz H extra konz. (Hö), Papiertiefschwarz C extra konz. (Ma).

Wichtige Vertreter der Sirius- bzw. Siriuslichtfarbstoffe sind: Siriusgelb GC (Le), Siriuslichtgelb FRRL (Le); R extra (Le), Diaminlichtgelb RR extra (Ma), Siriusorange G (Le), Siriuslichtorange 3R (Le), Siriusscharlach B (Le), Siriusrosa G (Le), Siriusrot BB (Le), Siriusviolett BB (Le), Siriusblau 6 G (Le), Siriuslichtblau F3GL; FF2GL; FFRL (Hö), Siriuslichtbraun BRS (Le), Siriusgrau G (Le).

Die *optischen Aufhellungsmittel* sind in der Tauchfärberei zum Weißfärben sehr gut geeignet. Sie setzen dabei allerdings gebleichte, holzfreie Rohstoffe voraus. Zu nennen sind: Blankophor R extra hochkonz.; B extra hochkonz.; G extra hochkonz. (Le); WT konz. (Lu), Leukophor B (S), Tinopal BV (Gy).

Das Färben im Druck-, Streich- und Bürstverfahren.

Nach der Zielsetzung des vorliegenden Buches sind nur jene Verfahren zu besprechen, die ohne Lackfällung, Substrat, Firnis, Öl, Harz, Kunstharz, Asphalt und dgl. auszuüben sind. Bei der Betrachtung scheiden deshalb die Buchdruck-, Tiefdruck-, Flachdruck-, Offsetdruck-, Tapetendruck-, Lichtdruck- und Buntpapierverfahren (einschließlich Kunstdruck und Chromo) aus. Im nachfolgenden werden deshalb nur die ausgesprochenen Oberflächenfärbungen, die ein- oder zweiseitig, uni oder gemustert vorgenommen werden können, behandelt. Nach diesen Methoden können sowohl Farbstofflösungen als auch Farbstoffanschlämmungen auf das Papier gebracht werden, das nur den Träger des Farbstoffüberzuges abgibt, ohne selbst wesentlich zu dessen Verankerung und Fixierung beitragen zu können. Bei der Verwendung löslicher Farbstoffe jedoch besteht eine gewisse Analogie zur Tauchfärbung insofern, als die Verankerung um so tiefergreifend sein wird, je saugfähiger das Trägerpapier und je größer die Verwandtschaft zwischen Farbstoff und Papierfaser ist. Man bedient sich deshalb in erster Linie der gleichen Farbstoffe, wie sie für das Färben im Tauchverfahren geeignet sind.

Die Aufbringungsmöglichkeiten für die Farbstofflösungen bzw. die Anschlämmungen sind die folgenden:

Bedrucken des Papiers im Gummiwalzendruckverfahren.

Das Verfahren besitzt wegen der Einfachheit seiner Anwendung und nicht zuletzt wegen seiner Billigkeit eine große Bedeutung in der papierverarbeitenden Industrie. Der Gummidruck oder Anilindruck, wie er auch kurz bezeichnet wird, ist, drucktechnisch gesprochen, ein Hochdruck. Die Druckklischees, die leicht herzustellen sind, besitzen also hochstehende

Typen. Das Verfahren wird in der Hauptsache zum Bedrucken der verschiedensten Papiersorten verwendet, z. B. von Tüten- und Beutelpapieren, einseitig glatten Superiorpapieren, wie sie vorwiegend für Warenhausverpackungszwecke gebraucht werden, von Pergamynpapieren, Natronkraftpapieren, um nur einige wichtige Hüllpapiere aufzuführen. Da es sich um einen Rollendruck handelt, bei dem die bedruckte Bahn mit relativ hoher Geschwindigkeit sofort wieder aufgerollt wird, kommen beim Gummiwalzendruck nur schnell wegschlagende oder schnell trocknende Drucklösungen in Betracht. Beim Vorliegen saugfähiger Druckpapiere kann mit vorwiegend wäßrigen Lösungen gearbeitet werden, die zweckmäßig einen die Lösung des basischen Farbstoffes fördernden Zusatz von denaturiertem Alkohol erhalten. Zur Viskositätserhöhung der Druckflotte, zwecks Verbesserung des Haftens an der Übertragswalze und damit zusammenhängend der besseren Übertragung auf und von der Gummidruckwalze, ist ein gleichzeitiger Zusatz von Glycerin oder eines anderen wasserlöslichen Verdickungsmittels von Vorteil.

Wie bei den Tauchfärbungen, so ist auch im Gummiwalzendruck durch das *Tanninverfahren* die Möglichkeit der Herstellung wasser- und reibechter Drucke gegeben.

Mit Hilfe des Gummiwalzendruckes können auf Papier sowohl Unidrucke als auch Musterungen hergestellt werden. Die Drucke können ein- und zweiseitig ausgeführt werden. Bei sehr dichten, wenig saugfähigen Papieren wie Pergamyn, Pergamentersatz, Pelure und dgl. empfiehlt es sich, die Drucklösungen mit größeren Mengen an Sprit anzusetzen, oder aber mit rein alkoholischen Farbstofflösungen zu arbeiten. Selbstverständlich können hierbei nur alkohollösliche Farbstoffe Verwendung finden. Diesen Lösungen kann auch Tannin zur Erhöhung der Wasserechtheit zugesetzt werden.

Von den Gummiwalzen und den Klischees muß eine gewisse Widerstandsfähigkeit gegen chemische Einflüsse gefordert werden. Die Härte bzw. die Elastizität des Gummis spielt ebenso eine Rolle wie das Saugvermögen der Walzen. Eine aufgerauhte, poröse Oberfläche unterstützt die Gleichmäßigkeit und Geschlossenheit besonders des Flächendruckes (Intensivwalzen).

Oberflächenbehandlung des Papiers durch Streichen und Bürsten von Hand und andere Auftragsmethoden.

Die hierbei verwendeten Streichlösungen können die reinen Farbstofflösungen sein, meistens aber gibt man ihnen verdickende und egalisierende Zusätze, wie Tierleim, Dextrin, Glycerin und dgl. Solche Beimischungen sind vor allem bei den organischen und anorganischen Pigmenten erforderlich. Substrate werden bei diesen Aufstrichen nicht verwendet. Das Arbeiten mit wäßrigen, farbigen Aufstrichlösungen darf jedoch nicht mit dem Aufbringen von Streichmassen, sogenannten Emulsionen, wie sie bei der Erzeugung von Kunstdruck- und Chromopapieren, bei Tapeten- und Buntpapieren üblich sind, verwechselt werden.

Beim Streichen von Hand werden die Farbstofflösungen bzw. Anschlämmungen mit Pinseln, Bürsten oder Schwämmen auf den Papierbogen aufgebracht. In den Frühtagen der Papierfärberei wurden die Farbstofflösungen oft auch durch Auflegen und Abheben der Einzelbögen und durch Besprengen auf das Papier übertragen. Bei der Schablonenfärberei z. B. kann man den Farbstoffauftrag auch halbmaschinell mit Gummi-, Filz- oder Schwammwalzen bewerkstelligen. Man kann weiter mit Spritzrohren arbeiten oder besser mit Druckluftzerstäubern, wie wir sie z. B. in den Systemen von Körting, Lechler und anderen im Handel finden. Spritzpistolen sind in gleicher Weise geeignet.

Meistens erfolgt der Auftrag der Farbstofflösungen und Anschlämmungen vollmaschinell durch Streichmaschinen. Ein besonderes Auftragswerk besorgt die Übertragung der Streichlösung auf den Bogen oder die Rollenbahn, während die Verteilung durch hin- und herbewegte Bürsten verschiedener Feinheit erreicht wird. Die an letzter Stelle angeordneten Bürsten bestehen aus feinstem Dachshaar, da dieses am wenigsten dazu neigt, eine Markierung zu hinterlassen.

Die nach obigen Methoden hergestellten Streich- und Bürstfärbungen sind im allgemeinen von schlechter Reib- und Wasserechtheit. Durch geeignete Zusätze hat man es jedoch in der Hand, diese Mängel weitgehend zu beheben.

Zu den Papieraufstrichen sind alle wasserlöslichen Produkte verwendbar, von den organischen und anorganischen Pigmenten jedoch nur die Marken, die in feinstverteilter Form vorliegen.

Einseitige Färbeverfahren und Kalanderfärbungen.

Das einseitige Färben von Papierbahnen hat den Papiermacher von jeher beschäftigt. Schon 1884 machte P. Piette in Pilsen Vorschläge in dieser Hinsicht, und E. Heuser[1] ist der Ansicht, daß die Verfahren der Mahn, Weinreich, Holub, Agsten, Brock, Gossler und anderer Erfinder mit ihren grundlegenden Erkenntnissen den Bau der Färbemaschinen für fertiges Papier beeinflußt haben dürften. Dabei aber darf die Tatsache nicht übersehen werden, daß das einseitige Färben des fertigen Papieres abseits der Papiermaschine schon wesentlich früher ausgeübt wurde. Die verschiedenen Färbeverfahren haben das eine gemeinsam, daß sie fast ausnahmslos mit Farbauftragswalzen arbeiten und daß sie innerhalb der Papier- und Pappenmaschinen oder aber direkt im Anschluß an diese zur Durchführung gelangen.

Nur einige dieser Verfahren haben sich in der Praxis durchsetzen und halten können und für die Herstellung von Sondererzeugnissen eine gewisse Bedeutung erlangt.

So das einseitige Färbeverfahren von L. E. Gossler, Neustadt-Schönthal (DRP. 204950 vom 9. 4. 1907), das eine glückliche Vereinigung von

[1] Dr.-Ing. E. Heuser, Das Färben des Papiers auf der Papiermaschine. Verlag der Papierzeitung, 1913.

einseitiger Glätte und einseitiger Färbung darstellt, wobei die Färbung direkt vor dem großen Glättzylinder auf der rauhen Papierseite erfolgt. Die Wickelwalze der deutschen Presse besorgt die Verteilung der aufgenommenen Farbstofflösung zugleich mit der Anpressung an den Glättzylinder. Es resultieren Papiere, bei denen selbst bei sehr satten, einseitigen Färbungen, die andere einseitig glatte Seite völlig ungefärbt bleibt. Die Eindringtiefe der Farbstofflösung in das Papier kann durch den Anpreßdruck geregelt werden. Der große Vorteil des Verfahrens liegt darin, daß man satte, einseitige Färbungen auf verhältnismäßig dünnen, einseitig glatten Papieren herstellen kann. Dabei vermindert der Farbstoffüberzug die Transparenz der Papiere und macht sie praktisch undurchsichtig, eine Eigenschaft, die besonders an Briefhüllenpapieren geschätzt wird. Auch zweifarbige Papiere lassen sich nach dem Verfahren herstellen, wenn man den Grundstoff bereits in der Masse vorfärbt. Die hellere Farbe muß dabei natürlich vom Grundstoff geliefert werden, d. h. man kann einen gelben Stoff mit Blau einseitig überfärben und erhält dann ein zweifarbiges, gelbgrünes Papier; man kann aber nicht umgekehrt verfahren, da die löslichen Farbstoffe keine Deckkraft besitzen.

Zur Ausübung des Verfahrens sind in erster Linie gut egalisierende, saure Farbstoffe geeignet. Wenn Ansprüche auf eine bessere Wasser- und Reibechtheit erhoben werden, kann man aber auch gut lösliche basische und substantive Farbstoffe verarbeiten. Man muß dann allerdings Zugeständnisse hinsichtlich der Ruhe und Geschlossenheit der Färbung machen.

Große Ähnlichkeit mit der Gosslerschen Arbeitsweise besitzt das Verfahren von Antoine. Es trägt die DRP.-Nr. 499302 und wurde am 8. 5. 1928 angemeldet. Wie beim Gosslerschen Verfahren erfolgt das Färben vor dem Glättzylinder, jedoch schon an einer Stelle vor der Einführung des Papieres in die deutsche Presse. Antoine bringt die Farbstofflösung in Gestalt eines Flüssigkeitswulstes, der sich im Winkel zwischen der Papierbahn und einer besonderen Ausbreitwalze bildet, auf die spätere einseitige glatte Seite der Papierbahn. Durch die Anordnung der Ausbreitwalze wird eine gleichmäßige Verteilung der Farbstofflösung unmittelbar vor dem Glättzylinder der Papiermaschine erreicht.

Ein einseitiges Färbeverfahren, das sich besonders in der Pappenfabrikation einführen konnte, und das in der Einfachheit seiner Anwendung nicht gut zu übertreffen ist, besteht darin, daß ein Kasten mit Farbstofflösung direkt an die Formatwalze herangeschoben wird, wobei an der Berührungsstelle ein zwischen Formatwalze und Färbekasten leicht angepreßter Filz- oder Tuchstreifen, der in die Farbstofflösung eintaucht, den Transport der Farbstofflösung auf die Pappe besorgt.

Dieses Verfahren, das Franz Weyland mit DRP. 68521 (1892) geschützt wurde, hat im Laufe der Jahre insofern eine Wandlung erfahren, als heute nicht mehr die in Bildung begriffene Pappenbahn, sondern die bereits getrocknete Pappe gefärbt wird. Die Färbung erfolgt im Glättwerk, wobei die obere Walze die Farbstofflösung durch den angepreßten Färbekasten empfängt und an die durchgeschossene Pappe weitergibt.

Das Verfahren birgt zweifellos zahlreiche Vorteile für den Pappenmacher in sich, zumal die Überfärbung eben nur eine Überfärbung zu sein braucht, und kein Farbanschluß an irgendeine Vorlage erstrebt wird. Seine größte Bedeutung aber dürfte darin liegen, daß es als Vorläufer für die sogenannten Kalanderfärbungen anzusehen ist.

Es ist überaus interessant, daß WEYLAND noch ein zweites Verfahren zum einseitigen Färben von Papierbahnen entwickelte, bei dem die zu färbende Seite der Papierbahn die Farbstofflösung gerade berührt, wie aus nebenstehender Skizze zu ersehen ist (Abb. 10).

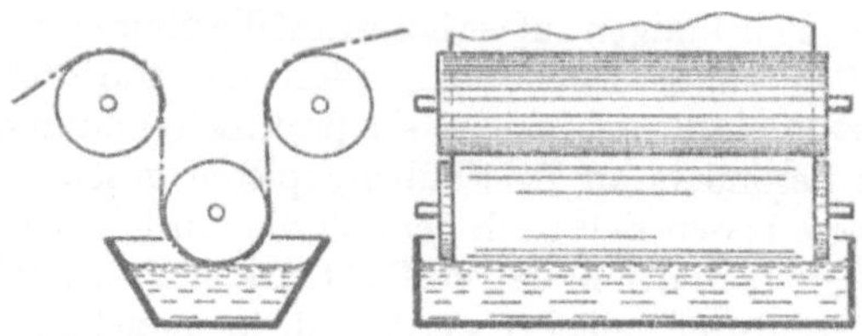

Abb. 10. Einseitiges Färbeverfahren nach FRANZ WEYLAND (DRP. 70955).

Das aber ist mit ein wesentliches Merkmal eines Verfahrens, das drei Jahrzehnte später den *Farbwerken Höchst a. M.* unter Nr. 546270; 55f/4 patentiert wurde. Das Verfahren wurde am 25. 2. 1932 bekanntgemacht und lief ab 30. 6. 1927. Es ist dadurch gekennzeichnet, daß man noch nicht fertiggestellte Papierbahnen mit einem Feuchtigkeitsgehalt von etwa 25 bis 40% Wasser so um eine Walze führt, daß diese in ihrem unteren Teil von der Papierbahn fest umschlossen wird und den unteren Teil der Walze in einer Farbstoff-, Leim- oder Tränkungsflotte laufen läßt. Der Erfinder, KUNO FRANZ in Frankfurt a. M., sieht die Hauptvorteile des Verfahrens nicht darin, daß sowohl die Eintauchwalze als auch die Abpreßwalze verstellbar sind und so nahe an die Farbflotte bzw. an die gefärbte Papierbahn herangebracht werden können, daß sie sich gerade mit diesen berühren – was zweifellos als großer, technischer Vorteil zu werten ist –, sondern vielmehr in der Art der Papierführung und der damit gegebenen möglichst weiten Umschließung der Tauchwalze, die aus diesem Grunde einen großen Durchmesser erhält. Eine Einrichtung, wie sie zur Ausführung des Verfahrens benutzt werden kann, veranschaulicht die beigefügte Skizze (Abb. 11).

Durch die spezielle Papierführung wird zweierlei erreicht: Einmal wird das seitliche Eindringen von Farbstofflösung auf die nicht zu färbende Papierseite an den Rändern verhindert, und zweitens wird durch die große Berührungsfläche zwischen Papierbahn und Eintauchwalze die Gefahr des Einreißens bei der nicht unerheblichen Beanspruchung der noch feuchten Papierbahn vermieden. Es lassen sich deshalb auch dünne Papiere bis herab zu 50 g pro Quadratmeter einwandfrei färben, ohne daß ein Reißen der feuchten Papierbahn zu befürchten ist. Ein Nachteil des Verfahrens muß darin erblickt werden, daß die Arbeitsgeschwindigkeit begrenzt ist (60–80 m pro Minute).

Wie übrigens bei allen einseitigen Färbeverfahren, spielt der Grundstoff bei der Erzielung gleichmäßiger Färbungen eine ausschlaggebende

Rolle. Abgesehen von den „optisch günstigen" Färbungen, wie sie die reinen, warmen Farben zeigen (im Farbenkreis: Gelb, Kreß und Rot) und wie sie mit Auramin, saurem Orange und Scharlach auch auf wenig geeigneten Grundstoffen erzielt werden, gilt etwa die Regel: je hochwertiger die Stoffmischung, desto unruhiger und ungleichmäßiger die Färbung. Voraussetzung ist dabei, daß gut aufgeschlossene und durchgemahlene Stoffe vorliegen. Daraus ergibt sich die bemerkenswerte Tatsache, daß die

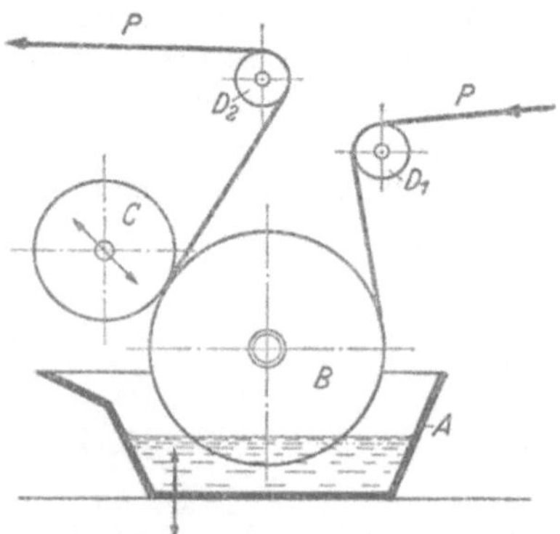

Abb. 11. Einseitiges Färbeverfahren Höchst (DRP. 546270).

einseitigen Färbeverfahren besonders günstige Ergebnisse bei der Veredlung ordinärer Papiere aufzuweisen haben. Einseitig glatte Färbungen fallen dabei immer gleichmäßiger aus als die maschinenglatten.

Eine sehr wichtige Erkenntnis, die das einseitige Färben in der Praxis gebracht hat, darf nicht übergangen werden. Es handelt sich um die außerordentlichen Schwierigkeiten beim Ausmustern. Bei einseitigen Färbungen ist es deshalb nicht ratsam, nach Vorlage zu färben. Das Bahnaufnahmevermögen für die Farbstofflösung und damit der Ausfall der Färbung sind von zahlreichen Faktoren wie Faserart, Mahlung, Leimung, Maschinengeschwindigkeit, Imprägnierungsstelle und anderen nicht einwandfrei zu erfassenden und zu kontrollierenden Umständen abhängig. Hinzu kommen noch die Schwierigkeiten einer eventuell notwendig werdenden Korrektur der Färbeflotten, für welche die Gesetze der additiven Mischung gelten, die aber mit der substraktiven Färbearbeit abgestimmt werden müssen. Einseitig gefärbte Papiere sollten deshalb immer als Standardfärbungen, d. h. unter gleichbleibenden und reproduzierbaren technischen Voraussetzungen erzeugt werden.

Grundlegend andere Wege beim einseitigen Färben beschreitet das DRP. Nr. 580903 der früheren *I. G. Farbenindustrie AG.* (Ludwigshafen) vom 20. 3. 1927. Der Erfinder Gebhard Blaser, Mannheim, verankert aus nicht ersichtlichen Gründen eines der hervorstechendsten Merkmale jedoch nur andeutungsweise im Patentanspruch, der wie folgt formuliert ist: „Verfahren zum Färben von Papierbahnen auf der Papiermaschine, dadurch gekennzeichnet, daß man die Bahnen an einer Stelle der Papiermaschine, an der das Papier noch nicht völlig getrocknet ist, über eine oder mehrere verhältnismäßig schmale oder kleine Öffnungen führt, aus denen die Farblösung der Papierbahn zugeführt wird, wobei der Flüssigkeitsspiegel der Farblösung etwa in Höhe der Oberkante der Öffnungen gehalten wird." Die Erfindung beruht im Grunde genommen auf der Beobachtung, daß eine Papierbahn, die über Öffnungen hinweggleitet, eine *Saugwirkung* hervorruft, durch welche die Farbstofflösung aus den Öffnungen nicht nur angesaugt, sondern auch gleichmäßig auf der darüber hinweggleitenden Papierbahn verteilt wird.

Das Verfahren kann während der Herstellung des Papiers auf der Papiermaschine an beliebiger Stelle der Entwässerung (Sieb-, Preß- oder Trockenpartie) angewandt werden. Es wird so unschwer erreicht, daß sich die aufgenommene Menge der Farbstofflösung der Art und Beschaffenheit des Papierstoffes und der Geschwindigkeit der Papierbahn anpaßt (Abb. 12).

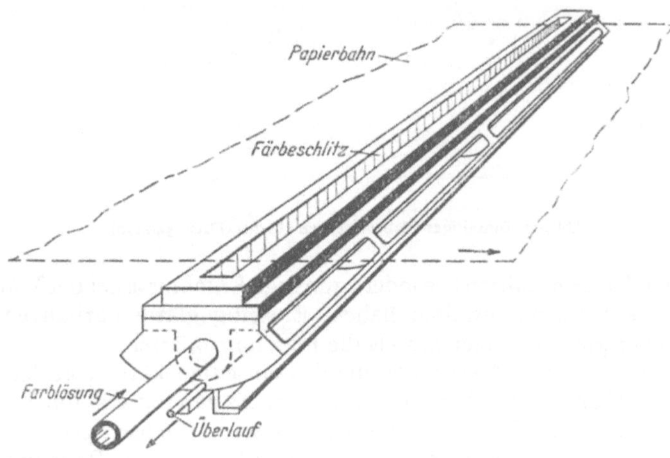

Abb 12. Einseitiges Färbeverfahren Ludwigshafen (BLASER, DRP. 580903).

Nach dem gleichen Prinzip lassen sich in einfacher Weise auch Streifen-, Wellen- und Wolkeneffekte auf dem Papier erzeugen, wenn man die Ausströmöffnungen in ihrer Lage verändert, oder wenn man vorübergehend die Zuflußmenge der Farbstofflösung ändert oder den Zufluß in bestimmten Intervallen ganz unterbricht.

Das Verfahren besitzt gegenüber jenen, die mit Walzenübertragung arbeiten, gewisse Vorteile, die u. a. in einer bequemeren Handhabung und auch in einem gleichmäßigeren Ausfall der Färbungen zu suchen sind. Es wird vorteilhaft bei dickeren Papieren von etwa 125 g aufwärts und Karton angewandt. Für dünnere Papiere eignet sich das Verfahren nicht wegen der Gefahr des Durchschlagens der Farbstofflösung auf die nicht gefärbte Seite.

Auch für dieses Färbeschlitzverfahren gelten die Einschränkungen und Bedenken, die bereits bei der Besprechung des Höchster Verfahrens dargelegt wurden: Nachstellungen nach Vorlagemustern sind tunlichst abzulehnen; desgleichen Färbungen auf hochwertigen Grundstoffen. Sehr gut bewährt hat sich das Verfahren bei der Herstellung von „Vierfarben-

Schrenz“ und von in der Masse vorgefärbten schwarzen Verdunkelungspapieren. Die einseitige Nachfärbung erfolgte dabei mit einem infrarotreflektierenden Schwefelschwarz.

Die *Kalanderfärbungen* sind in den USA., Kanada, England und den nordischen Ländern nicht selten. In Deutschland hat sich diese Färbeart nicht einbürgern können, obwohl sie in mancher Hinsicht Vorteile vor dem einseitigen Färben innerhalb der Papiermaschine besitzt. Schon das Abrücken von den empfindlichen Stellen in der Entwässerungs- und Trockenpartie bedeutet erhöhte Betriebssicherheit und damit Ausschußverminderung. Wenn außerdem die Kalanderfärbung nicht direkt im Anschluß an die Papiermaschine stattfindet, was technisch ohne weiteres durchführbar ist, dann ist man auch von der Maschinengeschwindigkeit unabhängig und hat hinsichtlich der Erzeugungsmenge freie Hand.

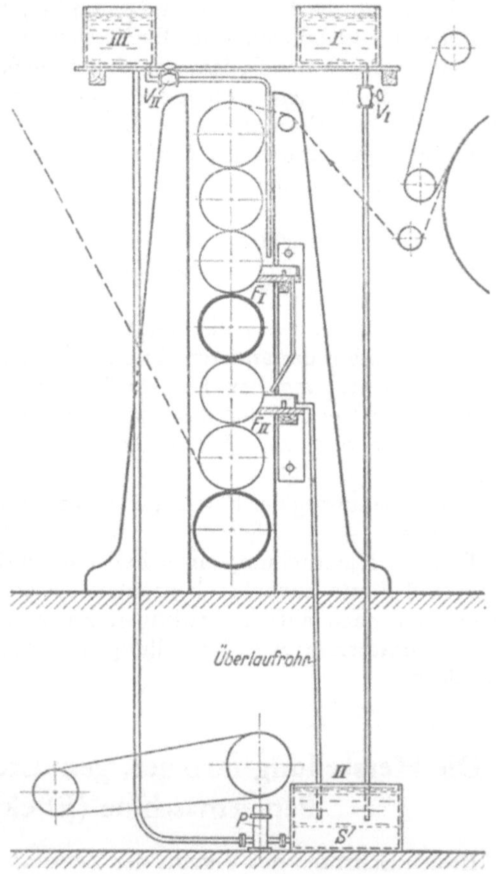

Abb. 13. Einrichtung für Kalanderfärbungen.

Die zu verwendenden Farbstoffe sind, im Gegensatz zu den Erfordernissen der anderen einseitigen Färbeverfahren innerhalb der Papiermaschine, der Stoffqualität anzupassen; und da ihre Verankerung nicht tief greift, ist besonderes Augenmerk auf gute Löslichkeit und Egalisiervermögen zu legen. Durch Kalanderfärbungen können sowohl dünne Papiere als auch Kartons veredelt werden.

Die einfachste Art der Kalanderfärbung wird uns, wie bereits erwähnt, durch das modifizierte WEYLANDsche Verfahren bei der Pappenfärbung gewiesen. Die Einrichtungen für die modernen Kalanderfärbungen sind im Prinzip die gleichen wie bei der Pappenfärbung im Zweiwalzen-Satinagewerk geblieben mit dem einen Unterschied, daß das Verfahren kontinuierlich mit endloser Papierbahn arbeitet, und daß die Farbstofflösung meistens zweimal einseitig aufgetragen wird. Aus der nebenstehenden Skizze ist die Arbeitsweise klar zu erkennen (Abb. 13).

Der Farbstoff wird im Bottich I gelöst, der zweckmäßig mit einer Wasser- und Dampfzuleitung ausgestattet wird. Die Farbstofflösung läuft auf Grund eigenen Gefälles in den Bottich II, passiert das Sieb S und wird durch die Pumpe P in den Bottich III gebracht. Durch das Ventil V_{II} fließt die Farbstofflösung in die Färbekästen F_I und F_{II}, die durch eine Überlaufleitung miteinander verbunden sind. Es ist wichtig, daß die Überlaufleitung erst 6–8 cm oberhalb des Bodens des oberen Behälters F_I ihre Öffnung besitzt; denn auf diese Weise enthält der obere Behälter F_I immer eine konstante Menge Farbstofflösung, bevor diese in den unteren Farbstoffkasten F_{II} abfließen kann. Dieselbe Anordnung des Überlaufes befindet sich im unteren Färbekasten, der mit dem Bottich II durch eine Rohrleitung verbunden ist.

Mit dieser Vorrichtung wird das Papier zweimal einseitig gefärbt. Bei schwachen Farbtönen ist ein zweimaliger Auftrag der Farbstofflösung jedoch nicht erforderlich.

Soll das Papier zweiseitig gefärbt werden, dann ordnet man zwei weitere Färbekästen auf der anderen Kalanderseite an.

Die Übertragung der Farbstofflösung auf die Kalanderwalzen wird durch einen frei auf der Kalanderwalze laufenden Filzstreifen vermittelt. (Die andere Seite des Filzstreifens ist am Boden des Färbekastens befestigt.)

Zur Erzielung egaler Färbungen empfiehlt es sich, mit sauren Farbstoffen zu färben.

Bei der Nachstellung eines bestimmten Farbtones ist es ratsam, die Farbstoff-Flotte zunächst konzentrierter als notwendig anzusetzen und nach und nach auf den richtigen Farbton zu verdünnen. Vorversuche im Laboratorium zur Feststellung der benötigten Farbstoffe sind unerläßlich.

Die Herstellung farbiger, gemusterter Papiere auf der Papiermaschine (Effektpapiere).

In den Schriften des Vereins der Zellstoff- und Papierchemiker erschien mit Band 7 „Das Färben des Papieres auf der Papiermaschine“ von Prof. Dr. Ing. Emil Heuser eine Zusammenstellung von Verfahren, die bis etwa Mitte 1913 die vorhandene Patentliteratur in außerordentlich klarer und übersichtlicher Weise erfaßte.

Eine Erweiterung erfuhr die Heusersche Arbeit durch einen Aufsatz von Fritz Wolfgang Menzel[1], der als Quelle, aus der er schöpfte, die Sammlung der deutschen Reichspatente benutzte. Menzel hat mit der Feststellung durchaus recht, wenn er einleitend sagt, daß die den einzelnen Patentanmeldungen jeweils beigegebenen Beschreibungen zumeist lückenlos die historische Entwicklung eines Verfahrens aufzeigen.

Wenn der Verfasser dieses Buches es unternimmt, den Stoff in groben Umrissen vom Standpunkt des Papierfärbers aus zu sichten und zu ordnen,

[1] Zellstoff u. Papier 1941, Heft 12.

so geschieht dies, um einem der interessantesten Teilgebiete der Papierfärberei die Beachtung zuteil werden zu lassen, die ihm zukommt. Es ist keine erschöpfende Darstellung beabsichtigt, worauf ausdrücklich hingewiesen sei; es sollen vielmehr nur die Marksteine auf dem Wege zur Effektpapierherstellung berührt werden. Zur Bearbeitung dieses Spezialgebietes mag dem Verfasser zugute kommen, daß er als Mitarbeiter des bekannten Erfinders KUNO FRANZ (ehem. Höchster Farbwerke) die seltene Gelegenheit hatte, fast alle wichtigeren Effektpapierverfahren in praktischen Maschinenversuchen selbst kennenzulernen.

Das Gebiet der Effektpapierherstellung hat in den letzten beiden Jahrzehnten fühlbar an Interesse eingebüßt und an Bedeutung verloren. Wenn man versucht, den Gründen nachzuspüren, die für diese Entwicklung verantwortlich sind, dann zeichnen sich besonders zwei Umstände ab, die eine Erklärung hierfür abzugeben vermögen:

1. Im Zuge der überall angestrebten Produktionssteigerungen wurden die für die Effektpapierherstellung besonders geeigneten, langsam laufenden Papiermaschinen größtenteils zum Verschwinden gebracht.

2. Die Fortschritte, die im gleichen Zeitabschnitt auf dem Gebiete der Drucktechniken erzielt wurden, führten zu billigeren, aber oftmals kaum weniger originellen Musterungsmöglichkeiten.

Die Erzeugung gemusterter Papiere auf der Papiermaschine konnte sich deshalb nur überall dort durchsetzen und behaupten, wo die angewandten Verfahren eine der normalen Geschwindigkeit angepaßte Arbeitsweise zuließen, oder wo der eigentümliche Charakter der Effektgebung durch eine andere, billigere Technik der Buntpapierherstellung oder des Druckes nicht erreicht werden konnte.

Dies trifft unter anderem für die Marmoritpapiere zu, ferner für die holzmehlmelierten Tapetenpapiere (Rauhfaserpapiere) und für die Kraterpapiere.

Die Aussichten für die Weiterentwicklung des Gebietes sind nicht eben günstig, dennoch wird die Nachfrage nach bestimmten Musterungen immer wieder die eine oder andere Fabrik veranlassen, sich mit der Herstellung von Sondererzeugnissen zu befassen und vielleicht sogar an sich bekannte Herstellungsverfahren zu weiterer Vollkommenheit zu entwickeln.

Die Herstellung farbiger bzw. farbig gemusterter Papiere geschah in früheren Jahrhunderten ausnahmslos durch nachträgliche Behandlung des fertigen Papierbogens. Es wurden hierbei meistens Körperfarbstoffe, zusammen mit Bindemitteln verschiedener Art verarbeitet, und es kamen Verfahren zur Anwendung, die zum Teil auch heute noch in der „Buntpapierindustrie“ lebendig sind, die aber niemals zum Rüstzeug des Papierers gehörten. Hierin aber unterscheidet sich die Buntpapierherstellung in ihren wesentlichsten Merkmalen vom Färben in der Masse bzw. vom Färben auf der Papiermaschine. Sie berührt also, wie ausdrücklich hervorgehoben sei, unsere Aufgabenstellung in keiner Weise, obwohl im Grenzgebiet der Musterungstechniken Anleihen aus der Buntpapierfabrikation festgestellt werden können. Der grundlegende Unterschied in den beiden Papierfärbemöglichkeiten besteht vor allem aber darin, daß die Buntpapiere als Ausgangsmaterial das bereits *fertige* Papier benutzen, während die Musterung auf der Papiermaschine das in *Bildung begriffene* Papier voraussetzt.

Als Vorläufer der auf der Papiermaschine hergestellten farbigen, gemusterten Papiere können die „melierten" Papiere angesprochen werden. Die Melierungen sind zur Zeit ihrer Entstehung (18. Jahrhundert) zweifellos unbeabsichtigt gewesen und haben sich ohne Wollen und Zutun des Papierers entwickelt. Sie sind die direkte Folgeerscheinung der mit der Ausbreitung der Druckkunst einsetzenden Lumpenknappheit. Zur Befriedigung der erhöhten Nachfrage war man gezwungen, neben den ungefärbten Hadern anteilig auch gefärbte (vorwiegend blaue und rote) Lumpen zu verarbeiten, und es kamen so die ersten melierten Papiere auf den Markt. Aber die zunächst aus Not und später wohl auch aus mangelndem handwerklichem Ehrgeiz geborene Entwicklung nahm unerwartete Wege.

Schon wenige Jahrzehnte später lehnte man diese Erzeugnisse, wie es zuerst geschehen sein mag, nicht mehr ab, ja man fand an den melierten Papieren sogar Gefallen und die Gepflogenheit, gewisse Papiersorten, wie z. B. Konzept-, Kanzlei-, Umschlag-, Vorsatz- und Löschpapiere nunmehr absichtlich mit Melierungen zu versehen, ist bis auf den heutigen Tag geblieben.

Auch das gelblich-graue, schäbenfleckige, aus verrotteten, mißfarbigen, stark schäbenhaltigen Leinenhadern hergestellte „Antik Bütten" tat es dem Feinpapiermacher an, und die damals zweifellos als minderwertig beurteilten Papiere werden vom heutigen Papiermacher in ihren, wie zugegeben sei, eigenartigen Reizen auf jede nur erdenkliche Art nachzuahmen versucht. Dieses „Antikisieren" der Papiere findet im übrigen, wie wir gesehen haben, eine Parallele in einer Gepflogenheit der Araber, die bereits um das Jahr 1000 herum gewisse Papiere „alt" färbten.

Eine weitere charakteristische Färbung, die den Papiermacher unserer Tage zur Nachahmung anregte, ist recht häufig bei den holländischen und englischen, aber auch den deutschen Handpapieren des 18. und 19. Jahrhunderts anzutreffen. Sie kam dadurch zustande, daß der mit grobverteilten Blaukörpern wie Indigo, Smalte, Ultramarin und Berliner Blau überbläute Hadernstoff auf grobrippigen Schöpfrahmen entwässert wurde. Dabei lagerten sich als Folge einer Entmischung die Farbstoffteilchen so ab, daß im fertigen Bogen ein getreues, farbiges Abbild nicht nur der damals allgemein üblichen Wasserzeichen, sondern auch der Rippung des Siebgewebes sichtbar wurde. Diese *Schattenwasserzeichen* bzw. *Antik-Wasserzeichen*, wie man sie auch nannte, werden heute noch gern für Umschlag- und Vorsatzpapiere, aber auch für Briefpapiere verwendet.

Die erwähnten „Vorläufer" haben nun bei genauer Betrachtung etwas in ihrer Entwicklung gemeinsam, das geeignet ist, in die Entstehungsursache mancher Patente ein nicht erwartetes Schlaglicht zu werfen. Sie sind nämlich alle auf ausgesprochenen Fabrikationsfehlern bzw. -mängeln aufgebaut und weiterentwickelt worden. Bei der Besprechung der einzelnen Verfahren werden wir noch des öfteren Gelegenheit haben, auf ähnliche Zusammenhänge hinzuweisen.

A. Im Holländer, in der Bütte, im Sandfang oder Syphon.

Die Herstellung von Effektpapieren noch vor der Blattbildung durch besonders abgestimmte Arbeitsverfahren ist nicht immer einfach, obwohl man nur in seltenen Fällen zusätzliche Musterungseinrichtungen benötigt. Die Schwierigkeiten liegen in der Auswahl der Papierrohstoffe und Farbstoffe und ihrer Mischung untereinander.

Von den *melierten* Papieren wissen wir, daß ihre Färbeweise sehr genau beobachtet werden muß, und daß es für die Maßnahmen des Färbers nicht einerlei ist, ob weiße oder hellgetönte Grundstoffe farbig, oder ob dunkelfarbige Stoffe weiß oder hellfarbig meliert werden sollen. Die Zugabe des Melierstoffes erfolgt gewöhnlich im Holländer, sie kann aber ebensogut in der Bütte oder in der Stoffrinne zum Knotenfänger oder im Syphon vorgenommen werden. Der Knotenfänger wird bei der Herstellung melierter Papiere gewöhnlich ausgeschaltet. Das ist auf jeden Fall dann notwendig, wenn die Melierfaser oder der Melierstoff sehr grob oder langfaserig und sperrig ist. Es sei hier an die Jute, Manilahanf, Holzmehl, Kodzo, Fliro, Leder u. a. m. erinnert. Die Vereinigung von Grundstoff und Melierstoff wird oft durch Arbeiten aus zwei Bütten heraus vorgenommen. Diese Arbeitsweise hat zwei Vorteile. Erstens wird es bei nicht ganz sachgemäßer Färbeweise vermieden, daß sich ein mögliches Ausbluten bei der vorhandenen großen Wasserverdünnung allzu bedenklich auswirkt. Zweitens ist das Mischungsverhältnis von Grundstoff und Melierfaser beim Arbeiten aus zwei Bütten sehr gut zu regulieren, so daß der Maschinenführer relativ leicht nach Vorlage arbeiten kann, vorausgesetzt, daß die beiden Komponenten Grundstoff und Melierfaser in ihren Grundfärbungen vom Färber richtig getroffen sind. Sehr starke Melierungen mit 20% und mehr Melierfasergehalt (für Umschlag- und Vorsatzpapiere, Albumkartons usw.) werden ebenfalls sehr gern aus zwei Bütten herausgearbeitet. Man hat es dadurch in der Hand, die beiden Komponenten nebeneinander in zwei verschiedenen Holländern zu färben und nach dem Auswaschen (und Leimen) in zwei verschiedene Bütten abzuleeren. Das bedeutet eine große Vereinfachung der Arbeitsweise und Zeitersparnis.

Die Wollmelierungen bleiben auf Löschpapiereffekte beschränkt mit Ausnahme der sogenannten „Ingrainpapiere", die oft als Ausgangsmaterial für Tapetenpapiere noch weiter veredelt werden.

Bei den holzmehlmelierten Papieren (Oat-meals) ist es meist üblich, die Effektgebung in einer Deckschicht vorzunehmen. Zu diesem Zweck wird das gefärbte Holzmehl in einem kurzgemahlenen, meist gebleichten Stoff suspendiert und durch geeignete Vorrichtungen als Duplexschicht auf die auf dem Sieb in Entstehung begriffene Papierbahn aufgebracht. Zu solchen einseitigen Melierungen benutzt man vielfach den Dianaapparat[1] oder auf dem gleichen Prinzip aufgebaute Verteilungskästen, ferner Hilfssiebe, zu denen auch der Otuapparat und Egoutteure (Vordruckwalzen) mit großen Durchmessern gezählt werden können. Hier liegt bereits ein kombiniertes Verfahren vor, denn zur Effektgebung sind außer der

[1] Hofmanns Handbuch für Papierfabrikation, 2. Auflage, S. 1652/53.

Holländerfärbung noch Apparaturen zur Aufbringung des Effektstoffes notwendig. Dabei ist es unerheblich, ob die Herstellung des einseitig melier en Papieres aus papiertechnischen oder verarbeitungstechnischen Gründen erfolgt. Das letzte ist z. B. bei den sogenannten Rauhfaserpapieren der Fall, die als Tapetenpapiere eine große Verbreitung gefunden haben.

Weitere Effekte lassen sich mit regelmäßig oder unregelmäßig geformten Melierstoffen erzielen. So können nach dem DRP. 61460 von J. MACDONAUGH farbige, kleine ausgestanzte oder ausgeschnittene Blättchen z. B. in der Bütte oder an einer anderen Stelle, bevor der Stoff auf das Sieb gelangt, zugeteilt werden.

Dr. E. FUES, Hanau, beschreitet im DRP. 422294 einen etwas anderen Weg, indem er farbige Papierwolle (aus gewöhnlichem Papier, Pergamyn, Echtpergament oder anderen imprägnierten Papierstoffen) dem Stoff vor oder auch während der Blattbildung zusetzt Es ergeben sich Effekte von ganz eigenartigem Charakter, die übrigens, wie auch jene des DRP. 61460, für Sicherheitspapiere gedacht waren. Das grobe Papiergefüge dieser Papiere, d. h. die unterschiedliche Blattdicke ist dem Bedrucken jedoch hinderlich.

Zu besonders wirkungsvollen Effekten kommt man auch, wenn man dem Papierstoff im Holländer nach dem DRP. 516029 (1928) von RUDOLF RICHTER, Ludwigshafen, gefärbtes, fein zerteiltes Leder z. B. Chromlederfalzspäne zusetzt. Das ist nicht ohne weiteres möglich und erfordert eine Vorbereitung der Lederfaser, die sich physikalisch vollkommen anders verhält als die pflanzliche Faser. Die Vorbereitung besteht darin, daß man die Chromlederfalzspäne zunächst entsäuert und neutralisiert, sodann färbt und schließlich fettet und vor der Zugabe zum Holländer auf die gewünschte Faserlänge kürzt.

Für wesentlich anders geartete Effekte, die mehr im Charakter einer Marmorierung liegen, wird der Grund im Holländer gelegt, wenn man den Stoff mit solchen Farbstoffen im Überschuß färbt, die keine Faserverwandtschaft besitzen. Trägt man noch Sorge dafür, diese Farbstoffe nur soweit zu fixieren, daß der lösliche Farbstoff oder das Farbstoffpigment oder beide zusammen durch geeignete Maßnahmen auf dem Sieb, d. h. während der Blattbildung, abgespült werden können, dann kommt man zu eigenartigen wolkigen Musterungen. Es handelt sich also um ein kombiniertes Verfahren, denn die Effektgebung wird erst auf dem Sieb vollendet, wobei allerdings die besonders abgestimmte Holländerfärbung die Vorbedingung ist. So werden nach dem Verfahren von J. W. ZANDERS, Bergisch-Gladbach, DRP. 461795 (1921), durch das Herauswaschen, z. B. vermittelst aufgespritzter Wassertropfen, von nicht fixierten löslichen Farbstoffen sowie Erdfarbstoffen oder Farbstofflacken und die dabei erfolgende teilweise Verschiebung der oberen Faserschicht reliefartige, kraterförmige Effekte erzielt.

Scharf abgegrenzte und dabei gefällige Marmorierungen werden auch mit röschen, langfaserigen Stoffen erzielt, denen man Jute, Manilahanf und ähnliche, leicht abwaschbare Fasern in größeren Mengen zusetzt. Zur Färbung dieser „amerikanischen Wolkenpapiere“, wie man die wassermarmorierten Effektpapiere auch hier und da nennt, sind alle jene Farbstoffe geeignet, die der Färber im allgemeinen bei Massefärbungen verwirft. Es werden in diesem Falle die färberischen Mängel dieser Farbstoffe zur Musterung herangezogen. So färbt man z. B. mit Saftbraun, Phloxin O, Patentblau V, Neptunblau RX, Neptungrün SBX, um nur einige Produkte zu nennen. Dabei bleibt es dem Färber unbenommen, dem Holländerstoff gleichzeitig eine wasserechte leichte Grundfärbung zu erteilen. Das partielle Auswaschen der Stoffbahn auf dem Sieb erfolgt in ähnlicher Weise wie nach dem ZANDERschen Verfahren vermittelst Prallflächen, Tropf- und Spritzrohren oder anderen, die Papieroberfläche aufwühlenden und abspülenden Vorrichtungen. Die Wolkenpapiere zeigen deshalb in der Durchsicht stets helle Stellen, und die Verletzungen im Papiergefüge gestatten es dem Papiermacher nicht, ein bestimmtes Quadratmetergewicht zu unterschreiten.

Zu den direkt im Holländer hergestellten Effektpapieren müssen auch die Färbungen mit den Lumogenen und den Blankophoren gezählt werden. Die Effekte sind allerdings erst auf optischem Wege sichtbar zu machen, denn zum Aufleuchten der Fluoreszenzkörper – um solche handelt es sich ja – ist eine UV-Lampe notwendig. Es ist auch möglich, so vorbereitete Papiere zur Effektgebung nach den beiden oben erwähnten DRP. 61460 und 422294 zu benutzen.

B. Auf der Siebpartie bis zur Gautsche.

a) Auf dem Siebtisch und zwischen den Schaumlatten.

Das Mustern von Papier auf dem Siebtisch und im Stau vor und zwischen den Schaumlatten, d. h. noch vor der Verfilzung und Blattbildung, durch Einfließenlassen von Farbstofflösungen oder Einverleiben von andersfarbigen Stoffen, die sich auch noch hinsichtlich Aufschlußgrad und Faserart vom Grundstoff unterscheiden können, war für den Papiermacher ein naheliegender Gedanke.

Schon frühzeitig tauchen derartige Verfahren auf, aber erst im Jahre 1903 ließen sich die Hoechster Farbwerke mit DRP. 176070 das sogenannte „Phidias-Verfahren" schützen. Es besteht darin, daß zwischen Syphon und Schaumlatten verschiedene Farbstofflösungen in den Papierbrei eintropfen oder einfließen. Damit ein Streifeneffekt vermieden wird, sind die Ausflußöffnungen durch Exzenter beweglich angeordnet. Gleichzeitig kann der Papierbrei quer zur Laufrichtung durch einen ausgezackten, in den Stoff eintauchenden, beweglich angeordneten Filz durchgerührt und die wallende Bewegung durch eine Stoffstauung vor den Schaumlatten und durch starke Siebschüttelung unterstützt werden (Abb. 14). Es ergeben sich dann Musterungen von ganz eigenartigem Reiz, wie sie auch nicht annähernd durch Druck imitiert werden können. HEUSER[1] betont mit Recht, daß dies allein durch die Wirkungsweise der drei Stoffe: Wasser, Papierstoff und Farbstoff möglich ist und daß dieser Umstand für die künstlerische Bewertung des Erzeugnisses maßgebend ist. Das gilt, wie

[1] Dr. Ing. E. HEUSER, Das Färben des Papiers auf der Papiermaschine.

vorweggenommen sei, in gleicher Weise auch für die marmorierten Papiere, bei denen an die Stelle der Farbstofflösung gefärbter Papierstoff tritt.

Eine Weiterentwicklung des Verfahrens tritt uns in dem DRP. 533197 entgegen. Bei dieser als R-C-Verfahren (nach den Erfindern RICHTER und CORNELY benannt) bekanntgewordenen Arbeitsweise tauchen die Farbstoffzuführungsleitungen in den unverfilzten Stoffbrei ein. Die winklig in der Laufrichtung umgebogenen Rohrenden sind mit Rührflügeln ausgestattet und werden durch eine Exzentereinrichtung seitlich hin- und herbewegt. Die einfließenden Farbstofflösungen werden hierdurch in den umgebenden Stoff hineingewirbelt, so daß kleinflächige, wolkige Musterungen in dem sich bildenden Papierblatt entstehen, die für das R-C-Verfahren als typisch anzusehen sind.

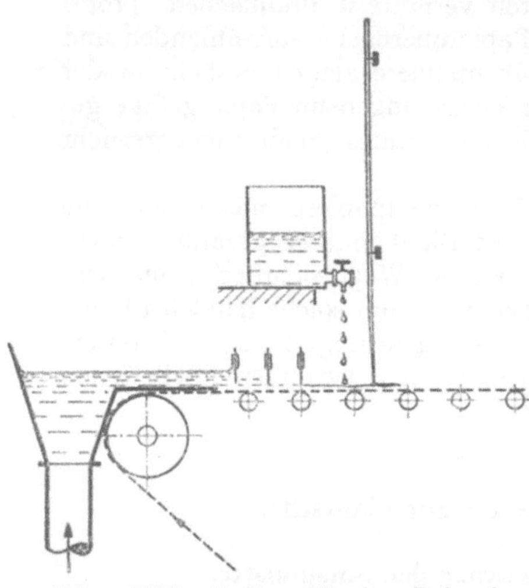

Abb. 14. Phidias-Verfahren (Hoechster Farbwerke, DRP. 176070).

Zur Praxis der Herstellung von Phidias- und R-C-Papieren ist zu bemerken, daß am besten auf schmalen Maschinen bis höchstens 2 m Arbeitsbreite bei Maschinengeschwindigkeiten um 40–50 m pro Minute gearbeitet wird. Die Auswahl der Farbstoffe ist dabei von größter Wichtigkeit. Geeignet sind nur solche Produkte, die eine gute Affinität zum Papierstoff aufweisen, d. h. es kommen in erster Linie basische oder aber auch substantive Farbstoffe in Betracht. Pigmentfarbstoffe sowie saure Farbstoffe müssen bei beiden Verfahren ausscheiden.

Aber auch bei basischen und substantiven Farbstoffen sind die färberischen Bedingungen insofern ungünstig, als durch die große Wasserverdünnung des Stoffes nicht unbeträchtliche Mengen an gelöstem Farbstoff unfixiert ins Abwasser gelangen. Beim Phidias- und R-C-Verfahren ist es daher unmöglich – besonders wenn man eine größere Partie herzustellen hat – das Siebwasser im Kreislauf wieder zu verwenden, da andernfalls eine starke Anfärbung des Grundstoffes durch das Siebwasser die Folge wäre.

Auch das Verfahren von H. THOMASSEN in Heelsum, DRP. 341970, ist hier zu nennen. Nach diesem werden farbige Fäden durch rechtwinklig umgebogene Glasröhrchen in den noch nicht verfilzten Papierstoff eingeführt. Durch besondere Vorrichtungen können die Fäden wellen- oder schraubenlinienförmig abgespult und mehr oder weniger nahe der Papieroberfläche in das Faserfließ eingebettet werden. Das Verfahren besitzt zur Herstellung von Sicherheitspapieren größere Bedeutung als zur Effektgebung.

Wenn man auf dem Siebtisch in den noch nicht geformten Papierbrei andersfarbige Stoffe oder Stoffe verschiedener pflanzlicher Herkunft und Aufbereitung hineinmischt, dann legen sich diese, bei Ausschaltung der

Schüttelung, auf dem Sieb in Form unregelmäßiger, wolkiger Musterungen ab. So hergestellte Papiere sind, papiertechnisch betrachtet, sehr ungleichmäßig in der Durchsicht, aber gerade diese Ungleichmäßigkeit in der Struktur ergibt, besonders beim nachträglichen Satinieren, einen Wolkeneffekt von bestechendem Reiz.

Ähnliche Wirkungen werden auch nach dem DRP. 296412 von Dr. E. Fues erzielt. Fues erstrebt allerdings in erster Linie durch die oben geschilderten Maßnahmen eine unterschiedliche Aufnahmefähigkeit der Papierbahn, u. a. auch für zusätzlich auf dem Sieb vorzunehmende Musterungen. Dabei resultieren fleckig gemusterte Papiere.

b) Zwischen den Schaumlatten und der Gautsche.

Das Papiermaschinensieb war von jeher ein Tummelplatz für die Effektpapierhersteller. Der Anlaß war oft die scharfe Beobachtungsgabe des Praktikers, der aus der Fülle der Unregelmäßigkeiten, die sich fast immer bei der Blattbildung zeigen, für seine Ideen der Effektgebung schöpfen konnte. Das Langsieb und in geringerem Umfange das Rundsieb boten aber auch überraschend günstige Möglichkeiten zum Ein- und Aufbau der verschiedensten Hilfsapparaturen, die zur Umformung der im Entstehen begriffenen Papierbahn dienen konnten.

Die größten Schwierigkeiten bei der Musterung auf dem Sieb bestehen darin, daß der Grundstoff, der als Träger der Effekte dient, in seinem Gefüge nicht zu weitgehend zerstört werden darf, denn nur eine leidlich geschlossene Papierbahn läßt sich von der Gautsche abnehmen und durch die Pressen- und Trockenpartie führen. Das gilt natürlich nicht für Mehrlagenpapiere. Eine modifizierte Arbeitsweise beispielsweise nach dem Phidias- oder R-C-Verfahren ist deshalb auf dem Sieb, auf dem bereits die Blattbildung eingesetzt hat, nicht möglich. Ein Durchrühren und Durchwirbeln des sich verfilzenden Stoffes müßte zur Zerstörung der Papierbahn führen.

Carl Dankert fand allerdings einen eleganten Ausweg, und zwar durch die Anwendung gefärbter, in organischen Lösungsmitteln gelöster Cellulosederivate. Diese mischen sich nicht mit dem Wasser der Faseraufschwemmung, und wenn man noch dafür sorgt, daß der Stoff sehr naß auf das Sieb gelangt, so bleiben die in organischen Lösungsmitteln gelösten Celluloseabkömmlinge schwimmend auf der Papieroberfläche. Nach dem Dankertschen DRP. 574984 werden die musternden Wirkungen dadurch erzeugt, daß die Cellulosederivate aus ihren Lösungen beim Zusammentreffen mit dem im Stoffbrei vorhandenen Wasser dünne Häutchen und schlierige Filmfetzchen bilden. Diese verankern sich bei der fortschreitenden Entwässerung und Trocknung fest auf der Papieroberfläche und ergeben wasserfeste, wolkige Musterungen, die in ihrer Art an die Techniken in der Buntpapierfabrikation erinnern.

Bei den sogenannten *marmorierten* Papieren ist eine Verletzung der die Musterung tragenden Papierbahn nicht völlig zu verhindern. Es bestehen zwar verschiedene Vorschläge, den gefärbten Effektstoff so auf die Papierbahn aufzubringen, daß ein Durchschlagen vermieden werden soll, aber die Umformung der Grundbahn durch den Musterungsstoff bleibt immer ein mehr oder weniger tiefer Eingriff in die Struktur des Papierblattes.

Die Marmorierung wurde in Anlehnung an die Buntpapierherstellung zuerst von Hand vorgenommen. Man entnahm den separat gefärbten Marmorierstoff aus einem Vorratsbottich und verteilte ihn kleckseweise auf der Papierbahn. Das Verfahren war vor kurzem noch in der Pappenfabrikation anzutreffen. Beim Aufstapeln der von der Formatwalze abgenommenen Pappen wird der Marmorierstoff mit einem Handreisigbesen kleckseweise auf die Pappe aufgeworfen. Durch die eingelegten Preßtücher erfolgt dann beim Entwässern die innige Vereinigung des Musterungsstoffes mit der Pappe.

Erst mit dem DRP. 128628 (1901) von Herbert Anders, Westig, wurde die Marmorierung auf der Papiermaschine kontinuierlich vorgenommen. Hiernach wird andersfarbiger Stoff zusammen mit überschüssiger Farbstofflösung auf die in Bildung begriffene Papierbahn aufgeworfen. Der Marmorierstoff wird vom Vorratsbehälter aus zuerst einer Mulde zugeleitet, hier mittelst rotierender Löffel in praktisch gleichbleibenden Portionen entnommen und gegen eine Prallplatte geschleudert. Es findet eine regellose Zerteilung der Stoffpatzen statt, die auf die Papierbahn fallen und sich in dieser einbetten (Abb. 15).

Die Effektgebung ist vom Entwässerungsgrad der Papierbahn abhängig, d. h. der Papiermacher hat es in seiner Hand, die Zufallsformen beim Zusammenwirken von Papierstoff, Marmorierstoff, Farbstofflösung und Wasser

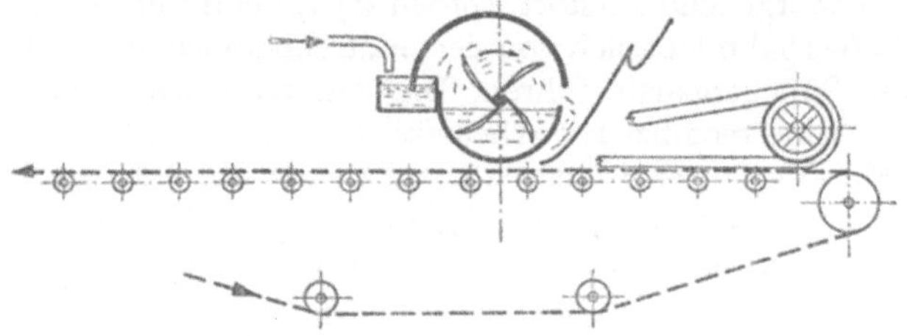

Abb. 15. Marmorit-Löffel-Apparat (ANDERS, D.R.P. 128 628)

ziemlich weitgehend zu beeinflussen. Eine stark entwässerte Grundbahn ergibt kontrastreichere Musterungen als eine solche, die noch sehr viel Wasser enthält. Im letzten Fall werden die aufgeworfenen Marmorierstoffe tief in die Papiermasse eingebettet, und außerdem hat die überschüssige, nicht fixierte Farbstofflösung Gelegenheit, sich im Grundstoff auszubreiten. Besonders bei „Ton in Ton“ marmorierten Papieren ergibt dies Effekte von großer Schönheit, die weder durch Druck- noch Buntpapierverfahren in ihrer künstlerischen Wirkung auch nicht annähernd erreicht werden können. Das hier Gesagte trifft für alle auf der Papiermaschine erzeugten Marmorierungen zu.

Die Nachteile des Andersschen Verfahrens beruhen auf der harten Wirkung des Löffelapparates, denn selbst die Prallplatte kann es nicht verhindern, daß die Papierbahn durch die auffallenden Stoffteile durchgeschalgen wird.

Diese Nachteile werden, wenn auch nicht ganz ausgeschaltet, so doch weitgehend gemildert, wenn nach dem Verfahren der Hoechster Farbwerke DRP. 165989 (1903) gearbeitet wird. Es wird eine Vorrichtung vorgeschlagen, mittelst welcher der aufzub ingende Marmorierstoff über eine schiefe Ebene hinweg sanft auf die darunter hinweggleitende Papierbahn auffließt. Um eine allzu gleichmäßige Verteilung auf der Oberfläche der Papierbahn zu verhindern, ist es notwendig, den Musterungsstoff nur wenig aufzuschließen. Ferner ist dafür zu sorgen, daß der Stoff zwangsläufig durch ein zweiflügeliges, mit gegeneinander versetzten Aussparungen versehenes Verteilungsbrett geführt wird. Auf diese Art gelangt er in flockiger Form über die schiefe Ebene auf die Papierbahn.

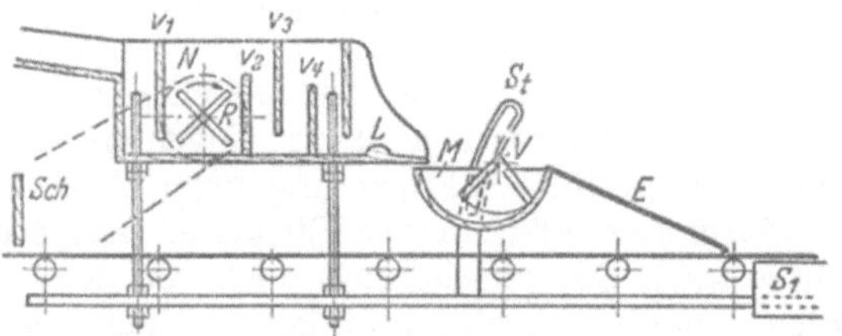

Abb 16. Marmorit-Apparat mit schiefer Ebene (Hoechster Farbwerke, DRP. 165989).

Aus der nebenstehenden Skizze ist die Arbeitsweise der Apparatur in ihren einzelnen Phasen klar zu erkennen. Sie zeigt den Verteilungskasten, in den der Musterungsstoff aus einer besonderen Bütte oder irgendeinem anderen Vorratsbehälter in stetigem Zufluß hineinströmt. Der Verteilungskasten arbeitet nach dem gleichen Prinzip wie der Diana-Apparat und wird wie dieser zwischen Schaumlatten und Saugerpartie eingebaut. Aus dem Verteilungskasten gelangt der Stoff in eine Mulde, die das zweiflügelige Verteilungsbrett zur zwangsläufigen Führung des Stoffes enthält, und von hier aus über die schiefe Ebene auf die Grundbahn (Abb 16).

Eine Erweiterung erfuhr das Verfahren durch das Zusatzpatent DRP. 171573. Hiernach kann man zur Herstellung von drei- und mehrfarbig gemusterten Papieren zwei verschiedene Wege einschlagen: entweder ordnet man über dem Papiermaschinensieb zwei oder mehrere Vorrichtungen nach DRP. 165989 an, von denen jede einen anders gefärbten Marmorierstoff auf die Papierbahn aufbringt, oder man läßt im Auflaufkasten einer solchen Vorrichtung gleichzeitig zwei oder mehr verschiedenfarbige Effektstoffe einfließen. Die unterschiedliche Art der Aufbringung ergibt auch unterschiedliche Marmorierungen. Im ersten Fall werden die nacheinander auflaufenden Marmorierstoffe sich mehr oder weniger vollständig überdecken, im zweiten Fall wird durch den gleichzeitigen gemeinsamen Transport der Marmorierstoffe durch Verteilungskasten und Mulde hindurch eine Vergleichmäßigung der Effekte im Sinne einer besseren Durchmischung der Marmorierstoffe erzielt.

Es ist festzustellen, daß auch nach den beiden Höchster Verfahren eine Verletzung der Siebbahn, besonders bei der Herstellung dünner Papiere, aus wenig festen Rohstoffen nicht immer vermieden werden kann.

Es sei deshalb auch an das Verfahren von WILHELM WESTHELLE, Westig, (DRP. 166895) erinnert, der unabhängig von Höchst einen etwas anderen Weg beschritt. Zwar ordnet auch er im Anschluß an einen Verteilungskasten eine schiefe Ebene (geneigte Bahn) an, doch gleitet der flockige Marmorierstoff von dieser zunächst auf einen Filz, der ihn, um die Gautschwalze laufend, an die Papierbahn abgibt. Es muß als ein Vorteil des Verfahrens und der Vorrichtung angesehen werden, daß der Filz mitgautscht, wodurch die Verfilzung des Musterungsstoffes mit dem Grundstoff inniger wird. Es werden bei dieser Arbeitsweise gleichmäßig dicke Papiere erhalten, deren Musterungen jedoch in ihrer Gesamtwirkung von denen der marmorierten Papiere mit eingebetteten Faserflocken abweichen. Ein Nachteil des Verfahrens ist die umständlich einzubauende Apparatur, der starke Verschleiß des Übertragungsfilzes und die unvermeidbare Störung der Gautscharbeit.

Während nach dem Verfahren von ANDERS eine wasserechte Färbung des Auflaufstoffes nicht erforderlich ist, im Gegenteil ein Überschuß an Farbstofflösung der angestrebten Musterung sogar förderlich ist, muß bei allen übrigen Marmorierverfahren der Effektstoff einigermaßen wasserecht eingefärbt werden. Das gleiche muß auch von den Grundfärbungen verlangt werden. Im übrigen aber erfordert der Verwendungszweck der marmorierten Papiere, die bekanntlich für Einbanddecken, Umschlag- und Beklebepapiere (für Briefordner und dgl.) bevorzugt werden, meistens eine gute Lichtechtheit, die nur mit direktziehenden Farbstoffen zu erreichen ist. Diese ergeben aber gleichzeitig auch wasserechte Färbungen, so daß in derart gelagerten Fällen besondere Maßnahmen zur Erzielung wasserechter Färbungen überflüssig werden.

Das Mustern von gefärbten oder ungefärbten Papierbahnen mit ungeformten, gefärbten oder ungefärbten Effektstoffen ist auch nach dem DRP. 391952 (1921) der Farbwerke Hoechst möglich. Die Erfinder KUNO FRANZ und FRANZ DOTZEL bedienen sich einer Vorrichtung, die durch elastische Auslaufstücke, die beweglich auf einem Träger verstellbar angeordnet sind, gekennzeichnet ist. Es soll damit erreicht werden, daß die Musterungsstoffe gleichzeitig in größeren und kleineren Mengen unregelmäßig auf die Papierbahn gebracht werden, so daß Musterungen und Unterbrechungen in den verschiedensten Variationen erzeugt werden können. Es resultieren marmorierte Papiere mit allen Fehlern, wie sie dem ANDERSschen Verfahren anhängen. Aus diesem Grunde haben die Erfinder das Verfahren speziell zur Vorbildung von Fasergruppen auf Hilfssieben oder Transportfilzen empfohlen, die zur Übertragung solcher geformter Fasergruppen auf die in Bildung begriffene, noch feuchte Papierbahn benutzt werden.

Die gleichen Erfinder haben eine weitere Vorrichtung konstruiert, die zum Aufbringen von Musterungsstoffen zwecks Herstellung von Effektpapieren dienen soll, und die mit DRP. 497177 (1926) geschützt wurde. Danach sollen sich besonders wirkungsvolle Musterungen erzielen lassen, wenn der Musterungsstoff mittels eines feststehenden, nach unten trichterförmig erweiterten Hohlkörpers, in dessen erweitertem Teil eine mit Rippen versehene Scheibe befestigt ist, auf die sich darunter fortbewegende

Papierbahn gebracht wird. Diese Aufbringungsart bringt aber nicht zu unterschätzende Gefahren mit sich. Selbst wenn die Verteilungstrichter nahe über der Papierbahn wirken, wird es sich nicht vermeiden lassen, daß die Grundbahn vom Musterungsstoff aufgewühlt und durchgeschlagen wird.

Die besprochene Vorrichtung erscheint in ihren wesentlichen Grundzügen bereits im DRP. 433441 (1924) von LEOPOLD CASSELLA, Frankfurt a. M. Hier fehlt allerdings die Verteilungsscheibe, die das direkte Durchfallen des Musterungsstoffes auf die Grundbahn verhindert. Einzig die Schleuderkraft bewirkt die Verteilung des Effektstoffes auf der Trichterfläche und sekundär auf der zu musternden Bahn. Die Gefahr einer zu tiefgehenden Verletzung der Grundstoffbahn ist deshalb noch größer als beim Arbeiten mit der Vorrichtung der Hoechster Farbwerke.

Eine Vervollkommnung in der Aufbringungsart von Musterungsstoffen erstrebt HERBERT ANDERS, Ocker, in seinem DRP. 388094 (1921). Mittels sich drehender Einzelstrahlen oder Strahlenbündel können Papierbahnen auf dem Sieb mit regelmäßigen mäander- und girlandenartigen Musterungen versehen werden. Gemäß der Erfindung werden verschieden gefärbte Stoffe auf eine entstehende Papierbahn aufgetragen, und je nachdem, ob sich die Strahlen gleichmäßig nach einer Richtung hin und zurück, ruckweise oder mit Unterbrechungen drehen, die verschiedenartigsten Musterungen hervorgebracht. Die Effektgebung ist sehr stark von der Maschinengeschwindigkeit und auch der Eigengeschwindigkeit der sich drehenden Stoffstrahlen abhängig. Die einwandfreie Zuführung der Musterungsstoffe zu den Einzelauftragsrohren oder den Auftragsrohrbündeln erfordert zwecks Vermeidung einer Verstopfung der Ausflußöffnungen durch Faserbündel einen sehr kurz gemahlenen Stoff und eine weitgehende Wasserverdünnung. Das Verfahren ist auch zur Vormusterung des nackten Langsiebes, Rundsiebes oder Hilfssiebes geeignet.

Auch die Benutzung von Duplexeinrichtungen, Hilfssieben und dergleichen, d. h. eine Musterung durch Übertragen von geformten oder unterbrochenen Papierbahnen oder von ungeformten Effektstoffen auf eine zweite unveränderte Bahn hat die Erfinder begreiflicherweise stark beschäftigt. Als Beispiele hierfür seien nur einige wenige Verfahren kurz gestreift.

So ließ sich BOGUMIL ZARNOWIECKI, Frankfurt/Oder, mit DRP. 372297 ein Verfahren zur Herstellung gemusterter Papiere auf der Papiermaschine schützen, bei dem zwei gesondert erzeugte Stoffbahnen miteinander derart vereinigt werden, daß die beiden Papierbahnen mit ungleichmäßiger Geschwindigkeit oder in entgegengesetzter Laufrichtung miteinander zu einer Papierbahn vereinigt werden. Je nach der Arbeitsweise erhält man die eine Faserschicht auseinandergezogen oder zusammengeschoben als Musterung auf der anderen Stoffbahn. Die Musterungseffekte lassen sich durch Änderung der Bahngeschwindigkeit und Laufrichtung variieren.

Auf die Vorbildung von Fasergruppen auf Duplexeinrichtungen, Hilfssieben und ähnlich wirkenden Apparaturen mittels Vorrichtungen nach DRP. 391952, DRP. 497177 und DRP. 433441 wurde bereits hingewiesen. Auch nach dem DRP. 266236 von BOGUMIL ZARNOWIECKI wird durch aufgespritzte Flüssigkeiten, Druckluft und andere mechanisch wirkende Mittel die Papierbahn musterartig durchbrochen und hierauf mit der Grundbahn in üblicher Weise vereinigt.

Andere Wege beschreiten KUNO FRANZ und RUDOLF RICHTER, indem sie nach DRP. 473902 farbige Musterungsstoffe mit dem Löffel- oder Muldenapparat auf Prallflächen aufwerfen, die stufenweise untereinander oder nebeneinander angeordnet, die Musterungsstoffe in einer charakteristischen Zerteilung auf ein Ober- oder Hilfssieb fallen lassen. Von hier werden die aufgebrachten Musterungsstoffe in üblicher Weise durch die Grundstoffbahn abgenommen.

Wenn man die auf dem Obersieb (Hilfssieb, Förderbahn) vorgebildeten Fasergruppen noch im spitzen Winkel ein- oder zweiseitig mit Farbstofflösungen besprüht, dann ergeben sich beim Zusammengautschen eigenartige, durchbrochene, reliefartig durchscheinende Musterungen. Die auf dem Duplexsieb gruppierten Fasern können auch nach dem Zusatzpatent 498026 (KUNO FRANZ) vor dem Aufgautschen über die ganze Siebbreite mit Bürsten, schleifenden Filzen, Wasser, Druckluft und anderen mechanisch wirkenden Mitteln umgruppiert werden. Das Besprühen dieser eigenartig gruppierten Faserkomplexe mit Farbstofflösungen im spitzen Winkel ist ebenfalls möglich und führt gleichfalls zu reliefartig durchscheinenden Marmorierungen. Die plastische Wirkung der für dieses Verfahren charakteristischen Effektgebung ist dadurch bedingt, daß die mit Farbstofflösung besprühte Seite der Fasergruppen beim Aufgautschen auf die tragende Papierbahn nach innen zu liegen kommt.

Das besprochene Verfahren – von den Erfindern als „Timata-Verfahren" bezeichnet – ist im Grunde genommen das Resultat einer Kombination mehrerer Musterungstechniken. So wird die Bahn des Musterungsstoffes zuerst durchbrochen, dann umgruppiert und schließlich im spitzen Winkel mit Farbstofflösungen bedüst. Erst dann erfolgt die Vereinigung mit dem Grundstoff.

Zu weiteren Variationen gelangt man, wenn auch noch die Grundbahn zur Effektgebung herangezogen wird. So kann man sie wolkig herausarbeiten und mit Farbstofflösungen besprühen, man kann sie vorher nach irgendeinem Verfahren marmorieren oder mit Phidias- oder R-C-Effekten versehen; man kann sie aber auch nach dem DRP. 473902 vorbereiten.

Das Mustern von Papierbahnen mit *geformtem* Papierstoff ist weiter in der Weise möglich, daß eine zweite Papierbahn nicht in unregelmäßige Fasergruppen zerlegt, sondern mit regelmäßig wiederkehrenden Aussparungen versehen und mit der Grundbahn vereinigt wird. Ist die ausgesparte Papierbahn anders gefärbt als die Grundbahn, so wird die Färbung des Grundstoffes an den ausgesparten Stellen sichtbar. Man kann aber auch die geformte Papierbahn mit einer Deckschicht versehen (mit dem Diana-Apparat, Hilfssieb usw.), dann erscheint die Musterung auf der anderen Seite.

Zur Herstellung derartiger Aussparungseffekte wird vorzugsweise die Rundsiebmaschine herangezogen, aber es kann auch mit den Kombinationen: Langsieb-Langsieb, Langsieb-Rundsieb, Langsieb-Hilfssieb gearbeitet werden.

Das älteste bekannte Verfahren dieser Art ist das von SAMUEL CRUMP in Spokane, Washington, DRP. 96558 (1895). Er verwertet die bekannte Erscheinung, daß an Siebstellen, die für Wasser undurchlässig sind, keine Verfilzung, d. h. keine Blattbildung stattfindet. CRUMP benutzt zur Herstellung der Effektschicht einen mit undurchlässigen Mustern versehenen Rundsiebzylinder. Die Deckschicht kommt von einem Siebzylinder normaler Bauart.

Auch die Verfahren von SEESER, RAGUHN, DRP. 174818, MAX BECKE und KÖNIG, Höchst, DRP. 178822, JULIUS BLANK, Dresden, DRP. 325920 und ALFRED LUTZ, Groß-Lichterfelde, DRP. 190347, sind in diesem Zusammenhang zu erwähnen. Der Vorteil der Verfahren von BLANK und LUTZ liegt in der Benutzung einer Schablone, während die anderen Erfinder mit entsprechend vorbereiteten Rundsiebzylindern und Hilfssieben arbeiten.

Aber man kann ein Zweibahnenpapier auch noch auf andere Weise mit Mustern versehen, die mit den Aussparungs- und Schabloneneffekten eine gewisse Ähnlichkeit besitzen. Ein Vorläufer dieser Art ist das amerikanische Patent 995602 von H. HOWES, Watertown (1911). Hier wird eine Langsiebschicht durch einfallende Wassertropfen gemustert und schließlich von einer Rundsiebschicht aufgenommen. Bei dieser Art des Musterns ist es wichtig, die Effektbahn auf dem Sieb teilweise zu zerstören, damit der andersfarbige Grundstoff an den Musterungsstellen bloßliegt. Die Ähnlichkeit mit den bereits oben erwähnten Verfahren von BOGUMIL ZARNOWIECKI sowie jenen von FRANZ und RICHTER ist unverkennbar.

Aussparungseffekte im weiteren Sinne liegen auch bei den „farbigen Wasserzeichen" vor, wenn man zu deren Herstellung zwei verschieden gefärbte Papierbahnen benutzt. Es resultieren Wasserzeichen, die nicht nur in der Durchsicht, sondern – und das ist das wesentliche Kennzeichen – auch in der Aufsicht farbig sichtbar sind. Die Herstellung ist im Prinzip einfach, erfordert aber dennoch große praktische Erfahrungen. Der Grundstoff ist stets der Langsiebstoff und auf diesen wird mittels eines Diana-Apparates eine gut formbare, farbige Deckschicht aufgebracht. Die Einbaustellen sowohl des Diana-Apparates als auch des Egoutteurs müssen sorgfältig aufeinander abgestimmt werden. Bei der Maschinenarbeit ist darauf zu achten, daß der Diana-Stoff vor dem Einlaufen in die Wasserzeichenwalze eine Stauung erfahren muß. Die Stauhöhe und damit der Ausfall des Wasserzeicheneffektes läßt sich leicht durch den Saugerzug regulieren. Durch die erhabenen Muster des Egoutteurs wird der Oberstoff, der ja noch nicht fest auf dem Grundstoff verankert ist, zur Seite gedrückt, so daß an den Wasserzeichenstellen der andersfarbige Untergrund sichtbar wird. Das Verfahren wurde KUNO FRANZ und RUDOLF RICHTER unter DRP. 544652 geschützt.

Auf einen originellen und bequemen Weg der Umformung einer Papierbahn machen KUNO FRANZ und CARL DANKERT in dem DRP. 531925 (1928) aufmerksam. Nach diesem Verfahren lassen sich blitzstrahlartige, farbige Musterungen dadurch erzeugen, daß man auf einen röschen Grundstoff in bekannter Weise einen andersfarbigen Stoff sehr schmieriger Mahlung aufbringt. Die Duplexbahn wird beim Durchgang durch die Gautsche, deren Preßdruck absichtlich hoch gehalten wird, verdrückt, wie es in der Sprache des Papiermachers heißt. Dabei verschiebt sich die obere Stoffschicht, die infolge ihrer schmierigen Beschaffenheit nur unvollkommen in dem röschen Grundstoff verankert wird, und legt diesen in blitzstrahlartigen Musterungen bloß.

Wir können auch bei dieser Arbeitsweise wieder feststellen, daß es der gut beobachtende Papiermacher in der Hand hat, bei der Effektpapierherstellung Anregungen aus den Fabrikationsfehlern zu ziehen.

Die bisher behandelten Musterungsmöglichkeiten, die – wie betont sei – nur einen Ausschnitt aus dem Gebiet der Musterungen mit geformten oder ungeformten Papierstoffen darstellen, leiten zu der großen Gruppe der Effektpapiere über, die durch Behandlung der in Bildung begriffenen Papierbahn mit *Farbstofflösungen* entstehen.

Die Vorrichtungen und Arbeitsweisen zur Musterung der in Bildung begriffenen Papierbahn mit Farbstofflösungen wurden früher in der Hauptsache den Techniken der Buntpapierfabrikation entlehnt oder angepaßt. So ist z. B. an die Verwendung von Bürstenspritzwalzen und an die Druckluftzerstäuber zu erinnern.

Der Papiermacher benutzte zusätzlich die besonderen Eigenschaften des sich auf dem Sieb ablagernden Papierstoffes, wie wir aus dem DRP. 189272 (1905) der Passauer mechanischen Papierfabrik, Erlau bei Passau, ersehen können, um zu wirkungsvollen reliefartigen Musterungen zu gelangen. Diesem Verfahren liegt die Beobachtung zugrunde, daß sich ein rösch gemahlener Stoff auf dem Papiermaschinensieb wolkig, d. h. mit Erhöhungen und Vertiefungen ablagert, und daß dieses natürliche Relief durch das seitliche, flache Andüsen mit Farbstofflösung auch nach dem Ausgleichen der Unebenheiten durch Gautsche, Naßpressen und Trockenzylinder in fotografischer Treue fixiert und erhalten bleibt.

Das Verfahren wurde von den Hoechster Farbwerken (KUNO FRANZ) übernommen, weiter ausgebaut und in idealer Weise vervollkommnet. Schon in seinem Patent 162166 (1904) benutzt FRANZ die natürlichen Erhöhungen und Vertiefungen eines röschen Stoffes, um reliefartige Musterungen zu erzielen, aber er bringt die Farbstofflösungen nicht durch Zerstäuber auf, sondern durch schleifende Tücher, Filze und dgl. Durch diese Maßnahme werden ebenfalls nur die erhöhten Stellen angefärbt. In einem Zusatzpatent, DRP. 210989 (1907), werden zahlreiche Ausführungsformen zusammengefaßt. So kann die Farbstofflösung gleichzeitig aus verschiedenen Richtungen aufgebracht werden, es können verschiedene Lösungen gleichzeitig neben-, über- und hintereinander aufgespritzt werden, und es kann der Aufspritzwinkel geändert werden. Schon diese große Zahl der Musterungsmöglichkeiten zeigt deutlich die Schwierigkeiten, die sich dem Färber bei der Nachstellung irgendeines Vorlagemusters entgegenstellen. Die Effektgebung ist außerdem abhängig von der Maschinengeschwindigkeit, von der Menge und Konzentration der aufgebrachten Farbstofflösung, vom Wassergehalt des wolkig gelagerten Stoffes und von dessen Mahlungsgrad. Jede kleinste Änderung in den Arbeitsbedingungen führt deshalb auch zu einer mehr oder weniger deutlichen Änderung in der Effektgebung.

Eine *künstliche* Verformung des wolkig auf dem Sieb abgelagerten, noch feuchten und bildsamen Stoffes durch Einfallenlassen einzelner Wassertropfen nach dem Zusatzpatent der Hoechster Farbwerke, DRP. 214005, führt beim Bedüsen zu charakteristischen Musterungsbildern, die an eine Mondkraterlandschaft erinnern. Vom Erfinder wurden sie zur Unterscheidung von den natürlich oder künstlich geformten Reliefpapieren als „Cirrusreliefpapiere" bezeichnet.

Mit diesem Verfahren wurde bereits ein Weg zur künstlichen Formung der Papierbahn beschritten. Allerdings waltet dabei noch die gleiche Willkür, wie bei der Entstehung der natürlichen Reliefs. Mit dem Egoutteur oder anderen Walzen, die mit erhabenen Mustern versehen sind, gelingt es jedoch, in die Papieroberfläche Musterungen einzugraben, die auch nach dem ausgleichenden Druck von Gautsche und Naßpressen durch seitliches Andüsen mit Farbstofflösungen im spitzen Winkel farbig getönt sichtbar bleiben. Die Verwendung von Egoutteuren und anderen Musterpreßwalzen in Verbindung mit aufgedüsten Farbstofflösungen ist den Hoechster Farbwerken durch das DRP. 194490 (1907) geschützt. Bei der Ausführung des Verfahrens kommt es nicht so sehr auf den Wasserzeicheneffekt als solchen an (d. h. der Langsiebstoff kann auch schmierig sein), als vielmehr darauf, daß der zu verformende Papierstoff nicht an der Musterungswalze hängen bleibt. Das „Rupfen" wird in einfacher Weise dadurch vermieden, daß der Egoutteur direkt über einem Sauger angebracht wird, und zwar an einer Stelle, an der die Papierbahn schon weitgehend entwässert ist.

Zu wesentlich anderen Musterungen gelangt man, wenn die Farbstofflösung nicht im spitzen Winkel aufgedüst, sondern im hohen Bogen auf die meist gefärbte Papierbahn aufgesprüht wird. Dabei bilden sich kleine Tröpfchen nach Art des Regens, die in der Oberflächenstruktur keine reliefartigen Musterungen hinterlassen, sondern sich auf der Papieroberfläche in einzelnen hier und da ineinander verfließenden Farbklecksen verankern. Je nach dem Entwässerungsgrad der Stoffbahn sind die Musterungen mehr oder weniger stark verschwommen. Das Mustern selbst wird zweckmäßig kurz vor dem letzten Sauger vorgenommen. Man hat dann die Gewähr dafür, daß die aufgebrachte Farbstofflösung nicht ins Abwasser gelangt, sondern sich vollständig im Papier fixiert. Das Verfahren wurde den Hoechster Farbwerken durch DRP. 202413 (1906) geschützt, und die hiernach hergestellten Papiere sind im Handel als „Syenitpapiere" bekanntgeworden. Sie unterscheiden sich von den auf der Marmoriermaschine (Buntpapierfabrikation!) hergestellten Achatmarmorpapieren nur dadurch, daß sie auf der Rückseite gewöhnlich eine schwach durchschlagende Musterung erkennen lassen.

Das Aufdüsen und Aufspritzen von Farbstofflösungen unter Druck bringt immer Störungen im Betrieb mit sich und führt außerdem zu einer oft unerträglichen Belästigung des Maschinenpersonals. Die Patentinhaber bemühten sich deshalb, die Übelstände auf verschiedenen Wegen zu beseitigen. Bei den Reliefpapieren ist dies nur unvollkommen möglich, und das ist auch der Grund dafür, daß dieses interessante und vielseitige Musterungsverfahren kaum noch in der Praxis angetroffen wird. Bei den

Syenitmusterungen hingegen gelingt es, die zerteilte Farbstofflösung durch Prallflächen ziemlich vollständig aufzufangen und auf die Papierbahn zurückzuwerfen. Im Zusatzpatent DRP. 257589 (1911) zu DRP. 202413 sind die Funktionen der schrägen Wand eingehend beschrieben. Der Blechschirm (Prallfläche, schräge Wand) kann dem Farbstoffstrom genähert und entfernt werden; ferner kann die Neigung des Schirmes verändert werden. Der Blechschirm selbst ist von einem Kasten umschlossen, so daß eine Belästigung der Arbeiter vermieden wird.

Die Musterungsmöglichkeiten durch Aufbringen von Farbstofflösungen auf die Papierbahn sind damit noch nicht erschöpft. So kann man die Bahn auf dem Sieb zunächst einseitig färben (durch Färbewalzen, Zerstäuber, Diana-Apparat, schleifende Filze) und sodann die darunter liegende ungefärbte bzw. andersgefärbte Papierschicht stellenweise bloßlegen. Diese Arbeitsweise ist der Gegenstand eines Verfahrens, das Carl Dankert (Farbwerke vorm. Meister, Lucius & Brüning in Höchst) durch DRP. 248202 (1910) geschützt wurde. Je nach der Bearbeitung der gefärbten Oberschicht mit rotierenden Bürsten, Druck ausübenden Walzen, Wassertropfen, Druckluft, schleifenden Filzen und dgl. mehr werden verschiedenartige, zweifarbige Musterungen hervorgerufen. Derartige Effektpapiere sind in der Praxis als „Terrazzo-Papiere" bekanntgeworden.

Nach dem oben angezogenen Höchster DRP. 248202 läßt sich die zu bearbeitende Papierbahn auch auf dem Wege der Duplexfabrikation erzeugen, und an die Stelle der Farbstofflösungen können gefärbte Papierstoffe, Lacke und andere an der nassen Papierstoffbahn haftende Körperteilchen treten.

Damit aber sind im Grunde genommen die wesentlichen Merkmale zweier weiterer Musterungsverfahren auf dem Sieb schon vorweggenommen. Denn sowohl das DRP. 278923 (1913) als auch das bereits weiter oben besprochene DRP. 544652 (1932), beide den Hoechster Farbwerken gehörend, arbeiten mit auflaufenden Farbstofflösungen (Farbstoffsuspensionen) bzw. mit auflaufenden andersfarbigen Papierstoffen.

Ehe näher auf das DRP. 278923 eingegangen sei, ist zuvor noch eine andere Arbeitsweise zu erwähnen, die zur Herstellung schattierter Wasserzeichen geeignet ist, und die unabhängig von den vorgenannten Verfahren zur Erzeugung sogenannter „Antik-Wasserzeichenpapiere" (Antikwa) herangezogen wurde. Ein gut formbarer Stoff, d. h. ein ausgesprochener Wasserzeichenstoff, wird zunächst mit einem Rippenegoutteur an einer Stelle kurz vor einem Sauger gemustert, so daß die Wasserzeichennarbung gut steht. Direkt an die Vordruckwalze anschließend wird ein Diana-Apparat eingebaut, der auf die darunter hinweggleitende Papierbahn eine Suspension von Farbstofflacken oder Pigmentfarbstoffen aufschwemmt. Die Pigmentteilchen lagern sich in den Vertiefungen ab und ergeben hierdurch farbig abgestufte Wasserzeichenreliefs von eigenartiger Schönheit, die in ihrer Wirkung an die alten mit Smalte überbläuten, gerippten Handpapiere erinnern.

Gut geeignete Auflauflösungen ergeben fast alle organischen Pigmente, vor allem die Indanthrenfarbstoffe, die durch einen Tonerdezusatz in ihrem Flockungsvermögen geregelt werden können. Auch Farbstofflacke, und zwar die Ausfällungsprodukte substantiver und basischer Farbstoffe oder basischer und saurer Farbstoffe usw. sind als Auflaufsuspensionen gut geeignet.

Die gleichen Auflaufsuspensionen werden mit Erfolg auch für das „Carragheen-Verfahren", DRP. 278923, herangezogen. Nach diesem Verfahren werden schattierte Papiere dadurch hergestellt, daß man auf einen röschen, wolkig gelagerten Siebstoff, der gegebenenfalls durch einen engmaschigen Velinegoutteur noch verdrückt wird, von oben her verdünnte Farbstofflösungen auflaufen läßt. Man benutzt hierzu ebenfalls den Diana-Apparat, doch liegt es in der Arbeitsweise des Verfahrens begründet, daß Papiere unter 100 g pro Quadratmeter nicht in einwandfreier Beschaffenheit hergestellt werden können. Das Carragheen-Verfahren hat in der Praxis lebhaftes Interesse gefunden, weil es, mit etwas Einfühlungsvermögen und Erfahrung gehandhabt, relativ leicht durchzuführen ist und nicht zuletzt, weil es weiche, abgestufte, wolkige Musterungen von bestechendem Reiz ergibt, die auf anderem Wege nicht erreicht werden können.

Einem der eigenartigsten Verfahren zur Aufbringung von Farbstofflösungen auf die in Bildung begriffene Papierbahn begegnen wir im DRP. 191947 von A. Bayer, Aschaffenburg (1907), das später durch Kuno Franz (Hoechster Farbwerke) verbessert und brauchbar gestaltet wurde. Es besteht darin, daß man in einem Kasten künstlich Schaum erzeugt, diesen auf die darunter befindliche Papierbahn gleiten läßt und ihn auf dem Wege zur Gautsche zum Zerplatzen bringt. Das Eigenartige und Wesentliche der Erfindung ist darin zu sehen, daß die Umrisse der zum Zerplatzen gebrachten, gefärbten Schaumblasen auf der noch feuchten Papierbahn in wabenartigen, vieleckigen, zum Teil abgerundeten Gebilden festgehalten werden. Der Schaumerzeugung, d. h. in erster Linie der Schaumlösung selbst, muß beim „Kunstmarmor-Verfahren" große Bedeutung zugemessen werden, denn allein von der Größe und dem Zähigkeitsgrad der Schaumblasen hängt die Effektgebung ab. Eine ammoniakalisch gehaltene Mischung aus einem freiharzreichen Harzleim mit Tierleim ergibt eine hochwirksame Schaumlösung. Die Anfärbung wird zweckmäßig mit substantiven Farbstoffen vorgenommen. Die Zerstörung der Schaumblasen erfolgt mit einer rotierenden Bürstwalze, besser aber durch Spritzdüsen. Früher hat man den Schaum mit dem Spritzwasser angefärbt; davon ist man abgegangen und arbeitet von Hause aus mit angefärbten Schaumlösungen. Wenn diese im Farbton auf den andersfarbigen Grundstoff abgestimmt werden, dann ergeben sich ineinander übergehende Musterungen von eigenartigster Farbwirkung.

Aber nicht nur von oben her auf die Papierbahn, sondern auch *von unten her durch die Siebmaschen* hindurch hat man versucht, das entstehende Papier mit Farbstofflösungen zu färben bzw. zu mustern. Diesen Verfahren, so interessant sie auch sein mögen, kann jedoch eine praktische Bedeutung nicht zugesprochen werden. Einmal ist das Manipulieren unter dem Sieb immer bedenklich, und zum andern wird ein erheblicher Teil der von unten herangebrachten Farbstofflösung der Papierbahn durch die Wirkung von Registerwalzen, Saugern und Gautsche wieder entzogen. Es sei hierbei an die Verfahren von MATOUCH in Pilica, DRP. 72340 (1893), ERNST LEHMANN, Fockendorf, DRP. 102145 (1897), und PHILIPP NEBRICH, Smichow bei Prag, DRP. 162928 (1903), erinnert. Nach den ersten beiden Verfahren sollen einseitige Färbungen, und nach dem letzten, durch die von unten gegen das Sieb geschleuderten Farbstofflösungen, einseitige Marmorierungen erzeugt werden.

Auch nach dem DRP. 580903 von GEBHARD BLASER (1927), das bereits im Kapitel „Einseitige Färbeverfahren und Kalanderfärbungen" besprochen wurde, kann von unten durch das Sieb hindurch gefärbt und gemustert werden. Durch Lageveränderungen der Ausströmöffnungen oder durch vorübergehende Unterbrechung des Zuflusses oder Änderung der Zuflußmenge der Farbstofflösung lassen sich in einfacher Weise charakteristische Effekte erzielen. Zur Herstellung von Mehrfarbeneffekten können auch mehrere Behälter nebeneinander von unten her an das Sieb gebracht werden. Dabei werden die Ausflußöffnungen für die Farbstofflösungen zweckmäßig gegeneinander versetzt. Zur Erzielung von Wolkeneffekten können die Ausströmungsschlitze außerdem durch ein mit Exzenter hin- und herbewegtes Zuflußrohr mit einer andersfarbigen Lösung gespeist werden.

C. Innerhalb der Pressenpartie.

Das Mustern innerhalb der Pressenpartie kann weder durch Beimischung von Musterungsstoffen noch durch Auftragen von geformten oder ungeformten Papierstoffen vorgenommen werden. Eine mechanische Bearbeitung ist nur insoweit möglich, als keine Verletzung oder gar Zerstörung der noch feuchten Papierbahn eintritt. In der Hauptsache werden deshalb Oberflächenfärbungen und -musterungen angetroffen. Dabei ist es für jedes dieser Verfahren von entscheidender Bedeutung, daß der Papierbahn durch den Musterungsvorgang nur begrenzte Flüssigkeitsmengen zugeführt werden können.

Durch seitliches Aufdüsen im spitzen Winkel lassen sich nach dem DRP. 194490 der Hoechster Farbwerke auch auf der auf dem Naßfilz befindlichen Papierbahn reliefartige Musterungen erzielen, wenn man die Bahn zuvor mittels Walzen, die mit erhabenen Mustern versehen sind, im Blinddruck prägt.

Eine Musterung unter Zuhilfenahme von Druck wird auch nach dem DRP. 177191 der Hoechster Farbwerke (1905) vorgenommen, allerdings erfolgt die Färbung nicht in einem zweiten Arbeitsgang, d. h. später, sondern im gleichen Arbeitsgang mit der Musterung zusammen. Das Verfahren ist dadurch gekennzeichnet, daß die Farbstofflösung durch die Zwischenräume eines Gewebes oder Geflechtes hindurch unter Druck auf das Papier gebracht wird. Das geschieht zweckmäßig durch die obere Walze einer Naßpresse.

Das folgende Verfahren wurde zwar speziell für Sicherheitspapiere vorgeschlagen, doch zeigt es einen gangbaren Weg zur Herstellung zarter, unscharfer, verschwimmender Musterungen. Die Erfindung von MAX LÜTTICH in Weimar, DRP. 283752, besteht im wesentlichen darin, daß auf die nasse Papierbahn innerhalb der Pressenpartie mittels einer Liniervorrichtung Farbstofflösungen in geraden, gebrochenen, gewellten oder unterbrochenen Linien oder in besonderen Zeichen aufgetragen werden. Die Farbstofflösung dringt in die noch nasse Papierbahn schnell ein und verläuft darin, bevor die Papierbahn die Trockenpartie erreicht.

Ein anderer Weg zur Effektgebung in der Pressenpartie wurde von der I. G. Farbenindustrie durch DRP. 576753 (1930) in Vorschlag gebracht. Der Erfinder Gebhard Blaser bedient sich einer Schablone, um die Musterungen zu gestalten und in ganz bestimmte Bahnen zu lenken. Die Vorrichtung sieht eine endlose Gewebebahn vor, die mit Farbstofflösung getränkt und an der zu musternden Papierbahn vorbeigeführt wird. Dabei wird mit einem Luftstrom die von der Gewebebahn mitgenommene Farbstofflösung gegen die Papierbahn geblasen, wobei die Gewebebahn durch Schablonenmuster abgedeckt wird.

Weitere Färbeverfahren unter Benutzung der Naßpressen selbst oder an Stellen zwischen ihnen betreffen einseitige Färbungen, über welche bereits an anderer Stelle das Wichtigste berichtet wurde.

D. Innerhalb der Trockenpartie.

Die Trockenpartie gewährt nur geringe Möglichkeiten für die Herstellung von ausgesprochenen Effektpapieren. Die verschiedenen Druckverfahren und die Methoden zur Erzielung einseitiger Färbungen können bei der Besprechung übergangen oder brauchen nur gestreift zu werden, da sie die Papierbahn meist nur als Träger benutzen.

So stellt das DRP. 234156 von Louis Fiedler, Coswig (1907), ein reines Druckverfahren dar, bei dem in der Trockenpartie eine von dieser unabhängige Vorrichtung zum Aufdrucken mehrfarbiger, scharf umgrenzter Bildmuster eingebaut ist.

Auch bei den Verfahren DRP. 509382 und DRP. 575815 von Gebr. Palm, Neukochen (1924 und 1930), handelt es sich um innerhalb der Trokkenpartie auszuführende Druckverfahren, die hinsichtlich der Aufbringungsart dem Tapetendruck ähnlich und auf die besonderen Erfordernisse der noch nassen Bildträgerbahn abgestimmt sind.

Wenn mit derartigen Einrichtungen keine Farbstofflösungen (oder farbige und weiße Pigmente) auf das Papier übertragen werden, sondern Ätzflüssigkeiten, die mit den Farbstoffen der Grundfärbung reagieren, oder aber lediglich Wasser, das die wasserunechte Färbung der Papierbahn an den Druckstellen unter dem Einfluß von Wärme verschiebt, dann muß man allerdings von „Effektpapieren" sprechen.

Ehe wir jedoch auf diese interessanten Verfahren eingehen, müssen noch zwei weitere Musterungsverfahren erwähnt werden, bei denen die Farbstoffübertragung das besondere Merkmal darstellt.

Das DRP. 245480 (1910) der Badischen Anilin- und Sodafabrik, Ludwigshafen, ist dadurch gekennzeichnet, daß in einer feuchten Papierbahn vorübergehend erhöhte Musterungen erzeugt und daß diese auf der der Musterwalze abgewendeten Papierseite befindlichen Erhöhungen gleichzeitig durch Farbüberträger gefärbt werden. Da hierbei das Papier während des Anfärbens noch durch den Gegendruck der Musterwalze unterstützt wird, so kann man die Färbewalze fest an die Papierbahn andrücken, ohne diese zu verletzten und die Musterung zu beeinträchtigen. Es resultieren scharf begrenzte Muster.

Bei dem zweiten Verfahren führt die ungewöhnliche Übertragungsart der Farbstofflösungen auf die Papierbahn innerhalb der Trockenpartie zu ebenfalls ungewöhnlichen Musterungen, die in ihrer Eigenart durch keine andere Musterungstechnik erreicht werden können. Es handelt sich um das DRP. 347940 (1920) der Farbwerke Hoechst (HEINRICH KIEL), nach welchem Farbstofflösungen auf den nackten Trockenzylinder in unregelmäßiger Verteilung aufgebracht und dann von der Papierbahn abgenommen werden. Die unregelmäßige Verteilung auf dem Trockenzylinder kann durch Dessinwalzen, schleifende ausgezackte Filze oder durch kreisende und pendelnde Bewegung der Farbstoffzubringerleitungen bewirkt werden. Gut bewährt hat sich auch eine mit Filz überzogene Zahnleiste, die durch Exzenter auf dem Zylinder, quer zur Laufrichtung, hin- und herbewegt wird. Sie kann übrigens auch so gestaltet werden, daß sie gleichzeitig als Farbstoffüberträger dient.

Diese Arbeitsweise ist als ein Vorläufer des bekannten „Kufra-Verfahrens" (DRP. 357990) anzusehen. Der Erfinder KUNO FRANZ hat es in meisterhafter Weise verstanden, die Grundelemente des Verfahrens vom Trockenzylinder auf die Tauch- und Abpreßwalzen einer Tauchfärbemaschine zu übertragen und die Arbeitsweise den besonderen Verhältnissen anzupassen.

Auf die Möglichkeit der Beeinflussung der Grundfärbung durch Wasser und Wärme wurde bereits weiter oben hingewiesen. Diesen Weg benutzte HUGO ANDERS in Lendringsen in seinem DRP. 289668 (1913) zur Herstellung marmorartig gemusterter Papiere. Das Marmorieren wird also nicht durch Zuführung von Farbstofflösung oder gefärbten Stoffen erzielt, sondern die gefärbte Papierbahn wird in nassem Zustand vor der eigentlichen Trocknung mittels eines endlosen Filzes eine kurze Strecke an einen heißen Trockenzylinder stark angedrückt, so daß blasenähnliche Aufwerfungen entstehen, deren Ränder Farbenfiguren bilden. Der Anpreßfilz kann ein Markierfilz sein oder ein gewöhnlicher Naßfilz, der mit erhöhten Mustern versehen wird. Bei der Färbung der umzugestaltenden Papierbahn empfiehlt es sich, nur solche Farbstoffe auszuwählen, die keine oder nur eine geringe Verwandtschaft zur Faser besitzen. Zur Effektgebung ist die Wasserunechtheit bzw. die Hitzeunbeständigkeit der Färbung eine wichtige Voraussetzung, und es liegt hier wieder der Fall vor, daß bestimmte färberische Mängel erst die Grundlagen für die Musterungstechnik abgeben.

Die Farbwerke vormals Meister, Lucius & BRÜNING in Höchst beschritten mit dem DRP. 338105 (1919) einen sehr ähnlichen Weg zur Herstellung von Batik-Effekten. Sie fanden, daß man tadellose, bisher unerreicht schöne Batik- und ähnliche Effekte auf Papier in der Weise herstellen kann, daß man unter Druck ein faltig zusammengeschobenes oder mit erhabenen Mustern oder Unterbrechungen versehenes, mit Wasser benetztes Gewebe auf ein in der Masse (oder auch im Tauchverfahren) mit leicht löslichen, d. h. schwer fixierbaren Farbstoffen, namentlich auch Mischungen solcher, gefärbtes, saugfähiges Papier einwirken läßt. Neu an dem Höchster Verfahren ist die zusätzliche Benetzung des Musterungsfilzes, die Verwendung von Farbstoffkombinationen und die saugfähige Papierbahn. Die Verbesserung der Effekte durch Kupplung des Musterungsvorganges mit Wärme wird auch von Höchst angegeben.

In den beiden angezogenen Verfahren wird sonderbarerweise nur in Nebensätzen (in den Patentansprüchen überhaupt nicht) von den notwendigen Eigenschaften der für das Verfahren einzusetzenden Farbstoffe gesprochen. Dabei sind es allein die Farbstoffe, die zu den batikähnlichen Effekten führen. Diese Feststellung ist wichtig, denn normalerweise wird man im Betrieb nie mit Farbstoffen bzw. Farbstoffkombinationen färben, die keine Verwandtschaft zur Faser zeigen, d. h. man wird für die Batik-Papiere immer eine sorgfältige Auswahl der zu verarbeitenden Produkte treffen müssen. Das Beladen des Papiers bei Massefärbung mit solchen Produkten ist übrigens mit Schwierigkeiten verbunden; man hat deshalb auch die Verarbeitung von tauchgefärbten Papieren vorgeschlagen. Diese werden dann ebenfalls in der Trockenpartie gemustert.

Mit der Besprechung der Musterungsmöglichkeiten der Papierbahn zwischen Trockenpartie und Rollapparat soll das interessante Gebiet der Effektpapierherstellung abgeschlossen werden.

Bereits im Jahre 1900 empfahl CARL SCHWEDLER, Hammermühle, im DRP. 121494 das Mustern der Papierbahn zwischen dem letzten Trockenzylinder und dem Satinierwerk durch Erzeugung farbiger Längsstreifen. Er benutzt hierzu eine Anzahl von Druckluft-Sprühdüsen, die quer zur Laufrichtung der Papierbahn auf einer seitlich hin- und herbeweglichen Tragstange angeordnet sind. Auf der darunter hinweggeführten Papierbahn entstehen dann gradlinige, wellen- oder zickzackförmige, farbige Streifen. Die Papierbahn kann auch von unten her gemustert werden.

Zweiseitig farbig gemusterte Papiere werden nach dem DRP. 392325 (1932) von Dr. ERNST FUES, Hanau, erhalten. Gemäß der Erfindung können doppelseitig gefärbte oder farbig gemusterte Papiere in einfachster Weise dadurch hergestellt werden, daß auf nur einer Seite der Papierbahn vor dem Rollapparat mit Hilfe von Zerstäubern, Bürstenfeuchtern oder dgl. Farbstofflösungen aufgebracht werden, worauf die Papierbahn aufgerollt wird, ehe die Farbstofflösungen in das Papier eingedrungen sind. Hierbei teilt sich die Farbstofflösung der besprengten Seite der Papierbahn auch der anderen Seite des Papiers mit, so daß ein beiderseitig gefärbtes oder gemustertes, gleichmäßig gesprenkeltes Papier entsteht.

Besonders geeignet ist das Verfahren, nach Angabe des Erfinders, für Pergamynpapiere, die ohnehin eine besonders starke Feuchtung erfordern.

Echtheitsanforderungen an die Papierfärbungen und die wichtigsten Echtheitseigenschaften der einzelnen Farbstoffgruppen.

Die außerordentlich vielseitigen Anwendungsmöglichkeiten, die das Papier im Laufe der letzten 50 Jahre nicht nur für die Bedürfnisse des Alltags, sondern vor allem auch für zahlreiche spezielle technische Verwendungszwecke gefunden hat, waren der Anlaß für ganz bestimmte Echtheitsforderungen, die man an Papier und Färbung zu stellen gezwungen war. Es handelt sich dabei um durchaus notwendige Forderungen, von deren Erfüllung es allein abhängt, ob das gefärbte bzw. getönte Papier für einen beabsichtigten Verwendungszweck überhaupt benützt werden kann oder nicht. Daß die Echtheitsanforderungen nicht nur an den Farbstoff allein, sondern gleichzeitig auch an den Träger der Färbung gestellt werden müssen, wird durch die Tatsache verständlich, daß zahlreiche Papierrohstoffe durch den wechselnden Gehalt an Inkrusten oder anderen Begleitstoffen von Hause aus mehr oder weniger anfällig für die Einwirkungen des Lichts, der Atmosphärilien und verschiedener Chemikalien sind.

Um irgendein vorher bestimmtes färberisches Ziel erreichen zu können, ist es deshalb notwendig, Rohstoffe und Farbstoffe in ihren Eigenschaften gegeneinander abzuwägen. Das kann in wirklich einwandfreier Weise nur durch den Färbeversuch geschehen. Man muß den z. B. an Hand von Musterkarten ausgewählten Farbstoff in seinen Affinitätsbeziehungen zur Faser ebenso studieren wie seine Beständigkeit zu den verschiedenen Agentien.

Den Papiermacher früherer Zeit konnten die Echtheitseigenschaften seiner Erzeugnisse nur insoweit beschäftigen, als sie mit der Beanspruchung der von ihm vorwiegend erzeugten Schreib- und Druckpapiere zusammenhingen. Dabei spielte die Lichtbeständigkeit nicht jene entscheidende Rolle, die ihr nach heutigen Begriffen zukommt. Das wird verständlich, wenn man bedenkt, daß die damals allgemein verwendeten Hadernrohstoffe an sich eine gute Lichtechtheit besitzen und daß die zum Überfärben nach Blau hin benutzten Farbstoffe wie Indigo, Ultramarin, Berliner Blau u. a. m. ebenfalls eine hervorragende Lichtechtheit aufweisen. Im merkantilen Zeitalter wurden die Anforderungen schon vielseitiger, und für Zucker- und Nadelpapiere z. B. wurden wasser- und reibechte bzw. säure- und feuchtigkeitsfreie Papiere und Färbungen gefordert.

Was die Herstellung *lichtechter Färbungen* anbelangt, so wissen wir bereits, daß nur gebleichte, d. h. möglichst inkrustenarme Rohstoffe wie Baumwolle, Leinen, Hanf und gebleichte Zellstoffe verschiedener pflanzlicher Herkunft verarbeitet werden dürfen. Holzschliff, Braunschliff, Jute, Halbzellstoffe und ungebleichte Zellstoffe vergilben unter dem Einfluß des Lichtes mehr oder weniger stark, und zwar ist der Grad der Vergilbung abhängig von der Menge der in den Papierfasern vorhandenen Inkrusten, von der Einwirkungsdauer des Lichtes und seiner Zusammensetzung. Der Ultraviolett- und Violett-Bereich des Lichtes haben den stärksten Anteil an der

Vergilbung der inkrustierten Fasern, in gleicher Weise übrigens wie an der Zerstörung des Farbstoffes in der Färbung. Weitere Ursachen für die Vergilbung sind die Eisenseifen, die sich in der Gegenwart von Eisen in gelöster Form – aus dem Fabrikationswasser, der schwefelsauren Tonerde, den Füllstoffen, den Eisenarmaturen, Rohrleitungen usw. stammend – bei der Harzleimung bilden können, und vor allem aber das zur Leimung verwendete Harz selbst. Auch die Gegenwart von Oxycellulose, die sich bei überbleichten oder unsachgemäß gebleichten Hadern und Zellstoffen bilden kann, trägt zur Vergilbung bei.

Lichtechte Weißnuancierungen und Tönungen werden bei Dokumentenpapieren, fotografischen Rohpapieren, bei holzfreien Schreib- und Bücherpapieren, bei Zeichenpapieren (Aquarellzeichenpapieren), bei Pergamentrohpapieren, die gleichzeitig säure- und alkalibeständig sein müssen, gebleichten Pergamynpapieren u. a. m. verlangt. Lichtechte Färbungen sind notwendig bei zahlreichen Ausstattungspapieren (das sind meistens Feinpapiere), bei Umschlagpapieren und -Kartons, bei Foto- und Albumkartons, bei Vulkanfiber- und Preßspan-Färbungen, bei zahlreichen Effektpapieren und Seidenpapierfärbungen, um nur die wichtigsten zu nennen.

Wasserechte Färbungen werden vorwiegend für Hüllpapiere (in der Masse gefärbt, oder im Gummiwalzendruck veredelt) gefordert, wie sie gern in Warenhäusern und Ladengeschäften für kleine, in der Hand zu tragende Pakete verwendet werden. Eine gute Wasserechtheit ist außerdem notwendig bei farbigen Schreib- und Druckpapieren, bei Beklebepapieren, Briefhüllenpapieren, Kuvertfutterseiden, Blumentopfkrepp (Gärtnerkrepp), Löschpapieren, Hülsenpapieren, Kopierpapieren, Effektpapieren, Tapetenrohpapieren und zahlreichen anderen Sorten.

Ein direkter Einfluß des Grundstoffes auf die Wasserechtheit ist nur in seltenen Fällen gegeben, so bei der Verarbeitung von farbigem Altpapier, von schlecht ausgewaschenem Braunschliff und gelbem Strohstoff. Was im übrigen die Wasserechtheit der Färbung selbst anbelangt, so sollte darauf gesehen werden, daß jeweils eine optimale Verwandtschaft zwischen Papierfaser und Farbstoff besteht. Diese Forderung schließt zum Beispiel das Färben mit sauren Farbstoffen oder mit überwiegend sauren Kombinationen von vornherein aus. Aber auch Färbungen von basischen Farbstoffen auf gebleichten Rohstoffen sind unzulässig, wenn nicht eine Vorbeize mit Katanol oder Tannin erfolgt.

Von der Wasserechtheit kaum zu trennen ist die *Reibechtheit*, und es gilt die Beziehung: je besser die Wasserechtheit einer Färbung, desto besser auch meist seine Reibechtheit. Reibechte Färbungen werden in erster Linie für Adjustierpapiere gefordert, wie sie zum Einhüllen von Textilien oder zum Auslegen von Nudel- und Zuckerkisten dienen. Es handelt sich also stets um Einschlagpapiere, die mit der einzuhüllenden Ware in direkte Berührung kommen. Man verlangt sie weiter für Vorsatzpapiere, Umschlagkartons, Albumpapiere, Pastellzeichenpapiere u. a. m.

Der Einfluß des Grundstoffes auf die Reibechtheit ist etwa wie folgt zu umreißen: Alle Maßnahmen, die eine Verdichtung des Papiergefüges herbeiführen, wie beispielsweise die Mahlung und Leimung, der Zusatz von viskositätserhöhenden und okklutierenden Mitteln werden die Reibechtheit verbessern.

Das gleiche gilt auch für die Erhöhung der *Radierfestigkeit*, die in gewissem Sinne als eine gesteigerte Reibechtheit aufzufassen ist. Sie ist für Zeichenpapiere eine der wichtigsten Forderungen. Man erreicht sie im allgemeinen durch besondere Stoffauswahl, einen bestimmten Mahlungsgrad, eine sehr gute Innenleimung und eine zusätzliche tierische Oberflächenleimung. Bei Aquarell- und Pastellzeichenpapieren ist dieser Weg nicht gangbar, da diese eine bestimmte Saugfähigkeit aufweisen müssen. Beim Tönen und Färben müssen alle jene Farbstoffe ausscheiden, welche die Faser lediglich umhüllen und sie nicht direkt anfärben. Eine mäßige Radierfestigkeit ist auch für Album- und Umschlagkartons zu fordern.

Sehr nahe verwandt mit der Wasser- und Reibechtheit ist die *Dampfechtheit*. Sie stellt für Hülsen- und Spulenpapiere eine äußerst wichtige Forderung dar. Bei der Auswahl des Grundstoffes für die dampfechten Färbungen sind etwa die gleichen Gesichtspunkte maßgebend, wie sie für die wasserechten Färbungen Gültigkeit besitzen. Da Altpapier fast das ausschließliche Ausgangsmaterial für die Hülsenpapiere bildet, ist es unter allen Umständen zu vermeiden, Abfälle zu verarbeiten, die sauer angefärbte Anteile enthalten. Eine Vorprüfung in dieser Richtung, die allerdings in einfachster Weise durchgeführt werden kann, ist deshalb unerläßlich.

Eine andere Forderung, die sehr häufig gestellt wird, ist die *Alkaliechtheit* der Färbung. Man versteht darunter die Beständigkeit gegen die Einwirkung von Ätzalkalien, Ammoniak, Wasserglas, Soda, Kalk und Borax. Eine alkalibeständige Färbung ist z. B. zu fordern bei: Hüllpapieren für Seife, Borax, Waschpulver, Shampoon und dgl., bei Beklebepapieren (alkalischer Kleister), Tapetenpapieren, Strohpapieren, Wellpappendecken, Bibeldruck-, Zigaretten-, Umblatt- und Carbonrohpapieren, Pergamentrohstoffen.

Ebenso wie bei der Lichtechtheit tritt eine nachteilige Beeinflussung der Alkaliechtheit durch solche Rohstoffe ein, welche inkrustierte Fasern enthalten. Die Pektin- und Ligninreste erfahren dabei durch Alkali eine Vergilbung, die bei Anwesenheit größerer Mengen dieser Begleitstoffe bis zu einer Braunfärbung gehen kann. Bei der Herstellung gut alkalibeständiger Färbungen muß deshalb immer die Verarbeitung gebleichter Rohstoffe gefordert werden.

In diesem Zuammenhang ist noch zu erwähnen, daß eine ungenügende Alkalibeständigkeit besonders nach längerem Lagern der Papiere in feuchter Luft zutage tritt, da durch die Wasseraufnahme die Reaktion zwischen Farbstoff und Alkali oftmals erst ausgelöst wird. Auch die Hygroskopizität der im farbigen Papier verpackten Waren kann den chemischen Prozeß einleiten. Dies ist auch der Fall bei den Wellpappen-, Briefhüllen- und nicht zuletzt bei den Tapetenpapieren, da das durch die Klebemittel aufgebrachte Alkali die günstigsten Reaktionsbedingungen vorfindet. Bei der Forderung nach alkalibeständigen Färbungen ist es deshalb zweckdienlich, nur solche Farbstoffe auszuwählen, die gleichzeitig eine gute Wasserechtheit besitzen. Damit aber ist noch kein absolut sicherer Schutz gegen Verfärbungen gewährleistet, denn bei mittleren und satten Färbungen ist die Verankerung des Farbstoffes auf der Faser nur eine labile.

Schon beim Färben im Holländer ist es notwendig, die Säureechtheit oder, besser gesagt, die Säureunechtheit eines Farbstoffes in Rechnung zu stellen. Einzelne Produkte verhalten sich dabei wie Indikatoren. Die *Säureechtheit der Färbungen* selbst spielt deshalb im allgemeinen auch eine größere Rolle, als man anzunehmen geneigt ist. So beispielsweise bei allen gutgeleimten Schreib- und Druckpapieren, die mit säureempfindlichen Farbstoffen getönt oder gefärbt werden. Man sagt dann, die Papiere sind lager*un*echt und bezeichnet damit nichts anderes als eine Zeitreaktion, die durch die im Überschuß vorhandene schwefelsaure Tonerde ausgelöst wird. Bei den Schreibpapieren kann auch der mögliche Säuregehalt der Tinte die mit einer Farbtonänderung einhergehende Reaktion verursachen. Das klassische Beispiel hierfür bieten uns die gelben Postpaketadressen, die, falls sie mit Metanilgelb eingefärbt werden, auf der Rückseite das Schriftbild in violetter Farbe auf gelbem Grund zeigen. Eine säureechte Färbung ist weiter von allen Pergamentrohpapieren und Vulkanfiberrohpapieren zu fordern, außerdem von Beklebepapieren, geklebten Beuteln, Tüten, Briefhüllen u. a. m. Bei diesen letzten Sorten sind es die dem Klebstoff zugesetzten Konservierungs- oder Bleichmittel, die eine saure Reaktion ausüben können. Der Papiermacher verlangt dann meistens von seinem Farbstofflieferanten Angaben über die Salicylsäurebeständigkeit, Formaldehydbeständigkeit (oxydative Bildung von Ameisensäure) und SO_2-Beständigkeit.

Die SO_2-Beständigkeit ist auch für solche Färbungen zu fordern, die längere Zeit auf Lager in ungeeigneter Umgebung gehalten werden müssen. Durch Verbrennungsgase wird der Luft immer schweflige Säure zugeführt, und die Erfahrung hat gezeigt, daß das Papier infolge seiner großen Oberfläche und seines Wassergehaltes ganz erhebliche Mengen an SO_2, die sich mit dem Sauerstoff der Luft in Schwefelsäure umsetzt, aufzuspeichern vermag. Äußerst aufschlußreiche Beobachtungen dieser Art konnten in Industrie- und Hafenstädten, besonders aber in den Lagerräumen des Londoner Hafengebietes an tauchgefärbten (gekreppten) Papieren gemacht werden. Die beobachteten Verfärbungen kamen in manchen Fällen einer vollständigen Zerstörung des Farbstoffes gleich, so daß eine Abhilfe schließlich nur durch die Auswahl gut SO_2-beständiger Farbstoffe gebracht werden konnte.

Ein Einfluß der Fasergrundstoffe auf die Säureechtheit der Färbung besteht nicht.

Beständigkeit gegen Alkohol und andere *organische Lösungsmittel* wird von Etikettenpapieren (für Parfümerien, Arzneimittel, Wein, Likör usw.) gefordert. Auch von den Bakelitpapierfärbungen wird Beständigkeit gegen die Lackverdünner verlangt.

Lackierechtheit, d.h. Beständigkeit der Papierfärbung gegen Lacke der verschiedensten Zusammensetzung, hingegen ist notwendig bei Bakelitpapieren, Hülsenpapieren, Filmpapieren, Überzugspapieren, Kofferpappen und dgl.

Ölechtheit wird u. a. von massegefärbten und bedruckten Kabelpapieren gefordert.

Die Nuancierfarbstoffe bzw. die im Gummiwalzendruckverfahren aufgebrachten Farbstoffe dürfen bei *Wachsrohpapieren* während des Imprägnierprozesses mit Wachsarten, Paraffinen und anderen ähnlichen Überzügen *nicht ausbluten*.

Dann wieder sollen bestimmte Färbungen unangreifbar für Chlor oder andere *Oxydationsmittel* sein.

Beständigkeit gegen *Reduktionsmittel* muß in manchen, besonders gelagerten Fällen von den zum Weißfärben verwendeten Nuancierfarbstoffen gefordert werden. Ferner von gefärbten Hüllpapieren, die für spezielle Waschmittel und Seifenmischungen Verwendung finden.

Wieder andere Färbungen müssen tropenfest oder *schweißecht* sein (Papiergarne für Hosenträger z. B.).

Die vorstehend gemachten Angaben über die wichtigsten Echtheitseigenschaften können keinen Anspruch auf Vollständigkeit erheben, da oft Sonderforderungen gestellt werden, die es zu berücksichtigen gilt. Ohne also das Kapitel der Echtheitseigenschaften damit zu erschöpfen, soll noch auf die sehr wichtige Forderung der *Hitzebeständigkeit* eingegangen werden. Ebenso wie der Säureechtheit, so kommt auch der Hitzebeständigkeit der Farbstoffe schon während der Papierherstellung allergrößte Bedeutung zu. Wir wissen bereits, daß die meisten der sauren Farbstoffe nicht hitzebeständig sind. Es ist deshalb oft notwendig, sie durch geeignetere Produkte zu ersetzen, um die Mängel der Hitze*un*beständigkeit, die sich in Farbtonänderungen (Verbrennen) und Zweiseitigkeit zeigen, zu vermeiden.

Die Hitzebeständigkeit der fertigen Papierfärbung darf mit diesem Fabrikationsfehler nicht verwechselt werden, sie ist z. B. bei Kabel- und Hülsenpapieren (Imprägnierung in der Hitze), ferner bei Bakelitpapieren von Wichtigkeit.

Zum Schluß sei noch auf einige abseits der großen Linie liegenden Forderungen an Papierfärbungen hingewiesen, die überaus deutlich die Weiterentwicklung auf dem Gebiete der Echtheiten zeigen.

So wurden *ultraviolettdichte* Papiere für Lebensmittelpackungen entwickelt, und die dazu verwendeten, in ihrem chemischen Charakter den direktziehenden Farbstoffen sehr ähnlichen Körper fanden nicht nur für den UV-Schutz, sondern vor allem zur optischen Weißfärberei Verwendung.

Auf der gleichen Ebene liegt die Forderung nach *infrarotdichten* d. h. die infraroten Strahlen reflektierenden Farbstoffen. Sie dienten für Verdunkelungspapiere.

Bei der Forderung nach *fotochemisch einwandfreien Färbungen* sind Farbstoffe und Papierrohstoffe einer besonderen Sichtung zu unterwerfen. Solche Färbungen sind von den schwarz-roten und schwarz-grünen Filmpapieren ebenso zu fordern wie von allen übrigen Fotopackpapieren, die mit der Emulsionsschicht in Berührung kommen können.

Echtheitsprüfung.

Es wurde bereits darauf hingewiesen, daß die letzte Entscheidung über die anzuwendenden Farbstoffe bei den recht mannigfaltigen Anforderungen, die an das gefärbte Papier gestellt werden, nur durch den praktischen Versuch getroffen werden kann. Die Echtheit bzw. die Beständigkeit der Papierfärbung wird sich nur in den seltensten Fällen mit den Echtheitseigenschaften der verwendeten Farbstoffe decken; denn der Einfluß der Faserstoffe, der Füllstoffe, der Leimzusätze, des Fabrikationswassers und anderer Holländerimprägnierungen wird das Gesamtbild mehr oder weniger bestimmen, wenn nicht gar verzeichnen. Auf Grund dieser Überlegungen muß, sofern die Echtheitseigenschaften von Papierfärbungen zur Diskussion stehen, davon abgeraten werden, sich ausschließlich auf Echtheitstabellen, wie man sie vielleicht einmal in einem anderen Zusammenhange ausgearbeitet hat oder wie sie von den Farbenfabriken herausgegeben werden, zu stützen. Das soll nun nicht heißen, daß solche Listen an sich wertlos seien; sie zeigen uns in jedem Falle den Weg, den wir einzuschlagen haben, und erleichtern uns somit die Arbeiten für den Vorversuch, der allerdings erst die endgültige Entscheidung bringen kann.

Zu den bisher gemachten Ausführungen über die verschiedenen Echtheitseigenschaften der Papierfärbungen ist zur Klarstellung hinzuzufügen, daß der Echtheitsbegriff in allen Fällen relativ zu werten ist. Man kann also nicht sagen, dieser Farbstoff ist lichtecht oder jener ist alkaliecht, sondern man kann lediglich die Feststellung treffen, daß die eine Färbung die andere in einer bestimmten Eigenschaft übertrifft oder aber ihr unterlegen ist.

Die Echtheitsprüfungen erfolgen aus diesem Grunde auch immer in Anlehnung an eine Vergleichsfärbung, die gegebenenfalls das nachzustellende Vorlagemuster sein kann, da dieses meist nicht nur die Färbung, sondern auch die Papierqualität illustriert.

Was die Echtheitsprüfungen selbst anbelangt, so haben sich in der Praxis bestimmte Methoden herausgebildet, die reproduzierbare Ergebnisse liefern, und die den Papierfärber bei seinen Arbeiten weitgehend zu unterstützen vermögen. Im nachfolgenden sei auf die wichtigsten Prüfungsmethoden kurz eingegangen.

Wasserechtheit.

Man hat zwischen der Echtheit gegen *kaltes* Wasser und der Echtheit gegen *heißes* Wasser zu unterscheiden. Für beide Prüfungen benutzt man Papierproben von etwa 5×5 cm.

Im ersten Falle legt man die zu untersuchende Färbung (evtl. Parallelversuch mit dem Vergleichsmuster) 1 Minute in destilliertes Wasser von etwa 15° C ein. Die Proben werden sodann zwischen zwei völlig mit kaltem destilliertem Wasser durchnäßte Filtrierpapierbögen gelegt und unter gleichmäßigem Druck, z. B. durch Auflegen einer plangeschliffenen Glasplatte, ½ Stunde oder länger gepreßt.

Die Prüfmuster sowie die mit ihnen in Berührung gestandenen Filtrierpapiere werden hierauf getrocknet und der Grad des Abfärbens auf das Filtrierpapier beurteilt. Bei sehr unechten Färbungen kann auch deren eventueller Intensitätsrückgang begutachtet werden.

Zur Feststellung der Echtheit gegen heißes Wasser werden die Proben der zu untersuchenden Färbungen in eine gemessene Menge (100 cm^3 oder mehr) kochendheißes destilliertes Wasser eingelegt und darin ohne Bewegung bis zum Erkalten auf Zimmertemperatur belassen. Die Proben werden sodann zwischen Filtrierpapier eingeschoben, unter gleichbleibendem Druck etwa 10 Minuten gepreßt und schließlich getrocknet.

Das wichtigste Kriterium bildet bei dieser Prüfungsmethode der Grad der Anfärbung des Wassers. Eine weitere Beurteilung ist durch die eventuelle Veränderung der Farbstärke bzw. der Nuance gegenüber der nicht beanspruchten Versuchsprobe gegeben.

Es ist verhältnismäßig einfach, die verschiedenen Echtheitsgrade in Klassen einzuordnen. M. DÉRIBÉRÉ[1] schlägt z. B. für eine etwas abgeänderte Prüfungsmethode (Eintauchen der Prüffärbungen in destilliertes Wasser von 15° C während 20 Minuten) folgende Echtheitsklassen vor:

1 = Farbstoff (d. h. Färbung) blutet stark aus
2 = Farbstoff blutet wenig aus
3 = Farbstoff blutet kaum aus
4 = Farbstoff blutet nicht aus.

Das sind, wie zugegeben werden muß, ziemlich willkürliche Beurteilungen, aber man hat es in der Hand, ein festeres Fundament zu schaffen, wenn man sich bei der Klassifizierung an bestimmte Richttypen anlehnt.

Reibechtheit.

Hierbei handelt es sich um eine rein mechanische Beanspruchung der Papierfärbung, und zur Feststellung des Abrußens – wie man den Vorgang auch bezeichnet – wird ein feinkörniges, weißes, nicht beschwertes und nicht stäubendes Papier oder besser ein feinfädiger Kalikostreifen mit dem Zeigefinger unter gelindem Druck auf die Probefärbung angepreßt und mit ihm die Papieroberfläche abgerieben. Es ist äußerst wichtig, die Abreibearbeit möglichst gleichförmig zu gestalten. Trotz der rohen Versuchsanordnung lassen sich auf diese Art ziemlich genaue Abstufungen in der Reibechtheit sichtbar machen; je stärker sich der Kalikostreifen an der Reibstelle anfärbt, desto reib*un*echter ist die Färbung.

Dampfechtheit (Prüfung von Hülsenpapieren).

Die Prüfung auf Dampfechtheit ist eine verschärfte Wasserechtheitsprobe. Das Hülsenpapier wird, nach einem Vorschlag der BASF., zunächst auf Wasserechtheit geprüft, indem man die zu prüfenden Färbungen (Proben von 5 × 5 cm) zwischen zwei nassen Filtrierpapierblättern, die ihrerseits zwischen zwei Glasplatten liegen, zwei Stunden unter einer Glasglocke mit Wasserabdichtungen beläßt. Hierdurch wird ein frühzeitiges Verdunsten der Feuchtigkeit im Filtrierpapier unmöglich gemacht. Ein wasserechtes Hülsenpapier darf dabei auf dem Filtrierpapier keine Spur einer Anfärbung hinterlassen.

Nach dieser Vorprüfung, die bereits gewisse Schlüsse gestattet, erfolgt die eigentliche Dampfechtheitsprüfung in einer der BASF. durch DRGM.

[1] M. DÉRIBÉRÉ, „La Coloration des papiers".

geschützten speziellen Apparatur. Sie besteht im wesentlichen aus einem zylindrischen bzw. dornartigen Papierträger, der wassergekühlt ist. Auf ihn wird das zu prüfende Papier (10 g) gewickelt und über das Papier ein Strängchen Baumwollgarn oder Wollgarn gebunden, je nachdem, für welches Textilmaterial die Hülsen vorgesehen sind. In einer aus einem Glaszylinder bestehenden Dämpfkammer, die auf einem heizbaren Wasserbehälter sitzt, wird das zu prüfende Material $^1/_4$ Stunde gedämpft. Dabei beschlägt sich das Papier mit kondensierendem Dampf. Genügt die Papierfärbung in der Dampfechtheit nicht, so färbt sich das Garn mehr oder weniger an. Ferner wird sich das Kondenswasser mit Farbstoff beladen und von der Spitze des Papierträgers abtropfen. Die Tropfen fallen auf einen zweiten Garnstrang, der sich ebenfalls anfärbt. Ein einwandfreies, dampfechtes Papier darf keinen der beiden Garnstränge anfärben. Diese Prüfung ahmt genau die Vorgänge nach, die beim Dämpfen von Kopsen herrschen[1].

Lichtechtheit.

Die Lichtechtheitsprüfung von Papierfärbungen geschieht am besten in 2 oder 3 Farbtiefen, und zwar aus Zweckmäßigkeitsgründen in Anlehnung an die Vorschriften der „Echtheitskommission" der Fachgruppe für Chemie der Farben- und Textilindustrie im Verein deutscher Chemiker[2]. Durch die Benutzung von „Lichtechtheitstypen" wird es dann möglich, die Lichtechtheit bei allen Farbstoffen ziffernmäßig festzulegen. Die Lichtechtheit ist in Grade von 1 bis 8 eingeteilt, wobei 1 immer die niedrigste und 8 die höchste Echtheit bezeichnet. Die Echtheitszahlen können mit Worten wie folgt umschrieben werden:

1 = gering
3 = mäßig
5 = gut
7 = sehr gut
8 = hervorragend

Für den Papierfärber ergeben sich nun gewisse Schwierigkeiten bzw. Unsicherheiten daraus, daß er sich auf eine bestimmte Färbeart und weiterhin auf einen bestimmten Grundstoff festlegen muß, um vergleichsfähige Färbungen erhalten zu können. Er muß sich weiter darüber im klaren sein, daß die meisten der zu untersuchenden Papiere geleimt sein werden.

Zur Aufstellung von Lichtechtheitstabellen für den eigenen Gebrauch empfiehlt es sich deshalb, die zu prüfenden Farbstoffe durch Massefärbung auf einem normal geleimten, hochgebleichten Sulfitzellstoff auszufärben, und zwar sämtliche Produkte in etwa gleicher Stärke (das gilt für jede Farbtiefe), soweit diese Forderung bei den oft weit auseinanderliegenden Farbtönen überhaupt durchführbar ist. Auch die unterschiedlichen Affinitätsverhältnisse und die spezifische Anfärbearbeit einiger Farbstoffgruppen (additive Mischung bei allen Pigmenten!) werden diese Forderung erschweren.

---

[1] Vgl. I.G.Farbenindustrie A.G., Die Farbstoffe in der Papierindustrie; Prüfung der Hülsenpapiere, S. 78.

[2] Z. angew. Chem. 1914, I, 57 und 1916, 101; Chem. Ztg. 1914, 154.

Was den Belichtungsvorgang selbst anbelangt, so ist es von Vorteil, diesen bei stufenweiser Abdeckung hinter Glas am Tageslicht vorzunehmen, und zwar sowohl während der Sommermonate als auch während der Winter- und Frühjahrsmonate. Dieser Hinweis ist von größter Bedeutung, denn im ersten Fall ist die Anzahl der reinen Sonnenstunden sehr hoch, und im zweiten Fall, besonders im Frühjahr, ist die chemische Wirksamkeit des Sonnenlichtes durch erhöhte Ultraviolettstrahlung gesteigert.

Die Belichtungsarbeit erfordert, um zu einwandfreien Ergebnissen zu gelangen, sehr lange Zeit. Um schneller zum Ziele zu kommen, ist man deshalb vielfach zu einer Belichtung mit künstlichen Lichtquellen übergegangen, die jedoch in ihrer Wirkung von der Tagesbelichtung in einigen Fällen abweicht. Jedenfalls kann z. B. mit der Hanau-Quarzlampe bereits in 4 Stunden ein Effekt erzielt werden, der sich bei Tageslicht günstigstenfalls erst nach Wochen einstellen würde.

Dabei wissen wir bis heute noch nicht sicher, wie das Licht auf den Farbstoff wirkt. Auch besteht kein gradliniges Verhältnis zwischen Ausbleichungsgrad und Lichtmenge. Das Ausbleichen wird begünstigt durch Feuchtigkeit, Alkalien und das Vorhandensein von OH- und NH_2-Gruppen im Farbstoffmolekül[1].

Als Lichtechtheitsbewertungszahlen können mit einiger Berechtigung die für Baumwolle gefundenen auch in der Papierfärberei benutzt werden. Wir machten aber bereits darauf aufmerksam, daß es Fälle gibt, in denen die Lichtechtheit auf Baumwolle besser ist als auf gebleichtem Sulfitzellstoff, oder auch umgekehrt, auf gebleichtem Sulfitzellstoff besser ist als auf Baumwolle.

Säureechtheit.

Die Feststellung der Säureechtheit von Färbungen muß sich sowohl auf Farbumschlag (eine Reihe von Farbstoffen sind ausgesprochene Indikatoren!) als auch auf Intensitätsrückgang, verursacht durch Ausbluten und Zerstören, erstrecken. Neben die fast allgemein übliche Prüfungsmethode: Betupfen der lufttrockenen Färbung mit n/10 Schwefelsäure – wobei die auf der Färbung nach dem Eintrocknen des Säuretropfens bei Zimmertemperatur hervorgerufene Veränderung beurteilt wird – sollte deshalb als Ergänzung eine weitere Prüfung treten, die zutreffend als abgewandelte Wasserechtheitsprüfung zu bezeichnen ist. An die Stelle des destillierten Wassers tritt die n/10 Schwefelsäure, und die Klassifizierung erfolgt in gleicher Weise durch Beurteilung des Grades der Anfärbung der n/10 Schwefelsäure und der Veränderung des Farbtones und der Farbstärke der Versuchsprobe.

Eine Prüfung bei den verschiedenen p_H-Werten von 0 bis 7 wäre geeignet, die Erkenntnisse über die Säureechtheit der Färbungen zu vertiefen, obwohl sie in der Praxis, d. h. bei der Papierherstellung selbst, kaum auswertbar sein werden[2].

---

[1] Gebhard, Färberzeitung, 1911, 111.

[2] B. Cornely, Wochenblatt f. Papierfabrikation, 42, 1938, S. 859: „Die p_H-Kontrolle in der Papierfärberei“.

Wie wichtig die gemachten Einwände gegen die alleinige Anwendung der Säure-Tupfmethode sind, mag daraus hervorgehen, daß der Reaktionsablauf durch den Leimungsgrad der Färbung maßgeblich beeinflußt wird. Wird der Säure-Testtropfen sofort aufgesaugt, dann tritt er mit einer größeren Anzahl gefärbter Fasern in Reaktion, als wenn er infolge starker Leimung nicht ins Papiergefüge eindringt und auf der Papieroberfläche verdunstet. Die Säure kann dann nur an der Berührungsstelle reagieren.

Immerhin hat die Tupfprobe den Vorteil, daß man sich sehr rasch davon überzeugen kann, ob eine Färbung den Echtheitsanforderungen entspricht oder nicht. Bei der Säureechtheitsprüfung, d. h. bei der Reihenuntersuchung von Farbstoffen, ist es zweckmäßig, die Ausfärbungen in mittlerer Stärke auf normal geleimtem, gebleichtem Sulfitzellstoff herzustellen. Beim Aufbringen der 1/10 Normal-Schwefelsäure ist darauf zu achten, daß die Menge der Testflüssigkeit immer gleichgehalten wird (1 oder 2 Tropfen).

Die Tupfprobe kann übrigens den Wünschen der Praxis weitgehend angepaßt werden, d. h. man kann mit stärkerer, z. B. 10%iger Schwefelsäure arbeiten oder mit Salzsäure, Essigsäure, Salicylsäure oder schwefliger Säure, ferner mit sauren Salzen. Diese Modifikationen bringen in vielen Fällen Vorteile mit sich, denn der Papierfärber kann durch eine spezialisierte Prüfung direkte Auskunft darüber erhalten, wie sich die Papierfärbung bei ihrer tatsächlichen Beanspruchung verhält.

Die Säureechtheit wird ganz allgemein in 5 Klassen eingeteilt, wobei immer 1 die geringste und 5 die beste Echtheit bezeichnet. Die Abstufungen ergeben folgendes Bild:

1 = gering
2 = mäßig
3 = gut
4 = sehr gut
5 = hervorragend.

Alkaliechtheit.

Die Prüfung auf Alkaliechtheit erfolgt gewöhnlich mit n/10 Sodalösung. Der Arbeitsgang ist der gleiche wie bei der Säureechtheitsprüfung. Von ausschlaggebender Bedeutung ist die Wahl eines gebleichten Rohstoffes für die in mittlerer Farbtiefe herzustellenden Prüffärbungen. Die Leimung des Papiers bringt bei der Prüfung keinen Nachteil, da sie durch das aufgebrachte Alkali aufgehoben wird. Wie bei der Prüfung auf Säureechtheit, so ist auch bei der Prüfung auf Alkaliechtheit eine Ergänzung durch sinngemäße Umgestaltung der Wasserechtheitsprüfung in manchen Fällen am Platze.

Eine Beurteilung der Färbungen im p_H-Bereich von 7 bis 14 (in regelmäßigen Zwischenstufen) würde die folgerichtige Vervollständigung der Untersuchungen im sauren Bereich darstellen. Sie hat aber mehr theoretisches als praktisches Interesse.

Wie bei der Feststellung der Säureechtheit, so ist es auch bei der Prüfung auf Alkaliechtheit in einigen Fällen das gegebene, sich der gleichen Chemikalien zu bedienen, gegen welche die Färbungen beständig sein sollen. So wird bei Tapetenpapieren die Kalkechtheit den Vorrang haben (Dauerwirkung frisch gekalkter Wände!), obwohl auch der alkalische Kleister die Störungsquelle sein kann. Bei Wickelhülsen und Wellpappen wird man zweckmäßig mit Wasserglas prüfen, bei Vorsatzpapieren und zahlreichen anderen Klebepapieren (Pflanzenleim) mit Ätznatron, bei Färbungen für Waschmittel-, Seifen- und Sodapackungen ist eine Prüfung mit Soda oder auch Ätznatron angebracht. In anderen Fällen wieder ist eine Begutachtung mit Ammoniak oder Borax erwünscht.

Die nach der Tupfmethode festgestellten Veränderungen gegenüber Alkali werden wie bei der Säureechtheitsbestimmung in 5 Klassen eingestuft, wobei mit 1 eine sehr stark veränderte und mit 5 eine völlig intakt gebliebene Färbung bezeichnet wird:

1 = gering
2 = mäßig
3 = gut
4 = sehr gut
5 = hervorragend.

Alkohol- und Lösungsmittelechtheit.

Die Prüfung geschieht in Anlehnung an die Wasserechtheitsprüfung. Man beurteilt den Grad der Anfärbung des organischen Lösungsmittels sowie die eventuelle Veränderung der Farbstärke bzw. der Nuance der untersuchten Probe gegenüber der unveränderten Versuchsfärbung.

Hitzeechtheit (Zylinderechtheit).

Die Prüfung der Farbstoffe auf Hitzeechtheit wird in der Weise vorgenommen, daß man die an der letzten Presse abgenommene Papierprobe oder die vom Blattbildner kommende Färbung, welche lediglich leicht ausgepreßt wird, in der Mitte zusammenfaltet, mit einem gleichmäßig angefeuchteten Filz überdeckt und auf einem Trockenzylinder durch Anpressen mit dem Trockenfilz völlig trocknet. Diese Trocknungsart bedeutet eine sehr scharfe Beanspruchung der Färbungen, wie sie in der Praxis selbst in ungünstig gelagerten Fällen kaum eintritt. Dennoch ergibt sie reproduzierbare, gut vergleichbare Veränderungen. Diese Veränderungen können jedoch nur relativ gewertet werden, d. h. sie geben lediglich darüber Auskunft, ob dieser oder jener Farbstoff besser oder schlechter zylinderecht ist als ein dritter. Die so festgestellte Zylinderzweiseitigkeit eines Farbstoffes gibt also kein ausschlaggebendes Kriterium innerhalb der Gesamteigenschaften des Produktes ab und entscheidet nicht über dessen Brauchbarkeit überhaupt.

Zur Beurteilung der Hitzeechtheit (Zylinderzweiseitigkeit) werden sowohl die Färbungen der Zylinderseite als auch der mit dem angefeuchteten Filz überdeckten Seite und weiterhin die Färbungen der durch die Zusammenfaltung verdeckten Innenschicht begutachtet. Durch Aufstellung von Richttypen ist eine Klassifizierung aller in der Praxis verwendeten Farbstoffe dann leicht zu bewerkstelligen.

Eine Einteilung in 5 Gruppen, in Anlehnung an die Bestimmung der Säure- und Alkaliechtheit, bringt ausreichende Unterscheidungsmerkmale. Dabei umfaßt die Gruppe I alle Farbstoffe, die sehr hitzeunbeständig sind und deshalb starke Zylinderzweiseitigkeit besitzen, und die Gruppe V jene Produkte, die keine Veränderungen erleiden. Die dazwischenliegenden Werte sind jeweils nach dem beobachteten Grad des Ausbrennens (der Zweiseitigkeit) einzureihen[1].

Die übrigen Echtheitsprüfungen.

Bei diesen läßt man die in Frage kommenden Reagentien (Chlor, Salze, Schwefelwasserstoff, Firnis usw.) auf die zu untersuchenden Färbungen einwirken, oder man ahmt die Beanspruchungen im praktischen Versuch nach. So umhüllt man z. B. mit den gefärbten Papieren polierte Metalle, leonische Waren, Lackleder, lichtempfindliche Platten, Filme und Papiere, oder man kontrolliert die Sublimierechtheit durch Einlegen und Pressen der Färbungen zwischen satinierten, weißen Kartonblättern. Diese Hinweise können keinen Anspruch auf Vollständigkeit machen, worauf ausdrücklich aufmerksam gemacht sei.

Die Echtheiten der verschiedenen Farbstoffgruppen und Einzelfarbstoffe.

Im Anschluß an die Betrachtungen über die Abhängigkeit von Verwendungszweck und Beständigkeit von Papierfärbungen und in Ergänzung der besprochenen bekannten Methoden der Echtheitsprüfung selbst seien im nachfolgenden die wichtigsten Farbstoffgruppen und Einzelfarbstoffe angeführt, welche zur Erfüllung der verschiedenen Echtheitswünsche herangezogen werden können.

Wasserechtheit.

Sehr gute Beständigkeit gegen kaltes und auch heißes Wasser zeigt die Mehrzahl der substantiven Färbungen. Besondere Erwähnung verdienen: Stilbengelb GPX; RX; GLX (Le), Papiergelb RF (Ma), Dianilgelb RR (Hö), Pyraminorange RX, Diaminorange B (Le); D (Ma), Dianilorange G (Hö), Baumwollbraun RN, Oxaminbraun 3GX (Le), Papierdirektbraun CM (Hö), Diaminbraun BC (Ma), Diaminkatechin G, Benzoechtscharlach 4BSP; 4BS (Le), Congorot (Le), Benzopurpurin 4B extra; 4B (Le), Oxaminviolett (Le), Benzoazurin G (Le), Benzoreinblau, Papierechtblau (mit Kupfervitriol), Brillantcongoblau BFL (Le), Oxaminblau 3B; 3RXX, Diaminschwarz BH (Le); BHM konz. (Ma), Benzogrün FF (Le), Papiergrün BG (Ma), Papierschwarz RW; T extra (Le), Papiertiefschwarz C extra konz. (Ma), Papierdirektschwarz H extra konz. (Hö).

Eine zusätzliche Fixierung der direktziehenden Farbstoffe mit 10–20% Glaubersalz calc. oder Kochsalz denat. bzw. 4% Soda calc. (diese bei roten

---

[1] B. Cornely, Zellstoff und Papier, 1938, 4: „Die Zweiseitigkeit farbiger Papiere".

Farbstoffen) wird die Wasserechtheit besonders sehr intensiver Färbungen, dort, wo es nottut, noch weiter verbessern.

Hervorragend wasserechte Färbungen werden außerdem mit den organischen und anorganischen Pigmenten erzielt, von denen besonders die Indanthrenfarbstoffe erwähnt werden müssen. Auch die Schwefelfarbstoffe, infolge ihrer direktziehenden Eigenschaften und nicht zuletzt dadurch, daß ihre Färbungen bereits im Holländer gründlich ausgewaschen werden müssen, ergeben sehr gut wasserechte Färbungen, wie man sie für Papiergarne bevorzugt.

Die basischen Farbstoffe zeigen auf allen Stoffarten, für welche sie eine ausgesprochene Verwandtschaft besitzen, in hellen bis mittleren Farbtönen eine gute Wasserechtheit. Diese kann durch Beizmittel wie Katanol erheblich gesteigert werden. Als besonders geeignete Produkte sind zu nennen: Äthylviolett (Lu), Kristallviolett krist., Fuchsin-, Methylviolett-, Nuancierblau- und Marineblaumarken, Viktoriablau B hochkonz. X (Lu), Viktoriablau BOC konz. (Lu), Diamantgrün GX; BXX (Le).

Dampfechtheit.

Auf holzfreien Stoffen ergeben die substantiven Farbstoffe gut dampfechte und gleichzeitig einigermaßen lichtechte Färbungen. Größere Bedeutung aber besitzen die basischen Farbstoffe und die Janusfarbstoffe für dampfechte Hülsenpapiere. Bei Färbungen bis etwa 250 g Farbstoff per 100 kg Eintrag und normalen Echtheitsansprüchen können die basischen Farbstoffe und Janusfarbstoffe ohne Beizmittel verarbeitet werden. Bei satteren Farbtönen hingegen ist eine Vorbeize mit Katanol oder Tannin unbedingt erforderlich; Viktoriablau B hochkonz. X (Lu), Vesuvin BL (Le); BA (Lu); H3R (Hö) und einige Janusfarbstoffe machen hierbei eine Ausnahme. Sie sind auch in ½%igen Färbungen ohne Beizmittel noch gut dampfecht. Zum Färben geeignet sind z. B. Auramin O; konz. (Lu), Pulverfuchsin AB (Le), Fuchsin MLB Plv. (Hö), Safranin TH extra konz. (Hö), Methylviolett N blau (Lu), Diamantgrün GX (Le). Chrysoidin- und Rhodaminmarken lassen sich selbst mit Katanol bzw. Tannin nicht dampfecht fixieren.

Reibechtheit.

Sehr gute Reibechtheit zeigen alle Färbungen mit direktziehenden Farbstoffen und Schwefelfarbstoffen. Die basischen Farbstoffe (Janusfarbstoffe) ergeben auf Stoffen, zu denen sie eine gute Verwandtschaft besitzen, wie ungebleichte Zellstoffe und holzhaltige Zellstoffmischungen, in schwachen und mittleren Farbtönen gleichfalls gut reibechte Färbungen. Das gleiche gilt von basischen und direktziehenden Kombinationsfärbungen. Bei satten Farbtönen benötigen die basischen Farbstoffe zur Herstellung reibechter Färbungen eine Fixierung mit Katanol oder Tannin.

Lichtechtheit.

Die größtmögliche Lichtechtheit auf geeigneten Grundstoffen wird mit den organischen Pigmenten erzielt. Große Bedeutung haben besonders die Indanthrenfarbstoffe erlangt, die den Erdfarbstoffen und Mineralfarbstoffen wie: den verschiedenen Ockerarten, Ultramarin, Berliner Blau, Chromoxydgrün, Eisenoxydfarbstoffen u. a. m. kaum nachstehen. Sie verdienen nicht nur wegen ihrer Gesamtechtheiten, sondern auch wegen ihrer Ausgiebigkeit den Vorzug vor den zuletzt genannten, wenn es die Preisfrage nur irgendwie gestattet. Auch die übrigen organischen Pigmente: die Pigmosol-, Heliogen-, Permanentecht-, Litholecht-, Helioecht-, die Lithol-, Hansa- und Fanalfarbstoffe, ferner Ruß besitzen eine ausgezeichnete Lichtechtheit. (Die Fanalfarbstoffe sind in schwachen Färbungen nur mäßig lichtecht!)

Als gut lichtechte Farbstoffe müssen die Schwefelfarbstoffe hervorgehoben werden sowie eine Reihe von Produkten aus der Gruppe der substantiven Farbstoffe. Die lichtechtesten Vertreter der letzten Gruppe wurden unter dem Namen Sirius- bzw. Siriuslichtfarbstoffe in den Handel gebracht. Einige hervorragende Vertreter sind: Siriuslichtgelb 5 GP (Le); R extra (Le), Siriuslichtorange 7 GL (Le), Siriuslichtbraun G (Le), Siriuslichtscharlach B (Le), Siriuslichtblau FBGL (Le), Siriuslichtgrün BB (Le) und Siriuslichtgrau R (Le).

Unter den sauren Farbstoffen gibt es nur wenige Produkte, die Anspruch auf eine gute Lichtechtheit machen können. Es sind dies u. a.: Chinolingelb KT extra konz. (Lu), Tartrazin O, Papierrot A extra (Le), Baumwollscharlach extra (Le), Nigrosin WLA Körner, ferner aus der Reihe der Alizarinfarbstoffe: Helioechtblau BL extra konz. (Le), Cyananthrol RBX (Le) und Anthracenblau SWGG Pulver (Le).

Alkaliechtheit.

Sehr widerstandsfähig gegen die Einwirkungen von Alkalien sind die Färbungen mit organischen Pigmenten und Schwefelfarbstoffen. Das gleiche gilt von den Färbungen mit Erd- und Mineralfarbstoffen mit Ausnahme von Berliner Blau, das durch Alkali unter Entfärbung zersetzt wird.

Auch zahlreiche substantive Farbstoffe ergeben gut alkaliechte Färbungen, vor allem auch jene Produkte, die mit Soda gefärbt werden. Sehr alkali*empfindlich* sind jedoch Papiergelb 3 GX (Le), Thiazinrot RXX (Le) und Brillantdianilgrün G.

Von den basischen Farbstoffen ergeben Äthylviolett (Lu), Kristallviolett krist. sowie die Methylviolettmarken: B extra hochkonz.; N blau und R extra hochkonz. (Lu), ferner Nuancierblau RE konz. (Lu) und Viktoriablau B hochkonz. (Lu) gut alkalibeständige Färbungen.

Aus der Klasse der sauren Farbstoffe genügen Chinolingelb KT extra konz. (Lu) und Papierrot A extra (Le) hohen Ansprüchen, während geringere Anforderungen mit Papiergelb AX (Lu), Orange II (Lu), Orange RO (Lu), Echtrot AV (Lu), Fixierscharlach RXX (Lu) und Nigrosin WLA Körner erfüllt werden können.

Säureechtheit.

Hervorragend säurebeständige Färbungen sind mit allen organischen Pigmenten zu erzielen. Besonderer Beliebtheit erfreuen sich dabei wieder die Indanthrenfarbstoffe. Die Erdfarbstoffe und Mineralfarbstoffe zeigen ebenfalls eine hervorragende Echtheit gegen alle sauren Einflüsse. Eine Ausnahme macht das Ultramarin, dessen blumiger Farbton bereits durch saure Salze beeinträchtigt wird und das sich mit Säure entfärbt.

Mit substantiven Farbstoffen lassen sich nur in beschränktem Umfange Färbungen von mittlerer bis guter Säureechtheit herstellen. Geeignet sind u. a.: Benzoechtorange P; WS (Le), Halbwollbraun G, Siriusrot BB (Le), Benzoazurin G (Le), Papierechtblau, Oxaminblau 3B, Papierschwarz T extra (Le); EW extra; RW extra (Le) und Diaminschwarz BH (Le); BHM konz. (Ma).

Von den basischen Farbstoffen ergeben gut säureechte Färbungen: die Rhodaminmarken, Äthylviolett (Lu), Kristallviolett krist., die Methylviolettmarken, Marineblaumarken, Nuancierblau RE konz. (Lu) und die Viktoriablaumarken.

Auch unter den sauren Farbstoffen sind einzelne Produkte, mit denen Färbungen von guter Säureechtheit hergestellt werden können, z. B. Chinolingelb KT extra konz. (Lu), Orange II (Lu), Orange RO (Lu), Baumwollscharlach extra (Le), Fixierscharlach RXX (Lu), Papierrot A extra (Le), Säureviolett 4BLO (Le), Brillantwollblau FFR extra (Le), Nigrosin WLA Körner.

Spritechtheit.

Beständig gegen alkoholische Lösungen sind alle Färbungen mit organischen und anorganischen Pigmenten, ebenso wie die substantiven Färbungen. Auch zahlreiche saure Farbstoffe ergeben alkoholechte Färbungen. Die Beständigkeit gegen Alkohol deckt sich in gewissem Umfange mit der gegen andere Lösungsmittel wie: Aceton, Butylacetat, Äthylglykol, Lösungsmittel E 13 usw. Orientierende Versuche sind jeweils unerläßlich.

Chlorechtheit.

Nur selten kann diese Forderung mit Berechtigung gestellt werden. Wird diese Echtheit aber verlangt, dann zeigen Färbungen mit Indanthrenfarbstoffen und anderen organischen Pigmenten einschließlich Ruß – ausgenommen die Fanalfarsbtoffe – ferner die meisten der Erdfarbstoffe eine ausgezeichnete Beständigkeit gegen Chlor und oxydative Einflüsse.

Beständigkeit gegen Reduktionsmittel.

Genügend widerstandsfähig sind bei Weißnuancierungen z. B. Äthylviolett, Kristallviolett krist., die Viktoriablau- und Rhodaminmarken. Bei Färbungen für spezielle Hüllpapiere (Waschmittelpackungen) sind jeweils orientierende Versuche erforderlich.

Hitzeechtheit.

Praktisch vollkommen widerstandsfähig gegen die Trocknungsschäden im allgemeinen und die Hitzeeinflüsse im besonderen sind alle organischen Pigmente einschließlich Ruß, ferner die Erdfarbstoffe, Eisenoxydfarbstoffe sowie die Mineralfarbstoffe. Von den löslichen Farbstoffen sind die Schwefelfarbstoffe gut hitzebeständig, außerdem zahlreiche Produkte aus der Reihe der substantiven und basischen Farbstoffe. Kombinationen mit sauren Farbstoffen müssen vermieden werden.

Farbstoffuntersuchungen.

Der Nachweis der Farbstoffe im gefärbten Papier bringt für den Färber nicht zu unterschätzende Vorteile. So weiß jeder Papiermacher, daß ein vorgeschriebenes Färbemuster in Farbton und Echtheitseigenschaften, genau eigentlich nur unter Verwendung der gleichen Farbstoffe (und Papiergrundstoffe) nachzubilden ist. Es sei nur an das Färben satter, zusammengesetzter Farbtöne erinnert, die beträchtliche Mengen an Grau enthalten. (Nach OSTWALD liegen diese Farbtöne im Innern des Doppelkegels nahe dem Schwarzpunkt der Grauleiter.) Jeder Färber wird in solchen Fällen schneller ausmustern und unter Umständen große Mengen an Farbstoff einsparen können, wenn er die bunten Farbstoffe der Basisfärbung richtig auswählt.

Schon die mikroskopische Prüfung auf Stoffzusammensetzung hin vermag einzelne Anhaltspunkte für die Färbeart zu liefern. Im mikroskopischen Bild lassen sich nicht allzu fein verteilte Erdfarbstoffe und auch Ruß deutlich erkennen.

Zur Identifizierung von *Ruß* benutzt man seine Eigenschaft der Unzerstörbarkeit sowohl durch oxydierende als auch reduzierende Bleichmittel. Im ersten Falle behandelt man die Schwarzfärbung mit heißer Natriumhypochloritlösung, die man, um die Wirkung zu erhöhen, noch sukzessive mit Mineralsäure versetzt, im zweiten Falle mit Alkali und Zinnsalzsalzsäure. Bleibt die Schwarzfärbung bestehen, so wurde zur Färbung Ruß benutzt.

Einen weiteren Einblick in die Färbearbeit gestattet uns die Asche. In Gegenwart von *Ockerarten* und künstlichen *Eisenoxydfarbstoffen* ist die Papierasche rötlich-braun bis braun gefärbt. Wird die Asche in verdünnter Salzsäure gelöst und nach Zusatz eines Tropfens Salpetersäure mit gelbem Blutlaugensalz (Ferrocyankalium) gefällt, dann bildet sich ein Niederschlag von Berliner Blau. Die Untersuchung kann auch so vorgenommen werden, daß man das farbige Papier, ohne es zu veraschen, zuerst in verdünnte Salzsäure einlegt, diese einige Zeit einwirken läßt und das mit Salzsäure vorbehandelte Papier schließlich in eine Lösung von gelbem Blutlaugensalz bringt. Eine Blaufärbung zeigt die Gegenwart von Eisen an, das in Form von Ockerarten oder künstlichen Eisenoxydfarbstoffen zu den braunen Papierfärbungen verwendet wurde.

Eine bräunlichgraue Asche deutet auf *Manganbraun* oder Umbra hin. Bei der Prüfung auf einem Platinblech mit Salpeter bildet sich mit der Asche eine charakteristische grüne Schmelze von mangansaurem Kalium. Die Gegenwart von Eisensalzen (Umbra) stört die Reaktionsfärbung manchmal. Auch im gefärbten Papier läßt sich Mangan nachweisen. RISTENPART gibt an:

„. . . Damit gefärbtes Papier gibt mit konzentrierter Salpetersäure und Mennige erwärmt eine veilrote Lösung von Übermangansäure.“

Zeigt die Asche eine blaue Farbe, dann wurde zur Färbung *Ultramarin* benutzt. Durch einige Tropfen Salzsäure von 20° Bé wird die Asche entfärbt. Die Prüfung läßt sich auch mit dem gefärbten Papier direkt vornehmen, und zwar derart, daß man das Papier einmal mit Salzsäure von 20° Bé und in einem separaten Versuchsgang mit 5%iger Ätznatronlösung behandelt. Die Ultramarinfärbung wird dabei durch die Salzsäure unter Schwefelwasserstoffentwicklung entfärbt, während sie durch das Alkali keine Änderung erfährt.

Eine grüne Asche deutet auf Färbungen mit *Chromoxydgrün* bezw. Guignetgrün hin.

Der Nachweis von *Berliner Blau* kann sowohl durch die Veraschung geführt werden (braune Eisenasche, Prüfung wie oben!) als auch durch seine starke Alkaliempfindlichkeit. Durch Betupfen mit einer 10%igen Ätznatronlösung tritt sofortige Entfärbung ein. Die Berliner-Blau-Färbung ist jedoch im Gegensatz zur Ultramarinfärbung säurebeständig.

In der Praxis werden wohl kaum noch Bleiverbindungen wie Chromgelb und Chromorange in farbigen Papieren, allein schon wegen ihrer Giftigkeit, anzutreffen sein. Die Färbungen sind weder säure- noch alkalibeständig. Schwefelwasserstoff und Sulfide bräunen bzw. schwärzen die an sich leuchtenden Farbtöne.

Auch die natürlichen organischen Farbstoffe, wie z. B. Blauholz, Rotholz und Katechu sind aus der Farbstoffküche des Papierfärbers verschwunden. Ihr Nachweis hat deshalb kaum mehr als theoretisches Interesse. Blauholzfärbungen erkennt man an der typischen Rötung durch aufgebrachte Salzsäure, desgleichen durch Einlegen in Zinnchlorürlösung. In Zinnsalzsalzsäure löst sich Blauholz in roter Farbe. Der rote Farbstoff läßt sich mit Äther ausschütteln. Ähnliche Reaktionen bestehen auch für Rotholz und Katechu.

Der Nachweis von *Anilinfarbstoffen* in Papierfärbungen gestaltet sich durch die gleichzeitige Anwesenheit oft mehrerer Farbstoffe ungleich schwieriger. Aus diesem Grunde wird man sich in vielen Fällen damit begnügen müssen, nur Feststellungen über die Gruppenzugehörigkeit der verwendeten Farbstoffe zu treffen. Damit aber wird schon einiges Licht in das Färbeverfahren, d. h. in die anzuwendende Farbstoffkombination, gebracht und dadurch die Arbeit des Färbers erleichtert.

RISTENPART[1] schlägt einen Untersuchungsgang vor, der es ermöglicht, etwas tiefer in den Chemismus der einzelnen Farbstoffklassen einzudringen und gewisse Eingrenzungen von Einzelindividuen vorzunehmen.

Er empfiehlt, die Färbung mit Ammoniak 1:100 in Gegenwart eines Streifens weißer merzerisierter Baumwolle zu kochen.

1. Für den Fall, daß der Farbstoff abgezogen wird, wird er aus der Lösung durch Zusatz von etwas Ameisensäure auf ein Stückchen weiße Wolle hinübergekocht.

[1] E. KIRCHNER, Das Papier 1920/21: „Papierfärberei“, Prof. Dr. E. RISTENPART.

Wenn sich die Wolle anfärbt, liegt ein *Säurefarbstoff* oder auch ein substantiver Farbstoff vor. Die angefärbte Wolle wird dann mit Hydrosulfit NF gekocht. Für den Fall, daß sie sich *entfärbt*, wird mit Persulfat weiter behandelt; kehrt die Farbe zurück, dann liegen Triphenylmethanfarbstoffe vor; kehrt sie nicht zurück, dann handelt es sich um Azofarbstoffe: z.B. Metanilgelb, Orange II, Papierscharlach, Brillantcrocein, Naphthylaminschwarz usw. Entfärbt sich die Wolle mit Hydrosulfit NF *nicht*, dann liegen Eosine, Chinolingelb, Anthrachinonabkömmlinge usw. vor; entfärbt sie sich *vorübergehend*, d. h. wenn die Farbe an der Luft wieder zurückkehrt: Azine, z. B. Nigrosin.

2. Für den Fall, daß der Farbstoff nicht oder nur wenig abgezogen wird. Im letzten Fall färbt sich die merzerisierte Baumwolle an. Eine neue Probe wird dann mit Kochsalz-Natronlauge ½ Min. gekocht, gespült und zweimal mit Ameisensäure 1:100 (für Schwarz mit Salzsäure 1:20) gekocht.

Wird nach 2. der Farbstoff *nicht* abgezogen, dann wird eine neue Probe mit Hydrosulfit X gekocht. (Hydrosulfit X nach Angaben von RISTENPART = 50 g Hydrosulfit NF in 125 ccm Wasser lösen, 2 Min. mit 1 g Anthrachinon auf 90° C erhitzen, auf 500 ccm verdünnen und 1 ½ ccm Eisessig hinzufügen). Diese wird entfärbt.

Kehrt die Farbe *nicht* wieder, dann liegt ein *Azofarbstoff* vor. Färbt sich bei der Ammoniakprobe Baumwolle an, dann handelt es sich um *substantive* Farbstoffe: z. B. Papiergelb, Dianilorange, Dianilbraun, Dianilrot 4B, Dianilechtscharlach usw. Färbt sich Baumwolle *nicht* an, dann liegen Pigmentfarbstoffe vor, z. B. Pigmentchromgelb, Pigmentorange, Autolrot. Diese Gruppe löst sich in Benzol oder Pyridin.

Kehrt die Farbe *wieder*, so handelt es sich um *Schwefel-* oder *Küpenfarbstoffe* (Indanthrenfarbstoffe, Indigo, Eglantin usw.). Die ersten sind an einer neuen Probe durch H_2S-Entwicklung nachzuweisen bzw. durch die mit Chlorkalk eintretende Entfärbung. Die letzten durch den Farbumschlag bei der Verküpung.

Übersichtlicher, wenn auch weniger aufschlußreich ist der folgende Analysengang. Er gibt schnell Auskunft über die Gruppenzugehörigkeit der Farbstoffe und genügt damit meistens den Anforderungen der Praxis.

Zunächst wird das zu untersuchende farbige Papiermuster mit 5–10%iger Natronlauge bis zur völligen Entfärbung gekocht. Nach guter Abkühlung wird die Lösung mit Äther ausgeschüttelt und im Scheidetrichter oder durch vorsichtiges Abgießen der Ätherauszug von der wäßrigen Lösung getrennt. Die Ätherausschüttelung wird dann mit einigen Tropfen Essigsäure angesäuert. Die etwa vorhandenen *basischen* Farbstoffe werden dann in ihren oft charakteristischen Farbtönen in die Essigsäure übergehen.

In einem zweiten Versuch können *basische* und *saure* Farbstoffe nebeneinander festgestellt werden. Hierzu wird die zu untersuchende Papierfärbung in verdünnter Essigsäure (1 Teil Essigsäure 30%ig + 1 Teil Wasser) so lange gekocht, bis die Farbstoffe praktisch vollständig abgezogen sind. In die Lösung bringt man ein Stückchen tannierter Baumwolle und einige Fäden weißer Wolle und läßt einige Zeit mitkochen. Es zeigt sich dann, daß die vorhandenen basischen Farbstoffe auf die tannierte Baumwolle und die sauren Farbstoffe auf die Wollfäden aufziehen.

Da es auch einige substantive Farbstoffe gibt, die gleichfalls die Wolle im essigsauren Bad anfärben, so ist diese Prüfungsmethode durch einen dritten Versuch zu ergänzen. Dabei wird die zu untersuchende Papierfärbung so lange in einer 5%igen Sodalösung gekocht, bis der substantive Farbstoff in Lösung gegangen ist. In die Lösung bringt man dann einige Fäden oder ein Stückchen merzerisierten Baumwollgarns und salzt mit

Kochsalz aus. Der substantive Farbstoff wird von der merzerisierten Baumwolle fixiert, so daß das Garn anstandslos ausgewaschen werden kann.

Diese drei Prüfungen sind zweckmäßig durch eine vierte zu vervollständigen. Man legt die zu prüfende Papierfärbung in kalte Zinnsalzsalzsäure und beobachtet den Reduktionsvorgang. (Zinnsalzsalzsäure = 2 Teile Zinnsalz + 2 Teile konzentrierter Salzsäure + 1 Teil Wasser). Tritt keine Entfärbung ein, so wird die Probe in der Zinnsalzsalzsäure gekocht. Mit wenigen Ausnahmen werden die Farbstoffe meist schon in der Kälte reduziert, und durch das charakteristische Verhalten einiger vorwiegend saurer Produkte gegenüber Zinnsalzsalzsäure ist deren Erkennung möglich. So bleibt in Gegenwart von Chinolingelb auch nach längerem Kochen die Zinnsalzsalzsäure stark gelb gefärbt. Auch Wasserblau, Reinblau und Alkaliblau werden unter den gleichen Bedingungen nicht entfärbt. Vesuvinfarbstoffe werden durch die kalte Reduktionslösung nicht verändert, beim Kochen tritt eine dunkelbraune Färbung auf. Azoflavin wird beim Kochen braun; in der kalten Lösung bleibt es gelb. Rhodamin wird durch kochendheiße Zinnsalzsalzsäure entfärbt. Aus der abgekühlten Lösung läßt sich der Farbstoff mit Äther ausschütteln, der dann deutlich die Rhodaminfärbung erkennen läßt.

Die Untersuchung von *Farbstoffen in Substanz* ist für den Papierfärber nur selten erforderlich. Meistens wird ihm die Farbstoffbezeichnung, die oft klare Hinweise gibt, bekannt sein, und in Zweifelsfällen kann er sich sehr rasch durch Ausfärbungen auf Wolle, tannierter und merzerisierter Baumwolle von der Klassenzugehörigkeit des ihm nicht bekannten Produktes vergewissern. Diese Untersuchungsmethoden decken sich im übrigen mit den bisher besprochenen Prüfungsverfahren. Sie sind aber in ihren Resultaten eindeutiger, da genügend große Substanzmengen für die Untersuchung zur Verfügung stehen. RUDOLF SIEBER[1] gibt einen Analysengang an, der in der Praxis vollauf genügt und auch schnell zum Ziele führt. Er schreibt u. a.:

„Zur Erkennung eines etwa vorhandenen *sauren Farbstoffes* bringt man in die ungefähr 1%ige kochende Lösung nach Zusatz von einigen Tropfen Essigsäure ein ungefärbtes Wollgarnsträngchen ein, hält unter häufigem Umziehen des Strängchens die Färbeflüssigkeit ¼ bis ½ Stunde im Kochen, spült dann aus und beobachtet, ob aus der Farblösung der Farbstoff ganz oder doch größtenteils ausgezogen worden ist und beim kräftigen Spülen auf den Fasern des Wollsträngchens verbleibt.

Zur Erkennung der *basischen Farbstoffe* verwendet man ein durch Einlegen in Tannin und Fixieren mit Brechweinstein gebeiztes Baumwollgarnsträngchen. Basische Farbstoffe fixieren sich auf derart gebeizten Fasern sehr gut. Die Lösungen von basischem Farbstoff geben übrigens bei vorsichtigem Zusatz von Tanninlösung eine Fällung, so daß auch ohne Ausfärbung ihre Natur erkannt werden kann.

Der Nachweis *substantiver Farbstoffe* gelingt durch Ausfärbung in einer 2 bis 5%igen Farbstofflösung, der man Kochsalz oder Glaubersalz in solchen Mengen beigefügt hat, daß 10 bis 20% des Fasergewichtes an Salz vorhanden sind. Substantive Farbstoffe lassen sich beim kochenden Ausfärben binnen ½ Stunde auf der Baumwollfaser fixieren.

---

[1] Dr.-Ing. RUDOLF SIEBER, Die Chemisch-Technischen Untersuchungsmethoden der Zellstoff- und Papierindustrie, 1943.

Küpenfarbstoffe können an ihrem Verhalten zu Hydrosulfit plus Alkali erkannt werden. Sie gehen bei der Behandlung mit diesen Reagentien meist unter Farbänderung in Lösung.

Beizenfarbstoffe färben in Suspension oder Lösung ungebeizte Baumwolle oder Wolle nicht an. Kocht man aber in der Farbstoffbrühe ein Strängchen gebeizter Faser – besser noch verwendet man Streifchen von Baumwollstoff, der mit Beizen bedruckt ist – so kann an der Farbveränderung der gebeizten Faser der Beizcharakter des Farbstoffes erkannt werden."

Da für Papierfärbungen fast ausschließlich basische, saure oder substantive Farbstoffe verwendet werden, genügt es im allgemeinen, auf diese 3 Gruppen zu prüfen. Für einen abgekürzten Untersuchungsgang wird von einer Farbenfabrik[1] der folgende Vorschlag gemacht:

Mit dem zu untersuchenden Farbstoffpulver stellt man zunächst eine Lösung von 1 g Substanz in 1 l destilliertem Wasser her. In einem Reagenzglas kocht man einen Teil dieser Lösung 5 Minuten lang zusammen mit einigen Wollfäden und einigen mit Tannin und Brechweinstein vorgebeizten Baumwollfäden auf. Eine Ansäuerung mit 2–3 Tropfen Essigsäure von 6° Bé ist dabei erforderlich. Färben sich die Baumwollfäden an, die Wolle jedoch nicht oder nur sehr schwach, dann liegt ein *basischer* Farbstoff vor.

Färben sich Baumwolle und Wolle etwa in gleicher Stärke an, wie z. B. bei Alkaliviolett, dann sind weitere Reaktionen zur Unterscheidung des basischen und sauren Farbstoffes notwendig. Man geht dabei so vor, daß man eine neue Probe der zu untersuchenden Farbstofflösung im Reagenzglas mit Natronlauge bei gelinder Wärme behandelt. Nach völliger Abkühlung setzt man der alkalischen Farbstofflösung Äther hinzu, schüttelt kurz durch oder läßt beide Flüssigkeiten 5–10 Minuten ruhig stehen. Sodann gießt man den Äther ab und versetzt ihn mit einigen Tropfen Essigsäure von 6° Bé. Geht der Farbstoff in die Essigsäure über, was sich in einer starken Anfärbung zeigt, dann liegt ein basischer Farbstoff vor, im anderen Falle ist der Farbstoff sauer.

Färben sich beim ersten Versuch in der schwach essigsauren Flotte die Wollfäden an, so deutet dies auf die Gegenwart von *sauren* oder *substantiven* Farbstoffen hin.

Zur Unterscheidung dieser beiden Gruppen benutzt man eine neue Probe der vorbereiteten Farbstofflösung. Im Reagenzglas fügt man der Lösung ein Stückchen nichtgebeizten Baumwollstoff zu, ferner einige Tropfen Glaubersalz- und Sodalösung, kocht 5 Minuten unter Schütteln und wäscht schließlich das Stückchen Baumwollstoff gut aus. Wäscht sich der Baumwollstoff aus und bleibt ungefärbt, dann liegt ein *saurer* Farbstoff vor; bleibt die Färbung hingegen bestehen, so deutet der angefärbte Baumwollstoff auf die Gegenwart eines *substantiven* Farbstoffes hin.

Die Untersuchung von Farbstoffproben bedarf noch einer Ergänzung durch Prüfung auf *Zusammensetzung* und *Ergiebigkeit*, denn in der Praxis liegen in den seltensten Fällen die reinen Farbstofftypen, d. h. die Fabrikationspartien vor. Wir wissen bereits, daß die Handelsprodukte gestellt oder auch mit anderen Farbstoffen gemischt bzw. nuanciert werden.

[1] BASF., Ludwigshafen.

Zur Prüfung, ob ein gestellter Farbstoff, d. h. ob ein einheitliches Produkt oder ein Farbstoffgemisch vorliegt, bedient man sich der Blasprobe. Eine Messerspitze des fein gepulverten Farbstoffes wird auf ein seitlich daruntergehaltenes, angefeuchtetes Blatt Filtrierpapier aufgeblasen. Die einzelnen Farbstoffpartikelchen lösen sich weit verstreut voneinander im nassen Filtrierpapier zu einzelnen Farbpünktchen auf und lassen bei Mischfarbstoffen sehr instruktiv die einzelnen Komponenten erkennen. Für eine etwas tiefer in die Materie eindringende Vorprüfung wird die Zerstäubung oft auch auf konzentrierter Schwefelsäure, die sich in dünner Schicht in einer flachen Porzellanschale befindet, vorgenommen. Besonders bei naheliegenden Farbtönen der Mischkomponenten lassen sich manchmal auf diese Art deutlich unterscheidbare Farbreaktionen hervorrufen.

Auch mit Hilfe der Kapillaranalyse können gemischte Farbstoffe durch einen in die Farbstofflösung eingetauchten Filtrierpapier- oder Löschpapierstreifen getrennt werden. Je nach dem Grad ihrer Löslichkeit und ihrer Affinität zum Filtrierpapierstreifen, der den Transport der Farbstofflösung besorgt, steigen die Farbstoffe verschieden schnell und hoch und zeigen an der obersten Saughöhenzone eine mehr oder minder deutliche Entmischung der Farbstofflösung.

Vermittelst der Kapillaranalyse kann auch gewissen Störungen bei der Tauchfärberei, die in einer Erschöpfung der Tauchflotte bestehen und in der Verwendung von Farbstoffmischungen zu suchen sind, nachgegangen werden.

Die Farbstoffuntersuchung würde unvollständig bleiben, wenn sie nicht durch die Prüfung auf *Typgerechtigkeit* bzw. *Ergiebigkeit* ergänzt würde.

Durch Versuche wird zuerst die Löslichkeit des Produktes festgestellt und dabei gleichzeitig die Menge des unlöslichen Rückstandes bestimmt.

Sodann wird die Typgerechtigkeit bzw. Ausgiebigkeit im Vergleich zu einem vorhandenen Stammtyp geprüft. Dies geschieht durch Ausfärbungen in der Masse auf einem geeigneten Grundstoff. Saure und basische Farbstoffe färbt man auf Grund praktischer Erfahrungen auf einer Stoffmischung, bestehend aus 50% Holzschliff und 50% ungebleichtem Sulfitzellstoff, direktziehende Farbstoffe auf 100% ungebleichtem oder auch gebleichtem Sulfitzellstoff. Die organischen Pigmente werden nur auf gebleichten Stoffen geprüft. Normale Leimung ist erforderlich. Die Reihenfolge: Farbstoff, Harzleim, schwefelsaure Tonerde ist einzuhalten und die Zugabe in gleichbleibenden Zeitintervallen vorzunehmen. Die Färbung wird in einem mit Rührer versehenen Glasstutzen vorgenommen. In diesen trägt man 10 g oder auch weniger lufttrockenen, holländerfertigen Stoff ein und färbt unter Rühren mit 0,5 oder 1% des zu untersuchenden Farbstoffes. Die Farbstoffabmessung geschieht in ebenso einfacher wie zuverlässiger Weise durch Herstellung einer 1%igen Lösung in destilliertem Wasser (Kondenswasser). Nach der Farbstoffzugabe und der Leimung wird der Stutzen bis zu einer bestimmten Marke mit Wasser aufgefüllt, so daß man die Gewähr hat, in stets gleichbleibender Verdünnung zu arbeiten. Nach einer Durchmischung von etwa 20 Minuten wird der Stutzeninhalt, wenn notwendig, weiterverdünnt, auf einem der gebräuchlichen Blattbildner abgesaugt und die Färbung zwischen weißen Löschpapieren unter stets gleichem Druck mit einer schweren, polierten Stahlrolle oder einer Kopierpresse weiter entwässert. Das gefärbte Muster wird dann auf einem Trockenzylinder, am besten zwischen zwei Löschpapieren, unter öfterem Umwenden getrocknet.

So hergestellte Vergleichsprobefärbungen zeigen Stärkedifferenzen und Nuancenabweichungen in außerordentlicher Schärfe bis zur optischen Schwelle an.

Die *weißen Pigmente*, soweit sie zum Aufweißen und nicht zum Beschweren und Füllen benutzt werden, sind ebenfalls als Farbstoffe anzusprechen. Ihr Nachweis im Papier ist durch die Asche möglich. Zur schnellen Ermittlung kann auch das Aussehen unter dem Mikroskop herangezogen werden.

Ein besonderes Interesse verdient der Nachweis von *Titan* im Papier. Hierzu verascht man eine genügend große Papierprobe und glüht so lange, bis die Asche völlig weiß ist. Die Asche wird sodann in einem Reagenzglas mit 5 ccm konz. Schwefelsäure und 1 g Fluornatrium versetzt und kurz erhitzt. Die Probe wird dann rasch abgekühlt, mit 5 ccm destilliertem Wasser versetzt und 2–3 Tropfen Wasserstoffsuperoxyd 30%ig (Perhydrol Merck) zugegeben. Eine Gelb- bis Dunkelorangefärbung zeigt die Anwesenheit von Titan an.

Die Praxis des Papierfärbens.

Im allgemeinen kommt man für alle in Frage kommenden Farbtöne mit einer Auswahl von etwa 12 bis 15 Farbstoffen der verschiedenen Gruppen zurecht. In ausgesprochenen Weißpapierfabriken benötigt man entsprechend weniger. Auf den 4 Urfarben OSTWALDS lassen sich alle bunten Farben des Vollfarbenkreises aufbauen, es ist aber zu bedenken, daß die Farbenfabriken in Gestalt der von ihnen in den Handel gebrachten Produkte keine Farbstoffe liefern, die im Sinne des Farbenkreises als Vermittler reiner Vollfarben anzusprechen wären. Sie besitzen stets einen mehr oder weniger großen Schwarzgehalt, und es ist deshalb zweckmäßig, aus dem Bereich der Urfarben immer zwei Vertreter zur Hand zu haben, die den Anschluß an die Nachbargebiete gestatten. Dieser theoretischen Forderung tut man Genüge, wenn man in der Praxis, wohl meist aus einem färberischen Gefühl heraus, außer einem grünstichigen Gelb mindestens noch ein rotstichiges Gelb in der Farbküche unterbringt. In gleicher Weise wird man ein gelbstichiges Rot neben einem blaustichigen, ein rotstichiges Blau neben einem grünstichigen und ein blaustichiges Grün neben einem gelbstichigen zur Erfüllung notwendiger praktischer Forderungen auf Lager halten. Mit 2 bis 4 Komponenten ist dann jeder Farbton treffsicher zu erreichen. Man soll sich davor hüten, einen Vorteil darin zu sehen, mit möglichst wenigen Farbstoffkomponenten auszukommen. Die Ausweichmöglichkeiten müssen bei den in ihrer Eigenfarbe oft wechselnden Grundstoffen und bei den oft störenden Einflüssen des Rückwassers immer in genügendem Umfange vorhanden sein. Auch die wirtschaftliche Seite des Färbens ist nicht dadurch gesichert, daß möglichst wenig Produkte zur Anwendung gelangen. Es sei nur auf die satten, zusammengesetzten Farbtöne und auf die Schwarzfärbungen hingewiesen.

Werden jedoch Färbungen verlangt, an die bestimmte Echtheitsanforderungen gestellt werden müssen, dann sind allerdings noch weitere Farbstoffe mit besonderen Eigenschaften zur Vervollständigung der Auswahl notwendig. In der nachfolgenden Zusammenstellung wurde hierauf entsprechend Rücksicht genommen.

Herstellung häufig vorkommender Farbtöne durch Massefärbung.

Grünstichiges, reines Gelb

Billigst:	Auramine; noch grünere Töne sind vorteilhaft mit geringsten Mengen von Diamantgrün GX (Le), Basisch Grün HB (Hö) bzw. Burmagrün G (Lu) zu erreichen. Kein Blaufarbstoff!
Lichtecht:	Chinolingelb KT extra konz. (Lu).
Licht-, wasser- und reibecht:	Siriuslichtgelb 5 GP (Le).
Bestens licht-, wasser-, säure- und alkaliecht:	Hansagelb 10 GT Teig (Hö), Pigmosolgelb 3 G (Lu).

Mittleres, reines Gelb

Billigst:	Auraminfarbstoffe nuanciert mit Orange II bzw. RO (Lu) oder Papiergelb AX (Lu) oder Metanilgelbmarken.
Lichtecht:	Siriuslichtgelb R extra (Le), Diaminlichtgelb RR extra (Ma).
Bestens licht-, wasser-, säure- und alkaliecht:	Hansagelb GP Teig (Hö), Pigmosolgelb R (Lu).

Rötliches Gelb

Billigst:	Auraminmarken in Kombination mit Orange RO (Lu). Vorteilhaft einstehende Einzelfarbstoffe sind die Metanilgelbmarken.
Hitzebeständig und relativ gut säureecht:	Papiergelb AX (Lu).
Licht-, wasser- und reibecht:	Stilbengelb GPX; GLX (Le) und Papiergelb RRNX (Le), Dianilgelb RR (Hö), Papiergelb RF (Ma).
Bestens licht-, wasser-, säure- und alkaliecht:	Permanentechtgelb NRP Teig (Lu).

Orange

Billigst:	Orange II bzw. RO (Lu); nach Gelb hin wird mit einer Metanilgelbmarke, Papiergelb AX (Lu) oder auch Auraminmarke nuanciert, nach Rot hin mit einem sauren Scharlach, bei stumpferen Farbtönen mit Echtrot AV (Lu).
Licht-, wasser- und reibecht:	Benzoechtorange P; WS (Le), Dianilorange G (Hö), Diaminorange D (Ma).

Hitzebeständig:	Benzoechtorange WS (Le), Pyraminorange RX, Dianilorange G (Hö), Diaminorange D (Ma).
Bestens licht-, wasser-, säure- und alkalibeständig:	Litholechtorange RN Teig (Hö), Pigmosolorange R (Lu).
Braun	
Billigst:	Einzelfarbstoffe wie die Vesuvin- und Bismarckbraunmarken, ferner die gelbstichigen Chrysoidinmarken; Nuancierungen nach Gelb hin mit Auramin, nach Rot hin mit Orange II bzw. RO (Lu).
Billigst und lichtecht; ruhige Brauntöne:	Saftbraun und die verschiedenen Ockermarken und Eisenoxydfarbstoffe.
Dampfecht:	Vesuvine, Janusbraunmarken.
Licht- und wasserecht:	Siriuslichtbraunmarken.
Bestens licht-, wasser-, säure- und alkaliecht:	Ockerarten und Eisenoxydfarbstoffe; Kombination aus organischen Pigmenten (Orange + Scharlach + Schwarz).
Scharlachrot	
Billigst:	Baumwollscharlach extra (Le), Brillantcrocein 9B (Le), Echtscharlach GPX, Fixierscharlach RXX (Lu).
Wenig gefärbte Abwässer:	Fixierscharlach RXX (Lu); Kombination aus Rhodamin B extra und Orange RO (Lu).
Lichtecht:	Papierrot A extra (Le) evtl. mit Benzoechtorange WS (Le) nuanciert; Benzoechtscharlach 4BS (Le).
Bestens licht-, wasser-, säure- und alkaliecht:	Litholechtscharlach RGN dopp. Teig (Hö), Pigmosolscharlach B (Lu).
Rot	
Billigst:	Rhodaminmarken für gelb- bis blaustichige Rottöne, Fuchsinmarken (blaustichig), Safraninmarken. Vorteilhafter Einzelfarbstoff Congorot (Säureempfindlichkeit!).
Ruhige, gedeckte Rottöne:	Echtrot AV (Lu), Brillantcrocein 9B (Le), Bordo extra (Le).
Lichtecht:	Papierrot A extra (Le), Congorot (Le).
Lichtecht und wasserecht:	Erikamarken, Siriusrosamarken, Siriusrot 4B (Le), Helioechtrot BB (Le), Helioechtrosa RL Teig (Le).
Dampf- und wasserecht:	Congorot (Le).
Bestens licht-, wasser-, säure- und alkaliecht:	Indanthrenbrillantrosa RP Teig (Ma), Indanthrenbrillantrosa BBL Plv. fein für Färbung (Lu).
Violett	
Billigst:	Einzelfarbstoffe wie Methylviolettmarken, Äthylviolett, Kristallviolett krist.
Wasser- und dampfecht:	Methylviolettmarken evtl. Vorbeize mit Katanol

Lichtecht und wasserecht:	Pigmosolviolett 3B (Lu), Indanthrendruckviolett RH Teig (Hö), Indanthrenbrillantviolett RK Teig (Le). Siriuslichtviolett FFR; BL (Le). Sehr reine Töne werden mit Fanalviolett RTX supra Teig erzielt. (Lichtechtheit in hellen Tönen nur mäßig.)

Blau

Billigst:	Lebhafte, rot- bis grünstichige Blautöne werden mit den Viktoriablau-, Nuancierblau- und Marineblaumarken erzielt. Gedeckte Blautöne erhält man mit Kombinationen aus basischem Violett mit gelbstichigem, basischem Grün.
Für Nuancierzwecke auf gebleichten Stoffen:	Wasserblau TR; TBA; IN (Hö) und Reinblaumarken.
Für Nuancierzwecke auf holzhaltigen Stoffen:	Viktoriablau-, Nuanc erblau- und Marineblaumarken, Äthylviolett, Kristallviolett krist.
Wasser-, reib- und dampfecht:	Viktoriablau B hochkonz. (Lu).
Gut licht-, wasser- und hitzebeständig:	Papierechtblau 4G extra (gekupfert), Benzoazurin G (Le) (gedecktes Blau), ferner Siriuslichtblaumarken, wie z. B. Siriuslichtblau 3RL; BRR; B; GL (Le); F3GL (Hö); FFRL (Hö).
Gut lichtecht:	Helioechtblau BL extra konz. (Le), Pigmosolblau 5G (Lu).
Bestens licht-, wasser-, säure- und alkaliecht:	Indanthrenblaumarken, Ultramarin (rotstichiges, sehr blumiges Blau, das jedoch säure*un*echt ist), ferner das grünstichige, sehr lebhafte und reine, jedoch alkali*un*echte Berliner Blau.

Grün

Billigst:	Alle basischen Grünmarken. Gelberstellen erfolgt mit Auramin (nicht mit einer rotstichigen Gelbmarke!). Nuancieren nach Blau hin *nicht* mit basischem Blau, sondern mit einer blauen Violettmarke, wie Methylviolett N blau (Lu) oder Astrablau 3R konz. (Le).
Wasser- und dampfecht:	Diamantgrün GX (Le), evtl. mit Katanol, Basischgrün HB (Hö), Burmagrün G (Lu).
Licht- und wasserecht:	Benzogrün FF (Le), Siriuslichtgrün BB (Le).
Bestens licht-, wasser-, säure- und alkaliecht:	Heliogengrün G Teig (Lu), Pigmosolgrün B (Lu) und Chromoxydgrün, Indanthrengrün 4G Teig (Le).

Grau

Billigst:	Nigrosinmarken; direktziehende Papierschwarzmarken, basisch oder sauer nuanciert. Ruß, evtl. nuanciert.
Gut lichtecht:	Nigrosin-, Papierschwarzmarken und Ruß.
Licht- und wasserecht:	Siriuslichtgraumarken, Ruß, Helioechtschwarz T Teig (Le), Pigmosolschwarz N (Lu).
Bestens licht-, wasser-, säure- und alkaliecht:	Pigmosolschwarz N (Lu), Helioechtschwarz T Teig (Le) und Ruß.

Schwarz

Billigst und gleichzeitig wasser- und lichtecht:	Billigste Kombination: Ruß + Papierschwarzmarken. Nuancierungsmöglichkeiten mit direktziehenden oder basischen Farbstoffen. Einzelfarbstoffe: Papierschwarzmarken, Schwefelschwarzmarken und auch Ruß.
Wasser- und reibecht:	Papierschwarzmarken oder rein basische Kombination. Bei basischen Färbungen gegebenenfalls Beize mit Katanol.

Anhaltspunkte für das Färben der wichtigsten Papiersorten.

A. Hüllpapiere.

Für diese große Klasse von gefärbten Papieren lassen sich starre, allgemein gültige Richtlinien bezüglich des Färbens nicht geben. So zahlreich die Verwendungsmöglichkeiten für diese Papiere sind, so zahlreich und verschiedenartig sind auch die Anforderungen, die an die Färbungen gestellt werden bzw. gestellt werden müssen. Jeder Einzelfall erfordert deshalb ein individuelles Eingehen auf die jeweils für ein bestimmtes Papier zu fordernden färberischen Eigenschaften und die in der Praxis bestehenden Möglichkeiten, diesen weitestgehend Rechnung zu tragen.

a) Hüllpapiere gewöhnlicher Art.

Schrenzpapiere (Ordinäre Packpapiere, Goudronné, Bastpack, Lomspack, Spelt, Tütenpapiere, Wellpappenrohstoffe, Pappen usw.). Für diese meist völlig aus Altpapier hergestellten Papiersorten ist die billigste Färbeweise gerade noch tragbar. Diese ist durch die Verarbeitung der leuchtenden und sehr farbkräftigen basischen Farbstoffe, eventuell in Mischung mit geeigneten sauren Produkten, gewährleistet. Selbst die sehr billigen Erdfarbstoffe Ocker, Englischrot, Umbra, die Eisenoxydfarbstoffe u. a. m. müssen zum Färben der Altpapierrohstoffe oftmals ausscheiden, da die Einbuße der Festigkeitseigenschaften, die mit ihrer Anwendung einhergeht, gerade bei diesen Stoffen nicht tragbar ist. Saftbraun (Nußbeize, Lohbraun, Casseler Braun) hingegen ist in vielen Fällen mit Vorteil anzuwenden, obzwar auch dieses Produkt in fast allen Fällen nur zur Grundierung brauner Färbungen auf Papier und Pappe geeignet ist. Da sich Saftbraun nur schwer fixieren läßt, muß mit großen Überschüssen an schwefelsaurer Tonerde gearbeitet werden. Eine Überfärbung mit basischen oder sauren Farbstoffen, oder mit beiden zusammen, ist in diesen Fällen im allgemeinen üblich und auch wegen des Farbanschlusses an eine gegebene Vorlage immer notwendig.

Billigst einstehende *Blaufärbungen* werden mit der Kombination Methylviolett + Basisches Grün evtl. unter Aufsatz von Viktoriablau hergestellt.

Beim Färben der Wellpappenrohstoffe ist darauf zu achten, daß die versteifende Klebung mit dem stark alkalisch reagierenden Wasserglas vorgenommen wird, daß also in diesen Fällen gut alkaliechte Farbstoffe verarbeitet werden müssen. So darf beispielsweise basisches Grün, auch in Kombination, nicht benutzt werden. Für die Wellpappen kommen häufig Gelbstrohpapiere zur Verarbeitung; aber deren Nuance kann auf Schrenz täuschend ähnlich mit einer Kombination aus Orange II und einer Auraminmarke nachgebildet werden.

Strohpapiere (Gelber Strohstoff). Strohstoff enthält fast stets Kalk und reagiert stark alkalisch. Zur Färbung sind deshalb gut alkaliechte Farbstoffe zu verwenden, welche ohne Leimungszusätze gut gebunden werden. Dazu gehören die substantiven Farbstoffe, ausgenommen Papiergelb 3GX (Le), und die meisten der basischen (nicht jedoch die Vesuvine, Chrysoidine, Diamant- und Malachitgrünmarken). Vorteilhaft wird der Strohstoff im Holländer mit gewöhnlicher Salzsäure neutralisiert (Prüfung mit blauem Lackmuspapier). Es kann dann mit allen basischen Farbstoffen ohne jede Schwierigkeit gefärbt werden, und zwar ohne die Verwendung von Leim- oder Beizmitteln.

Satte Rottöne sind billigst mit Congorot einzufärben, wobei eine Neutralisation zweckmäßig unterbleibt.

Braunholzpapiere (Tütenpapiere, Lederpappen). Infolge des Dämpfprozesses zeigt der Braunholzschliff oftmals sauren Charakter (Essigsäure, Ameisensäure). Säureempfindliche Farbstoffe wie beispielsweise Congorot und Metanilgelb müssen deshalb beim Färben ausscheiden. Als billigste Färbeweise kommt eine solche mit basischen oder sauren oder mit beiden zusammen in Betracht. Eine besondere Fixierung mit Leimungsmitteln oder anderen Beizmitteln ist nicht erforderlich.

Cellulosepack (Tütenpapiere, Manila, Superior; einseitig glatt, maschinenglatt, mit Sieb- oder Filzmarkierungen). Da die basischen Farbstoffe zur ungebleichten Zellstoff-Faser eine ausgesprochene Verwandtschaft zeigen, ist ihre Verarbeitung für Zellstoffpapiere in erster Linie gegeben. Selbst sehr satte Färbungen lassen sich ohne Leim- und Beizmittel herstellen. Bei geleimten Papieren sind aber auch die sauren Farbstoffe bestens geeignet, und zwar besonders vorteilhaft in Kombination mit basischen Produkten. Die sauren Farbstoffe geben sehr ruhige Färbungen im Gegensatz zu den basischen, die auf ungebleichten Zellstoffen leicht zum Melieren neigen. Das Färben mit direktziehenden Farbstoffen ist ebenfalls möglich und bietet besonders für rote (Congorot) und schwarze (Papierschwarzmarken, Baumwollschwarzmarken) Töne Vorteile; ihre wichtigsten Eigenschaften liegen jedoch darin begründet, daß sie gut reib-, wasser- und lichtechte Färbungen ergeben, Eigenschaften, die ihre Färbungen für Tüten-, Beutel- und Warenhausverpackungspapiere besonders geeignet machen.

Die mit Congorot gefärbten Papiere sind jedoch säureunecht; sie eignen sich daher nicht für Klebebeutel (saurer Leim!).

Billigste Gelb- und Brauntöne, letztere bei eventueller Grundierung mit Saftbraun oder den verschiedenen Eisenoxydfarbstoffen bzw. Ockermarken, lassen sich mit den Auraminen, Chrysoidinen und Vesuvinen, mit Metanilgelb- und Orangemarken bei Abdunklung mit direktziehendem Schwarz erzielen. Für hitzebeständige Gelbfärbungen muß an Stelle von Metanilgelb (das übrigens auch säureempfindlich ist) Papiergelb AX (Lu) treten, oder wenn gleichzeitig Lichtechtheit gefordert wird, Papiergelb L extra bzw. eine der Stilbengelbmarken.

Für *Filzmarkierungen* auf dem einseitig glatten Zylinder haben saure Farbstoffe oder Kombinationen von basischen mit sauren Farbstoffen einen den technischen Effekt erhöhenden Einfluß, der in der mangelnden Affinität der sauren Farbstoffe zur Zellstoff-Faser zu suchen ist. Er tritt dadurch in Erscheinung, daß der saure Farbstoff, dessen Lösungs- bzw. Ausfällungsprodukte nicht fest auf der Faser haften, durch Hitzewirkung im Zuge der Wasserverdampfung von den erhöhten Stellen des Markierfilzes in die benachbarten Zonen der angepreßten Papierbahn gedrückt wird und sich hier konzentriert, wodurch sich ein farbig abgestuftes Bild der Markierung ergibt. Für sogenannte Kraftpackersatzpapiere wurden von den einzelnen Farbenfabriken spezielle Braunmarken geschaffen. Zuverlässiger ist das Arbeiten mit Kombinationen aus Saftbraun, sauerziehendem Papierbraun, Papiergelb AX und Nigrosin zum Abdunkeln. An Stelle von Nigrosin kann auch eine Papierschwarz- oder eine Baumwollschwarzmarke treten. Hierdurch sind Ausweichmöglichkeiten für einen genauen Farbanschluß gegeben, die im Hinblick auf die in ihrem färberischen Verhalten stets wechelnden ungebleichten Sulfitzellstoffe notwendig sind.

Pergamentersatz (Havannapapiere usw.). Diese Sorten werden meistens nur ungefärbt hergestellt und lediglich auf beste Weiße hin getönt. Da bei diesen Papieren harte Zellstoffe zur Verarbeitung gelangen, sind saure Nuancierfarbstoffe am Platze. Eine leichte Überfärbung ist zweckmäßig, um die im Holländer oder später oft eintretende Nachrötung des Stoffes zu kompensieren.

Pergamynpapiere. Durch die feucht-heiß-Satinage in Vielwalzenkalandern wird der Charakter des von der Papiermaschine kommenden Papieres grundlegend verändert. Die Begutachtung des Fertigerzeugnisses erfolgt nicht allein durch Prüfung von Glanz und Glätte, von Aufsicht und Übersicht, sondern auch durch Kritik der Durchsicht des Papiers. Dabei hat sich die Gepflogenheit herausgebildet, sowohl den Einzelbogen als auch das mehrfach gefaltete Blatt zu betrachten. Die zum Färben der Pergamynpapiere zu verwendenden Farbstoffe müssen auf den Sondercharakter der Pergamynzellstoffe, auf die Maschinenarbeit und vor allem auch auf die Kalanderarbeit abgestimmt sein.

Weißes Pergamyn. Zum Tönen sollten saure Blaumarken wegen der sehr starken Feuchtung nicht herangezogen werden. Basische Farbstoffe, wie die Nuancierblau-, Viktoriablau- und die Marineblaumarken, ferner Äthylviolett und Kristallviolett krist. sind geeignet. Sie haben bei den sehr harzreichen, harten Zellstoffen jedoch oftmals Fleckenbildung im Gefolge, hervorgerufen durch die mit dem basischen Farbstoff angereicherten Harzagglomerationen. Für Qualitätspapiere mit höchsten Ansprüchen ist man deshalb hier und da dazu übergegangen, Indanthrenblau RSP Pulver fein und als Rotkomponente Indanthrenbrillantrosa BP Teig zu verwenden.

Durch die Einlagerung der feinst verteilten Farbstoffpigmente, die weder zum harten Zellstoff noch zum Markstrahlharz eine Verwandtschaft zeigen, wird Durchsicht und Aufsicht, besonders beim mehrfach gefalteten Papier, sehr günstig beeinflußt. Wenn man bedenkt, daß die modernen Hochleistungs-Pergamyn-Kalander mit Walzentemperaturen von 130 bis 150° C (teilweise sogar bis 170° C) arbeiten, so daß in der vom Kalander kommenden Papierbahn bzw. Papierrolle Innentemperaturen bis 90° und darüber keine Seltenheit sind, dann wird einem auch das oft beobachtete Nachgilben (Bräunen) des Papiers – als beginnende Verkohlung – verständlich werden. Das eingelagerte Indanthrenpigment übersteht diesen Fabrikationsprozeß infolge seiner hervorragenden Hitzebeständigkeit ohne jeden Nachteil und wird, da es zwischen den Einzelfasern eingebettet liegt – diese also in gewissem Umfange umhüllt – nach wie vor seinem Aufweißungseffekt umsomehr gerecht, als es den Abbau der Zellstoff-Faser weniger sichtbar werden läßt. Die gleiche Überlegung macht sich die Praxis zunutze, wenn sie dem Papier Weißpigmente wie Titandioxyd, allerdings in äußerst geringen Mengen, hinzufügt.

Schwierigkeiten besonderer Art stellen sich bei den Seifen- und Shampoonpergamynen ein. Diese erfordern mit Rücksicht auf die Alkaliwirkung des eingewickelten Gutes gebleichte Rohstoffe. Sie sind nach Blau hin zu überfärben, um eine eventuell später eintretende Vergilbung zu kompensieren. Als Nuancierfarbstoffe sind Heliogenblau B Teig, ferner Papierdirektblau CP und Brillantreinblau R (Le) geeignet. Das Arbeiten mit Indanthrenfarbstoffen ist unter Umständen bedenklich, da in den Waschmitteln reduzierende Bleichmittel enthalten sein können.

Farbiges Pergamyn. Für diese zum Teil sehr satt gefärbten Papiere sind zwecks bester Farbstoffausnützung nur basische und direktziehende Farbstoffe anzuwenden. Die Preisfrage ist entscheidend dafür, welcher Färbeweise man den Vorzug geben will; aber auch die Abwasserfrage muß dabei berücksichtigt werden, denn die oft gewünschten, sehr satten Farbtöne liegen für beide Gruppen nicht selten an der Grenze der Farbstoffaufnahmefähigkeit.

Saure Orange- und Scharlach-Färbungen sind dort vielleicht zu diskutieren, wo man wegen Abwasserschwierigkeiten keine Bedenken zu haben braucht, also beispielsweise in Fabriken, die neben großen Flußläufen liegen. Beim Färben mit sauren Farbstoffen und auch Saftbraun muß jedoch mit großen Überschüssen an schwefelsaurer Tonerde gearbeitet werden; dennoch werden bei gleichzeitig stark gefärbten Abwässern oft zweiseitige Färbungen erhalten. Bei den sattfarbigen Pergamynpapieren bietet das mustergetreue Färben auf Aufsicht und Durchsicht sehr große Schwierigkeiten. So beispielsweise bei den bekannten Sorten „Chocolate“, die als Hüllmaterial für Schokolade, Pralinen und Kakao Verwendung finden. Bei diesen Papieren wird oft eine rote Durchsicht verlangt, die sich nur auf dem Wege über geeignete Farbstoffkombinationen erzielen läßt. So z. B. auf Basis

Congorot
Auraminfarbstoff
Direktziehendes Schwarz

bei gleichzeitiger Avivierung mit Soda calc.

Diese Färbeweise hat den Nachteil der Säureunechtheit, durch welche die Verwendungsmöglichkeiten der Papiere stark eingeengt werden. Besser ist die rein basische Kombination auf Basis

Vesuvin BPXX; BA (Lu); BL (Le); H3R (Hö),
Neufuchsin 90, Pulverfuchsin AB (Le) oder Fuchsin MLB Pulver (Hö),
Methylviolett N blau eventuell bei Abdunkelung mit substantivem Papierschwarz.

Auch durch die Verwendung geeigneter farbiger Pergamynspäne kann auf die gewünschte Durchsicht hingearbeitet werden. Das Ausmustern wird hierdurch aber eher schwerer als leichter.

Für Rottöne kann Congorot überall dort verarbeitet werden, wo dies der Verwendungszweck des Papieres zuläßt. Zur Avivierung ist Soda calc. zu benutzen, das nach *vollendeter* Leimung zuzufügen ist. Alleiniges Arbeiten mit schwefelsaurer Tonerde oder Überschüsse dieses Produktes bei der Leimung sind wegen der Säureempfindlichkeit von Congorot auf jeden Fall zu vermeiden.

Aus Gründen der Farbstoffersparnis und zur Vereinfachung der Lagerhaltung wurde von verschiedenen Fabriken angestrebt, die Pergamynpapiere *abseits* der Papiermaschine zu färben. Das Verfahren ist durchführbar, bietet aber insofern Schwierigkeiten, als sich eine egale Durchfärbung bei den gallertig gemahlenen Stoffen nur schwer erzielen läßt.

Natron-Kraftpapiere. (Sackpapiere, Sealings). Die Färbeweise für ungebleichte Natronzellstoffe bzw. Sulfatzellstoffe ist die gleiche wie die für ungebleichte Sulfitzellstoffe. In erster Linie kommen basische Farbstoffe zur Anwendung, Kombinationen mit sauren Farbstoffen sind zweckmäßig; auch können saure Farbstoffe für sich allein verarbeitet werden (Orange- und Metanilgelbmarken). Die Aufhellung und Lebhafterstellung dunkler Natron- und Sulfatpapiere wird zweckmäßig mit Auraminen und sauren Orange- und Metanilgelbmarken vorgenommen. Das Abdunkeln geschieht mit direktziehendem Schwarz oder basischen Farbstoffkombinationen. Wegen der braunen Eigenfarbe der Rohstoffe sind billigste Blautöne mit basischem Grün + basischem Violett nicht möglich. Diese werden unter hauptsächlichster Verwendung von Viktoriablau, gegebenenfalls in Kombination mit einem blaustichigen Methylviolett, z. B. Methylviolett BB extra oder Methylviolett N blau (Lu), hergestellt.

Seidenpapiere. (Holzfrei und holzhaltig, Hutpack, Flaschenseiden, China Caps, Natronseiden, Pelüre usw.). Für diese Sorten gelangen vorwiegend die basischen Farbstoffe, evtl. in Kombination mit sauren Produkten, zur Anwendung. Gelb-, Orange- und Scharlachtöne können fallweise mit sauren Farbstoffen allein erzielt werden, dabei müssen jedoch stark gefärbte Abwässer mit in Kauf genommen werden. Für bestimmte Nuancen können auch die direktziehenden Farbstoffe mit Vorteil herangezogen werden, besonders beim Vorliegen holzfreier Stoffe. Man erhält dann gut wasser- und reibechte Färbungen von verbesserter Lichtechtheit, wie sie für manche Verwendungszwecke unerläßlich sind.

Bei all diesen Papieren niedriger Grammgewichte sollten mit Rücksicht auf die Abwässer überhaupt nur solche Farbstoffe verarbeitet werden, die von Hause aus ein gutes Aufziehvermögen auf die Papierfaser besitzen. Bei der Verwendung farbiger Späne, deren anteilige Mitverwendung oftmals eine große Verbilligung der Färbekosten bedeutet, ist deshalb darauf zu achten, daß der Anteil ungeeigneter (saurer) Farbstoffe nicht zu hoch wird. Dieser Fall tritt nicht selten dann ein, wenn Abfälle tauchgefärbter Seidenpapiere zur Verarbeitung kommen.

Briefumschlagpapiere. (Maschinenglatt, einseitig glatt, meliert, einseitig meliert und einseitig gefärbt). Bei diesen Papieren kommt es in erster Linie auf billigste Färbekosten an. Seltener werden lichtechte Färbungen verlangt. Die Verarbeitung basischer Farbstoffe, evtl. in Kombination mit sauren, bildet deshalb die Regel. Eine gewisse Alkaliechtheit und auch Säureechtheit der verwendeten Farbstoffe muß mit Rücksicht auf die Klebearbeit und Gummierung gefordert werden, denn die zur Verwendung gelangenden Klebemittel stellen einerseits oft alkalisch aufgeschlossene Stärkeprodukte dar, die andererseits zwecks Neutralisierung Mineralsäurezusätze und zwecks Haltbarmachung auch Zusätze von Salicylsäure oder Formaldehyd (Ameisensäureabspaltung!) enthalten können. Färbungen mit sauren Blaumarken (Wasserblau, Reinblau), aber auch Berliner Blau sind deshalb zu vermeiden; auch solche mit Metanilgelb, Papiergelb 3GX und Congorot. Basisches Grün muß gleichfalls wegen ungenügender Alkalibeständigkeit ausscheiden.

Rein saure Färbungen wiederum geben oft zu Beanstandungen Anlaß, die dadurch hervorgerufen werden, daß der saure Farbstoff nicht fest genug auf die Papierfaser niedergeschlagen werden kann, wodurch bei der Klebearbeit und beim Verschließen der Umschläge durch Einwirkung der aufgebrachten Feuchtigkeit eine teilweise Herauslösung und Verschiebung der Farbstoffe unter Fleckigwerden der Färbung erfolgt.

Bei den in der *Masse melierten* Papieren ist die Grundfärbung, ebenso wie die der Melierfaser, mit gut wasserecht fixierenden Farbstoffen herzustellen. Die Melierfasern sollten jedenfalls nur mit direktziehenden Farbstoffen oder auch mit basischen Farbstoffen unter Verwendung eines Beizmittels wie Tannin oder Katanol gefärbt werden. Die Überfärbung des melierten Stoffes im Holländer kann ohne besondere Vorsichtsmaßregel erfolgen, es können auch saure Farbstoffe, allerdings in nicht zu hohen Mengen, dazu herangezogen werden.

Zur Herstellung von *einseitig melierten* Kuvertpapieren wird eine dünne Faseraufschwemmung der im üblichen Verfahren gefärbten Melierfaser durch eine Diana-Apparatur oder einen Otu-Apparat oder andere geeignete Einrichtungen (Zuflußmulde mit schiefer Ebene, Hilfsrundsieb, Hilfslangsieb) auf die in Bildung begriffene Papierbahn an geeigneter Stelle zwischen Schaumlatten und letztem Sauger aufgebracht.

Einseitig gefärbte Kuvertpapiere können auf der Papiermaschine innerhalb der Pressenpartie nach dem BASF-Verfahren oder innerhalb der Trockenpartie nach dem Verfahren der Hoechster Farbwerke, nach dem Gosslerschen Verfahren oder nach Antoine hergestellt werden. Es können sowohl basische als auch saure Farbstoffe zur Anwendung kommen. Bei den sauren Farbstoffen besteht jedoch die Gefahr des Ausblutens beim Kleben und Gummieren.

b) Hüllpapiere besonderer Art.

Zündholzpapiere. Für diese Papiersorte wird ein Standard-Blauton bevorzugt, dessen Färbeweise durch die Forderung größtmöglicher Billigkeit in engen Grenzen festliegt. Je nach der verwendeten Stoffmischung ist entweder mit der Kombination basisches Violett + basisches Grün allein auszukommen oder aber ein lebhafterstellender Aufsatz mit Viktoriablau notwendig. Im allgemeinen rechnet man auf zwei Teile einer blaustichigen Methylviolettmarke einen Teil basisches Grün. Die gelben Etikettenpapiere werden mit Auramin gefärbt. Die olivgrünen Einschlagpapiere für die größeren Streichholzpackungen wurden früher auf gelbem Strohstoff häufig mit Kupfersulfat (Lichtechtheit!) hergestellt. Heute erzielt man sie bei Beibehaltung des gelben Strohstoffes durch Färbung mit einer Viktoriablau- oder Nuancierblaumarke; auch andere basische Blaufarbstoffe sind geeignet. Bei der Verarbeitung von gewöhnlichem Altpapier ist die Rezeptur entsprechend dem veränderten Grundtone umzustellen.

Kerzenpack. Es handelt sich bei dieser Sorte um satinierte, seltener einseitig glatte Zellstoffpapiere in gelber bis orangegelber Färbung. Mit Rücksicht auf ihre mögliche Verwendung als Schaupackungen in Auslagefenstern wird von ihnen eine gute Lichtechtheit gefordert, die in praktisch genügender Weise mit direktziehendem Gelb oder Orange (Papiergelb L extra, Papiergelb RF (Ma), Dianilgelb RR (Hö), Stilbengelb GPX; GLX (Le), Benzoechtorange P; WS (Le), Diaminorange D (Ma), Dianilorange G (Hö)) eventuell unter Aufsatz von saurem Papiergelb AX (Lu) oder Orange II und RO (Lu) erreicht wird.

Tabakpapiere. Diese stellen zumeist braune Standardfärbungen dar, an die höchste Ansprüche hinsichtlich Licht-, Wasser- und Reibechtheit gestellt werden. Der Farbanschluß an das Füllgut, d. h. an die zu verpackende hellere oder dunklere Tabaksorte, ist eine weitere Forderung. Die notwendige Aromadichte kann durch eine spezielle Färbung – wie es früher angenommen wurde – natürlich nicht erreicht werden, hingegen ist auf den p_H-Wert des Inhalts durch Auswahl beständiger Farbstoffe Rücksicht zu nehmen. Früher waren Grundierungen mit Campêche-Extrakt (bei Entwicklung mit Natriumbichromat) und Katechu üblich; heute stellt man die verlangten Farbtöne ausschließlich mit Anilinfarbstoffen, und zwar mit gut lichtechten, direktziehenden Farbstoffen, bei mäßiger Grundierung mit Erdfarbstoffen bzw. Eisenoxydfarbstoffen her. Wegen des Abrußens darf der Anteil der Mineralfarbstoffe allerdings nicht zu hoch gehalten werden. Schwefelfarbstoffe müssen auf Grund ihrer konstitutionellen Zusammensetzung sowie ihrer Färbeweise ausscheiden; hingegen sind organische Pigmentfarbstoffe wegen ihrer hervorragenden Echtheitseigenschaften in allen Fällen geeignet.

Die Tabakpapiere besitzen heute übrigens nicht mehr die Bedeutung für den Färber wie noch vor wenigen Jahrzehnten. Die Färbungen sind jenen aromadichten Mehrlagenpackungen gewichen, die in der Mehrzahl durch Folienkaschierung hergestellt werden.

Makkaroni- und Nudelpapiere. (Wolleinwickelpapiere, Auslagepapiere für Würfelzucker usw.). Diese Papiere dienen zur Verpackung von Makkaroni und dgl., ferner zum Auslegen der Versandkisten und sollen das verpackte Gut in seiner weißen oder gelblich weißen Färbung herausheben, also im gewissen Sinne „schönen". Die Papiere werden deshalb auch fast allgemein in der zum Füllgut etwa komplementären Farbe „Blau" eingefärbt. Von den verwendeten Farbstoffen muß verlangt werden – sofern Papiere zur Verpackung von Lebensmitteln damit gefärbt werden –, daß sie giftfrei im Sinne des § 10 des DR-Gesetzes vom 5. 7. 1887 sind. Die basischen und direktziehenden Farbstoffe genügen diesen Bestimmungen, nicht aber Berliner Blau. Von den Färbungen müssen weiterhin eine gute Wasserechtheit sowie Reibechtheit verlangt werden. Diese Echtheiten sind mit direktziehenden Farbstoffen wie Oxaminreinblau, Brillantreinblau R (Le), Papierechtblau 4G extra, Papierdirektblau CP und Diaminschwarz BH ohne besondere Maßnahmen zu erreichen. Man muß sich nur vor Überfärbungen hüten, denn das Aufnahmevermögen der Zellstoff- und Holzschliff-Faser ist auch für die basischen und substantiven Farbstoffe begrenzt. Bei substantiven Farbstoffen ist eine gewisse Steigerung der Farbstoffaufnahme der Papierfaser durch Heißfärben gegeben. Bei der Verarbeitung basischer Farbstoffe muß jedoch eine Beize mit Tannin, Sumach oder Katanol erfolgen.

An die blauen und schwarzen *Leinen-* und *Wolleinwickelpapiere* sind die gleichen Forderungen zu stellen, wie sie im vorhergehenden näher erläutert wurden. Neben der notwendigen Wasser- und Reibechtheit ist für diese Papiere, die oft in Auslagefenstern ihre Bestimmung erfüllen müssen, noch eine gute Lichtechtheit erforderlich. Diesen Eigenschaften wird durch die Verwendung von direktziehenden Farbstoffen Genüge getan. Für die Schwarzfärbungen mit einer geeigneten Papierschwarz- oder Baumwollschwarzmarke kann mit Rücksicht auf die verlangte Reibechtheit Ruß nur in geringsten Mengen mitverarbeitet werden, aber auch nur dann, wenn eine schmierige Stoffmahlung im Holländer in Kauf genommen werden kann. Für die Blaufärbungen gelten die gleichen Überlegungen. Mineralfarbstoffe und Pigmentfarbstoffe müssen wegen der geforderten Reibechtheit ausscheiden, so daß sie zweckmäßig nur auf Basis direktziehender Produkte aufzubauen sind.

Blaue und schwarze Zuckerhutpapiere. Bei diesen Sorten muß neben Wasser- und Reibechtheit ebenfalls eine gute Lichtechtheit gefordert werden. Die Färbeweise mit direktziehenden Farbstoffen liegt also fest. Die Verwendung von Schwefelfarbstoffen, die die verlangten Echtheitseigenschaften ebenfalls gewährleisten würden, muß wegen der anteiligen Mitverarbeitung von Schwefelnatrium ausscheiden. Es ist hier und da auch üblich, die Zuckerpapiere mit einem Albumin- oder Caseinstrich zu versehen. Die Grundfärbung braucht in diesen Fällen weder wasser- noch reibecht zu sein. Sie kann deshalb auch mit Nigrosin oder Ruß vorgenommen werden. Im übrigen besteht auch die Möglichkeit, die schwarzen Zuckerpapiere völlig im Streichverfahren herzustellen. Der Farbstrich geschieht dann mit Blauholz oder saurem Schwarz, der abdeckende Strich mit Casein, Albumin oder einem anderen geeigneten Mittel.

Nadelpapiere (Rostschutzpapiere). Diese werden überwiegend in einem satten Schwarz, selten in den Farbtönen Blau und Violett verlangt. Zum Färben können nur solche Farbstoffe benutzt werden, die sich mit der Papierfaser direkt verbinden und keines Beizmittels bedürfen. Das sind die substantiven Farbstoffe und auch Ruß. Was bezüglich der Stoffauswahl gilt, das gilt auch für die Auswahl der Farbstoffe: Chlorfreiheit, Säurefreiheit, Freiheit von schädlichen Schwefelverbindungen (Sulfide, Sulfite, Elementarschwefel), Freiheit von sauren Salzen oder solchen Neutralsalzen (Stellungsmittel, Fixiermittel), die durch hydrolytische Dissoziation sauer reagieren.

Leonische Papiere (Metalleinwickelpapiere, Goldschlagpapiere usw.). Es gilt in erhöhtem Maße das für die Nadelpapiere Gesagte. Es ist außerdem darauf zu achten, daß diese Papiere frei von Elementarmetallen sind. Die alkalisch aufgeschlossenen Rohstoffe (Hadern, Natronzellstoff, evtl. alkalisch nachgekochte Sulfitzellstoffe) werden mit direktziehenden Farbstoffen ohne jedes Beizmittel gefärbt. Werden geleimte Papiere verlangt, so ist die Fällung des Harz- oder Wachsleimes nicht mit schwefelsaurer Tonerde, sondern mit Kalialaun vorzunehmen.

Seifen- und Sodaeinwickelpapiere (Waschpulver-, Shampoon-, Borax-Packungen). Beim Färben derartiger Erzeugnisse ist auf eine gute Wasser- und Alkaliechtheit und oft auch auf eine hervorragende Lichtechtheit der Färbung hinzuarbeiten. Mit der Echtheit der Farbstoffe allein ist es jedoch nicht getan, auch der Rohstoff selbst muß alkalibeständig und lichtbeständig sein, denn die eventuell mehr oder weniger stark eintretende Vergilbung des Papiers würde auch den Farbton der Färbung im gleichen Ausmaße beeinträchtigen. Die Folgerungen für den Papiermacher sind: Heranziehung gebleichter (lichtbeständiger) bzw. mit Alkalien nicht veränderlicher Rohstoffe und Verarbeitung gut alkalibeständiger Farbstoffe, die gleichzeitig eine gute Wasserechtheit und auch Lichtechtheit aufweisen. Für *weiße* Seifen- und Shampoon-Papiere (auch Pergamynpapiere) bedingt dies z. B. Nuancierfarbstoffe wie Papierdirektblau CP (Le), Brillantreinblau R (Le), Heliogenblau B Teig (Lu) oder Indanthrenblau RPZ Pulver fein (Lu). Für die Rotkomponente genügt im allgemeinen eine Rhodaminmarke; vorteilhafter ist jedoch das Arbeiten mit Indanthrenbrillantrosa RP Teig (Ma). Eine geringe Überfärbung nach Blau hin ist dabei empfehlenswert, um eine später beim Lagern eventuell eintretende geringe Vergilbung zu kompensieren. Das Arbeiten mit Indanthrenfarbstoffen kann übrigens unter Umständen bedenklich sein, nämlich dann, wenn in der Seife reduzierende Bleichmittel zugegen sind, die in Gegenwart von Alkali verküpend (lösend) auf die Indanthrenfarbstoffe wirken. Die *farbigen* Seifen-Hüllpapiere werden allgemein mit gut lichtechten direktziehenden Farbstoffen und Körperfarbstoffen (organ. Pigmentfarbstoffen und Indanthrenfarbstoffen) gefärbt. Logischerweise sollten auf den lichtechtesten Grundstoffen (die übrigens gleichzeitig die am besten alkaliechten sind) mit den lichtechtesten Farbstoffen auch die lichtechtesten Färbungen zu erzielen sein. Eingehende Versuche aber haben gezeigt, daß sich der Grundstoff dieser Gesetzmäßigkeit nicht beugt. Dieser unerwartete

Befund steht also der Entscheidung für einen allgemein verwendbaren Grundstoff entgegen, d. h. die Auswahl der Rohstoffe wird jeweils von der anzuwendenden Färbeweise bedingt. Um orientierende Vorversuche und Echtheitskontrollen kommt der Färber nicht herum. Besonders auffällig finden diese von der Norm abweichenden wechselseitigen Beziehungen zwischen Rohstoff und Farbstoff, die als das Ergebnis sich überschneidender Reaktionen der verschiedenen Partner aufzufassen sind, beispielsweise in den *Palmoliv*-Rezepturen ihren Niederschlag. Die Forderungen an diese Papiere sind allerdings sehr hohe: Bei vierstündiger Belichtung unter der Hanau-Quarzlampe darf keine Veränderung des Farbtones erfolgen. Ferner wird völlige Beständigkeit gegen Alkali beim Betupfen mit 0,5 und 1%iger NaOH-Lösung gefordert. Gleichzeitig muß die Färbung wasserecht sein. Folgende Farbstoffkombinationen erfüllen auf den jeweils angegebenen Rohstoffen die gestellten Bedingungen:

Farbstoffkombination:	Rohstoff:
1. Oxaminreinblau 6B Pyramingelb G Siriuslichtorange 7GL (Le) + Kupfervitriol	100% ungebl. Sulfitzellstoff
2. Indanthrenblau GGP Pulver fein Siriuslichtgelb RR (Le) Siriuslichtorange 7GL (Le)	100% ungebl. Sulfitzellstoff
3. Heliogenblau B Teig (Lu) Litholechtorange RN Teig (Hö) Siriuslichtgelb RR (Le)	50% gebl. Sulfitzellstoff 25% ungebl. Sulfitzellstoff 25% gebl. Natronzellstoff
4. Permanentechtgelb RNP Teig (Lu) bzw. Pigmosolgelb R (Lu) + Pigmosolgrün G (Lu) + Pigmosolbraun G (Lu)	100% gebl. Sulfit- bzw. Sulfatzellstoff
5. Indanthrenblau GPZ Pulver fein (Lu) Litholechtorange RN Teig (Hö) Siriuslichtgelb FRRL (Le)	100% gebl. Sulfit- bzw. Sulfatzellstoff

Die Farbtonbeständigkeit dieser in der Praxis bewährten Rezepturen kann nur dadurch erklärt werden, daß ein etwaiges Ausblassen der Farbstoffe mit der Vergilbung der ungebleichten Stoffanteile gleichen Schritt hielt. Mit anderen Worten: Was auf der Farbstoffseite durch Licht und Alkali an Fülle verlorenging, wurde von der Rohstoffseite durch eintretende Vergilbung wieder eingebracht.

Fotoeinwickelpapiere (Schwarze, schwarz-rote und schwarz-grüne Filmpapiere). Es ist streng zwischen Papieren zu unterscheiden, die in direkte Berührung mit der lichtempfindlichen Schicht gelangen können, und solchen, welche als äußere Umhüllungspapiere in keinem Falle einen Kontakt mit der Silberemulsionsschicht haben werden. Zu den letzteren gehören die meist orangegefärbten, aus ungebleichtem Sulfitzellstoff, Holzschliff und Altpapier bestehenden äußeren Hüllen. Sie werden billigst mit sauren oder direktziehenden Orangemarken oder mit beiden zusammen, gegebenenfalls mit basischem Aufsatz, eingefärbt. Eine Prüfung sowohl der Rohstoffe als auch der Farbstoffe auf fotochemisch einwandfreies Verhalten ist in diesen Fällen überflüssig.

Wesentlich anders liegen die Verhältnisse aber bei den schwarzen, schwarz-roten und schwarz-grünen Platten- und Filmverpackungspapieren. Diese kommen mit der lichtempfindlichen Schicht in direkte Berührung, und es muß von ihnen verlangt werden, daß sie weder Platte noch Film noch Papier nachteilig beeinflussen können. Das bedeutet, daß nicht nur die Papierrohstoffe, sondern auch die Farbstoffe selbst einer Eignungsprüfung unterzogen werden müssen. Es kann hier nicht der Ort sein, auf die komplizierten Vorbereitungs- und Reinigungsverfahren für Papiergrundstoffe und Farbstoffe und auf die Herstellung der Papiere selbst näher einzugehen. Die wichtigsten zu beachtenden Punkte seien jedoch kurz skizziert:

1. Rohstoffe
   a) Ligninfreiheit,
   b) Harzfreiheit,
   c) Metallfreiheit,
   d) Schwefelfreiheit.
2. Farbstoffe
   a) Besonders geprüfte Rußmarke,
   b) Geprüfte Marken von Direktschwarz, Cosmosrot (Congorot), Benzoechtscharlach und direktziehendem Grün.
3. Leimung
   a) Wachsleim,
   b) Paraffinleim (Dewanil),
   Fällungsmittel in jedem Fall Kalialaun.
4. Maschinenarbeit
   a) Geeignetes Fabrikationswasser (Chlorfreiheit, Algenfreiheit),
   b) Duplexeinrichtung (Lochfreiheit).

Für den Färber ergibt sich hieraus die Forderung, daß er nur geprüfte, direktziehende Farbstoffe bzw. geprüften Ruß verarbeiten darf. Jede Farbenfabrik wird ihn dabei beraten können. Triphenylmethanfarbstoffe, auch nur zum Schönen, müssen auf jeden Fall ausscheiden. Bei der Nachstellung der schwarz-roten und schwarz-grünen Duplexpapiere muß er darauf achten, die rote wie auch die grüne Duplexschicht stets etwas heller und leuchtender einzufärben als das Vorlagemuster, da durch das Aufbringen der schwarzen Duplexschicht fast stets eine deutlich wahrnehmbare optische Abtrübung (Durchscheinen!) eintreten wird. Durch Erhöhung des Quadratmetergewichtes der farbigen Decke läßt sich diese unwillkommene Erscheinung nicht beseitigen, da für die Duplexpapiere Höchstgewichte vorgeschrieben werden. Beiz- und Fixiermittel sind beim Färben zu vermeiden mit Ausnahme von Soda, die unter Umständen zum Avivieren der Cosmosrotfärbungen am Platze ist.

Seidenpapiere (Fruchteinwickelpapiere, Glaseinwickelpapiere, Blumenseiden, Kuvertfutterseiden, Umblattpapiere, Zigarettenpapiere). Bei den *Fruchteinwickelseiden* handelt es sich meistens um reine Zellstoffpapiere, die in der Masse vielfach leicht rosa oder gelblich getönt werden. Sie erhalten oftmals eine schwache Ölimprägnierung, um das Austrocknen der verpackten Südfrüchte (Orangen, Mandarinen, Zitronen und dgl.) zu erschweren. Es ist deshalb notwendig, nur solche Farbstoffe zu verwenden, die neben der zu fordernden guten Lichtechtheit keine oder nur geringste Öllöslichkeit zeigen. Deshalb kommen vorwiegend nur direktziehende Farbstoffe (Stilbengelb, Erika) in Betracht, die gleichzeitig eine gute Resistenz gegen die Fruchtsäuren zeigen.

Von den *Glaseinwickelpapieren* muß Sublimierechtheit verlangt werden, um besonders bei geätzten Gläsern ein Übergehen des Farbstoffes in die Ätzflächen auszuschalten. Gute Wasser- und Reibechtheit der Färbungen sind aus dem gleichen Grunde notwendig. Es hat sich aber gezeigt, daß auch blanke, polierte Glaswaren von verschiedenen Farbstoffkombinationen angegriffen werden. Dabei handelt es sich im gewissen Sinne um Anätzungen, und man tappt bisher völlig im Dunkeln, worauf diese Erscheinungen zurückzuführen sind. Es liegen vermutlich Kombinationswirkungen vor, an denen Glas, Papierrohstoffe und Farbstoffe in gleicher Weise beteiligt sind. Solche Schäden zeigen sich allerdings nur nach mehrjähriger Lagerung der umhüllten Glaswaren. Mit Ausnahme der Chrysoidine und Vesuvine, die zum Sublimieren neigen, und den mit diesen Produkten gestellten Farbstoffen sind ohne Fixierung alle übrigen basischen Farbstoffe für schwache und mittlere Färbungen geeignet. Bei satteren Farbtönen hingegen ist eine wasser- und reibechte Befestigung der Farbstoffe mit Tannin, Sumach oder Katanol unerläßlich. Um allen unkontrollierbaren Möglichkeiten von vornherein mit großer Wahrscheinlichkeit aus dem Wege zu gehen, dürfte es sich aber empfehlen, die Papiere rein direktziehend einzufärben. Es sind dann weder Leimung noch Beizmittel erforderlich. Allerdings müßten in diesem Falle Zugeständnisse hinsichtlich einer vorwiegend zellstoffhaltigen Stoffmischung gemacht werden.

Die Anforderungen, die an die Färbungen von *Blumenseidenpapier* (glattliegend oder Blumentopfkrepp bzw. Gärtnerkrepp, Dekorationskrepp) gestellt werden müssen, sind: Wasserechtheit, Beständigkeit gegen Kreppsteifemittel und mäßige Lichtechtheit. Meistens werden die Blumenseidenpapiere (die nicht mit den Rohstoffen für künstliche Blumen verwechselt werden dürfen) zwar auf dem Tauchwege gefärbt, aber die Forderung gut wasserechter Erzeugnisse veranlaßte manche Fabriken, die Krepprohpapiere bereits in der Masse *vor*zufärben. Es kommen in diesen Fällen direktziehende oder basische Produkte eventuell in Kombination miteinander in Betracht. Zu berücksichtigen ist, daß die Krepprohpapiere im Hinblick auf ihre spätere Verarbeitung auf der Tauchfärbe-Kreppmaschine zweckmäßig ungeleimt sein müssen. Eine schwache Leimung erschwert allerdings kaum weder den Tauchprozeß noch den Kreppvorgang. Bei der Verarbeitung von Pflanzenleim als Kreppsteife ist eine gewisse Alkalibeständigkeit der Färbung erwünscht, da man die alkalisch aufgeschlossenen Stärkeprodukte nicht völlig zu neutralisieren pflegt. Färbungen mit basischem Grün sollten deshalb immer unterbleiben. Da die Kreppsteifen manchmal durch geringe Zusätze an Bleich- und Fäulnisverhinderungsmitteln auch sauer reagieren können, muß bei der Auswahl der basischen und direktziehenden Farbstoffe auch auf diesen Umstand Rücksicht genommen werden.

Die *Kuvertfutter*-Seidenpapiere werden meist im Tauchverfahren, zum Teil aber auch in der Masse gefärbt. Hier sollen lediglich die Massefärbungen betrachtet werden, deren Färbeweise aus verschiedenen Gründen größte Aufmerksamkeit geschenkt werden muß. Die Kuvertfutter-Seidenpapiere werden meist in gut deckenden, satten Farbtönen hergestellt, denn ihr Zweck ist es ja, die Schriftzüge nicht durch die Briefhülle hindurchscheinen zu lassen. Gedeckte Brauntöne sind recht häufig, und es muß vermieden werden, hierzu Farbstoffe zu verwenden, die zum Sublimieren neigen. Chrysoidine und Vesuvine sollten deshalb ausscheiden. Es muß ferner eine gute Reib- und Wasserechtheit gefordert werden, wobei die Wasserechtheit vor allem im Hinblick auf die Klebearbeit notwendig ist. Um Reaktionsmöglichkeiten der Klebstoffe auszuschalten, die nicht immer neutral reagieren, ist es erforderlich, nur solche Farbstoffe zu verarbeiten, die einigermaßen alkali- und säurebeständig sind.

Im allgemeinen führen rein basische und rein direktziehende Färbungen zu befriedigenden Ergebnissen. Auch Kombinationen aus diesen beiden Farbstoffgruppen untereinander sind angebracht. Ausscheiden müssen alle basischen Grünmarken, ferner Papiergelb 3GX wegen ihrer Alkaliempfindlichkeit, ferner Congorot, das sehr säureempfindlich ist.

Umblattpapiere. Diese ersetzen bei der Zigarrenherstellung das Tabakumblatt und werden deshalb auch in der Tabakfarbe hergestellt. Die Färbung der Umblattpapiere muß folgende wichtige Voraussetzungen erfüllen. Sie muß licht-, wasser-, reib- und alkaliecht sein, sie muß natriumacetatverträglich sein und darf die Kombustibilität des Papieres nicht nachteilig beeinflussen. Die verwendeten Farbstoffe dürfen ferner keine Verfärbung des Brennrandes hervorrufen, wie sie z. B. bei der Verarbeitung von basischen oder Janusfarbstoffen zu beobachten ist. Die Farbstoffe müssen den Bestimmungen betreffend Verwendung von Farbstoffen für Nahrungsmittel, Genußmittel und Gebrauchsgegenstände (§ 10 des Deutschen Reichsgesetzes vom 5. Juli 1877) genügen.

Diese Voraussetzungen werden von 3 Produkten erfüllt, welche die deutsche Farbenindustrie als *besondere Typen* herausbrachte. Es handelt sich um: Papiergelb L extra konz., Benzoechtorange P und Papierschwarz T extra, die, im Verhältnis von etwa 4:3:1 angewendet, ein neutrales Tabakbraun ergeben.

Zigarettenpapiere. Diese werden meist nur weiß nuanciert, in seltenen Fällen aber auch gefärbt. Sowohl beim Weißnuancieren als auch beim Färben ist zu beachten, daß die Papiere ungeleimt sind und außerdem durch den oft sehr hohen Gehalt an kohlensaurem Kalk alkalisch reagieren. Das bedingt eine besondere Auswahl der Farbstoffe. Zur Nuancierungsarbeit werden neben basischen und alkalibeständigen sauren Blau- und Violettfarbstoffen vorwiegend Indanthrenblaumarken herangezogen. Rhodaminfarbstoff als Rotkomponente genügt im allgemeinen allen Anforderungen.

Überraschend günstige Ergebnisse werden auf dem Haderngrundstoff der Zigarettenpapiere z. B. mit dem *optischen Aufhellungsmittel*[1] Blankophor R hochkonz. erzielt. Der Rotstich des direkt aufziehenden Produktes

[1] Vgl. auch S. 49 und S. 189.

läßt sich durch außerordentlich geringe Mengen von Heliogenblau SBP eliminieren. Das Verhältnis von etwa 200 Teilen Blankophor R hochkonz. zu 5 Teilen Heliogenblau SBP wurde in der Praxis als das vorteilhafteste ermittelt. Eine Ausgleichsnuancierung mit einem Rotfarbstoff ist nicht nur überflüssig, sondern sogar nachteilig.

Auch mit einem Weißpigment wie *Titandioxyd* kann bei genügend großem Aufwand an Titanweiß eine Aufhellung erreicht werden; aber nur bei non-kombustiblen Zigarettenpapieren ist diese Art des Weißfärbens tragbar. Eine Kupplung des Ascheträgers mit dem optischen Aufhellungsmittel, die versucht wurde, ist abzulehnen, denn mit den nicht immer vermeidbaren Ascheschwankungen, die als solche kaum ins Gewicht fallen, gehen Nuancenschwankungen einher, die sehr stören.

Eine besonders abgestimmte Nuancierungsarbeit erfordern jene Zigarettenpapiere, die einem *Entnikotinisierungsprozeß* unterworfen werden. Durch die Behandlung der fertig gepackten Zigaretten im trockenen Luftstrom bei etwa 150° C, etwa 3–4 Stunden lang, wird das Papier gebräunt, ein Vorgang, der durch die Gegenwart des Tabaks vielleicht noch unterstützt wird. Um die Bräunung zu kompensieren, ist das Papier mit dem hitzebeständigen Indanthrenblau und evtl. Indanthrenbrillantrosa beim Nuancieren zu überfärben, d. h. deutlich sichtbar anzubläuen.

Farbige Zigarettenpapiere sind ausschließlich mit direktziehenden Farbstoffen einzufärben. Auch die sogenannten *Pektoralpapiere*, die in den lateinamerikanischen Staaten angetroffen werden, gehören zu den gefärbten Zigarettenpapieren. Dabei handelt es sich um braune einseitige Färbungen, die fast durchweg mit Saftbraun + Lakritzensaft bzw. direktziehenden Farbstoffen + Lakritzensaft hergestellt werden. Auch Zuckerkulör + Lakritzensaft werden zusammen verarbeitet.

B. Technische Papiere.

Für diese Papiere gilt in erhöhtem Maße das über die Hüllpapiere Gesagte. Die Anforderungen hinsichtlich der notwenigen Echtheiten sind aber vielfältiger und zugleich auch unübersichtlicher. Jeder Einzelfall bedarf deshalb in den meisten Fällen Vorprüfungen, die auf die Verwendungsart eingehen, d. h. die physikalisch-chemischen Beanspruchungen nachahmen.

Pergamentrohpapiere (Echtpergament, Kammgarnpergament). Diese Papiere, die überwiegend aus hochgebleichten Sulfitzellstoffen hergestellt werden, erhalten in der Regel lediglich eine Weißtönung. Die besondere Verarbeitung erfordert dabei auch eine besondere Nuancierungsarbeit. Die verwendeten Farbstoffe dürfen durch die Pergamentiersäure nicht herausgelöst und zerstört werden und müssen wasserecht sein. Die häufig neben dem Auswaschen vorgenommene Neutralisierung mit geeigneten Alkalien erfordert gleichzeitig eine gute Alkaliechtheit. Auch eine Beständigkeit gegen Weich- und Geschmeidigmachungsmittel wie Kochsalz, Glycerin, Traubenzucker, Magnesiumchlorid u. a. m. und eine Beständigkeit gegen Konservierungsmittel wie Formaldehyd und Salicylsäure ist notwendig. Am geeignetsten zum Nuancieren sind Indanthrenfarbstoffe wie Indanthrenblau RPZ Pulver fein; GPZ Pulver fein oder GGP Pulver fein, und als Rotkomponenten: Anthrarosa R extra P Teig oder Indanthrenbrillantrosa BP Teig bzw. RP Teig. Diese Produkte ergeben nach dem Fertigpergamentieren und Auswaschen eine stets gleichbleibende Tönung. Basische Nuancierfarbstoffe wie Äthylviolett und die Nuancier- bzw. Marineblaumarken sind nicht so gut geeignet und zeigen überdies den Nachteil einer zu ausgeprägten Verwandtschaft zu den aus den verwendeten Zellstoffen stammenden Resten des Markstrahlharzes. Die mit dem basischen Farbstoff angereicherten Harzpartikelchen, die mit dem Schaum bei Wasserschwankungen mitunter ins Papier gelangen, verursachen oftmals eine sehr störende Fleckenbildung. Rhodamin B extra und Brillantcrocein MOOL bzw. Baumwollscharlach extra können als Rotkomponenten praktisch ohne Nachteil verarbeitet werden.

Eine „optische Weißfärbung" mit Blankophor R hochkonz. bzw. B hochkonz. bietet für Pergamentrohstoffe noch besondere Vorteile dadurch, daß diese gleichzeitig das ultraviolette Licht zu reflektieren vermögen, ein Umstand, der den in Echtpergament verpackten Lebensmitteln insofern zugute kommt, als er deren Haltbarkeit verlängert. Allerdings sind die bei der Weißnuancierung aufgewendeten Mengen an „Lichtschutzmittel" zu gering, um ein Optimum an schützender Wirkung hervorrufen zu können. Für diesen Zweck sind die Zusatzmengen auf 1–2% und mehr zu erhöhen.

Es ist auch möglich, das bereits pergamentierte Papier, und zwar im Anschluß an den Waschprozeß, jedoch vor der Trocknung, zu nuancieren. Geeignet sind für diese Arbeitsweise, die eine Tauchfärbung darstellt, basische Blau- und Violettmarken. Auch direktziehende Blaumarken besitzen eine genügende Affinität zur abgebauten Cellulosefaser (Amyloidbildung), doch sind sie im Farbton zu stumpf.

Sattgefärbte Echtpergamentpapiere (Kammgarnpergament) kann man auf 2 verschiedenen Wegen herstellen: durch Färben des Rohpapieres im Holländer (gebleichter Zellstoff oder Baumwollhadern) und durch Färben des bereits pergamentierten Stoffes nach dem Auswaschen der Säure. Im ersten Fall ist es erforderlich, daß der Farbstoff direkt aufzieht und durch die Pergamentiersäure nicht zerstört und herausgelöst wird. Es können aber Farbstoffe, die wie Indikatoren wirken, ohne Bedenken benutzt werden, denn der etwa durch die Säure veränderte Farbton kehrt nach dem Neutralisieren und Auswaschen unverändert wieder zurück. Es sind demnach die meisten substantiven Farbstoffe anstandslos zu verarbeiten.

Beim nachträglichen Färben kommen ebenfalls substantive Farbstoffe, für die tiefroten Kammgarnpergamente z. B. Benzoechtscharlach 4BS (Le), eventuell in Kombination mit Benzoechtorange WS (Le), in Betracht. Mit dieser Kombination kann übrigens ebenso günstig auch die Massefärbung vorgenommen werden.

Vulkanfiberrohpapiere. Im Gegensatz zum Schwefelsäure-Pergament werden die meist mit Chlorzink behandelten Rohpapiere fast ausnahmslos aus Baumwollhadern hergestellt. Die Amyloidbildung, d. h. die Verhornung der Faser, geht weniger energisch vonstatten als bei der Behandlung mit Pergamentier-Schwefelsäure, so daß einzelne Papierlagen leichter miteinander zu dicken Platten verschweißt werden können. Diese besondere Arbeitsweise stellt ganz bestimmte Anforderungen an die Rohpapiere, die auch von der Färbung erfüllt werden müssen. Von der Färbung muß gefordert werden, daß sie eine gewisse Saughöhe und Sauggeschwindigkeit des Papiers nicht beeinträchtigt, daß sie ein optimales Volumen gewährleistet ebenso wie einen Aschengehalt, der zwischen 6% und 15% variieren kann. Außerdem ist neben einer guten Wasserechtheit auch eine gute Licht-, Säure- und Alkaliechtheit zu fordern. Eine säureechte Färbung ist notwendig, da oft im salzsauren Bade gearbeitet wird, und die Alkaliechtheit, da beim Wässern der Platten meistens gleichzeitig neutralisiert wird. Diese Forderungen bedingen kombinierte Färbungen von Erdfarbstoffen und direktziehenden Farbstoffen. Mit Rücksicht auf das Volumen darf der Anteil an Erdfarbstoffen nicht zu hoch sein. Dabei spielt auch die Korngröße eine große Rolle, denn allzu fein verteilte, künstliche anorganische Pigmente, wie beispielsweise die Eisenoxydfarbstoffe, machen das Papier zu dicht. Hierdurch aber wird nicht nur das Volumen beeinträchtigt, sondern auch die Saughöhe und Sauggeschwindigkeit. Beim Färben von Vulkanfiberrohpapieren kommt es also darauf an, die Anteile von Erdfarbstoff und substantivem Farbstoff aufeinander abzustimmen. Die Maschinenarbeit ist dabei von gleicher Wichtigkeit. In der Praxis haben sich neben den bekannten Ockersorten die direktziehenden Farbstoffe Halbwollbraun R, Stilbengelb GLX und Papierschwarz T bestens bewährt. Da fast nur Brauntöne verlangt werden, genügt diese Auswahl fast allen Wünschen der Praxis. Sollte es aber notwendig sein, auf einen bestimmten Farbanschluß hin zu nuancieren, so können hierzu geeignete substantive Rot-, Blau- oder Violettfarbstoffe benutzt werden. Von den zu verarbeitenden Erdfarbstoffen ist absolute Karbonatfreiheit zu fordern, um die gefürchtete „Blasenbildung" zu vermeiden.

Hydroloidpapiere. Bei diesen meist nur weiß getönten Papieren, die durch Imprägnierung mit Tierleim und durch nachfolgendes Härten mit Formaldehyd oder formaldehydabspaltenden Produkten (Dimethylolharnstoff) hergestellt werden, muß neben Wasserechtheit auch eine Beständigkeit gegen Alkali, Säure und Formaldehyd gefordert werden. Dabei ist die Alkaliechtheit notwendig, da zur Imprägnierung oft schwach alkalische Tierleimlösungen (Borax) benutzt werden, und die Säureechtheit wegen der Möglichkeit der Oxydation des Formaldehyds zu Ameisensäure. Farbige Hydroloidpapiere werden am zweckmäßigsten deshalb mit direktziehenden Farbstoffen eingefärbt, mit Ausnahme von Congorot und Benzopurpurin. Geeignet sind außerdem Indanthrenfarbstoffe und die anderen organischen Pigmente, falls die Preisfrage nicht dagegen spricht. Das gleiche gilt für die Weißnuancierungen, die zweckmäßig mit Indanthrenblaumarken herzustellen sind. Auch basische Violett- und Blaumarken sind geeignet.

Bakelitrohpapiere. Bakelisierte Papiere werden in der Hauptsache in der Weise hergestellt, daß man ungefärbte Papiere mit ungefärbten Bakelitlacken durch Tauchen behandelt, vorhärtet und bei hoher Temperatur den Härtungsprozeß beendet. Durch Variieren der Arbeitsbedingungen konnten dann auch die resultierenden Färbungen geändert werden. Werden in der Masse vorgefärbte Bakelitrohpapiere verarbeitet, so sind an die verwendeten Farbstoffe folgende Forderungen zu stellen:

1. die Farbstoffe dürfen weder im Bakelitlack noch im Lackverdünner löslich sein.

2. Die Farbstoffe müssen hervorragend hitzebeständig sein.

Demnach sind alle Pigmentfarbstoffe und die meisten substantiven Farbstoffe für Bakelitrohpapier-Färbungen brauchbar. Eine preislich tragbare Färbung gestatten die Siriusfarbstoffe.

Öl(tuch)- und Öltuchersatzpapiere. Es handelt sich um reine Zellstoff- oder Pergamentersatzpapiere, die mit sauren oder direktziehenden Orangemarken, gegebenenfalls mit Auramin nuanciert, hergestellt werden. Die Imprägnierung erfolgt bei den echten Ölpapieren nicht allein zum Geschmeidigmachen, sondern um den in ihnen verpackten Waren einen Schutz gegen Feuchtigkeitseinflüsse und gleichzeitig auch einen Schutz gegen Austrocknen zu gewähren. Als Tränkungsmittel verwendet man trocknende Öle (Lein-, Mohnöl und dgl.), und die zum Färben verwendeten Farbstoffe dürfen weder öllöslich sein, noch durch die Oxydationsvorgänge beim Trocknen in Mitleidenschaft gezogen werden.

Bei den Öltuchersatzpapieren hingegen handelt es sich stets um Pergamentersatzpapiere von 80–100 g pro Quadratmeter, die außerordentlich stark mit Magnesiumchlorid beladen und hierdurch lediglich geschmeidig gemacht werden. Die ganz allgemein mit Auramin gefärbten Papiere verfärben sich infolge der Imprägnierung nach kurzer Zeit nach Rot hin und ergeben auf diese Art einen gelborangen Farbton, wie ihn die echten Ölpapiere besitzen.

Wachsrohpapier. Diese bleiben meistens ungefärbt und werden lediglich weiß gefärbt. Die verwendeten Nuancierfarbstoffe dürfen in Wachs, Paraffin, Ceresin und dgl. nicht löslich sein. Da diese Produkte sowohl im Schmelzfluß als auch in organischen Lösungsmitteln gelöst auf das Papier gebracht werden können, ist auch eine Beständigkeit der Farbstoffe gegen die flüchtigen Lösungsmittel wie Benzin, Benzol usw. zu fordern. Die Weißnuancierungen erfolgen deshalb mit sauren und direktziehenden Blaufarbstoffen. Noch günstiger verhalten sich die Indanthrenblaumarken. Sie stehen zwar teurer ein, aber durch die Pigmenteinlagerung im Innern des Papierblattes tritt eine Opazitätserhöhung ein, die gern angestrebt wird.

Die Geschmacksrichtung hat sich während der letzten Jahre gewandelt und ist vielfach zu vollständig undurchsichtigen, hochweißen „Twistings“ übergegangen. Diese Weißfärbung ist nur mit Weißpigmenten wie Blanc fixe, Zinksulfid oder Titandioxyd zu erreichen. Die besten Erfolge werden mit Titandioxyd erzielt, das, wie wir gesehen haben, den höchsten Lichtbrechungskoeffizienten gegenüber Luft und Zellstoff besitzt. Das Reflexionsvermögen ist proportional dem Lichtbrechungsindex, und da als Folge des Paraffinierens das Reflexionsvermögen absinkt, muß jenes Produkt in seiner Wirkung am günstigsten sein, das den höchsten Lichtbrechungskoeffizienten besitzt. Das ist aber das Titandioxyd. Es genügt, die Wachsrohpapiere mit einem Titan-Aschengehalt von 5–8% herzustellen und erreicht damit beste Weiße und Opa ität.

Dampfechte Hülsenpapiere. Die notwendigen Forderungen für das Färben und die sich daraus ergebende Farbstoffauswahl wurden bereits an anderer Stelle ausführlich besprochen. Zur Vorprüfung des Altpapiers genügt die einfache Probe mit heißem Wasser im Becherglas. Färbt sich das Wasser deutlich sichtbar an, dann ist der Altpapierrohstoff nicht brauchbar.

Da manche gefärbten Hülsen mit einer Leinöl-Terpentinmischung imprägniert und „gebrannt" werden, ist eine gewisse Beständigkeit gegen Öle, Oxydationsvorgänge und Hitze notwendig. In solchen Fällen ist auch bei schwachen basischen Färbungen eine Beize mit Tannin oder Katanol anzuraten. Wenn es Stoffmischung und Farbton erlauben, dann können auch direktziehende Farbstoffe zur Färbung herangezogen werden.

Alaunfreie (Metallwirkung) Hülsen werden von der Textilindustrie, allerdings selten, bei gewissen Wollfarbstoffen gefordert. Die Färbeweise bleibt in diesem Falle die gleiche, d. h. es können die geeigneten basischen und Janusfarbstoffe bzw. substantiven Farbstoffe verwendet werden. Zur Harzleimfällung darf jedoch keine schwefelsaure Tonerde benutzt werden, sondern Schwefelsäure. Die Fällung mit Schwefelsäure bringt jedoch große Gefahren mit sich. Selbst geringste Mengen an freier Säure müssen vermieden werden (Schädigung von Armaturen usw.).

Spinnpapiere werden fast ausschließlich aus Natronzellstoff, manchmal gestreckt mit ungebleichtem Sulfitzellstoff, hergestellt. Die verlangten Färbungen müssen von guter Lichtechtheit sein und mit Rücksicht auf die spätere Beanspruchung des Papiers beständig gegen Wasser. Diesen Anforderungen entsprechen die organischen Pigmente, die Schwefelfarbstoffe und eine genügende Anzahl von direktziehenden Farbstoffen. Da meist gedeckte Töne verlangt werden und die hervorragende Lichtechtheit, beispielsweise der Indanthrenfarbstoffe und Permanentechtfarbstoffe, infolge des anfälligen, d. h. zur Vergilbung neigenden Grundstoffes nicht zur Geltung kommen kann, färbt man heute die Spinnpapiere fast allgemein mit direktziehenden Farbstoffen (Siriusfarbstoffen). Die Schwefelfarbstoffe haben sich in der Praxis wegen der umständlichen und zeitraubenden Färbearbeit nicht durchzusetzen vermocht.

Kabelpapiere. Die Färbung der Kabelpapiere dient ausschließlich der Kennzeichnung der einzelnen Kabelstränge. Als Grundstoff wird fast allgemein ungebleichter Natronzellstoff benutzt, und die Papiere bleiben ungeleimt. Auf Grund dieser Tatsache können bei massegefärbten Kabelpapieren nur direktziehende Farbstoffe Verwendung finden. Die Kennzeichnung der Kabelpapiere erfolgt heute im übrigen überwiegend im Streifendruck – nur noch die Zählvierer der Fernleitungskabel in Sternverseilung werden mit einem in der Masse rotgefärbten Natronpapier umsponnen – und für diese Arbeitsweise kommen speziell basische Farbstoffe in Betracht. Die wässerigen Druckflotten erhalten dabei Zusätze von Lösungsmittel GC, denaturiertem Spiritus und Glycerin. Es kann auch mit rein alkoholischen Druckflotten gearbeitet werden.

Die wässerigen Drucklösungen setzen sich etwa wie folgt zusammen:

½ l Lösungsmittel GC
8 l kochendheißes Wasser
+ bas. Farbstoff.

Nach der Lösung des Farbstoffes und dem Erkalten der Flotte erfolgt ein weiterer Zusatz von

1 l denat. Spiritus
1 l Glycerin.

Für die einzelnen Farbtöne seien als Beispiel folgende Richtlinien gegeben:

Rot:	400–600 g	Rhodamin B extra (Lu)
Gelb:	600–800 g	Auramin konz. (Lu)
Braun:	400–600 g	Vesuvin BL (Le), Vesuvin BA (Lu), Vesuvin H3R (Hö)
Blau:	400–600 g	Viktoriablau B hochkonz. X (Lu)
oder	700–900 g	Papierechtblau 4G extra bzw. Brillantreinblau R (Le)
	+ 40– 50 g	Papierschwarz T extra (Le) bzw. Papiertiefschwarz C extra konz. (Ma) oder Papierdirektschwarz H extra konz. (Hö)
Grün:	750–950 g	Fanalblaugrün LG Pulver
Schwarz:	1200–1500 g	Papierschwarz T extra (Le) bzw. andere substantive Schwarzmarken.

Änderungen der einzelnen Rezepturen sind in weitem Umfange möglich.

Die in der Masse gefärbten oder durch Gummiwalzendruck gekennzeichneten Papiere müssen hitzebeständig sein, und die einzelnen Farbtöne dürfen bei der üblichen nachträglichen Öl-Imprägnierung nicht so stark abdunkeln, daß eine Unterscheidung der umsponnenen Kabel bei schlechten Lichtverhältnissen allzusehr erschwert wird.

Die Papiere und demnach auch die zur Färbung benutzten Farbstoffe dürfen den elektrischen Strom nicht leiten. Aus diesem Grunde ist z. B. die Mitverwendung von Ruß oder Mineralfarbstoffen beim Färben ausgeschlossen. Was die Kapazitätsprüfungen für Stark- und Schwachstromkabelpapiere anbelangt, so dürften Einzelmessungen des Verlustwinkels bzw. des Durchgangswiderstandes mit den Papieren selbst überflüssig sein. Sie sind nur am fertig gewickelten Kabel zweckdienlich und möglich. Bezüglich des Färbens und Bedruckens von Kabelpapieren besagt dies jedoch nicht, daß die verwendeten Farbstoffe nicht von nachteiligem Einfluß auf die dielektrischen Eigenschaften der fraglichen Papiere sein können, denn die Farbstoffe mit ihren Beimengungen werden sich ähnlich verhalten wie Elektrolyte.

Carbonrohpapiere sind hochwertige Seidenpapiere im Gewicht von 11 bis 25 g pro Quadratmeter, die meistens in der Masse auf Hadernstoffen, hier und da mit geringem Zellstoffzusatz, in den Farbtönen Blau, Violett und Schwarz gefärbt werden. Sie müssen porenfrei sein und eine große Festigkeit aufweisen. Diese Forderungen schließen organische und anorganische Pigmente im Grunde genommen beim Färben aus. Ruß jedoch kann in kleinen Mengen, kombiniert mit direktziehendem Schwarz oder basischen Farbstoffen, verarbeitet werden. Bei den Massefärbungen wird überflüssigerweise oft auch die Färbung der Durchsicht beurteilt. Das bringt eine Erschwerung der Färbearbeit mit sich, die nur sehr schwer zu überwinden ist. Es sind dann Kombinationen von drei und mehr Farbstoffen notwendig, die nicht immer auch die billigsten sind.

Blau- und Violett-Töne können mit Methylviolettmarken und Marineblau- oder Methylenblaumarken hergestellt werden. Bei sehr satten Nuancen ist eine Vorbeize mit Tamol NOP (Lu); NL (Le) oder Solegal S (Hö) immer empfehlenswert. Auch Tannin und Katanol B (Le) bzw LF (Ma) können hierzu verwendet werden, doch können deren verbessernde Eigenschaften hinsichtlich Wasserechtheit und Reibechtheit von den Carbonrohpapieren nicht realisiert werden, da nur die Farbtonvertiefung für sie von Interesse ist.

Für intensive Blautöne wurde von der früheren I. G. Farbenindustrie ein Spezialprodukt entwickelt, das sich in der Praxis großer Beliebtheit erfreute. Es handelt sich um Papierdirektblau CP, das einen neutralen, klaren Blauton besitzt, der, wenn es notwendig sein sollte, vorteilhaft mit Diaminschwarz BH oder substantivem Papierschwarz abgestumpft werden kann.

Schwarztöne werden meistens mit direktziehendem Schwarz und Ruß hergestellt. Der Rußanteil ist dabei möglichst niedrig zu halten, um eine Porosität des Papieres zu vermeiden. Wenn nach Vorlage gefärbt wird, so ist der Farbanschluß mit basischen oder auch substantiven Farbstoffen möglich.

In einzelnen Papierfabriken werden die Carbonrohpapiere im Tauchverfahren gefärbt. Das bringt zweifellos Vorteile mit sich, wenn man sich vergegenwärtigt, daß 90% der Produktion dieser Betriebe aus weißen Zigarettenpapieren besteht, von denen in allen Stadien der Fabrikation alles fernzuhalten ist, was zu ihrer Verschmutzung führen könnte. Das Tauchfärben der sehr dichten, schmierig gemahlenen Papiere bietet aber sehr große Schwierigkeiten, die auch unter Zuhilfenahme von Lösungsmitteln nie ganz zu überwinden sind. Aus diesem Grunde ist man auch mancherorts dazu übergegangen, *vor*gefärbte Papiere im Tauchverfahren weiterzubehandeln. Beim Tauchen in basischen Farbstoff-Flotten ist eine Vorbeize des Papieres in der Masse mit Katanol oder Tamol NOP (Lu); NL (Le) bzw. Solegal S (Hö) geeignet, eine wesentliche Vertiefung der Tauchfärbung herbeizuführen. Das Tauchen in rein sauren Kombinationen ist möglich, wird aber meistens abgelehnt. Saure Basisfärbungen zusammen mit direktziehenden Farbstoffen bieten gewisse Vorteile hinsichtlich der Verankerung im Papier und werden für Blau- und Schwarztöne häufiger verwendet. So sind für tiefe Schwarztöne Kombinationen aus sauren Papiertiefschwarzmarken mit substantiven Schwarzmarken brauchbar. Dabei ist es zweckmäßig, den direktziehenden Anteil gewissermaßen nur zu Ausgleichsnuancierung zu benutzen. Das ist schon mit Rücksicht auf die schlechtere Löslichkeit des substantiven Farbstoffes gegenüber dem sauren eine begründete technische Maßnahme.

Kofferpappen, Modell-, Gelenk-, Hinterkappenpappen usw. Beim Färben dieser verschiedenen Spezialpappen handelt es sich entweder um Grundierungen oder einfache Überfärbungen, die nur selten besondere Anforderungen an die zu verwendenden Farbstoffe stellen. Es können sowohl basische und saure als auch substantive Farbstoffe und Erdfarbstoffe verwendet werden.

So werden *Braunholzlederpappen* häufig mit Orange II oder Chrysoidinmarken reiner und lebhafter gestellt, nicht zuletzt um eventuell erfolgte Altpapierzumischungen zu verdecken. Das gleiche gilt für die *gelben Strohpappen*, bei welchen das Überfärben aus denselben Gründen mit Auramin O und Orange II üblich ist. Bei den *Modellpappen* verfolgt die Überfärbung das Ziel einer Kennzeichnung und bei anderen Schuhpappen wieder soll auf dem Grauschrenzstoff meist lediglich der Ton der Lederfarbe imitiert werden. Das geschieht in einfacher Weise mit Erdfarbstoffen und Saftbraun oder bequemer und sicherer mit Auramin-, Orange- bzw. Chrysoidinmarken. Bei den *Kofferpappenfärbungen* soll der Grundton dem später erfolgenden Lackstrich angeglichen werden, damit abgestoßene Stellen nicht allzu deutlich sichtbar werden. Bei Kofferpappen wird in gleicher Weise wie bei Karosseriepappen in manchen Fällen auch eine mäßige Lichtechtheit angestrebt. An die Stelle der basischen bzw. sauren Farbstoffe treten dann bei Brauntönen: Ocker, Saftbraun oder direktziehende Braunfarbstoffe wie Dianilbraun MH, Oxaminbraun 3GX, Halbwollbraun G und R. Notwendig werdende Abtrübungen werden mit Nigrosin WLA Körner, Papierschwarz T oder Ruß vorgenommen. Bei Schwarztönen (auch dunkelgrau) ist die vorteilhafteste Färbeweise eine Kombination aus direktziehendem Schwarz (Papierschwarz-, Baumwollschwarzmarken) mit Ruß.

Preßspäne, Jacquardpappen. Diese Hartpappen werden meistens in braunen Farbtönen hergestellt. Ihr Verwendungszweck ist maßgebend für die anzuwendende Färbeweise. Im allgemeinen wird für sie neben einer guten Lichtechtheit auch eine gute Wasserechtheit verlangt. Die Pappen werden nach Aufbringen von Seife oder Wachs, eventuell in wässeriger Emulsion, mit dem Achatstein oder dem Friktionskalander geglättet; die Beständigkeit gegen Feuchtigkeitseinflüsse ist deshalb nicht außer acht zu lassen. Die Verarbeitung von Erdfarbstoffen bringt insofern Nachteile mit sich, als bei ungenügender Kornfeinheit des Pigments der verlangte Hochglanz beeinträchtigt wird. Auch Ruß stört die Glättarbeit empfindlich. Es ist deshalb ziemlich allgemein üblich, die Preßspäne rein direktziehend einzufärben. Diese Färbeweise genügt dann auch allen Anforderungen, die an die Elektro-Preßspäne gestellt werden müssen. Bei diesen Spezialpappen, die häufig auch in tiefschwarzen Farbtönen verlangt werden, darf Ruß wegen seiner Fähigkeit, den Strom zu leiten, auch zum Abtrüben nicht verarbeitet werden. Sie müssen mit substantiven Farbstoffen gefärbt und nuanciert werden.

Matritzenpappen. Bei diesen handelt es sich um Weichpappen, die prägefähig und plastisch sein müssen. Die Färbung, die zum Zwecke der Unterscheidung der verschiedenen Qualitäten manchmal vorgenommen wird, hat auf die Eigenschaften der Pappe selbst keinen Einfluß, sofern man genügend hitzebeständige Produkte auswählt. Organische und anorganische Pigmente, die ähnlich wie Füllstoffe wirken, d. h. die geforderte Plastizität erhöhen, sind wegen ihrer hervorragenden Licht- und Hitzeechtheit den substantiven und vor allem den basischen Farbstoffen vorzuziehen.

C. Holzfreie und holzhaltige Druckpapiere.

Unter einheitlichen färberischen Gesichtspunkten lassen sich diese recht zahlreichen Papiersorten nicht zusammenfassen. Sie bleiben im übrigen meistens ungefärbt und werden lediglich auf Weiß hin nuanciert oder schwach getönt. Dabei ist es allerdings für die Nuancierungsarbeit von Bedeutung, ob holzfreie oder holzhaltige Stoffe bzw. Stoffmischungen vorliegen. Holzfreie Sorten werden vorteilhaft mit organischen und anorganischen Pigmenten (Indanthrenblaumarken, Ultramarin) und optischen Aufhellungsmitteln (Blankophor B hochkonz. oder R hochkonz. in Kombination mit Heliogenblau SBP, besser Blankophor R hochkonz. (Le) plus Blankophor G hochkonz. (Le)) oder sauren Farbstoffen (Wasserblau- und Rheinblaumarken), je nach den geäußerten Echtheitswünschen, getönt. Bei holzhaltigen, beschwerten Stoffen sind basische Farbstoffe wie Äthylviolett, Kristallviolett Krist., Viktoriablau-, Nuancierblau- und Marineblaumarken besser am Platze als saure Nuancierfarbstoffe.

Farbige *Billettpapiere* werden mit basischen Farbstoffen oder basisch-sauren Kombinationen hergestellt, ebenso wie die farbig getönten *Flachdruck-* und *Rotationsdruckpapiere*. Unter diesen sind die sogenannten Batami-Papiere zu erwähnen, die vorzugsweise in Indien als Druckpapiere verbraucht werden. Es handelt sich um gedeckte, gelb bis gelborange getönte Druckpapiere, die billigst auf Basis Metanilgelb + Orange II + Nigrosin oder hitzebeständiger mit der Kombination Papiergelb AX + Orange II + Papierschwarz T (T extra) eingefärbt werden. Zum Drücken und Nuancieren kann mit Vorteil Auramin herangezogen werden.

Affichenpapiere und Luftschlangenpapiere sind billigst und unter Berücksichtigung möglichst wenig gefärbter Abwässer, rein basisch oder auch mit basisch-sauren Kombinationen herzustellen. In allen Fällen ist es ratsam, mit großem Überschuß an schwefelsaurer Tonerde zu arbeiten.

Illustrationsdruckpapiere, *Naturkunstdruckpapiere*, *Offsetpapiere*, *Schreibdruckpapiere* (Akzidenzpapiere, Formularpapiere und dgl.), *Werkdruckpapiere*, *Tiefdruckpapiere* und viele andere Sorten aus dem umfangreichen Gebiet der Druckpapiere erfordern die Sorgfalt des Färbers bei der Vermeidung der so gefürchteten farbigen Zweiseitigkeit. An anderer Stelle wird auf diese wichtige Frage noch ausführlich eingegangen werden. Nur soviel sei schon jetzt gesagt, daß die farbige Zweigesichtigkeit als solche vermeidbar ist, daß es aber nicht möglich ist, sie von der strukturellen Zweiseitigkeit unabhängig zu machen bzw. diese durch rein färberische Maßnahmen völlig zu beseitigen.

Federleichte Druckpapiere (Daunendruck usw.) sind wie alle *Dickdruckpapiere* – das sind Papiere von geringem Raumgewicht, die eine große Weichheit und Elastizität und bei einem bestimmten Quadratmetergewicht eine optimale Dicke (Volumen) besitzen – nur mit löslichen, gut aufziehenden Farbstoffen zu nuancieren. Da fast nur Weißfärbungen und damit nur geringste Farbstoffmengen in Betracht kommen, können die gebräuchlichen sauren und basischen Nuancierfarbstoffe für die vorliegenden gebleichten Stoffe ohne Anstand verarbeitet werden. Pigmentfarbstoffe sind bei diesen hochwertigen Papieren zweifellos besser am Platze, obwohl sie durch ihre Einlagerung im Papiergefüge das Volumen nachteilig beeinflussen müssen; aber die sehr ausgiebigen Indanthrenblau Pulver fein-Marken z. B. ergeben schon bei sehr geringen Anwendungsmengen recht klare Weißtöne, so daß ihrer Verarbeitung in der Praxis nichts im Wege steht.

Wesentlich anders liegen die Voraussetzungen beim Tönen und Färben der *Dünndruckpapiere* und Bibeldruckpapiere, die, papiertechnisch gesehen, das Gegenteil von den Dickdruckpapieren darstellen. Sie besitzen einen hohen Füllstoffgehalt, der zur Transparenzverhinderung notwendig ist, um die etwa 30 g pro Quadratmeter wiegenden Papiere beiderseitig bedrucken zu können. Zum Weißtönen ist deshalb Titandioxyd besonders geeignet. Aus dem gleichen Grunde müssen auch organische und anorganische Pigmente sowohl beim Weißnuancieren als auch beim Farbigtönen bevorzugt werden. Die Kombination Titandioxyd + Pigmentfarbstoff gestattet es im übrigen, mit den Aschenzahlen zurückzugehen, ohne die Opazität zu beeinträchtigen, ein Umstand, der als Vorteil bei der Herstellung der Dünndruckpapiere zu werten ist.

Für Weißnuancierungen sind als Blaukomponenten Indanthrenblau RPZ Pulver fein, Indanthrenblau GPZ Pulver fein, ferner Ultramarin (Tonerdeempfindlichkeit!) und als Rotkomponenten Indanthrenbrillantrosa BP Teig und Fanalrosa TAP neu Teig bestens geeignet. Zur Herstellung heller und mittlerer Farbtöne können neben den organischen Pigmenten auch gut geschlämmte Ockersorten und Eisenoxydfarbstoffe Verwendung finden.

In diesem Zusammenhang sind auch die *Tapetenpapiere* zu erwähnen. Man könnte der Ansicht sein, daß für die Tapetenpapierfärbungen vor allem eine gute Lichtechtheit notwendig sei, aber der Ruf nach größtmöglicher Billigkeit verbietet nicht nur die Verarbeitung von echten Farbstoffen, sondern verlangt auch gleichzeitig einen holzhaltigen Grundstoff (meistens Druckstampf + Altpapier + Holzschliff), auf dem die Herstellung auch nur einigermaßen lichtechter Färbungen ausgeschlossen ist. Wenn lichtechte Tapetenpapierfärbungen wirklich gefordert werden, dann müssen auch lichtechte Grundstoffe verarbeitet werden. In diesem Falle hat es dann auch Sinn, organische bzw. anorganische Pigmente oder direktziehende Farbstoffe (Siriusfarbstoffe) beim Färben einzusetzen. Als Abtrüber sind die Nigrosine in allen Fällen geeignet.

Für sämtliche Tapetenpapiere, also auch für die ordinären Stoffe, ist eine gewisse Alkaliechtheit der Färbung notwendig. Bei Verwendung eines alkalischen Kleisters oder beim Tapezieren frisch gekalkter Wände sind bei Vernachlässigung dieser Forderung Verfärbungen nicht zu vermeiden. Unter den sauren, basischen und billigen direktziehenden Farbstoffen gibt es zahlreiche Produkte, die den in der Praxis auftretenden Beanspruchungen gerecht werden, so daß jeder gewünschte Farbton auch preislich tragbar eingefärbt werden kann. Besonders vorteilhaft sind: Auraminmarken, Papiergelb AX (Lu), Metanilgelb- und Orangemarken, Echtrot AV (Lu), Halbwollbrillantrot B (Le), Baumwollscharlach extra (Le), Fixierscharlach RXX (Lu), Halbwollschwarz L extra konz. (Le), Nigrosinmarken, ferner Fuchsin-, Rhodamin-, Methylviolett-, Marineblaumarken, Nuancierblau

RE konz. (Lu), Viktoriablau B hochkonz. X (Lu) und Benzoechtorange WS (Le), Oxaminbraun 3 GX (Le), Halbwollbraun GN (Le), Congorot (Le), Diaminschwarz BH (Le); BHM konz. (Ma), substantive Schwarzmarken. Die ordinären Tapetenpapiere werden im übrigen in der Regel anteilig mit Erdfarbstoffen (Eisenoxydfarbstoffen) gefärbt, und zwar nicht allein aus wirtschaftlichen Gründen, sondern vorwiegend zur Erzielung ruhiger, gedeckter Farbtöne.

Zu den Tapetenpapieren müssen auch die Ingrainpapiere und die holzmehlmelierten Tapetenpapiere gezählt werden. Sie wurden bereits im Abschnitt über „Die Herstellung farbig gemusterter Papiere auf der Papiermaschine (Effektpapiere)“ besprochen.

In der Praxis werden sich noch viele Sonderfälle ergeben, die der Färbearbeit ganz bestimmte Aufgaben zuweisen. So sei zum Beispiel an die gelben Paketadressen erinnert, bei denen die Mitverwendung von Metanilgelb zu den bekannten Säureschäden führen kann. In solchen Färbungen ist deshalb das säureempfindliche Metanilgelb durch Papiergelb AX oder Papiergelb L extra zu ersetzen. Ähnliche Überlegungen sind z. B. auch bei zahlreichen Umschlag- und Vorsatzpapieren anzustellen. Es würde aber zu weit führen, die Einzelfälle herauszugreifen, denn die Echtheitsanforderungen an die Färbungen sind so mannigfaltig, daß die notwendigen färberischen Entscheidungen nur von Fall zu Fall getroffen werden können, zumal ja auch die rein wirtschaftliche Seite nicht außer acht gelassen werden kann.

D. Feinpapiere (Dokumentenpapiere, Schreibpapiere, Ausstattungspapiere usw.).

Auch für diese Papiersorten können keine allgemein gültigen färberischen Richtlinien gegeben werden. Das für die verschiedenen holzfreien Druckpapiere Gesagte ist auch sinngemäß für die Schreib- und Ausstattungspapiere gültig. Den höchsten Ansprüchen hinsichtlich Lichtechtheit, Säure- und Alkaliechtheit werden die Indanthrenfarbstoffe und die anderen organischen Pigmente gerecht. Auch die Siriuslichtfarbstoffe und Fanalfarbstoffe sind in vielen Fällen am Platze, besonders dort, wo satte Farbtöne verlangt werden. Als großer Vorteil muß es gewertet werden, daß in fast allen Fällen gut geleimte Papiere vorliegen, so daß für zarte und mittlere Farbtöne auch die sauren Farbstoffe und die Alizarinfarbstoffe herangezogen werden können. Beide sind übrigens auch zur Erzielung ruhiger, gleichmäßiger Färbungen hervorragend geeignet und müssen in dieser Hinsicht den direktziehenden Farbstoffen vorgezogen werden. Sie besitzen allerdings den Nachteil einer mangelhaften Wasserechtheit, die beim Feuchten sehr leicht zu fleckigen Färbungen Anlaß geben kann. In so gelagerten Fällen muß man dann auf substantive Farbstoffe (Siriusfarbstoffe) zurückgreifen.

E. Saugfähige Papiere.

Wenn der Papiermacher zum Färben von hochwertigen *Löschpapieren* fast ausnahmslos substantive Farbstoffe verwendet, so ist hierin eine wohlbegründete Maßnahme zu erblicken, da die Gruppe der „direktziehenden“

Farbstoffe eine ausgesprochene Affinität zu allen Pflanzenfasern besitzt und diese ohne Fixierungsmittel direkt anfärbt. In dieser Eigenschaft aber liegt die besondere Bedeutung dieser Farbstoffe für den Papiermacher begründet, denn bei der Herstellung bestimmter Sonderpapiere, zu denen neben den Kabelpapieren, den Vulkanfiberrohpapieren, den Pergamentrohpapieren – die bereits im Abschnitt B: „Technische Papiere" besprochen wurden – und einigen anderen Sorten in erster Linie die Löschpapiere gehören, ist es eine der wichtigsten Forderungen, daß die Faser und das Faserfließ für den nachfolgenden Verwendungs- bzw. Verarbeitungszweck saugfähig erhalten bleiben.

Die Einbuße der Löscheigenschaften wird auf Grund der besonderen Eignung der substantiven Farbstoffe zum Färben der Fließpapiere nicht erheblich sein. Dies sei zur Beruhigung des Färbers hier festgestellt. Bei ordinären holzhaltigen Sorten (Schul-Lösch) wird sie sich praktisch überhaupt nicht auswirken können.

Bei sattgefärbten Qualitätslöschpapieren ist es zur raschen und vollständigen Fixierung der substantiven Farbstoffe notwendig, bei etwa 60–70° C zu färben. Ein Zusatz von Glaubersalz calc. oder Kochsalz denat. bringt den gleichen Erfolg. Da aber während der Maschinenarbeit die Salze nicht restlos entfernt werden können, kann die leichte Benetzbarkeit der Papieroberfläche beeinträchtigt werden. Es wird dann der nicht seltene Fall eintreten, daß ein Fließpapier trotz größter Saughöhe im praktischen Gebrauch versagt und „klatscht", wie es der Fachmann nennt. Dieses „Klatschen" hat übrigens nichts mit dem „Abschmieren" beim wiederholten Löschvorgang zu tun. Der verwendete substantive Farbstoff, sofern er vollständig von der Faser aufgenommen wird, trägt niemals zu diesen Mängeln bei. Dagegen muß bei *überfärbten* Papieren, die im übrigen gar nicht selten anzutreffen sind – da bei zahlreichen gängigen Löschpapiernuancen irgendwelche Zugeständnisse an die Farbtiefe und damit an die Affinitätsschwelle der einzelnen Farbstoffe nicht gemacht werden können –, mit Farbstoffausscheidungen auf der Faser und im Fasergefüge gerechnet werden. Dadurch erfahren durch das Färben sowohl die Einzelfaser als auch der Faserfilz in ihren Kapillaritätseigenschaften gewisse Veränderungen, die sich nachteilig auf die Löscheigenschaften auswirken können.

Man soll deshalb satte Löschpapiere immer heiß färben und, wenn es sich irgendwie durchführen läßt, schon im Halbzeugholländer vorfärben.

Das Nachfärben mit basischen Farbstoffen, wie es hier und da üblich ist, ist auf Grund obiger Überlegungen bei hochwertigen Löschpapieren zu unterlassen.

Für ordinäre Löschpapiere, wie man sie meist für Schulhefte verwendet, und welche vorwiegend aus Laubholzzellstoff und Aspenholzschliff hergestellt werden, kommt es weniger auf höchste Löschfähigkeit als auf größte Billigkeit der Färbeart an. Neben direktziehenden Farbstoffen werden Kombinationen aus diesen mit basischen Farbstoffen oder aber basische Farbstoffe allein benutzt. Von den basischen Farbstoffen sind für helle bis mittlere Farbtöne z. B. Auramin O (Lu), Safranin TH extra konz. (Hö), Viktoriablau B hochkonz. X (Lu) und Diamantgrün GX (Le), Burmagrün G (Lu), Basischgrün HB (Hö) gut brauchbar.

Löschpapiere werden häufig auch mit Melierungen versehen. Die Herstellung melierter Löschpapiere läßt sich bis in jene Zeit zurückverfolgen, als die Papiermüller noch nicht recht wußten, was sie mit den anfallenden gefärbten, meist roten und blauen Hadern anfangen sollten. Sie verarbeiteten sie für melierte Aktendeckel, Umschläge, melierte Konzeptpapiere und melierte Fließpapiere. Dabei handelte es sich nicht um Färbungen im üblichen Sinne, sondern um additive Mischungen verschiedenfarbiger Fasern. So einfach die willkürliche Herstellung derartiger Melangeneffekte, wie sie der Textilfärber nennt, auch ist, so schwierig ist es oft für den Papierfärber, deren mustergetreue Nachstellung zu erreichen. Um die jeweiligen Mischungsverhältnisse eingermaßen genau beurteilen zu können, empfiehlt es sich, Vergleichsmelierungen heranzuziehen, die zweckmäßig abgestuft durch Zusätze von etwa $^1/_4$, ½, 1, 2, 5, 10, 20 und 50% gefärbter Melierfasern zu einem beliebigen, aber gleichbleibenden Grundstoff hergestellt werden.

Als Melierstoffe werden in den meisten Fällen bei den hochwertigen Löschpapieren Baumwollfasern benutzt. Sie werden mit direktziehenden Farbstoffen bei etwa 60–70° C, wenn erforderlich, unter Salzzusätzen in den verlangten Farbtönen gefärbt, gegebenenfalls ausgewaschen und mit dem ungefärbten oder andersfarbigen Grundstoff gemischt.

Solche Melierungen stellen keine artfremden Faserzusätze dar und beeinträchtigen die Löscheigenschaften des Fließpapieres in keiner Weise.

Anders verhält es sich bei den Wollmelierungen, die auf Grund dieser Überlegungen deshalb nur in geringsten Mengen ($^1/_4$–1%) zur Anwendung kommen. Eine Abart stellen die sogenannten hofbildenden Melierfasern dar. In einem späteren Abschnitt wird auf die färbereitechnische Seite der Herstellung der Melierfasern noch ausführlicher eingegangen werden.

Für Löschpapierfärbungen auf Baumwolle, gegebenenfalls mit alkalisch nachgekochten, gebleichten Sulfitzellstoffen gemischt, sind die folgenden direktziehenden Farbstoffe besonders vorteilhaft: Chrysophenin G (Le), Stilbengelb GLX (Le), Papiergelb RF (Ma), Dianilgelb RR (Hö), Papiergelb RNXX (Le), Diaminorange B (Le); D (Ma), Dianilorange G (Hö), Oxamindunkelbraun GX (Le), Benzopurpurin 4B (Le), Congorot (Le), Benzoechtscharlach 4BS (Le), Chloraminrot 8BS (Le), Brillantgeranin BK (Le), Benzoazurin G (Le), Benzoreinblau (Le), Brillantdianilgrün GP (Ma), Benzogrün FF (Le), Papierschwarz T extra (Le), Papiertiefschwarz C extra konz. (Ma) und Papierdirektschwarz H extra konz. (Hö). Diese Produkte sind auch für Melierfaserfärbungen hervorragend geeignet, aber es sei ausdrücklich darauf hingewiesen, daß diese Auswahl aus dem umfangreichen Sortiment der direktziehenden Farbstoffe wesentlich erweitert werden kann.

Zur Erzielung kontrastreicher, harmonischer Melierungen sind ziemlich volle Farbtöne erforderlich, welche Farbstoffzusätze von 2,5–4%, bezogen auf den lufttrockenen Stoff, notwendig machen.

Der Vollständigkeit halber sei noch auf die Möglichkeit des Färbens der hochwertigen, gebleichten Löschpapierrohstoffe mit basischen Farbstoffen hingewiesen. Es ist dann allerdings eine Vorbeize mit etwa 1% Tamol oder Solegal, das mit 1% schwefelsaurer Tonerde gefällt werden muß, notwendig. Der rein färberische Erfolg, d. h. die Farbtonvertiefung ist bedeutend; durch die Beladung des Papieres mit basischen Farbstofflacken werden die Löscheigenschaften jedoch herabgesetzt.

Die *Saugpostpapiere* zählen gleichfalls zu den saugfähigen Papieren. Sie werden meist nur weißnuanciert bzw. schwach gelblich getönt. Zur Färbung sind direktziehende Farbstoffe, gegebenenfalls in Kombination mit basischen Farbstoffen, oder basische Farbstoffe allein geeignet, denn auf eine gewisse Wasserechtheit kann nicht verzichtet werden.

Das gleiche gilt von den *Kopierpapieren*. Je nach der Stoffart wird mit direktziehenden oder basischen Farbstoffen geschönt, die hinsichtlich der erforderlichen Wasserechtheit allen Anforderungen genügen. Für ein Spezialkopierpapier war, ehe die Schreibmaschine ihren Siegeszug antrat, das Färben mit Rostgelb (Entwicklung im Stoff mit Eisenoxydulsalzen und Chlorkalk) eine technisch recht interessante Lösung. Mit derart gefärbten Papieren gelang es nämlich, gute Kopien von Schriftstücken zu nehmen, die mit gerbstoffhaltigen Tinten geschrieben waren. Das Verfahren besitzt heute nur noch theoretisches Interesse.

Auch die *Zellstoffwatte* ist in diesem Zusammenhang zu erwähnen. Sie bleibt meistens völlig ungeschönt und wird nur in Sonderfällen getönt bzw. gefärbt. Es dürfen nur direktziehende Farbstoffe verarbeitet werden, denn alle Beizmittel und selbst geringe Zusätze von schwefelsaurer Tonerde stören den Kreppvorgang beim Einzelfließ und setzen damit die Wattequalität herab.

Satte Färbungen werden nur bei den sogenannten Schuhpapieren verlangt; Pastelltöne bei Gesichtstüchern, Tropfenfängern, Tropfdeckchen und dgl. Bei der Auswahl der substantiven Farbstoffe ist den konzentrierten Marken der Vorzug zu geben.

F. Umschlagkartons (und -papiere), Registerkartons, Fotokartons, Chromoersatzkartons und dergl.

Wie bei den Hüllpapieren, so schwanken auch bei den Umschlagkartons (und -papieren) und allen anderen Kartonsorten bzw. kartonähnlichen Erzeugnissen die Qualitätsansprüche. Das heißt aber, daß nicht nur die Grundstoffe den jeweiligen Beanspruchungen angepaßt werden müssen, sondern daß auch die an die Färbungen gestellten Ansprüche recht unterschiedliche sein werden.

Für gewöhnliche und mittelfeine *Umschlagkartons*, *Aktendeckel*, *Registerkartons* und dgl., an welche normalerweise keine besonderen Echtheitsansprüche gestellt werden, ist die billigste Färbeweise auch die beste. Sie werden mit basischen Farbstoffen meist in Kombinationen mit ausgiebigen und billigen sauren Farbstoffen eingefärbt. Durch die gegenseitige Ausfällung der beiden Farbstoffgruppen erzielt man nicht nur sehr ruhige, gedeckte Farbtöne, sondern erreicht gleichzeitig beste Ausnutzung der Farbstoffe, was gleichbedeutend mit guten Abwässern ist.

Werden sehr gleichmäßige Färbungen verlangt, so ist z. B. bei Brauntönen eine Grundierung mit Ocker- oder Eisenoxydfarbenstoffen bzw. mit

Saftbraun von Vorteil. Zur Anschlußfärbung an die Vorlage müssen dann sauerziehende Produkte, eventuell mit geringem basischem Aufsatz, verarbeitet werden. Dabei ist es unerläßlich, mit großen Tonerdeüberschüssen zu arbeiten. Muß auf Grund papiertechnischer Erfordernisse (Asche, Festigkeit) rein sauer gefärbt werden, so ist die Kombination Metanilgelb extra + Orange II bzw. RO + Abtrüber (Nigrosin WLA Körner oder Papierschwarz T) günstig. Selbstverständlich lassen sich auch alle übrigen Farbtöne preiswürdig ausschließlich mit sauren Farbstoffen einfärben. Bei der Herstellung von Kartons ist aber zu bedenken, daß die gut egalisierenden sauren Farbstoffe den großen Nachteil der Hitzeunbeständigkeit, der Wasserunechtheit und der Reibunechtheit auf sich vereinigen. Durch eine rein basische oder direktziehende Färbung lassen sich diese Mängel vermeiden; sie sind wasser- und reibecht und erfordern auch kaum eine auf die Färbearbeit Rücksicht nehmende Trockenarbeit. Bei holzhaltigen Stoffmischungen ergeben sich aber leicht schipprige Färbungen, die dann durch Kombinationsfärbungen mit sauren Farbstoffen gemildert werden können. Das gleiche gilt von den ungewollten Melierungen, deren Bekämpfung aber noch durch andere Maßnahmen möglich ist.

Zum Anfärben gemischter Stoffe eignen sich die Halbwollfarbstoffe besonders gut. Sie ergeben ruhige, gedeckte Farbtöne und fast klare Abwässer.

Werden lichtechte Färbungen verlangt, so dürfen nur holzfreie, gebleichte Grundstoffe verarbeitet werden, und die Färbung ist mit gut lichtechten, direktziehenden (Sirius-) Farbstoffen oder, falls es der Preis erlaubt, mit organischen bzw. anorganischen Pigmenten vorzunehmen.

Für Umschlag- und Albumkartons besteht auch die Möglichkeit der Verwendung von Schwefelfarbstoffen, zumal bei diesen Papieren die gedeckten Töne dieser Produkte kein Hindernis bilden. Die umständliche Färbearbeit wird aber nicht gern in Kauf genommen.

Die Umschlag- und Fotokartons werden häufig auch marmoriert, meliert, gerippt und geprägt hergestellt. Das Marmorieren und Melieren geht den Papierfärber an, und in dem Kapitel über die „Effektpapiere" wurden diese beiden Veredlungsmöglichkeiten bereits eingehend besprochen. In beiden Fällen müssen mit Rücksicht auf die Maschinenarbeit und auch auf den Verwendungszweck geeignete direktziehende Farbstoffe zur Anwendung kommen.

Von den Mehrlagenkartons interessiert den Färber in erster Linie der *Chromoersatzkarton.* Es handelt sich gewöhnlich um einen Duplex- oder Triplexkarton, dessen Oberseite meist holzfrei gearbeitet wird. Die Decke wird vorwiegend, mit Rücksicht auf eine gute Bedruckbarkeit, in bester Weiße und hoher einseitiger Glätte hergestellt. Oft aber werden auch farbige Decken von hervorragender Lichtechtheit gefordert, wie sie in der Verpackungsindustrie notwendig ist, in welcher der Chromoersatzkarton z. B. bei der Faltschachtelherstellung eine große Bedeutung besitzt. Beim Weißfärben bedeutet die Mitverwendung von Titandioxyd einen technischen Vorteil insofern, als dessen opazitätserhöhende Wirkung oftmals gestattet, mit dem Quadratmetergewicht des hochwertigen Deckenstoffes zurückzugehen. Das bringt eine nicht unwesentliche Senkung der Produktionsunkosten mit sich, denn die inneren Lagen werden immer aus geringerem, oft altpapierhaltigem Stoff hergestellt. Der mit Titanpigment versetzte Deckenstoff wird am besten mit einer Indanthren Pulver fein-Marke auf den gewünschten Weißton hin nuanciert. Auch die Verarbeitung von Blankophoren ist zu empfehlen.

Wenn hervorragende Lichtechtheit verlangt wird, so kommen für helle bis mittlere Farbtöne zur Färbung der Decke die Indanthrenfarbstoffe und die übrigen Pigmentfarbstoffe in Betracht. Sie verbessern durch die Pigmenteinlagerung im Faserfilz die Opazität der Deckschicht und vermitteln außerdem ruhige, gleichmäßige Färbungen.

Billigere und dabei gut lichtechte Färbungen lassen sich mit einigen direktziehenden Farbstoffen, den Sirius- und Siriuslichtfarbstoffen, erzielen, mit denen sich vor allem auch intensivere Nuancen herstellen lassen, als es mit den Pigmentfarbstoffen möglich ist.

Für geklebte Edelkartons, zu denen u. a. die Bristolkartons, Elfenbein- und Alabasterkartons ferner die Spielkartenkartons zu zählen sind, werden meistens, wie es auch schon die Bezeichnungen erkennen lassen, reinste Weiß- und klare Elfenbeintöne gefordert. Die zum Nuancieren benutzten Farbstoffe müssen mit Rücksicht auf die Kaschierarbeit wasserecht sein, sie müssen höchste Lichtechtheit besitzen und ruhige, gut egalisierende Färbungen ergeben. Diesen Anforderungen werden die Indanthren- und die übrigen organischen Pigmentfarbstoffe gerecht.

Die Spielkartenkartons beschäftigen den Färber insofern, als man zur Erhöhung der Undurchsichtigkeit der Spielkarten die zum Kaschieren der drei Schichten benutzte Kartoffel- bzw. Weizenstärke schwarz anfärbt. Das geschah mit Nigrosinen oder direktziehenden Schwarzmarken. Auch die Zwischenschicht wurde mancherorts in der Masse dunkelgrau bis schwarz gefärbt und hierzu meist direktziehende Schwarzmarken benutzt. Bei der Wiederverarbeitung des anfallenden, stofflich wertvollen Ausschusses ergaben sich immer Schwierigkeiten; denn es muß gefordert werden, daß sich der Stoff in einfachster Weise bleichen läßt. Dies ist bei Verarbeitung von Brillantschwarz B zum Anfärben des Kleisters bzw. der Innenschicht der Fall. Das Produkt wird durch eine Reduktionsbleiche mit Natriumhydrosulfit oder Natriumbisulfit völlig entfärbt.

Besondere färberische Probleme der Praxis.

1. Das Ausmustern und Nachfärben.

Das Ausmustern ist die schwierigste Arbeit für den Papierfärber, denn es erfordert nicht nur genaueste Kenntnis des Verhaltens der Papierrohstoffe und der Farbstoffe, sondern es verlangt Sinn und Gefühl für das Färben überhaupt.

Das Färben aber ist nicht so einfach, wie es in der Praxis aussieht. Man kann wohl manches dazu lernen, die Erfahrung wird ein übriges tun, aber das Gefühl für die Farben muß vorhanden sein. Der Färber muß das Ergebnis der Mischungen zweier Farben immer gegenwärtig haben, er muß die Gegenfarben wissen, um beispielsweise abtrüben oder drücken zu können. Der Weg aber, den wir bisher im Gebiet der Papierfärberei zurückgelegt haben, hat uns viel gezeigt und wird dem aufmerksamen Beobachter wohl alles das vermittelt haben, was er zu sinnvoller Verwertung braucht.

Ehe der Färber mit seiner Arbeit beginnt, muß er sich darüber klar sein, welche Anforderungen an die Papierfärbung gestellt werden. Der Verwendungszweck der Papiere gibt ihm schon einen Hinweis auf die verwendbaren Farbstoffe. Entscheidend für die Auswahl der Farbstoffe sind aber auch die Färbekosten und oft ist es so, daß den Entscheidungen des Färbers durch die bewilligten Farbstoffzuschläge bereits Grenzen gesetzt sind, die er nicht überschreiten kann. Dies hat aber auch im umgekehrten Sinne seine Gültigkeit, wenn man feststellen muß, daß sich bestimmte Farbtöne nur mit bestimmten Farbstoffen erreichen lassen und deshalb nicht unter einem bestimmten Gestehungspreis einzufärben sind.

Eine wichtige Aufgabe fällt beim Ausmustern der Vorlage zu. Man sollte darauf hinwirken, daß als Grundregel die Forderung aufgestellt wird, daß die Färbevorlage gleichzeitig auch die Qualitätsvorlage ist. Die Gründe hierfür liegen auf rein optischem Gebiet und wurden bereits an anderer Stelle erörtert. Dort mußte darauf hingewiesen werden, daß es nicht angängig ist, beispielsweise ein gestrichenes Muster als Vorlage für eine Massefärbung zu benutzen, da es unmöglich ist, den Habitus einer Massefärbung mit dem besonderen Charakter des Striches in Übereinstimmung zu bringen. Beide Färbungen können nie gleich „gesehen" werden, da verschiedene Mengen des Lichtes von ihnen verschluckt, zerstreut bzw. reflektiert werden. Das gilt, gewissermaßen im entgegengesetzten Sinne, auch für die Glanzpapiere, die deshalb noch weniger als die gestrichenen Papiere als Färbevorlagen für Massefärbungen benutzt werden können. Sie werfen gleich einem Spiegel den größten Anteil der Lichtstrahlen zurück und müssen deshalb in unserem Auge ein ganz anderes Farbbild hinterlassen, als es die matte, gekörnte Fläche eines maschinenglatten Papieres tut, die den größeren Anteil des Lichtes zerstreut.

Eine weitere Forderung ist die, daß abgegriffene kleine Papierstückchen nur im Notfalle als Farbvorlage dienen sollen. Manche Reklamationen wegen ungenügenden Farbanschlusses könnten hierdurch vermieden werden.

Zur einwandfreien Beurteilung des Farbtones ist die Betrachtung des Musters bei zerstreutem Tageslicht notwendig, und dort, wo es sich irgendwie einrichten läßt, sollte man das Ausmustern um die Mittagszeit herum vornehmen; dann käme man auch mit den wenigen hellen Tagesstunden im Winter zurecht. Leider läßt sich dies in der Praxis nur in seltenen Fällen durchführen. Bei den heutigen schnell laufenden Maschinen und den oft kleinen Aufträgen ist es nicht zu vermeiden, selbst des Nachts Muster zu machen. Aus diesem Grunde ist für eine Lichtquelle zu sorgen, die dem Färber das Tageslicht so weit als möglich zu ersetzen in der Lage ist. Die optische Industrie hat Lichtfilter entwickelt, das sind gefärbte Glassorten, die imstande sind, das Licht von gewöhnlichen Glühlampen derart zu filtrieren, daß es dem zerstreuten Tageslicht sehr nahekommt. Man hat auch die Lichtfilter von der Beleuchtungsquelle unabhängig gemacht und „Tageslichtbrillen" konstruiert, von denen z. B. die Luminabrille gern benutzt wird. Immerhin ist das Ausmustern auch bei diesen künstlichen Lichtquellen noch mit Schwierigkeiten verbunden, die besonders dann in Erscheinung treten, wenn gemischte, sehr satte Farbtöne vorliegen, die durch Kombination von drei oder mehr Farbstoffen erzielt werden müssen. (Diese Farbtöne liegen im OSTWALDschen Doppelkegel tief im Inneren nahe dem Schwarzpunkt der Grauleiter und enthalten beträchtliche Mengen an Grau). Bei diesen Färbungen wird der Überschuß der Lichtquelle an gelben und roten Strahlen die einwandfreie Nachbildung stören. Es liegt dann etwa der gleiche Fall vor, der eintritt, wenn die Ausmusterung in den dämmerigen Abendstunden geschieht oder von älteren Leuten vorgenommen wird. In beiden Fällen wird zuviel Röte gesehen, d. h. im zerstreuten Tageslicht an einem Fenster, das nach Norden hinausgeht (aber keine Backsteinwände oder größere gefärbte Flächen als Gegenüber haben darf), wird man später feststellen müssen, daß die Nachbildung zu wenig blaustichig oder grünstichig ausgefallen ist. In diesem Zusammenhang ist auch auf den Begriff der „Abendfarbe" hinzuweisen, der dem Papierfärber von den Weißnuancierungen her geläufig sein dürfte. Es handelt sich dabei um metamere Farben OSTWALDscher Prägung, also um Farben, die trotz verschiedener Zusammensetzung der Lichtarten gleiches Aussehen haben und auf verschiedene Lichtquellen verschieden ansprechen. Besonders störend sind die Lichteinflüsse beim Ausmustern, wenn die Nachstellung mit anderen Farbstoffen erfolgt, als zum Färben der Vorlage verwendet wurden.

Wenn jedoch das Papier nach einer früheren, eigenen Anfertigung gefärbt wird, so ist die Gefahr des Verfärbens selbst bei einer gewöhnlichen künstlichen Lichtquelle praktisch ausgeschlossen. Man kennt ja von vornherein die verwendeten Farbstoffe und die aufgewendeten Mengen.

Da beim Ausmustern nicht nur Auf- und Übersicht, sondern auch die Durchsicht der Färbung, wenn es Papierdicke und Opazität erlauben, beurteilt werden müssen, ist das Halten beim Betrachten von Vorlage und Nachbildung von größter Bedeutung. Siebseite darf nur mit Siebseite und Oberseite nur mit Oberseite verglichen werden. Die Papiere müssen in scharfer Kante gebrochen aneinandergestoßen werden, und die Vorlage ist beim Betrachten zweckmäßig von links nach rechts oder umgekehrt zu wechseln. Dabei ist Sorge dafür zu tragen, daß Vorlage und Nachbildung entweder in der Laufrichtung oder aber in der Querrichtung beurteilt werden. Es ist nicht gleichgültig, unter welchem Winkel das Licht auf das Vergleichsmuster fällt, und der gewissenhafte Färber wird sich beim Betrachten der Muster einmal mit dem Rücken gegen die Lichtquelle stellen und dann sich der Lichtquelle wieder voll zuwenden. Um die Transparenz auszuschalten, ist ein- oder mehrfaches Falten von Vorlage und Nachbildung zu empfehlen. Das Übereinanderlegen von Vorlage und Muster, wobei ein 2 bis 3 cm breiter Rand hervorragt, sollte man nur bei nicht durchscheinenden Papieren als Methode der Betrachtung wählen. Völlig im Farbton übereinstimmende Muster werden bei dieser Beurteilungsart einen verschiedenen Eindruck hinterlassen, je nachdem, ob sie bei der Betrachtung oben oder unten liegen. Farbengleichheit ist dann vorhanden, wenn sie in gleichem Ausmaße in Fülle und Farbton wechseln. Der geübte Färber wird die Übereinstimmung mit großer Sicherheit feststellen. Allerdings sei hier bemerkt, daß das menschliche Auge nicht imstande ist, kleinste Unterschiede im Farbton und in der Farbstärke zu erfassen, und daß aus diesem Grunde zwei verschiedene Personen immer etwas verschieden sehen werden. Aber auch die gleiche Person wird Unterschiede in ihren Beobachtungen feststellen müssen. Die optische Unsicherheit schwankt innerhalb einer gewissen Breite, der „Schwelle". Sie ist vom Farbton und vom Betrachter abhängig. Ein geschultes Auge vermag die Schwelle in ihrer Breite einzuengen und z. B. Typabweichungen (Stärkeabweichungen) von $\pm 3\%$ noch eindeutig zu erkennen.

Was nun das Mustermachen selbst anbelangt, so läßt die Praxis im Grunde genommen nur einen gangbaren Weg offen. Man wird nicht mehr wie früher ein Stück der Vorlage kauen und mit dem ausgequetschten Holländerstoff vergleichen. Als Vorprüfung mag diese Übung bestehenbleiben, aber den mehr oder weniger genau getroffenen Farbanschluß kann man exakt nur von Papier zu Papier feststellen. Um deshalb die Wirkung der Farbstoffzugabe im Holländer zu kontrollieren, ist es nötig, von Zeit zu Zeit aus dem Holländer Muster zu schöpfen. Dies geschieht durch Entnahme des Stoffes, der, falls notwendig, fertig geleimt und dann soweit verdünnt wird, daß mit einem Schöpfsieb oder auf einem der bekannten Blattbildungsapparate ein Papierblatt hergestellt werden kann. Auch das Aufgießen des Musters auf das Maschinensieb ist gebräuchlich, und für diese letzte Art der Musterherstellung sprechen wohl ebenso gewichtige Gründe, wie sie für eine Musterherstellung abseits der Papiermaschine vorgebracht werden können. Das Mustermachen auf der Papiermaschine hat den Vorteil, daß das Muster die gleiche Entwässerungs- und Trockenarbeit durchmacht wie das später herausgearbeitete farbige Papier. Als Nachteile müssen angesehen werden:

1. In manchen Fällen die zu hohe Maschinengeschwindigkeit, die es schwierig macht, die erforderlichen Handgriffe einwandfrei durchzuführen.
2. Daß das vielleicht gerade laufende Papier im Farbton nicht günstig genug liegt, um ein einwandfreies Vergleichsmuster herstellen zu können.
3. Daß das Muster aus der endlosen Papierbahn herausgerissen werden muß. Hierdurch lassen sich Störungen bei der Weiterverarbeitung (Kalander, Querschneider usw.) kaum vermeiden.

Auf Grund eigener Erfahrungen möchte der Verfasser der Herstellung von Schöpfmustern abseits der Papiermaschine, wenn auch nicht hinsichtlich des erzielbaren Effektes, so doch aus Gründen größerer Betriebssicherheit den Vorzug geben.

Beim Färben nach einem bisher noch nicht erzeugten Muster muß sich der Anfänger langsam vorwärts tasten. In diesem Falle bringt eine Prüfung auf die zum Färben der Vorlage verwendeten Farbstoffe, d. h. eine Farbstoffuntersuchung, fast immer große Vorteile. Aus der festgestellten Farbstoffgruppe und der vorliegenden Färbung selbst lassen sich an Hand von (Typ-) Musterkarten, wie sie von den Farbenfabriken herausgegeben werden, ziemlich eindeutig die zur Färbung verwendeten Farbstoffe erfassen. Selbst wenn Farbstoffkombinationen vorliegen, wie es wohl meistens der Fall sein wird, ist ein Einblick in die Färbeweise nicht allzu schwer. Dem Färber müssen allerdings, wie schon früher betont wurde, die Ergebnisse von Mischungen zweier oder mehrerer Farbstoffe in Fleisch und Blut übergegangen sein. Er beginnt mit Farbstoffzusätzen, die überlegungsgemäß noch nicht ausreichen, um die Tiefe der Färbung zu erreichen. Weitere Zugaben sind dann schon leichter in ihrer Wirkung abzuschätzen. Immerhin heißt es schnell handeln, denn Maschinenstillstände dürfen selbst bei kleinen farbigen Posten nicht eintreten. Es kommt deshalb oft vor, daß man einen Holländer schon ablassen muß, ehe ein genauer Farbanschluß erreicht wurde. Die notwendige Korrektur ist dann dem zweiten Holländer mitzugeben, das heißt dieser ist entweder stärker im Farbton zu halten oder aber schwächer oder nach irgendeiner Seite hin abzustimmen. Der dritte Holländer erhält schließlich die richtigen Zusätze.

Wenn man gezwungen ist, in der Bütte oder im Mischer nachzufärben, was sich beim Herausarbeiten kleiner Mengen manchmal nicht vermeiden läßt, dann muß man sich vor Augen halten, daß Bütte und Mischer keine Hochleistungsmischmaschinen sind. Die Farbstofflösungen müssen deshalb in größtmöglicher Verdünnung zugegeben werden, und es ist auf beste Verteilung zu achten. Das geschieht in zweckmäßiger Weise durch Zugabe sehr kleiner Portionen an verschiedenen Stellen. Bei der Zuteilung der Farbstofflösung in der Bütte ist es sehr wichtig, auch das eventuell erforderliche Fixierungsmittel in entsprechenden Mengen nachzusetzen. Zum Nachfärben – und auch zum kontinuierlichen Färben, das den gleichen Gesetzmäßigkeiten unterworfen ist – sind alle löslichen Farbstoffe gleich gut geeignet. Man sollte aber allen jenen Produkten den Vorzug geben, die keine ausgesprochene Verwandtschaft zur Papierfaser zeigen, die also nicht zum Melieren neigen, oder sie in einer solchen Form dem Stoff zugeben, daß störende Melierungen ausgeschaltet werden. (Beim Weißnuancieren z. B. in Form basischer Pseudolösungen.)

Das Nachfärben wie überhaupt das Ausmustern bieten aber auch aus einem anderen Grunde noch Schwierigkeiten, die nur durch die Erfahrung überwunden werden können. Bis sich der richtige Farbton auf der Maschine einstellt, dauert es oft 15 bis 20 Minuten. Im allgemeinen ist es dann so, daß der Farbton etwas voller wird. Diese „Entwicklung“ ist erst dann zu Ende, wenn das Rückwasser seinen Kreislauf vollendet hat. In vielen Fabriken ist es deshalb üblich, die ersten Holländer- oder Büttenfärbungen etwas intensiver einzufärben als die folgenden, oder was in der färberischen Wirkung aufs gleiche hinauskommt – aber nur dann, wenn tonerdefällbare Farbstoffe zur Anwendung kommen – den Zusatz an schwefelsaurer Tonerde bei den ersten Holländern gegenüber der normalen Arbeitsweise um etwa 30–50% zu erhöhen.

Beim Ausmustern bzw. Nachfärben ist vor allem dieses „Nachziehen“ der sauren Farbstoffe in Rechnung zu stellen, und es sei hier nur an das Verhalten der Wasserblau- und Reinblaumarken beim Weißnuancieren erinnert. Dieses Nachziehen ist übrigens oft auch mit einer Farbtonänderung verbunden. Die auffälligste ist bei den Metanilgelbmarken zu finden, welche die Tendenz nachrötender und abtrübender Färbungen zeigen. Das gilt im übrigen für alle säureempfindlichen Farbstoffe. So muß der Färber auch bei einigen basischen Farbstoffen, z. B. den Chrysoidin- und Vesuvinmarken dieses Nachröten beim Ausmustern und Nachfärben berücksichtigen. Starke Nachentwicklungen, die, wie hier erwähnt sei, auch von der Stoffart und der Beschwerung abhängig sind, treten auch bei den basischen Grünmarken in oft störendem Ausmaße auf.

Wie wir bereits erwähnten, ist der Einfluß des Rückwassers beim Ausmustern und Nachfärben bei allen nicht direkt auf die Faser aufziehenden Farbstoffen besonders deutlich festzustellen. Bei den sauren Farbstoffen, die durch schwefelsaure Tonerde als Farbstofflacke gefällt und auf und zwischen den Fasern abgeschieden werden, gehen in den ersten Stadien der Fabrikation nicht unbeträchtliche Mengen an färbender Substanz dadurch verloren, daß Manchon Naß- und Trockenfilze sich anfärben und somit der Papierbahn Farbstoff entziehen. Der Zeitpunkt des Eintritts des färberischen Gleichgewichts, der mehr oder weniger von den rein örtlichen Verhältnissen mitbestimmt wird, muß selbstverständlich jedem Betriebsleiter und Werkführer bekannt sein, damit er bei der Ausmusterungs- und Nachfärbearbeit richtig vorgehen kann und keinen Fehler begeht.

2. Das Drücken.

Das Drücken oder Gegenfärben ist immer als ein Notbehelf anzusehen. Es ist eine färbereitechnisch vertretbare Art von Farbstoffverschwendung, denn es verfolgt ausschließlich den Zweck, verfärbte oder überfärbte Papiere durch weitere Farbstoffzusätze so zu korrigieren, daß die noch übrigbleibenden Mängel hinsichtlich des Farbanschlusses nicht mehr so stark ins Auge fallen. Hierdurch kann in den meisten Fällen eine Fehlanfertigung vermieden werden. Die Gefahr des Verfärbens ist übrigens größer, als man gemeinhin annimmt, und z. B. bei stumpfen, satten, zusammengesetzten Farbtönen ist es gar nicht so selten, daß auch der beste und erfahrenste Färber mit den Farbstoffzuteilungen einmal über das Ziel hinausschießt.

Das Wesen des Drückens beruht auf den optischen Gesetzen der Komplementärfarben, der Gegenfarbenpaare. Bei der Besprechung der theoretischen Grundlagen wurde bereits darauf hingewiesen, daß bei den Spektralfarben dem additiven Mischungsergebnis „Weiß" ein mehr oder weniger dunkles „Grau" bei der substraktiven Mischung der Farbstoffkörper gegenübersteht. Beim Drücken wird also Buntfarbstoff in das optisch weniger auffallende Grau umgefärbt. Es ist deshalb in jedem Falle eine Abtrübung zu erwarten, die vom Schwarzgehalt des verwendeten Farbstoffes abhängt und die auf Grund dieser Feststellung um so stärker sein wird, je größer die zur Korrektur aufgewendeten Farbstoffmengen sind.

Eine starre Regel für das Gegenfärben läßt sich nicht aufstellen. Jeder Einzelfall bedarf einer besonderen Behandlung. Geeignet zum Drücken sind die warmen Farben Gelb, Kreß und Rot, weil sie, wie wir wissen, die reinsten Farben sind (ihre Gegenfarben sind U-Blau, Eisblau und Seegrün). Unter den Papierfarbstoffen sind Auramin, Papiergelb und Rhodamin zum

Drücken vorteilhaft, vorausgesetzt, daß sie in die zu korrigierende Nuance passen.

Übertrifft die Abtrübung beim Gegenfärben das praktisch erlaubte Maß, dann besteht noch die Möglichkeit, die Grundweiße durch Zugabe von gebleichtem Stoff – wodurch übrigens eine schwächere Färbung entsteht, die dem Färber eine gewisse Handlungsfreiheit zurückgibt – oder besser durch Zugabe eines hochwertigen Weißpigmentes aufzubessern, wie es beispielsweise Titandioxyd darstellt. Die aufhellende Wirkung solcher Zusätze darf aber nicht überschätzt werden, denn auf dem Weg über eine additive Zumischung ist der Grundton eines Papieres nur durch relativ hohe Zusätze und dann auch nur in bescheidenem Ausmaße zu ändern. Das Verfahren wird aber bei Weißtönungen und hellen Farbtönen mit Vorteil anzuwenden sein.

In diesem Zusammenhang ist noch auf eine Färbemethode hinzuweisen, die mit dem Drücken nahe verwandt ist und die zutreffend mit Abtrüben bzw. Abstumpfen zu bezeichnen ist. Der Name deutet schon an, daß man keine Gegenfarbenpaare sucht, die möglichst wenig Grau liefern, wie es beim Drücken erwünscht ist, sondern daß vielmehr durch geeignete Farbstoffkombinationen größere Mengen an Schwarz gebracht werden sollen, wie sie zur Herstellung gedeckter, satter, zusammengesetzter Farbtöne notwendig sind.

Man will also auf diese Weise keine verfärbten Partien retten, sondern auf billigste Art, d. h. durch Anwendung geringster Farbstoffmengen, gedeckte, volle Farbtöne etwa in Braun, Oliv, Graugrün, Schwarzblau usw. herstellen.

Gottlöber[1], der für die praktischen Fragen des Färbens ein feines Gefühl besitzt, schreibt über die Herstellung solcher Farbtöne in zutreffender Weise wie folgt:

„Da alle diese Farbtöne eine beträchtliche Menge Grau besitzen, welches man durch Zugabe von Schwarz hervorrufen muß, so wird man von den bunten Farbstoffen nicht gerade die feurigsten, frischesten und blumigsten nehmen, die meistens auch die teuersten sind. Man wird vielmehr versuchen, einen Teil des notwendigen Schwarz schon durch billige, trübe Farbstoffe zu gewinnen. Also nimmt man kein Rhodamin, sondern Safranin, man nimmt kein Auramin oder Papiergelb, sondern Orange usw. Dabei braucht man im Anfang der Ausfärbung durchaus nicht zu erschrecken, wenn der Farbton nach einer ganz anderen bunten Farbe hinschlägt. Da man ja sowieso reichlich Schwarz benötigen wird, so kann man in diesem Falle das Gegenfärben recht gut lernen. Es ist erstaunlich, wie man den Farbton herumwerfen kann. War eben das Muster noch rötlich, so kann man es durch Zugabe von Grün sogleich ebenso weit nach der grünen Seite herüberziehen. Dabei kommt auch in besonderem Maße das Wegfressen einer Farbe durch die andere zur Geltung, d. h. da durch das Zugeben von Grün ein Teil des Rot in Grau verwandelt wird, wächst der Grauanteil und der bunte vermindert sich. Das Muster erscheint nach Zugeben des Grün in der Farbe viel leerer, im Grau dagegen voller."

3. Das Weißfärben.

Das Schönen des Papiers wurde in früherer Zeit ausschließlich durch Bläuen vorgenommen. Der Stand der Bläuungstechnik, auf den näher einzugehen hier nicht der Platz ist, blieb bis in die zweite Hälfte des 19. Jahr-

[1] M. Gottlöber, „Das Färben des Papiers", Band 19 der „Schriften des Vereines der Zellstoff- und Papier-Chemiker und -Ingenieure".

hunderts unverändert. An Hand von überlieferten Rezeptaufzeichnungen läßt er sich klar überblicken; auch läßt sich soviel feststellen, daß bis zur Mitte des 19. Jahrhunderts die Geburtsstunde des „Weißfärbens“ noch nicht geschlagen hatte. Es lag in jenem Zeitabschnitt wohl noch nicht das Bedürfnis nach hochweißen Papieren vor, da nur Hadern verarbeitet wurden und die Bleiche mit Chlorgas sich damals auszubreiten begann und zu einer ganz allgemein anerkannten Qualitätsverbesserung der Papiere hinsichtlich Weiße führte, die vorerst keine weiteren Wünsche mehr laut werden ließ.

Als schließlich die Teerfarbstoffe ausgangs der 60er und in den 70er und 80er Jahren den Markt eroberten, brachte dieser Umstand für das „Bläuen“ des Papieres vorerst kaum eine Änderung. Nur sehr langsam wurden die alten Bläuungsfarbstoffe, vor allem aber das sehr reine und blumige Ultramarin, durch beispielsweise Anilinblau, Alkali- oder Wasserblau usw., zurückgedrängt, und in jene Zeit des Übergangs dürften auch die ersten Ansätze zum „Weißfärben“, d. h. des gleichzeitigen Arbeitens mit einer Blau- und einer Rotkomponente, zu verlegen sein. Diese Annahme wird vor allem dadurch gestützt, daß für jene Zeit auch die Ausbreitung des Zellstoffs und Holzschliffs anzusetzen ist. Hierdurch trat nun gegenüber der früher üblichen Arbeitsweise eine von Grund auf verschiedene Zielsetzung ein, denn nun wollte man ja nicht allein „bläuen“, d. h. mit einem Blau überfärben, sondern man strebte durch Färben und Gegenfärben den jeweils höchsterreichbaren „Weißton“ an.

Das „Weißfärben“ ist im Grunde genommen ein Drücken, ein Verfahren, in das wir im vor ergehenden Kapitel Einblick genommen haben. Es besteht in seinen Grundzügen aus einem zweimaligen Gegenfärben mit dem Ziele, den allen Papierrohstoffen mehr oder minder anhaftenden Gelb- oder Braunstich auszugleichen. Das wird dadurch erreicht, daß man zuerst den Gelbanteil des Stoffes mit einem geeigneten reinen Blau drückt und sodann mit geringen Mengen eines klaren, brillanten Rotfarbstoffes nachtönt. Dieses Übersetzen mit oft sehr geringen Mengen eines reinen Rotfarbstoffes verfolgt in erster Linie den Zweck, den durch das Drücken mit Blau aus dem Gelbanteil des Stoffes entstehenden Grünstich aufzuheben.

Wenn über den Begriff „Weiß“ Klarheit bestünde, d. h. wenn nicht subjektive Einflüsse dem einen den bläulichen Ton, dem andern den Violett- oder Rotstich und dem dritten vielleicht den grünlichen Stich als das ideale Weiß erscheinen ließe, dann wäre die Auswahl der zum Weißfärben notwendigen Farbstoffe denkbar einfach. Immerhin liegt die herausgeschälte Grundregel, nach der zu verfahren ist, in jedem Falle fest, und es hat sich in der Praxis gezeigt, daß bereits mit geringen Mengen geeigneter Blaufarbstoffe, wie Nuancierblau RE konz. (Lu), Marineblau BNX (Hö), Wasserblau TR; TBA; IN (Hö), Reinblau I, Indanthrenblau RPZ Pulver fein (Lu), Alizarinbrillantreinblau R; SE (Le), Ultramarin, um die wichtigsten Produkte zu nennen, oft eine unerwartete Auffrischung des Grundtones zu erzielen ist. Dabei ist es bemerkenswert, daß die auf Grund der physikalisch-optischen Gesetze notwendigerweise eintretende Abtrübung, auch beim Vorliegen recht dunkler Rohstoffe, wie ungebleichtem Holzschliff, ungebleichtem Sulfitzellstoff usw., und bei Aufwand entsprechend großer

Farbstoffmengen zwar wahrnehmbar ist, aber im allgemeinen das Gesamtbild nicht sonderlich stört.

Es bedeutet nun trotzdem einen großen Fortschritt in der Weißfärberei, daß es möglich wurde, wenigstens anteilig die additive Färbeweise bei der Nuancierarbeit einzuspannen, d. h. eine komplementäre Spektralfarbenmischung auf dem Wege über lumineszierende Körper zu erreichen; denn auf diese Art mußte es gelingen, die durch das übliche substraktive Gegenfärben (mit Blau- und Rotfarbstoffen) immer entstehende Abtrübung herabzusetzen. Diese neuartige Vermittlerrolle lumineszierender Körper kann in ihrer Wirkungsweise zutreffend mit „optische Weißfärbung" bezeichnet werden, und im nachfolgenden seien die Zusammenhänge, die als Erklärung für das Verhalten solcher optischen Aufhellungsmittel herangezogen werden können, klargelegt. Der Verfasser hat an der Entwicklung des Verfahrens und an seiner Einführung in die Praxis maßgebenden Einfluß genommen und über die neue Methode in der Fachpresse berichtet[1].

Jede Lichtquelle, aber besonders das zerstreute Tageslicht, enthält einen bestimmten Anteil an kurzwelligen, für das menschliche Auge in dieser Form nicht wahrnehmbaren Strahlen. Diese kurzwelligen *ultravioletten* Strahlen werden durch bestimmte Körper, beispielsweise Blankophor R hochkonz. (Le), absorbiert, in längerwellige Strahlen umgewandelt, dabei in leuchtend rötlich-violetter Lumineszenz reflektiert und auf diese Weise für das menschliche Auge sichtbar gemacht. Enthält also ein Papier gewisse Mengen an Blankophor R hochkonz. und wird dieses Papier von einer Lichtquelle getroffen, die ultraviolette Strahlen enthält, so werden nicht nur die längerwelligen Strahlen allein reflektiert, sondern noch zusätzlich jener Anteil an kurzwelligen ultravioletten Strahlen, der durch das Blankophor R hochkonz. in langwellige umgewandelt wurde.

Da die Lumineszenzfarbe des Blankophor R hochkonz. lebhaft rötlichviolett ist, muß die Weiße eines mit Blankophor behandelten Papieres eine Erhöhung erfahren, die etwa in der gleichen Richtung liegt, wie sie durch das bisher übliche Weißtönen vermittelst geeigneter Blaufarbstoffe erreicht wird. Die erzielte Weiße *muß* aber eine *wesentlich höhere* sein als bei den üblichen substraktiven Färbungen, denn die optische Gegenfarbe des aufzuhebenden Gelbstiches folgt, wenigstens soweit es die Blaukomponente angeht, den Gesetzen der Spektralfarbenmischungen, d. h. sie gibt mit der Komplementärfarbe ein reines Weiß und keine Abtrübung nach Grau hin, wie es beim alleinigen Arbeiten mit Farbstoffen der Fall ist.

Man kann noch einen Schritt weitergehen und sich von der zusätzlichen Ausgleichsnuancierung mit Blau- oder Rotfarbstoffen völlig freimachen, wenn man zwei verschieden strahlende optische Weißtöner miteinander kuppelt mit dem Ziele, sie in ihrem additiven „Weißeffekt" gewissermaßen zu neutralisieren. Das läßt sich z. B. durch eine Kombination von

Blankophor R extra bzw. R extra hochkonz. (Le)
mit Blankophor G extra bzw. G extra hochkonz. (Le)

[1] B. Cornely, „Über eine neue Methode des Weißfärbens", Zellstoff und Papier 1941 Nr. 5; ferner „Geschichte des Bläuens und Weißtönens von Papier", Wochenblatt für Papierfabrikation 1942 Nr. 9.

erreichen; denn Blankophor R strahlt rotviolettes und Blankophor G gelbgrünes Licht aus. Die additive Mischung beider Lumineszenzfarben ergibt ein wohltuendes Weiß.

Blankophor wird als wasserlösliches Produkt dem Stoff in der Masse zugesetzt. Es verhält sich wie ein substantiver Farbstoff und zieht direkt auf; seine Anwendung beschränkt sich deshalb auch ausschließlich auf gebleichte Zellstoffe und Hadern. Ein Übersetzen mit Rot ist entbehrlich, ja sogar falsch, da die komplementäre optische Farbmischung die Entstehung des mit Rot zu drückenden Grünstiches von vornherein verhindert bzw. beim kombinierten Arbeiten mit einem Blaufarbstoff so stark eindämmt, daß der dem Blankophor eigene Rotstich zur Kompensierung bereits ausreicht.

Zur Praxis des Weißfärbens ist noch festzustellen, daß sie gerade in den letzten 50 Jahren besonders gepflegt wurde. Man suchte durch die Verarbeitung hochweißer, eventuell nachgebleichter Ausgangsrohstoffe und durch die Anwendung reinster Weißpigmente (Titandioxyd) die gegebenen färberischen Möglichkeiten bis aufs letzte auszuschöpfen. Mit der optischen Aufhellung dürfte man bereits bis in das erreichbare Grenzgebiet vorgedrungen sein.

Um der Gefahr des Überfärbens beim Weißtönen zu begegnen – diese ist durch die notwendige Anwendung oft geringster Farbstoffmengen immer gegeben – ist es eine wichtige Forderung, die Nuancierfarbstoffe nur in äußerst schwacher Konzentration zu lösen. Ganz besonders gilt dies auch bei der Herstellung der Vorratslösungen (Stammlösungen). Zum Weißfärben dürfen nur die reinsten und brillantesten Blau- und Violettmarken herangezogen werden; dies ist besonders dann zu beachten, wenn sehr trübe Grundstoffe vorliegen. Bezüglich der zum Tönen zur Verfügung stehenden Farbstoffe ist folgendes zu sagen:

Billige Weißnuancierungen für geringe holzhaltige Druck- und Schreibpapiere erzielt man je nach der gewünschten Nuance mit Viktoriablau-, Marineblau- und blaustichigen Methylviolett-Marken, ferner mit Nuancierblau RE konz. (Lu). Die basischen Violettmarken sind jedoch von schlechter Abendfarbe, und dort, wo ein Umschlagen des Farbtons bei künstlichem Licht vermieden werden soll, sind die in dieser Hinsicht besseren Marineblaumarken, z. B. RNX (Lu) und BNX (Hö), zu verwenden.

Die *reinsten* Weißtöne bei vorteilhaftem Einstand ergeben Äthylviolett und Kristallviolett krist.

Als billigst einstehende Nuancierfarbstoffe für Beklebepapiere und Verpackungspapiere, an welche gewisse Ansprüche hinsichtlich Alkali- und Säurebeständigkeit gestellt werden müssen, sind die Viktoriablaumarken, Äthylviolett und Kristallviolett krist. zu nennen.

Da bei den basischen Farbstoffen immer die Gefahr des Melierens besteht, ist es vorteilhaft, in manchen Fällen, besonders beim Vorliegen gemischter zellstoffhaltiger Rohstoffe, mit sauren Farbstoffen zu nuancieren. Diese ergeben *sehr ruhige* und reine Weißtöne. In Betracht kommen die Wasserblaumarken TR; TBA; IN (Hö) sowie die Reinblaumarken. Das lästige Melieren der basischen Farbstoffe läßt sich übrigens durch bestimmte technische Maßnahmen oft mildern und durch eine Vorbeize mit Tamol bzw. Solegal oder durch Verwendung von Tamol- (Solegal-) Pseudolösungen ganz beseitigen.

Für *alkalifeste* und gleichzeitig *gut lichtechte* Weißnuancierungen sind aus der Gruppe der Alizarinfarbstoffe Anthracenblau SWGG Plv. (Le) und Cyananthrol RBX (Le) gut geeignet.

Als Rotkomponenten werden bei den genannten Blau- und Violettmarken Rhodamin B oder B extra (bei gelblichen Weißtönen Rhodamin 3GO) ganz allgemein verarbeitet, nicht nur wegen ihrer reinen, leuchtenden Farbtöne, sondern auch wegen ihrer relativ guten Alkali- und Säurebeständigkeit.

Für Feinpapiere, Pergamentrohstoffe, fotografische Rohpapiere, Normal-, Dokumenten- und Werttitelpapiere, von denen neben *hervorragender Lichtechtheit sehr gute Alkali-, Säure-, Chlor- und Lagerechtheit* verlangt werden, dienen Indanthrenblau RPZ Pulver fein und GPZ Pulver fein. Als Rotkomponente von gleichen Echtheitseigenschaften ist hierbei Indanthrenbrillantrosa RP Teig zu verwenden.

Für gebleichte Hadernpapiere, wie Zigarettenpapiere und Bibeldruck, ferner für gebleichte Zellstoffpapiere (Druckpapiere, Schreibpapiere und dgl.), an welche außergewöhnlich hohe Ansprüche hinsichtlich der Weiße gestellt werden, sind allen anderen Produkten die Blankophore vorzuziehen. Sie besitzen ausgesprochen direktziehende Eigenschaften, bedürfen also auch keiner fixierenden Leimung, sind gut lichtecht und außerdem gut alkali- und säurebeständig. Ein hervorragender Aufweißungseffekt wird in Kombination mit einem der üblichen blauen Nuancierfarbstoffe erhalten. Unter diesen zeigte den günstigsten Effekt Heliogenblau SBP. Der Bestwert für Blankophor B hochkonz. liegt bei einer Anwendungsmenge von etwa 0,1%, bezogen auf lufttrockenes Fasermaterial, derjenige von R hochkonz. bei einer Menge von etwa 0,06%. Das Verhältnis von etwa 200 Teilen Blankophor R hochkonz. zu 5 Teilen Heliogenblau SBP hat sich in der Praxis als besonders günstig erwiesen.

Das Arbeiten mit Kombinationen aus zwei verschiedenfarbig lumineszierenden Blankophoren – auf diese Möglichkeit wurde weiter oben bereits hingewiesen – wird hinsichtlich der Erzielung eines optimalen Aufweißungseffektes noch weitere Vorteile bieten.

Als günstigste Mischungsverhältnisse wurden in der Praxis ermittelt:

85 Teile Blankophor R extra hochkonz. (Le)
+15 Teile Blankophor G extra hochkonz. (Le),

oder 90 Teile Blankophor B extra hochkonz. (Le)
+10 Teile Blankophor G extra hochkonz. (Le).

Geringe Abweichungen im Mischungsverhältnis sind bei den verschiedenen gebleichten Zellstoffen bzw. Hadernstoffen möglich. Beim Weißtönen mit zwei verschiedenen Blankophoren ist ein Drücken mit Blau- oder Rotfarbstoffen nicht erforderlich, ja sogar falsch.

Die Blankophore sind auch zum nachträglichen Weißfärben im Tauchverfahren, wie übrigens alle löslichen Blaufarbstoffe, geeignet. Besonders günstig, da es ein neutrales Weiß ergibt, verhält sich im Tauchverfahren die Spezialmarke: Blankophor WT hochkonz. (Lu), sowie die Kombination Blankophor R extra hochkonz. (Le) mit Blankophor G extra hochkonz. (Le).

Auch Ultramarin und Berliner Blau können in manchen Fällen hervorragend am Platze sein. Vor allem das sehr blumige, rotstichige Ultramarin ergibt klare, ruhige Weißtöne von ganz besonderem Charakter. Beim Ultramarin ist es die mangelhafte Säure- und Lagerechtheit und beim Berliner Blau die Alkali*un*beständigkeit, die ihre allgemeine Verwendung verbieten.

4. Das Schwarzfärben.

Die Herstellung von Schwarzfärbungen nahm von jeher eine bevorzugte Stellung bei den Papierfärbern ein. Es sei nur an die schwarzen (schwarzblauen und schwarz-violetten) Zucker- und Nadelpapiere erinnert. Sie wurden auf Basis Blauholzextrakt – gebeizt mit Kupfervitriol und Kalium- oder Natriumbichromat – hergestellt, der aber inzwischen aus der Farbstoffküche des Papierfärbers vollständig verschwunden ist. Heute färbt man die recht selten verlangten Zuckerpapiere meist mit direktziehenden Farbstoffen ein, eventuell mit einem Aufsatz von Ruß bzw. basischen Farbstoffen.

Bei den schwarzen Nadelpapieren wird eine rostschutzsichere Färbung verlangt. Man erreicht sie mit direktziehendem Schwarz und Ruß.

Bei der Herstellung von schwarzen Adjustierpapieren muß auf Wasser- und Reibechtheit gesehen werden, die sowohl mit basischen Farbstoffen, bei einer Vorbeize mit Katanol oder Tannin, als auch mit direktziehenden Farbstoffen erzielt werden können. Ruß muß bei solchen Papieren natürlich in Wegfall kommen, weil er reib*un*echte Färbungen ergibt. Wird von den Papieren gleichzeitig eine gute Lichtechtheit verlangt, so kommt nur die direktziehende Färbeweise oder eine solche mit Schwefelfarbstoffen in Frage.

Von Fotohüllpapieren muß, wie wir wissen, verlangt werden, daß die Färbung die lichtempfindliche Emulsionsschicht nicht nachteilig beeinflußt. Für die Schwarzfärbungen sind Ruß und direktziehendes Schwarz heranzuziehen. Färbungen und Nuancierungen mit Triphenylmethanfarbstoffen sind unzulässig. Diese müssen, selbst in geringen Anwendungsmengen, beim Schönen und Nachnuancieren ausscheiden.

Schwarzfärbungen für Devotionalien (Kranzschleifenpapiere usw.) erfordern keine besonderen Echtheiten. Da sie in sehr tiefen Farbtönen verlangt werden, ist größte Billigkeit die Hauptforderung. Kombinationen aus direktziehendem Schwarz mit Ruß, gegebenenfalls geschönt mit basischen Farbstoffen, sind deshalb vorteilhaft. Für Tauchfärbungen sind Papiertiefschwarz RX und GX (Le) als Einzelfarbstoffe hervorragend zur Erzielung dunkler Töne geeignet, desgleichen Velourlederschwarz S (Lu) und Amidoschwarz HTT (Hö).

Für tiefschwarze Verdunkelungspapiere hat sich Immedialcarbon L für Papier = Immedialcarbon LP (Ma) bestens bewährt. Es handelt sich um ein Schwefelschwarzpigment, das während des letzten Krieges in Mainkur entwickelt wurde und die Eigenschaften besitzt, infrarote Strahlen zu reflektieren. Das Produkt ist auch zur Herstellung billiger Schwarzfärbungen für andere Verwendungszwecke geeignet, zumal es in einfacher Weise anzuwenden ist und nicht die umständliche Färbearbeit der Na_2S-löslichen Produkte notwendig macht.

Zur Herstellung schwarzer Melierfasern kommen nur direktziehende Schwarzmarken in Betracht, die mit anderen substantiven Farbstoffen getönt werden können.

Mit dieser Aufzählung sind die Wünsche der Praxis nach schwarzen Papierfärbungen aber noch nicht erschöpft. Es sei z. B. an die schwarzen Umschlagpapiere (für Schulhefte), an die Einbandpapiere, Pastellzeichenpapiere, Albumkartons, Fotokartons, an die schwarzen Preßspäne, die schwarze Zellstoffwatte (für Schuhtücher usw.), an schwarze Vulkanfiberrohpapiere und an die tiefschwarzen Speziallöschpapiere (Gangsterlösch) erinnert, um nur die wichtigsten zu nennen. Bei allen erwähnten Sorten ist allein der Verwendungszweck dafür maßgebend, ob billigst, wasser- und reibecht oder lichtecht einzufärben ist.

Die *Technik des Schwarzfärbens* erfordert gründliche Erfahrungen, denn bei den Schwarzfärbungen liegt die Möglichkeit des Verfärbens (das ist gleichbedeutend mit Farbstoffvergeudung) noch näher als bei den trüben, vollen, zusammengesetzten Farbtönen, deren Färbeweise wir bereits im Abschnitt über „Das Drücken" beleuchtet haben. Zwar braucht man bei den Schwarzfärbungen wegen des Verfärbens nicht allzu ängstlich zu sein, denn es werden durch Drücken und Gegenfärben immer genügend Ausweichmöglichkeiten vorhanden sein, um schließlich doch noch auf den richtigen Farbton zu kommen. Aber die Färbekosten steigen in untragbarer Weise, wenn man die Schwärze auf solchen Umwegen erreicht bzw. nach einer Fehlfärbung erreichen muß.

Bei den Schwarzfärbungen spielt auch die Rohstoff-Frage eine nicht zu unterschätzende Rolle. Gar zu leicht könnte man versucht sein, anzunehmen, daß der billigste Rohstoff (Holzschliff, Altpapier) den Gesamtgestehungspreis entsprechend günstig beeinflussen würde. Das ist aber z. B. beim Arbeiten mit direktziehendem Schwarz auf ungebleichtem Zellstoff nicht der Fall. Dieser Grundstoff mit seiner großen Affinität zum substantiven Schwarz verbilligt die Färbung ganz beträchtlich, da der Farbstoff restlos ausgenutzt wird, so daß die Gesamtgestehungskosten oft niedriger sind als bei der Verwendung eines billigeren, aber färberisch weniger geeigneten Rohstoffes. Es ist bei diesen satten Schwarzfärbungen eben immer zu bedenken, daß oft 4–5% Farbstoff aufzuwenden sind, um die gewünschte Tiefe zu erreichen. So sind z. B. zur Erzielung der gleichen Farbtiefe auf

100% ungebleichtem Sulfitzellstoff	3% Papierschwarz T extra (Le) bzw. Papiertiefschwarz C extra (Ma)

und auf eine Mischung von

50% ungebleichtem Sulfitzellstoff +50% Holzschliff	4,5% Papierschwarz T extra (Le)

erforderlich; das ist ein Mehraufwand von 50% Farbstoff.

Bei der Mitverwendung von 1% Ruß (bezogen auf den lufttrockenen Stoff) verringert sich der Mehraufwand an Papierschwarz T extra auf 20% Farbstoff. (Die Färbung ist entsprechend dem Rußzusatz etwas voller.)

Bei der Mitverwendung von 2 % Ruß ist kein weiterer Rückgang des Mehraufwandes an Papierschwarz T extra festzustellen. Die Färbung ist noch um ein geringes voller, aber die Intensitätssteigerung ist dem Rußzusatz nicht proportional.

Diese Feststellungen gestatten im übrigen einen Einblick in den Färbemechanismus mit Ruß. Ruß ist ein organisches Pigment, das sich, wie wir bereits früher feststellten, beim Färben an die Einzelfaser anlagert und durch den Entwässerungsvorgang auch im Fasergefüge niederschlägt. Je feiner das Pigment verteilt ist, desto größer ist seine Oberflächenwirkung (deshalb sind auch die feinstverteilten Rußsorten beim Färben die ergiebigsten). Die Abdeckung der Faser ist erfahrungsgemäß bei guten Rußsorten bei Zusätzen zwischen 2 und 3 % (bezogen auf den lufttrockenen Stoff) praktisch vollständig. Aus dieser Tatsache ergibt sich für Kombinationsfärbungen mit direktziehenden oder basischen Farbstoffen, daß höhere Rußzusätze als etwa 2% nicht vertretbar sind. Es ergibt sich weiter die sehr wichtige Forderung, daß zuerst mit den löslichen Farbstoffen vorgefärbt werden muß, ehe der Rußzusatz erfolgt. Beim umgekehrten Arbeiten wird das Aufziehen, besonders der direktziehenden Farbstoffe, stark beeinträchtigt. Derartige Färbungen besitzen nie die Fülle, wie sie nach der ersterwähnten Methode erwartet werden kann.

Die billigsten Schwarzfärbungen werden mit direktziehendem Schwarz + Ruß erzielt. Mit 3% Papierschwarz T extra + 2% Ruß läßt sich ein neutrales, volles Schwarz herstellen. Nach Rot hin wird zweckmäßig mit Pulverfuchsin AB oder Orange II bzw. RO, nach Violett (und Blau) mit Methylviolett N blau und nach Grün hin mit Diamantgrün BXX nuanciert. Zum Nuancieren müssen sehr reine und leuchtende Farbstoffe, wie z. B. Auramin, Rhodamin und Viktoriablau, selbstverständlich ausscheiden. Sie würden beim notwendigwerdenden Gegenfärben zu wenig Grau hinterlassen, was einer Farbstoffverschwendung und damit einer Verteuerung der Färbekosten gleichkommt.

Mehr oder weniger tiefe Schwarztöne können auch auf der Kombination saures Orange + basisches Grün + basisches Violett aufgebaut werden. (Es sind auch andere Kombinationen mit farbkräftigen, nicht zu brillanten Farbstoffen möglich, z. B.: Fuchsin + Vesuvin + Diamantgrün, oder Fuchsin + Diamantgrün + Chrysoidin, oder Kohlschwarz + Pulverfuchsin + Chrysoidin.) Diese Kombinationen stehen wesentlich teurer ein als die direktziehenden Färbungen mit Ruß. Sie können übrigens ebenfalls in Verbindung mit Ruß hergestellt werden. Es ergibt sich dann ein fühlbarer Rückgang der Färbekosten, die aber noch immer die der direktziehenden Kombinationen mit Ruß übersteigen. Auch hier müssen beim Ausmustern auf Farbanschluß reine brillante Farbstoffe vermieden werden.

Die Schwarzfärbungen aus Orange + Grün + Violett sind dann vorteilhaft und besitzen erhöhtes technisches Interesse, wenn entsprechend gefärbte Papierspäne zur Grundfärbung benutzt werden können. In Fabriken, die viel farbige Papiere erzeugen, ist dieser Fall durchaus gegeben. Das Schwarzfärben besteht dann lediglich in einer Überfärbung und Nuancierung des dunkelfarbigen Ausschußgemisches. Das einzuhaltende ungefähre Mischungsverhältnis ist dabei äußerst wichtig, denn man muß es von vornherein vermeiden, durch Gegenfärbung zu große Farbstoffmengen zu binden, die der Fülle und Farbtiefe nicht voll zugute kommen. Ein neutrales Schwarz mittlerer Tiefe ist z. B. mit 1,6–2% Orange II + 0,4–0,5% Methylviolett N blau + 0,6–0,8% Diamantgrün BXX zu erreichen. Diese Zahlen bieten eine praktische Grundlage für das ungefähre Mischungsverhältnis der farbigen Späne. Wenn man schwarze Abfälle zur Verfügung hat, so verbilligen sich die Färbekosten noch wesentlich mehr. Unter Umständen genügt dann ein Aufsatz von 1,5–2% Ruß bei entsprechender Ausgleichsnuancierung, um eine gewünschte Vorlage nachzustellen.

Eine Kombination von 3 basischen Farbstoffen liegt im Grunde genommen beim Färben mit basischen Kohlschwarzmarken vor, die bekanntlich Mischfarbstoffe darstellen. Es gilt für sie das gleiche wie für die Mischungen aus Orange, Grün und Violett, d. h. die resultierenden Färbungen stehen wesentlich teurer ein als die Färbeweise direktziehendes Schwarz + Ruß. Ein sattes, neutrales Schwarz läßt sich zudem mit den bekannten Kohlschwarzmarken allein nicht erzielen, so daß eine zusätzliche Nuancierung erfolgen muß. Durch einen Rußaufsatz wird wohl eine Vertiefung und Neutralisierung des Farbtones ermöglicht, aber die Färbekosten können hierdurch praktisch nicht gesenkt werden, da die Ausgleichsnuancierung beispielsweise mit Pulverfuchsin AB (Le), Vesuvin BPX; BA (Lu); BL (Le); H 3 R (Hö) und Diamantgrün BXX (Le) beibehalten werden muß.

Rein direktziehende Schwarzfärbungen sind ohne weiteres möglich und müssen dann gefordert werden, wenn eine gute Wasser- und Reibechtheit verlangt wird. Solche Färbungen besitzen auch eine gute Lichtechtheit. Zur Anschlußfärbung an die Vorlage dürfen dann auch nur substantive Farbstoffe, wie z. B. Oxaminbraun 3GX (Le), Congorot, Diaminschwarz BH (Le); BHM konz. (Ma) usw., herangezogen werden.

Auch mit Ruß allein können Schwarzfärbungen hergestellt werden. Sie zeichnen sich durch einen ruhigen, samtartigen und weichen Ton aus, der typisch für Rußfärbungen überhaupt ist. Der Zusatzmenge sind vom Standpunkt des Färbers aus kaum Grenzen gesetzt, hingegen aber von Seiten des Papiertechnikers, der bei Zusätzen von etwa über 6–8% mit Störungen bei der Maschinenarbeit rechnen muß. Da es sich bei der Rußfärbung um eine additive Farbstoffmischung handelt, findet die Farbtiefe ihre Grenze in der Eigenfarbe des Rußpigments.

Beim Arbeiten mit Immedialcarbon L für Papier (Immedialcarbon LP [Ma]) ist für mittlere bis satte Schwarzfärbungen ein Aufwand von 1¹/ bis 3% des pigmentierten Schwefelfarbstoffes notwendig. Eine Vertiefung des Farbtones wird durch Fixierungsmittel wie Ferrosulfat und schwefelsaure Tonerde erreicht, auch wenn diese in ungelöstem Zustande dem Papierstoff zugefügt werden. Eine zusätzliche Nuancierung bzw. ein Verschneiden mit Ruß oder direktziehendem Schwarz ist nicht erforderlich. Die mit Schwefelpigment und Eisen beladenen Papiere altern unter Umständen rasch.

5. Das Färben von Melierfasern.

Die Herstellung melierter Papiere war früher einfach und billig. In fast jeder Papierfabrik fielen gefärbte Lumpen an, mit denen man kaum etwas anzufangen wußte. Man verwendete sie schließlich zum Verschneiden von Stoffen, die vorwiegend für Fließpapiere, Aktendeckel und Konzeptpapiere Verwendung fanden. Dabei war es für den Meliereffekt unerheblich, ob er einer Qualitätsverbesserung der betreffenden Papiere oder aber einer, allerdings eleganten, Notlösung zum Aufbrauchen der damals fast unverwendbaren farbigen Hadern dienen sollte.

Zum Melieren kamen damals neben farbigen Baumwollhadern auch bunte oder weiße Wollabfälle zu Ansehen; es dürfen aber auch die schäbenhaltigen Hanfabfälle nicht vergessen werden, die früher im Papier allerdings nicht gern gesehen wurden, die aber in unseren Tagen bei der Antikisierung von Qualitätspapieren zu unverhofften Ehren gelangten.

Außer diesen klassischen Melierstoffen, wie man sie mit Recht bezeichnen kann, werden als Melierfasern Halbwolle, gebleichter Sulfitzellstoff, gebleichter Natronzellstoff, Ramie, ungebleichter Zellstoff, Jute, Manilahanf, Sisal, Kodzo, Mitsumata, Holzmehl, Leder, Haferspreu, Kunstseide (Fliro) u. a. m. verarbeitet. Bei der Vielfalt dieser Fasern lassen sich selbstverständlich keine starren Färberezepte geben, obwohl, wenigstens bei den pflanzlichen Fasern, die Grundfärbeweise festliegt. Der Färber muß sich bei seinen Maßnahmen vielmehr immer den besonderen färberischen Eigenschaften des Melierstoffes anpassen. Dabei bestimmt auch die Faserform (Länge) sowohl die Färbearbeit als auch die Art der Zuteilung der Melierfaser zum Grundstoff in entscheidender Weise.

Von den pflanzlichen Fasern erfordern *Baumwolle, Ramie, gebleichte Sulfit- und Natronzellstoffe* die gleiche Färbeweise.

Der Baumwoll- oder Ramiestoff wird im Holländer soweit gekürzt, wie man es wünscht, während die gebleichten Zellstoffe lediglich gut aufgeschlagen werden, also ungekürzt bleiben. Hierauf fügt man die zur Melierfaserfärbung notwendige Menge des vorher gelösten *substantiven* Farbstoffes, je nach Nuance 2–5%, dem Holländer zu, der zweckmäßig mit Dampf heizbar ist; ferner 10–20% Glaubersalz calc. oder Kochsalz denaturiert und 4% Soda calc., bezogen auf das Gewicht der zu färbenden Fasermenge. Bei gehobener Walze hält man den gefärbten und gebeizten Stoff möglichst bei Kochtemperatur, mindestens aber bei etwa 70° C etwa 1 Stunde lang in Bewegung.

Dort, wo eine Holländerbeheizung nicht möglich ist, kann die Melierfaserfärbung auch in einem kleinen Kugelkocher oder in einem hölzernen oder emaillierten Bottich vorgenommen werden. Man ist dann auch von der Fasermenge unabhängiger, d. h. man kann im Bottich kleine und kleinste Partien einfärben. Es ist außerhalb des Holländers auch einfacher und schneller auf Kochtemperatur zu kommen, so daß in manchen Fällen bereits eine Färbedauer von ½ Stunde vollauf zur Fixierung des Farbstoffes genügt. Bei sehr satten Färbungen sollte man jedoch unter 1 Stunde Kochzeit nicht heruntergehen. Wichtig ist es, das Färbegut ständig in Bewegung zu halten.

Nach der Beendigung des Färbeprozesses läßt man den Melierstoff zunächst völlig abkühlen und wäscht ihn erst dann sorgfältig mit reichlichen Wassermengen aus. Wenn die Fasern nicht für Löschpapiere bestimmt sind, ist eine zusätzliche Voll-Leimung mit Harz und schwefelsaurer

Tonerde von Vorteil, denn diese Maßnahme steigert die Wasserechtheit besonders bei satten Färbungen und verhindert ein Ausbluten des melierten Stoffes auch nach längerem Stehen, beispielsweise in der Bütte.

Bei dieser Gelegenheit muß davor gewarnt werden, Melierfasern in feuchtem Zustande etwa in Stoffkästen (ähnlich wie Halbstoff) oder in Fässern bis zum nächsten Gebrauch aufzubewahren. Es scheint im Kapillarsystem der gefärbten Faser durch die allzulange Einwirkung von Wasser eine Veränderung der Koagulate im Sinne einer Teilchenverkleinerung vor sich zu gehen, denn die feucht gestapelten Melierstoffe neigen meistens mehr oder weniger stark zum Ausbluten. Das muß aber zur Erzielung eines optimalen technischen Effektes unbedingt verhindert werden und ist auch leicht zu erreichen, wenn man die Melierfasern immer erst kurz vor der Verwendung färbt.

Die Zuteilung der Melierfaser zum Grundstoff erfolgt am besten im Holländer. Das gilt besonders bei größeren Zusatzmengen, wie sie z. B. bei der Herstellung von baumwoll- oder zellstoffmelierten Löschpapieren gebräuchlich sind. Man rechnet dabei mit Zusätzen von 10–30%. Bei Melierungen für Konzeptpapiere, Briefumschlagpapiere und dgl. liegen die Zusätze an gefärbten Fasern zwischen 1–2,5%, bezogen auf den trocken gedachten Holländereintrag. Im Holländer kann der farbig melierte Stoff (Grundstoff + Melierfaser) ohne Bedenken nuanciert, ja selbst überfärbt werden, denn die satt eingefärbten Melierfasern nehmen kaum noch zusätzlich Farbstoff auf und verändern daher ihren Farbton praktisch nicht mehr. Bei solchen Melierfasern wird im übrigen die Farbstoffaufnahme durch die vorher erfolgte Leimung gebremst.

Die Melierfasern können auch in der Bütte, in der Stoffzulaufrinne zum Knotenfang oder im Syphon, allerdings nur in sehr verdünnter Aufschwemmung, zugegeben werden.

Zu einseitigen Melierungen gelangt man, wenn man die Faseraufschwemmung an geeigneter Stelle des Langsiebes (oder Rundsiebes) durch einen Diana-Apparat oder ähnlich wirkende Apparaturen (Verteilungskasten mit schiefer Ebene), durch einen Otu-Apparat bzw. andere Hilfssiebe auf die in Bildung begriffene Papierbahn aufbringt. Dabei ist es oft von Vorteil, die Melierfaser in einem kurz gemahlenen Stoff zu suspendieren.

Ungebleichter Sulfit- und Natronzellstoff, *Jute*, *Manilahanf*, *Sisal*, *Holzmehl*, *Haferspreu und dgl.* werden heute ebenfalls allgemein mit *substantiven* Farbstoffen eingefärbt, wenn sie als Melierstoffe Verwendung finden sollen. Das widerspricht in gewissem Sinne den Grundforderungen, die wir bei Betrachtung sowohl der Farbstoffeigenschaften als auch der Rohstoffeigenschaften aufstellten. Aber wir müssen uns klar darüber sein, daß beim Melierfaserfärben nicht die normale Färbeweise vorliegt, sondern daß zu einer verlängerten Färbedauer noch die das Aufziehen begünstigende Behandlung mit Glaubersalz und Soda bei Kochtemperatur hinzukommt. Durch diese intensive Färbeweise wird es erst möglich, die zum Teil stark inkrustierten bzw. verholzten Fasern in praktisch genügendem Ausmaße durchzufärben.

Auf Grund dieser Überlegungen empfiehlt es sich auch, beim Färben grober und stark verholzter Fasern die Färbedauer auf etwa 1–1½ Stunden zu verlängern. Im übrigen aber erkennt man es deutlich, wenn der Farbstoff vollständig aufgezogen ist; dann wird die Färbeflotte wasserklar.

Zur Herstellung von Melierfasern sind von den substantiven Farbstoffen besonders geeignet:

Chrysophenin G (Le), Pyraminorange 3G; RX,
Diaminorange B (Le); D (Ma), Dianilorange G (Hö),
Papierdirektbraun CM (Hö), Papierbraun HM (Ma),
Oxaminbraun 3GX (Le), Baumwollbraun RN,
Diamincatechin G (Le),
Oxamindunkelbraun GX (Le),
Benzoechtscharlach 4BS (Le), Benzopurpurin 10B (Le),
Oxaminviolett (L)e,
Oxaminblau 3R (Le); 3B,
Benzoazurin G (Le), gekupfert,
Benzogrün FF (Le),
Papierschwarz RW; T extra (Le), Papiertiefschwarz C extra konz. (Ma),
Papierdirektschwarz H extra konz. (Hö).

Die ungebleichten Zellstoffe sowie die stark inkrustierten Fasern wie Jute, Hanf, Holzmehl usw. wurden früher auch mit basischen Farbstoffen eingefärbt. Man ging dabei mit der Temperatur bis auf etwa 70° C, nicht aber bis auf Kochtemperatur, und erwärmte nur solange, bis das Bad ganz ausgezogen war. Hierauf wurde mit Tannin und Brechweinstein gebeizt und die gefärbten Melierfasern sehr gut ausgewaschen.

Die basischen Färbungen, die heute kaum noch angetroffen werden, kommen besonders in satten Farbtönen nicht an die hervorragende Wasserechtheit der substantiv gefärbten Melierfasern heran. Vor allem ist festzustellen, daß bei längerem Stehen ihre Wasserechtheit zurückgeht, so daß die Gefahr des Ausblutens gegeben ist. Geeignet für basische Melierfaserfärbungen sind z. B. Viktoriablau B hochkonz. (Lu), Methylviolett B extra hochkonz. (Lu), Safranin TH extra konz. (Hö) und Diamantgrün BXX (Le).

Eine recht bequeme, aber reichlich unsichere Art der Melierfaserfärbung lernte der Verfasser bei der Herstellung schwach blaumelierter Konzeptpapiere in einigen Fabriken kennen. In den holländerfertigen Stoff wurde etwa 10 Min. vor dem Ablassen eine durch Erfahrung bestimmte Menge einer heißen, konzentrierten Viktoriablaulösung an einer Stelle weit vor der Holländerwalze schnell eingetragen, so daß eine innige Mischung mit dem Stoff vermieden wurde. Es wurde also mit voller Absicht unsachgemäß gefärbt, und man bediente sich sämtlicher Färbefehler, um zu den sonst so gefürchteten Melierungen zu kommen. Der von den Fasern höchster Affinität nicht sofort gebundene eventuelle Farbstoffüberschuß dient dann gewissermaßen zur Weißnuancierung.

Noch ein Wort zu den Melierungen auf farbigem Grund. Um zu ansprechenden Effekten zu kommen, muß man zu den Kontrastfarben greifen und sich der Harmoniegesetze erinnern. Meistens bleiben allerdings die Melierfasern ungefärbt, und schon hieraus erklärt sich die Notwendigkeit der Forderung nach Wasser- und Ausblutechtheit der Grundfärbungen. Der Grundstoff ist deshalb in der gleichen Weise einzufärben, wie es für die farbigen Melierfasern gefordert wird. Das geschieht mit den geeigneten *direktziehenden Farbstoffen* bei 60–70° C und Aussalzen mit 10–20% Glaubersalz calc. und 4% Soda calc.

Die besten Melierfasereffekte werden mit Fasern von hohem Eigenglanz, wie Ramie, Kodzo, Mitsumata, Kunstseide und dgl. erzielt. Besonders charakteristische Effekte auf satt gefärbtem Grund ergeben auch Holzmehlmelierungen, und ähnliche Wirkungen werden mit Manila und Jute erreicht.

Bei solchen Melierungen ist nach der Zugabe der ungefärbten Melierfaser eine Nuancierung oder gar Überfärbung, wie es in weiten Grenzen bei den gefärbten Melierfasern erlaubt ist, nicht mehr möglich.

Die *Wollmelierungen* kamen mit den ersten Baumwollmelierungen für Löschpapiere auf und sind heute noch für den gleichen Zweck in Gebrauch.

Zur Herstellung der Wollmelierfasern werden am besten alte Papiermaschinennaßfilze, Schleifereifilze und dgl. benutzt. Sie werden gut gewaschen und im Holländer auf die gewünschte Länge geschnitten. Da man im allgemeinen nur geringe Mengen an Wollfasern zur Melierung benötigt, erfolgt das Färben nicht im Holländer, sondern in einem Färbebottich aus Holz, Emaille oder dgl. Man färbt die jeweilsbenötigte Wollmenge, indem man sie etwa mit der 20fachen Menge Wassers versetzt und die notwendige Menge des *sauren* Farbstoffes (etwa 2–5%), ferner 3–4% Schwefelsäure 66° Bé (bezogen auf die trockene Wollfaser) hinzufügt. Die verhältnismäßig kurze Färbeflotte wird sodann $\frac{1}{2}$–$\frac{3}{4}$ Stunde auf Kochtemperatur gehalten und das Färbegut dabei gut umgezogen. Die Schwefelsäure darf der Flotte nicht konzentriert zugegeben werden, sondern ist erst durch langsames Eingießen in kaltes Wasser zu verdünnen. Die verdünnte Schwefelsäure wird 10 Minuten nach der Farbstoffzugabe am besten in 2–3 Portionen in Zwischenräumen von je 10 Minuten zugeteilt, d. h. die Flotte wird in den ersten 10 Minuten ohne Säurezusatz gekocht. Die Farbbäder ziehen im allgemeinen wasserhell aus; sollte aber der Farbstoff nicht genügend aufgezogen haben, dann können die letzten Reste durch einen Aufsatz von etwa 5% Glaubersalz calc. fixiert werden.

Nach Beendigung des Färbeprozesses läßt man das Färbegut abkühlen, wäscht kurz aus, zentrifugiert oder entwässert auf andere Weise und trocknet.

Die fertig gefärbten Wollmelierfasern werden gut zerteilt und dem Stoff bereits im Holländer einverleibt. Für Löschpapiere geht man im allgemeinen mit den Zusätzen nicht gern über 1% hinaus, da die Wolle selbst, als tierische Faser, nicht aufnahmefähig für Flüssigkeiten ist und bei höheren Zusätzen die Löscheigenschaften stören würde.

Für andere Papiersorten, mit Ausnahme der Ingrainpapiere und Kalanderwalzenpapiere, konnte sich die Wolle als Veredlungsfaser nicht einführen. Für die Ingrainpapiere werden meist naturschwarze Scherhaare (Kuhhaare) verwendet, die nur in seltenen Fällen mit einem sauren Schwarz nachgefärbt werden. Die Wollzusätze für Kalanderpapiere bleiben ungefärbt.

Nach einem besonderen Verfahren der Farbwerke Hoechst, Frankfurt a. M.-Höchst, werden die „*hofbildenden Wollmelierfasern*" eingefärbt. Die Wollfaser wird dabei stark überfärbt und mit Stearinsäure versetzt. Zuerst färbt man mit 20% eines Säurefarbstoffes (bezogen auf die trockene Wolle)

½ Stunde lang kochend. Sodann fügt man 10% Stearinsäure hinzu und kocht wieder ¼ Stunde lang. Erst jetzt setzt man die Schwefelsäure zu, und zwar auf je 10 g Wolle 3 ccm Schwefelsäure 1:10 und kocht eine weitere Viertelstunde. Die Wolle läßt man in der Flotte abkühlen, preßt sie, ohne auszuwaschen, mit der Hand aus und trocknet sie bei etwa 50° C. An Stelle von Stearinsäure kann auch rohes Leinöl verwendet werden.

Das Verfahren besitzt jedoch einige Mängel, über die man nicht hinwegsehen darf. Durch die Beladung der Wollfaser mit wasserabstoßenden Mitteln müssen die Löscheigenschaften des Papieres mehr oder weniger leiden. Außerdem lassen sich Stearinflecken im Löschpapier, auch bei größter Sorgfalt bei der Zugabe der Melierfasern, nicht immer vermeiden; selbst dann nicht, wenn man die imprägnierte Wollfaser vorher behutsam mit einer Kratze (Handkrempel) auflockert und zerteilt.

Man ist deshalb später davon abgekommen, mit schmelzenden, farbstoffaufnehmenden Mitteln, die in das Fließpapier hineinbluten, zu arbeiten. Die Überfärbung der Wollfaser mit 20% Farbstoff wurde aber beibehalten. Das Ausbluten wird dadurch herbeigeführt, daß man die möglichst feucht gehaltene Papierbahn auf die stark geheizte erste Zylindergruppe aufführt. Die sehr starke Dämpfung lockert dabei die Bindung des sauren Farbstoffes auf der Wollfaser, der hierdurch Gelegenheit findet, in die benachbarten Zonen des umgebenden Grundstoffes hineinzubluten.

Noch einfacher und ebenso zuverlässig ist eine Methode, die der Verfasser mit bestem Erfolg in der Praxis durchgeführt hat. Die Wollmelierfaser wird dabei nicht überfärbt, sondern mit normalen Mengen (2–4%) eines sauren Farbstoffes behandelt. Damit der Farbstoff nicht zu fest in und auf der Wollfaser verankert wird, ist die Färbung ohne Säurezusatz, lediglich durch $^1/_2$stündiges Kochen herzustellen. Die Faser wird wie üblich ausgequetscht, getrocknet, mit einer Kratze zerteilt und dem Stoff im Holländer zugeteilt.

Die Trocknungsarbeit auf der Papiermaschine erfährt gegenüber der gewöhnlichen Arbeitsweise keine Änderung. Man erreicht das Ausbluten der Wollfasern dadurch, daß man innerhalb der Trockenpartie eine Zusatzfeuchtung der Papierbahn durch Ausströmenlassen von Wasserdampf vornimmt. Es ergeben sich dann eigenartige, ineinanderverlaufende Ausblutungen von besonderem Reiz.

Für die Herstellung von Wollmelierfasern, einschließlich der hofbildenden, sind z. B. folgende Produkte geeignet:

Orange II (Lu),
Baumwollscharlach extra (Le),
Säureviolett 4 BLO (Le),
Säureblau BBX extra konz.,
Lichtgrün SF gelblich X (Le).

6. Die Herstellung von Sicherheitspapieren.

Die Echtheitssicherung des Papieres beruht im wesentlichen darauf, daß man das Papier in irgendeiner Weise mit einem Kennzeichen versieht, das die gewöhnlichen handelsüblichen Papiere nicht besitzen. Dieses

Kennzeichen soll möglichst so mit dem Papier verbunden sein, daß eine Nachahmung schwierig ist bzw. an die Benutzung der Papiermaschine gebunden ist.

In weitem Umfange werden diese Forderungen von bestimmten Farbstoffen und Chemikalien erfüllt. Dieser chemischen Echtheitssicherung, wie man sie zutreffend bezeichnen kann, liegt der Gedanke zugrunde, in das Papier eine mit bloßem Auge sichtbare oder auch nicht sichtbare Substanz zu bringen, welche geeignet ist, bei Berührung mit einem von außen kommenden bestimmten Mittel eine Farbreaktion oder eine andere leicht feststellbare Reaktion zu geben. Diese Farbreaktion soll das Erkennungszeichen für die Echtheit des betreffenden Papieres sein.

Wenn also irgendeine Substanz mit dem Papier verträglich ist, sein Aussehen nicht allzu sehr verändert, beständig gegen Atmosphärilien ist, nicht verdunstet oder sublimiert, dann kann man sie, wenn sie Farbreaktion zeigt, auch als kennzeichnendes Mittel heranziehen.

Zahlreiche Reaktionen kennen wir aus den Gebieten der analytischen, anorganischen und organischen Chemie (besonders der Farbstoffchemie), die zur chemischen Echtheitssicherung bzw. zur Kennzeichnung herangezogen werden können. Je weniger bekannt und je weniger zugänglich diese Mittel sind und je schwieriger sich ihre chemische Analyse gestaltet, desto erschwerender wird die Nachahmung des gesicherten Papieres sein.

Von den recht zahlreichen Möglichkeiten der chemischen Kennzeichnung seien aber nur einige wenige aufgezeigt. Sie werden häufig zur Sicherung von Dokumentenpapieren, Scheckpapieren, Rabattmarken-, Lebensmittelkarten- und Lotterielospapieren usw. herangezogen. Im nachfolgenden seien einige Beispiele von *Holländerfärbungen mit reaktionsfähigen Farbstoffen* und *Masseimprägnierungen* mit anorganischen Agentien gegeben.

1. *Scheckfarbstoff AS.*

Das Produkt wird wie jeder andere Anilinfarbstoff behandelt. Das Papier wird wie üblich nuanciert, neutral geleimt (also ohne Tonerdeüberschuß) und auf der Maschine bei einem pH-Wert zwischen 5 und 7 herausgearbeitet. Scheckfarbstoff AS trübt bei höheren Zusätzen die Grundweiße eines Papieres. Man geht deshalb mit der Anwendungsmenge nicht über 50 g Farbstoff auf 100 kg trocken gedachten Eintrag hinaus.

Reaktionen: mit Alkalien: Grün
mit Säuren: Rot

2. *Phenolphthalein.*

Das Produkt wird in Alkohol gelöst und dem Stoff vor dem Nuancieren und Leimen zugegeben. Irgendwelche Vorsichtsmaßregeln sind überflüssig.

Anwendung: etwa 50 g auf 100 kg Eintrag.
Reaktion: mit Alkalien: Rot (vorübergehend).

3. *Metanilgelb extra.*

Anwendung wie üblich. Besondere Vorsicht beim Färben ist nicht nötig.

Anwendung: je nach gewünschter Farbtiefe etwa 50 g oder mehr auf 100 kg Eintrag.
Reaktion: mit Säuren: rötlich Violett.

4. *Papiergelb 3 GX.*

Anwendung erfordert keine besonderen Vorsichtsmaßregeln.

Anwendung: je nach gewünschter Farbtiefe etwa 50 g oder mehr auf 100 kg Eintrag.

Reaktion: mit Alkalien: Rot.

5. *Congorot* (Cosmosrot, Dianilrot R).

Beim Färben ist auf die Tonerdeempfindlichkeit dieser Produkte zu achten. Sie wird durch einen Sodazusatz kompensiert.

Anwendung: etwa 50 g Congorot + 500 g Soda calc. } auf 100 kg Eintrag.

Reaktion: mit Säuren: Blau.

6. *Berliner Blau rein OH wasserlöslich.*

Anwendung erfordert keine besonderen Vorsichtsmaßregeln.

Anwendung: etwa 50 g oder mehr, je nach der gewünschten Farbtiefe auf 100 kg Eintrag.

Reaktion: mit Alkalien: Entfärbung.

7. *Indanthrengelb G dopp. Teig.*

Im Gegensatz zur sonst üblichen Pigmentfärbung ist eine Küpenfärbung notwendig. Man löst das Indanthrengelb deshalb zunächst mit Natronlauge und Natriumhydrosulfit. Mit dieser Küpe wird gefärbt und der Stoff dann geleimt. Für eine satte Gelbfärbung werden z. B. für 100 kg lufttrockenen Stoff

5000 g Indanthrengelb G dopp. Teig,
5,35 l Natronlauge 40° Bé,
5,35 l Hydrosulfit konz. Plv.

benötigt.

Reaktion: mit Reduktionsmitteln, wie Natriumhydrosulfit: Blau.

Die Rezepturen 6 und 7 ergeben hervorragend lichtechte Färbungen, wie sie in Spezialfällen gefordert werden müssen. Als gut lichtecht können die Vorschläge 4 und 5 angesprochen werden.

Weitere reaktionsfähige Produkte sind u. a. noch Anthracenbraun SW Plv. und Cyananthrol BGA.

Die Sicherung mit Metallsalzen und anderen anorganischen Mitteln erfordert eine wesentlich genauere Beobachtung der Imprägnierarbeit im Holländer, da es gilt, die Reaktionspartner in einem Gleichgewicht zu halten, das zwar annähernd durch die stöchiometrischen Beziehungen zu bestimmen ist, das aber nur zu leicht durch sekundäre Reaktionen z. B. der Leimung (Betriebswasser, Rückwasser) gestört werden kann.

Als Beispiel sei eine Sicherung bzw. Kennzeichnung des Papieres mit Eisen, Mangan und gelbem Blutlaugensalz angeführt. (Das Gebiet der Fälschungsindikatoren ist außerordentlich umfangreich, so daß nur Einzelbeispiele gebracht werden können. Eine fast lückenlose Darstellung der Sicherungstechnik gibt uns J. B. MEYER in seinem ausgezeichneten Buch, „Die Sicherungstechnik der Wertpapiere“[1]).

In den fertig gemahlenen und geleimten Holländer werden pro 100 kg trocken gedachten Stoff die nachstehend aufgeführten Produkte in der angegebenen Reihenfolge eingetragen:

[1] Dipl.-Ing.-Chem. J. B. MEYER, Die Sicherungstechnik der Wertpapiere. PACO-Verlag, Zürich 1935.

	1,0 kg sekundäres Natriumphosphat
	1,45 kg Eisenchlorid
	0,17 kg Soda calc.
sodann	1,0 kg Mangansulfat
	1,4 kg gelbes Blutlaugensalz.

Es ist darauf zu achten, daß die Leimung ohne Tonerdeüberschuß vorgenommen wird und daß mit Frischwasser gearbeitet wird, da das Rückwasser sauer reagiert. Die Neutralisierung mit Soda ist unumgänglich notwendig.

Gelbes Blutlaugensalz (Ferrocyankalium) dient als Fällungsmittel für Mangansulfat. Es bildet sich Manganferrocyanid. Ob die Ausfällung vollständig ist oder nicht, zeigt eine Probe des filtrierten Stoffwassers an: weder bei Zugabe von weiterem Mangansulfat noch gelbem Blutlaugensalz darf eine Fällung (Trübung) eintreten.

So hergestellte Sicherheitspapiere reagieren auf Alkali, Säure und Chlor.

Reaktionen:	mit Alkali:	Braun,
	mit Säure:	Blau,
	mit Chlor:	dunkles Braun.

Alkali bewirkt die Bildung von braunem Manganhydroxyd, Säure bewirkt die Bildung von Berliner Blau und Chlor bewirkt die Bildung von dunkelbraunem Mangandioxyd.

Meist werden die mit Chemikalien gekennzeichneten Papiere auch noch schwach getönt, und da es sich vorwiegend um Feinpapiere handelt, ist die Verwendung von organischen Pigmenten und Siriuslichtfarbstoffen naheliegend.

Interessanter, weil es sich um eine zusätzliche Sicherung handelt, ist die Verarbeitung reaktionsfähiger Farbstoffe zum Tönen der Papiere. In vorteilhafter Weise ergänzen die nachstehenden Produkte, eventuell in Kombination untereinander, die Chemikaliensicherung:

Metanilgelbmarken,
Papiergelb 3GX,
Congorot,
Wasserblau IN,
Anthracenbraun SW Plv.

Da nur sehr geringe Anwendungsmengen in Betracht kommen, ist eine zusätzliche Fixierung auch der sauren Farbstoffe überflüssig.

Großer Beliebtheit erfreuen sich die *kombinierten Sicherungsmethoden*, da sie reiche Variationsmöglichkeiten zulassen, die der Erfindungsgabe des Papiermachers kaum Grenzen setzen. Im folgenden seien einige Beispiele hierfür gegeben:

1. Auf	100 kg	Eintrag (trocken), geleimt mit
		2% Harzleim 50%ig,
		2% schwefelsaurer Tonerde,
	2 kg	Mangansulfat (techn. rein),
	2 kg	gelbes Blutlaugensalz,
	50 g	Scheckfarbstoff AS.

Reaktionen: mit Alkali: Blau,
mit Säure: Rot,
mit Chlor: Braun.

2. Auf 100 kg Eintrag geleimt mit
2% Harzleim 50%ig,
2% schwefelsaurer Tonerde,
3 kg Mangansulfat (techn. rein),
3 kg gelbes Blutlaugensalz,
100 g Eisenchlorid,
35 g Papiergelb 3 GX,
5 g Congorot.

Reaktionen: mit Alkali: Rot,
mit Säure: Grün,
mit Chlor: Braun.

3. Auf 100 kg Eintrag, geleimt mit
1% Harzleim 50%ig,
1% schwefelsaurer Tonerde,
1 kg primäres Natriumphosphat,
450 g Eisenchlorid,
350 g Soda calc.,
1 kg Mangansulfat (techn. rein),
1,4 kg gelbes Blutlaugensalz,
35 g Papiergelb 3 GX,
5 g Congorot,
2 g Papierschwarz T.

Reaktionen: mit Alkali: Rot,
mit Säure: Blaugrün,
mit Chlor: Braun.

Eine Kennzeichnung von Papieren ist auch durch Oberflächenbehandlung möglich. Meist wird damit nur eine Sicherung gegen mechanische und chemische Rasuren angestrebt, und es sei lediglich auf die Bürst- und Streichfärbungen mit organischen und anorganischen Pigmenten (wobei das Bindemittel von Einfluß ist) und auf die Tauchfärbungen und Gummiwalzendrucke mit löslichen, reaktionsfähigen Farbstoffen hingewiesen.

Auch nach dem DRP. 487994 der Hoechster Farbwerke wird die Oberfläche des Papiers gefärbt. Man führt ein geleimtes Papier durch eine Farbstofflösung und befreit den Überschuß der Lösung nicht durch Abpressen, sondern durch Abspülen mit Spritzrohren. Es resultiert eine dünngefärbte Oberflächenschicht, an der etwaige Rasuren mechanischer und chemischer Art, deren Spuren sich schwer beseitigen lassen, ohne weiteres zu erkennen sind. Bereits in dieser Ausführungsform ist das Verfahren zur Herstellung von Sicherheitspapieren geeignet. Nach einer besonderen Variante durchläuft das Papier nach dem Färben und Abspülen ein Dessinierwerk, das keine farbigen Musterungen übertragen soll, sondern auf das Papier nur einen Blinddruck ausübt. An den Druckstellen zeigt sich eine Vertiefung der Unifärbung, und es ergeben sich auf diese Art Musterungen, die sich auf beiden Papierseiten vollkommen decken. Werden zum Färben dann noch Farbstoffe verwendet, die z. B. mit Alkali, Säure oder Chlor reagieren, wie Metanilgelb, Wasserblau IN, Patentblau V, Nigrosin und viele andere, so ist eine erhebliche Sicherheit gegen jede Nachahmung, aber auch gegen jede Fälschung gewährleistet.

Auch ausgesprochene Effektpapiere mit charakteristischen Oberflächenmusterungen, wie sie z. B. nach dem Syenit-, Terrazzo- und Carragheenverfahren zu erzielen sind, ergeben sicherheitstechnisch brauchbare Papiere. In diesem Zusammenhang sei auch auf die Oberflächenmelierungen hingewiesen, wobei man die Melierfasern zwecks Fälschungserschwerung mit reaktionsfähigen Farbstoffen anfärben kann. Noch schwieriger wird es dem Fälscher gemacht, wenn zwei Sorten von Melierfasern nebeneinander benutzt werden, die zwar den gleichen Farbton zeigen, aber mit verschiedenen Farbstoffen eingefärbt werden Diese Kennzeichnungsfasern können mit dem bloßen Auge nicht unterschieden werden, sie ergeben aber verschiedenartige Reaktionen.

Das Einbringen von Melierfasern in die Stoffmasse ist gleichfalls eine brauchbare Echtheitssicherung. Sie wird häufig bei Briefmarken-, Steuermarken-, Rabattmarkenpapieren, nicht zu vergessen die so wenig geschätzten Lebensmittelkartenpapiere und dgl. angewendet. Auch bei den Massemelierungen kann gleichzeitig eine chemische Kennzeichnung der Melierfaser durch reaktionsfähige Farbstoffe erfolgen.

Die Papiere können auch durch nicht faserförmige, mehr oder weniger große, leicht sichtbare Einlagen gekennzeichnet werden. So können kleine, ausgeschnittene oder ausgestanzte farbige Blättchen, die zweckmäßig mit reaktionsfähigen Farbstoffen einzufärben sind, dem Stoff im Holländer, in der Bütte oder einer anderen geeigneten Stelle beigemengt werden. Auch nach dem Verfahren von Dr. E. Fues, Hanau (DRP. 61460) können farbige Papierwolle oder andere Zusatzstoffe, die in charakteristischer Weise noch durch Druck usw. gekennzeichnet sind, zur Sicherung benutzt werden.

Das Einbringen von farbigen, gegebenenfalls reaktionsfähigen Fasern und Mustern in die inneren Schichten von Mehrlagenpapieren erlaubt weitere Möglichkeiten zur Herstellung von Sicherheitspapieren.

Wenn dann noch die verschiedenen Effektpapierverfahren miteinander gekoppelt und durch chemische Sicherung und Wasserzeichengebung vervollkommnet werden, dann hat der Papierfärber zahllose Variationsmöglichkeiten in der Hand, die Nachahmbarkeit seiner Papiere zu erschweren und die Fälschungssicherheit zu erhöhen.

Ein Wort ist noch über die „optische" Sicherung von Papieren zu sagen. In sicherungstechnischer Hinsicht haben vor allem die ultravioletten Strahlen eine große Bedeutung erlangt. Das liegt in ihrer Eigenschaft begründet, die charakteristischen Fluoreszenzen bestimmter Körper in starkem Maße hervortreten zu lassen.

So zeichnen sich u. a. Auramin, Rhodamin, Flavophosphin 4G konz., Brillantdianilgrün G, Uraninfarbstoffe, ferner die Blankophore und Lumogene durch besonders auffällige Fluoreszenzfarben aus.

Der große Vorteil der Fluoreszenzechtheitskennzeichnung besteht nun darin, daß es möglich ist, die Sicherung des Papieres, dem bloßen Auge unsichtbar, vorzunehmen. Hervorragend geeignet sind für diesen Zweck die Blankophore, die substantiv auf die gebleichte Faser aufziehen, im zerstreuten Tageslicht farblos erscheinen, aber im UV-Licht kräftig rotviolett, blauviolett und gelbgrün lumineszieren.

Selbst bei geringsten Anwendungsmengen (50 g Blankophor R extra hochkonz. (Le); G extra hochkonz. (Le) bzw. B extra hochkonz. (Le) auf 100 kg Eintrag, trocken gedacht) ergeben sich unter der UV-Lampe starke Lumineszenzfärbungen.

Man kann mit diesen drei Blankophormarken auf Grund ihrer substantiven Eigenschaften auch Melierfasern einfärben. Diese bleiben im melierten, weißen Papier äußerlich unsichtbar und unauffällig, ergeben aber unter der Analysenquarzlampe außerordentlich einprägsame und charakteristische Melierungen.

So gekennzeichnete Papiere bieten einen großen Schutz vor Fälschungen. Eine chemische Analyse wird bei den aufgewendeten geringen Substanzmengen kaum eine eindeutige Feststellung zulassen.

Mit den bisher gemachten Angaben konnte freilich nur ein kleiner Ausschnitt aus dem schier unerschöpflichen Gebiet der Herstellung von Sicherheitspapieren durch färbereitechnische Maßnahmen gegeben werden. Bei der Zielsetzung des Buches wäre es aber nicht zu rechtfertigen gewesen, dieses Thema ausführlicher zu behandeln.

7. Die p_H-Kontrolle in der Papierfärberei.

In einer „Über die p_H-Messung und ihre Anwendung in der Papierfabrik" betitelten Betrachtung schreibt Dr. RUDOLF LORENZ[1] wie folgt:

„Auch im Stoffwasser der Papierfabrik müssen jeweils verschiedene ziemlich eng begrenzte p_H-Werte eingehalten werden, wenn Mahlung, Leimung, Beschwerung, Färbung optimal verlaufen sollen, wenn das Schäumen auf der Papiermaschine vermieden werden soll . . ."

Ich schicke diese klaren Feststellungen meinen Ausführungen voraus, da sie in treffender Weise den Gesamtkomplex von Reaktionen umreißen, auf welche der Papiermacher bei der Papierherstellung zu achten hat.

Es ist notwendig, mit aller Deutlichkeit darauf hinzuweisen, daß sich das Färben von Papier in der Masse mit dem Färben von Textilien nicht annähernd vergleichen läßt, und daß *Färbeverfahren* für die Papierfaser nicht in dem gleichen Sinne existieren können, wie sie für die Textilfaser ganz allgemein bestehen. Der Grund ist einfach der, daß das Färben gleichzeitig mit der Ganzzeugbereitung geschieht, daß also in der Papierindustrie der Färbeprozeß, zumindest bei den meisten Massefärbungen, keine selbständige Phase der Erzeugung darstellt, worauf auch schon in anderen Zusammenhängen hingewiesen werden mußte. Er ist, wie man in der Praxis nur zu oft feststellen muß, nur als notwendiges Übel geduldet. Mit dieser Erkenntnis aber beginnen die Schwierigkeiten für den Papierfärber. Sie zeigt, daß der klarliegende Chemismus nicht allein den zu gehenden Weg weisen kann, denn die sich ergebenden Schlußfolgerungen gelten immer nur für Teilreaktionen, von denen der Färbevorgang einer der untergeordnetsten ist.

Ganz allgemein ist zum Verständnis der aufgeworfenen Fragen noch folgendes vorauszuschicken: Wohl fast alle Farbstofflösungen kommen in

---

[1] Dr. RUDOLF LORENZ, Tharandt, Papierfabrikant 1928 Heft 24.

kolloidaler Zustandsform zur Verarbeitung, außerdem handelt es sich bei den zu färbenden Papierrohstoffen um typische Kolloide. Es werden also unter anderem für den praktischen Färber unkontrollierbare Diffusions- vorgänge und Adsorptionsvorgänge stattfinden, die nicht ohne weiteres mit der Wasserstoffionenkonzentration des umgebenden Mediums in Verbindung gebracht werden können.

Eine Koagulation des Farbstoffes kann verursacht sein durch die im Färbebad anwesenden Elektrolyte, durch Ladungsaustausch zwischen Faserkolloid und Farbstoffkolloid sowie durch Fällung des Farbstoffes durch andere im Färbebad etwa vorhandene Kolloide (Harzleim, Tonerdehydrat, Stärke usw.). Die fällende Wirkung der Elektrolyte wirkt sich in zwei Richtungen aus, einmal Farbstoff-Kolloid-Koagulation, zum anderen Intensität der Färbung, d. h. der Elektrolyteinfluß ist nicht nur auf den Farbstoff in der Faser beschränkt, sondern besteht auch für den Farbstoff im Färbebad. Es ergibt sich demnach mit Notwendigkeit ein Optimum der Elektrolytkonzentration für die Färbung. Diese Feststellung läßt allerdings den Einfluß von Zwischenreaktionen, die schon oben angedeutet wurden, außer acht.

Der Verfasser hat sich mit den Fragen der p_H-Kontrolle in der Papierfärberei eingehend beschäftigt und das Resultat seiner in den Laboratorien der früheren I. G. angestellten Untersuchungen in einem im Wochenblatt für Papierfabrikation erschienenen Artikel, an den er sich im folgenden hält, niedergelegt[1]. Er wurde dazu veranlaßt, da sich die wissenschaftliche Betriebskontrolle in der Papierindustrie recht oft mit diesen Fragen auseinandersetzte und Folgerungen zog, mit denen sich der Färbereifachmann nicht einverstanden erklären konnte. Die Fragen kamen erst in Fluß, als amerikanische Farbenfabriken begannen, in den von ihnen herausgegebenen Farbstoff-Typmusterkarten hinter jedem Farbstoff den für die Färbung günstigen p_H-Wert anzugeben. Ein solcher besteht zweifellos für jedes einzelne Produkt; es fragt sich nur, ob der Färber auch die Möglichkeit hat, den rein färberischen Belangen nachzugehen, d. h. ob er bei Einhaltung bestimmter Wasserstoffionenkonzentrationen im Holländer den Färbevorgang in besonders günstige Bahnen zu lenken vermag.

Die Befürworter einer solchen p_H-Kontrolle übersehen fast immer, daß beispielsweise durch die wesentlich wichtigere Beobachtung der Leimarbeit, die heute ganz allgemein durchgeführt wird – um nur einen einzigen Arbeitsprozeß herauszugreifen, der im Holländer stattfindet –, durchweg auch jene p_H-Bereiche erfaßt und abgegrenzt werden, in denen auch für alle Farbstoffgruppen und fast alle Einzelindividuen praktisch das Färbeoptimum hinsichtlich Farbtiefe und Nuance vorhanden ist. Eine gewisse Unsicherheit hinsichtlich der Färbearbeit kam allerdings in den letzten Jahrzehnten durch die Verarbeitung sehr freiharzreicher Leime auf. Diese Unsicherheit war darauf zurückzuführen, daß man, nachdem von den Leimfabrikanten mit als Hauptvorteil der freiharzreichen Leime die Einsparung von schwefelsaurer Tonerde in den Vordergrund geschoben

---

[1] B. Cornely, Die p_H-Kontrolle in der Papierfärberei. Wochenblatt für Papierfabrikation 1938 Nr. 42.

wurden, mit zu geringen Mengen an fällenden Elektrolyten arbeitete. Diese sind es aber, welche auf Grund ihres Dissoziationsvermögens einen für die Fixierung günstigen p_H-Wert zu gestalten in der Lage sind. Nachdem man mit den Mengen an schwefelsaurer Tonerde, übrigens schon auf Grund rein papiertechnischer Erwägungen, wieder auf den vorher üblichen Stand hinaufging, waren auch die Färbeschwierigkeiten überwunden. Dies ist einer der wenigen Fälle, in denen eine p_H-Kontrolle am Platze ist. Sie ist auch, wie wir gesehen haben, bei der Herstellung der „Sicherheitspapiere“ erforderlich. Hier verfolgt sie aber meistens andere Ziele, die sich nicht unbedingt mit dem Färbeoptimum zu decken brauchen. Auch beim Färben von Löschpapieren und Melierfasern kann man sich an die „Färbeverfahren“ halten, da ja keine Störungen durch Leimung, Füllung, Mahlung und Imprägnierung zu erwarten sind. Die Tauchfärbungen können in einigen Fällen ebenfalls als selbständige Färbeprozeße aufgefaßt werden.

Die wenigen Ausnahmefälle bei den Massefärbungen spielen aber keine Rolle, wenn man erst einmal die wirklich im Holländer herrschenden Verhältnisse untersucht, und zwar in ihren Wechselwirkungen zueinander bei bestimmten p_H-Werten.

Jeder Praktiker weiß, daß der Papiermacher im Holländer gleichzeitig verschiedene Vorgänge zu überwachen hat, die sich in mehrfacher Weise überschneiden. Beim Ablauf der einzelnen Reaktionen müssen u. a. beobachtet werden:

1. die Eigenschaften der verwendeten Rohstoffe bzw. Rohstoffmischungen,
2. die Art der Mahlung dieser Stoffe,
3. der Einfluß des Rückwassers,
4. die Art der Zusätze (Leimstoffe, Füllstoffe, Imprägnierstoffe),
5. die Art der Färbung.

Diese Aufzählung zeigt schon, worauf eingangs hingewiesen wurde, daß den besonderen Erfordernissen der Färbearbeit nicht allein nachgegangen werden kann. So kann es vorkommen, daß beispielsweise die Leimarbeit einen p_H-Bereich von 4,5–5,5 erfordert, daß die besonderen Eigenschaften der Rohstoffe und der daraus herzustellenden Papiere zur einwandfreien Verarbeitung in der Naßpartie einen solchen von 3,5 benötigen, und daß schließlich der Farbstoff zu seiner besten Ausnutzung einen p_H-Wert von 8 vorschreibt.

Noch undurchsichtiger wird das Bild, wenn man gleichzeitig mit Farbstoffen verschiedener Gruppenzugehörigkeit färbt. Wir wissen, daß dies für den Papierfärber keinen Sonderfall darstellt, denn im Gegensatz zur Textilfärberei werden gegenseitige Ausfällungen von Farbstoffen, wie sie im Holländer eintreten, nicht nur in keinem Fall stören, sondern sogar Vorteile bringen. Es ist auch hinlänglich bekannt, daß die sauren Farbstoffe nur in Form ihrer Tonerdelacke im Papier niedergeschlagen werden, und daß diese Lackbildung bzw. Ausfällung im Holländer vorgenommen werden muß.

Welcher p_H-Wert soll aber nun bei einer Kombination, bestehend aus beispielsweise Orange II, Methylviolett N blau und Papierschwarz Tb gewählt werden? Das verarbeitete Orange besitzt sein Färaeoptimum bei einem p_H-Wert von 3, das Methylviolett bei 6 und das Papierschwarz bei 8.

Diese Beispiele lassen sich beliebig vermehren, und es ist ohne weiteres einzusehen, daß die Bekanntgabe der optimalen p_H-Werte für jeden Einzelfarbstoff ihren Sinn verloren hat, sobald es sich um Massefärbungen im Holländer handelt. Daran ändert auch der interessante amerikanische Beitrag zur chemisch-technischen Ausschmückung vor Farbstoff-Typmusterkarten nichts.

Obwohl nun in der Praxis eine Abstimmung auf den günstigsten p_H-Wert für einen bestimmten Farbstoff - mit Rücksicht auf die obenerwähnten, gleichzeitig im Holländer stattfindenden Reaktionen - undurchführbar ist, begeht der Papierfärber in seiner meist wohl in reiner Empirie aufgebauten Färbeweise dennoch keinen Fehler, wie umfangreiche Versuche dargetan haben. Bemerkt sei hierzu, daß bei allen Färbeversuchen die Reihenfolge Farbstoff – Harzleim – schwefelsaure Tonerde eingehalten wurde, eine Arbeitsweise, die wir bereits bei unseren früheren Erörterungen auf Grund praktischer Erwägungen als die allein richtige herausstellen mußten.

In der Praxis ist es fast allgemein üblich, in einem p_H-Bereich zwischen 3,5 und 5,5 zu arbeiten, und in diesem Bereich werden fast alle Papierfarbstoffe hinsichtlich Farbtiefe und Nuance gut erfaßt. Das ist ein glücklicher Umstand, den der Papierfärber nicht hoch genug einschätzen kann; denn obwohl nicht angestrebt und vorwiegend nur in Abhängigkeit von den übrigen Erfordernissen der Ganzzeugbereitung, tut der Praktiker also färberisch das Richtige.

Im übrigen ist auch zu bedenken, daß die angegebene günstigste potentielle Acidität für einen bestimmten Farbstoff nicht in jedem Falle das alleinige Maß hinsichtlich der Erzielung der Bestfärbung abgeben kann. Für die große Gruppe der sauren Farbstoffe, die mit schwefelsaurer Tonerde als Farbstofflacke gefällt werden, wird einzig die titrierbare Acidität den Ausschlag bei der Endfärbung geben.

Auf Grund der angestellten Untersuchungen und Überlegungen kann die klare Entscheidung getroffen werden, daß es vom Standpunkt des praktischen Papiermachers aus nicht angebracht ist, den günstigsten p_H-Werten zur Fixierung und Entwicklung der einzelnen Farbstoffe bei der Holländerverarbeitung nachzugehen. In manchen Fällen wäre dies sogar recht bedenklich, denn die Gefahr der Störung anderer, vielleicht wichtigerer Reaktionsabläufe liegt sehr nahe.

8. Beziehungen zwischen Aufschlußgrad, Mahlungsgrad und Anfärbevermögen.

Wir haben gesehen, daß die Menge der in den Papierfasern enthaltenen Ligninsubstanzen und im weiteren Sinne auch die Menge der anderen Nichtcellulosebegleitstoffe nicht nur ein Maß für den Aufschlußgrad, sondern auch für das Anfärbevermögen bestimmter Farbstoffgruppen darstellen. Die Ansicht, daß die Wechselwirkungen nur bei den durch alkalischen oder sauren Aufschluß erhaltenen ungebleichten Zellstoff-Fasern gültig sind, trifft nicht in vollem Umfange zu. Man erinnere sich nur an die Feststellungen, die wir bei den Melierfaserfärbungen, beim Färben des

Holzmehls, der Jute und ähnlicher, *nicht aufgeschlossener* Papierfasern gemacht haben, welche bei den angewendeten speziellen Färbeverfahren eine recht gute Affinität zu den basischen und substantiven Farbstoffen zeigen. Aber es gibt auch ungebleichte Zellstoffe, die eine recht mäßige Affinität zu den basischen, substantiven und Schwefel-Farbstoffen zeigen. Gemeint sind die weit heruntergekochten, sogenannten „weichen“ Zellstoffe, die sich in ihrem färberischen Verhalten ähnlicher den gebleichten als den ungebleichten Rohstoffen zeigen.

Für den Papierfärber ergeben sich aus diesem Verhalten ganz bestimmte Folgerungen. Für satte Färbungen, für Hüllpapiere z. B., sind, sofern es der Papiercharakter gestattet, nur hartgekochte Zellstoffe mit SIEBERzahlen von 50 und höher zu verarbeiten. Die beim Färben mit basischen Farbstoffen zu erzielenden Einsparungen an Färbekosten betragen dann oft 30% und mehr. Das gleiche gilt für die Verarbeitung von Halbzellstoffen.

Ähnlich wie die basischen Farbstoffe verhalten sich die substantiven beim Färben solcher Stoffe. Die zu beobachtenden Affinitätsunterschiede sind aber wesentlich geringer, d. h. das Aufziehvermögen steigt nicht proportional der SIEBERzahl. Im übrigen wird man diese geringe Affinitätssteigerung in der Praxis nicht ausnutzen können, da es im allgemeinen nicht angängig ist, die relativ hochwertigen direktziehenden Farbstoffe auf ungebleichten Stoffen zu verarbeiten.

Der Einfluß des Aufschlußgrades von Zellstoffen bewegt sich bei der Färbung mit direktziehenden Farbstoffen vielmehr in entgegengesetzter Linie. Das heißt, die Affinität der substantiven Farbstoffe ist zur gebleichten Zellstoff-Faser größer als zur ungebleichten, und sie wird um so größer sein, je reiner der Rohstoff vorliegt. Diese Feststellung scheint einen Widerspruch zu enthalten, der sich aber sofort aufklärt, wenn man die Funktionen der Begleitstoffe, die in der ungebleichten Faser enthalten sind, in Rechnung stellt.

Beim Färben mit direktziehenden Farbstoffen ist es deshalb immer von Vorteil, nur gebleichte, d. h. möglichst inkrustenfreie Rohstoffe zu verarbeiten. Der Papiermacher nutzt diese besonderen Affinitätsbeziehungen z. B. beim Färben von Löschpapieren für sich aus, und in früheren Abschnitten nahmen wir die Gelegenheit wahr, auch auf andere, ähnlich gelagerte Fälle hinzuweisen (Vulkanfiberrohpapiere und dgl.).

Die Schwefelfarbstoffe zeigen färberisch das gleiche Verhalten wie die substantiven, d. h. es gelten etwa die gleichen Verwandtschaften zu bestimmten Rohstoffen und die gleichen Wechselbeziehungen zwischen deren Aufschlußgrad und dem Anfärbevermögen. In der Praxis wird man davon keinen Gebrauch machen können, da die stumpfen Farbtöne der Schwefelfarbstoffe die Verwendung von gebleichten Rohstoffen nur in Ausnahmefällen rechtfertigen würden.

Es ist nun eine ebenso interessante wie papiertechnisch wichtige Feststellung, daß zwischen Aufschlußgrad und Mahlungsgrad geradlinige Beziehungen bestehen. Sie sind insofern voneinander abhängig, als bei gleicher Stoffbearbeitung im Holländer jener Rohstoff am schnellsten und ausgiebigsten zur Schleimbildung neigt, d. h. sich schmierig mahlen läßt, der die größte Chlorverbrauchszahl aufweist; das ist aber auch der Rohstoff, der das beste Anfärbevermögen für basische Farbstoffe besitzt.

Durch die Schmierigmahlung wird eine weitgehende Freilegung der mit den basischen Farbstoffen als Beize reagierenden Begleitstoffe der ungebleichten Zellstoff-Faser bewirkt, so daß besonders bei satten Färbungen eine bessere Fixierung des basischen Farbstoffes als auf röschen Stoffen festzustellen ist. Mit steigendem Mahlungsgrad wird deshalb die Farbtiefe meist merklich gesteigert. Dabei handelt es sich nicht allein um einen optischen Effekt, sondern im Falle der faserverwandten Farbstoffe um eine Erhöhung der chemischen Affinität von seiten der Faser aus. Was für die basischen Farbstoffe gilt, trifft, wenn auch nur in abgeschwächtem Maße, für die substantiven und Schwefelfarbstoffe zu.

Aber auch das rein mechanische Moment der Zurückhaltung feinster Faser-, Farbstoffpigment- und Farbstofflackteilchen im schmierigen Stoff kann für den Färber erhöhte Bedeutung gewinnen. Es sei nur an das Färben mit organischen und anorganischen Pigmenten erinnert, von denen eine frühzeitige Zuteilung zum Holländerstoff gefordert wird. Der Farbkörper wird hierdurch veranlaßt, möglichst lange an der Mahlung teilzunehmen, wodurch eine Vertiefung der Färbung erreicht wird. Im Grunde genommen handelt es sich um die bessere Zurückhaltung der feinst verteilten Farbstoffkörperchen durch den schleimigen bzw. stark fibrillierten Stoff. Auch die Filterwirkung solcher Stoffe ist bedeutend besser als die der röschen. Der Zellstoffschleim und die erhöhten Filtereigenschaften verhindern bis zu einem gewissen Grade, daß durch die Entwässerungsarbeit auf der Papiermaschine zu viel an wertvoller färbender Substanz verlorengeht.

Auch bei den sauren Färbungen ist deshalb eine oft recht beträchtliche Vertiefung zu beobachten, wenn man die Färbung sehr zeitig vornimmt, so daß die ausgefällten Farbstofflackteilchen möglichst lange an der Mahlung teilnehmen können. Es findet dann gleichzeitig eine bessere Ausnutzung der Lackteilchen statt, was auch an den besser gewordenen Abwässern sichtbar wird.

Eine Schwierigkeit bringt die frühzeitige Farbstoffzugabe mit sich, die nur durch Erfahrung und färberisches Gefühl überwunden werden kann. Beim Ausmustern muß man die eintretende „Entwicklung“ des Farbtones infolge der durch die Mahlung steigenden Zurückhaltung an färbender Substanz einkalkulieren. Besonders auch der Farbanschluß des einen Holländers an den anderen ist nicht immer leicht, zumal es ja auch gilt – natürlich nur bei sehr schmieriger Mahlung –, den rein optischen Effekt zu berücksichtigen. Der Färber muß in derart gelagerten Fällen sehr rasch ausmustern und die Farbstoffzuteilungen in stets gleichbleibenden Zeitintervallen vornehmen.

9. Beziehungen zwischen den Farbstoffen und Füllstoffen.

Hier soll nicht die mehr oder weniger starke Aufhellung von Färbungen durch den Weißgehalt der Füllstoffe untersucht werden, sondern es soll den Reaktionsmöglichkeiten zwischen Farbstoff und Füllstoff nachgegangen werden, die in einigen Fällen das Interesse des Papierfärbers erheischen.

Für holzhaltige, stark beschwerte Druckpapiere ist es z. B. von größter Wichtigkeit, nur solche Farbstoffe bzw. Farbstoffkombinationen zum Färben zu verwenden, die nicht nur zur Faser, sondern auch zum Füllstoff eine gewisse Verwandtschaft besitzen. Die Auswirkungen der farbig-strukturellen Zweiseitigkeit, auf die wir im folgenden Kapitel noch zu sprechen kommen, können dann in praktisch genügender Weise gemildert werden.

Besonderes Augenmerk aber verdienen die „Weißfärbungen" von beschwerten Papieren, denn bei ihnen stehen kleinsten Farbstoffmengen oft erhebliche Füllstoffmengen gegenüber. Selbst geringfügige Umsetzungen zwischen diesen Reaktionspartnern können dann unter Umständen die beabsichtigte Weißnuancierung nicht nur beeinträchtigen, sondern ganz in Frage stellen.

Von den in der Papierindustrie gebräuchlichen Füllstoffen besitzen die Titanerden, Blanc fixe (Permanentweiß, Schwerspat), Annaline (Brillantweiß, Satinweiß, Gips, Lenzin) praktisch keine Neigung, mit den Farbstoffen der verschiedenen Gruppen zu reagieren. Ihrer Zusammensetzung nach handelt es sich um Oxyde bzw. Sulfate. Sie hellen die Färbungen lediglich auf und folgen hierbei den Gesetzen der additiven Mischungen.

Die Karbonate werden fast nur für Spezialpapiere verarbeitet (Zigaretten-, Umblatt-, Bibeldruckpapiere und dgl.), die auch die Anwendung von Spezialfarbstoffen (organische und anorganische Pigmente, substantive Farbstoffe) verlangen, so daß Unstimmigkeiten beim Färben nicht zu erwarten sind.

Die größte Bedeutung für den Papiermacher besitzen die Silikate, und diese sind es auch, welche die Aufmerksamkeit des Papierfärbers erfordern. Nach Untersuchungen von HEUSER[1] und VON POSSANNER[2], die sich mit solchen des Verfassers decken, zeigt von allen Silikaten Asbestine das größte Aufnahmevermögen für *basische* und substantive Farbstoffe. Es handelt sich bei diesem Füllstoff um ein Magnesium-Aluminium-Kalzium-Silikat. Die reinen Aluminiumsilikate (China Clay, Kaolin) und Magnesiumsilikate (Talkum) verhalten sich in ihrer verlackenden Wirkung diesen beiden Farbstoffgruppen gegenüber etwa gleich.

Die Reaktionsmöglichkeiten vor allem der *Kaoline* werden von den meisten Papierfabriken fast immer außer acht gelassen, was um so erstaunlicher ist, als gerade die Kaolinerden in ungeheuren Mengen vorwiegend für Druckpapiere aller Art ganz allgemein verarbeitet werden.

Die Tatsache der Farblackbildung allein würde den Papierfärber kaum stören, wenn sie immer im gleichen Ausmaße auftreten würde und vor allem wenn sie nicht manchmal mit einer unerträglichen Farbtonänderung, meist im Sinne einer starken Abtrübung, einherginge.

Die im Handel anzutreffenden Kaolinsorten zeigen gegenüber den blauen basischen Nuancierfarbstoffen oft ein sehr unterschiedliches Verhalten. Wenn man die Entstehungsweise der Kaoline betrachtet, so ist eine Erklärung hierfür ohne weiteres gegeben. Man unterscheidet geologisch zwischen Kaolinen, die Sedimente sind, und Kaolinen, die am Entstehungs-

---

[1] E. HEUSER, Wochenblatt für Papierfabrikation 1914, 45.
[2] VON POSSANNER, Wochenblatt für Papierfabrikation 1914, 45.

platz nach der Verwitterung des übrigen Gesteins rückständig blieben. Diese letztgenannten zeichnen sich gewöhnlich nach dem Schlämmen durch hohe Weiße, große Feinheit und hohen Gehalt an kieselsaurer Tonerde aus. Sie haben ferner einen sehr geringen Eisengehalt und sind deshalb für den Papiermacher ein ideales Füllmaterial. Anders bei den Sedimenten; diese enthalten Anschwemmungen von Feldspat und sind mit Einbrüchen anderer Verwitterungsprodukte wie Kalziumkarbonat, Magnesiumkarbonat, Eisenhydroxyd, Gips, Alkali- und anderen Salzen, organischen Stoffen u. a. m. versetzt[1]. Je nach ihrer Zusammensetzung besitzen diese Begleitstoffe des Kaolins gegenüber den basischen Farbstoffen ein sehr unterschiedliches Verlackungsvermögen. So gibt es Kaolinsorten, die 1% und mehr basischen Farbstoff verlacken können.

Die Feststellung der färberischen Eigenschaften der in einer Fabrik ständig verarbeiteten Kaolinmarken ist deshalb eine notwendige Forderung. Zeigt die Untersuchung bedeutende Farbtonverschiebungen bei der Verlackung einzelner, leicht reaktionsfähiger Farbstoffe, wie z. B. bei

Methylenblau BB extra und BGX,
Marineblau BNX und
Blauviolett 9201,

dann sollte man diese Produkte bei den Weißfärbungen ganz ausschalten und am besten durch saure Farbstoffe ersetzen. Jedenfalls kann bei der Beibehaltung dieser basischen Nuancierfarbstoffe nicht das Optimum an Weißgehalt erzielt werden. Die zu beobachtende Abtrübung ist dabei nicht allein auf das Gegenfärben zurückzuführen, sondern vor allem auf die zusätzliche, abtrübende Wirkung des Kaolinlackes. Der Schaden wird meistens noch dadurch vergrößert, daß man dann versucht, einen Ausgleich durch Überfärben zu finden.

Was für die Weißfärbungen gilt, trifft auch für die schwach getönten Papiere zu.

Zur Prüfung der Beziehungen zwischen Farbstoff und Füllstoff wird der Füllstoff in Substanz mit etwa 0,2% des gelösten Farbstoffes angefärbt und durch Auswaschen vom nicht gebundenen Farbstoff befreit. Den tatsächlich herrschenden Verhältnissen näher kommt eine Untersuchung im beschwerten Papier. Man hat es bei einer solchen Prüfung in der Hand, gleichzeitig Vergleichsmuster ohne Füllstoffzusatz und mit einem inerten Produkt wie beispielsweise Blanc fixe herzustellen. Zusätze von 20% Erde bei 0,2%igen Färbungen lassen sehr deutliche Unterschiede erkennen.

10. Die farbige Zweiseitigkeit und die Möglichkeit ihrer Bekämpfung.

Die Fragen der „Zweiseitigkeit" bewegten den Papiermacher und den Papierverbraucher – unter diesen in erster Linie den Drucker – von jeher in besonderem Maße. Zahlreiche Veröffentlichungen in der Fachpresse über

[1] Dr. H. Ost, Lehrbuch der technischen Chemie, 18. Auflage 1932.

dieses Gebiet geben davon ein beredtes Zeugnis[1]. Der Verfasser ist ebenfalls den Fragen der Zweiseitigkeit, und zwar unter dem Blickwinkel des Färbers, nachgegangen und hält sich in den folgenden Ausführungen eng an die Ergebnisse seiner in den Jahren 1938[2] und 1949[3] veröffentlichten Untersuchungen.

Die Zweiseitigkeit ist, wie jeder Papiermacher weiß, eng mit dem Vorgang der Blattbildung auf dem Papiermaschinensieb verknüpft, so daß man sie als Charakteristikum eines Maschinenpapieres, besonders eines jeden Langsiebpapieres, schlechthin bezeichnen muß. Es wird dem Fachmann im allgemeinen nicht schwer fallen, wenn er ein Papier in die Hand nimmt und es aufmerksam betrachtet, eine Entscheidung darüber zu treffen, ob er die Siebseite oder aber die dem Sieb abgekehrte Seite begutachtet. Er weiß aus Erfahrung, daß selbst bei einem *einheitlichen* Grundstoff, der ohne irgendwelche Zusätze verarbeitet wurde, schon der Werdegang des Papieres seine Spuren im Papierblatt hinterläßt, die als Erhöhungen und Vertiefungen ihre Schatten zeichnen (Sieb- und Filzmarkierungen), oder aber als gleichgerichtete Einzelfasern und Faserinseln ihre kennzeichnenden Merkmale vermitteln. Liegen aber *gemischte* Stoffe vor, die schließ ich noch mit Füllmitteln beschwert sind, so werden Verteilung und unterschiedliche Lagerung der einzelnen Komponenten innerhalb des Papierblattes sowohl der Siebseite als auch der Oberseite wieder ein besonderes Gesicht verleihen.

Wenn zu dieser *strukturellen* Zweiseitigkeit noch jene Störungen hinzukommen, die beim Arbeiten mit wasserlöslichen oder wasserunlöslichen Farbstoffen fast regelmäßig auftreten, so wird die Betrachtung der dazu führenden Vorgänge wesentlich erschwert. Die *farbige* Zweiseitigkeit, wie sie in der Folge benannt sei, steht in den meisten Fällen mit den Entmischungsvorgängen, wie sie in Gegenwart von verschiedenen Faserarten und Füllstoffen auftreten, in engstem Zusammenhang. Beim Färben mit Körperfarbstoffen, wie den organischen und anorganischen Pigmenten, sind es die unterschiedliche Verteilung und Einlagerung der Farbstoffpigmente im entstehenden Papierblatt, welche in gleicher Weise, wie es die Füllstoffe tun, dem Papier zur Zweiseitigkeit verhelfen.

Es ist notwendig, sich mit diesen Entmischungsvorgängen bei der Blattbildung näher zu befassen. In den ersten Stadien der Entwässerung, solange noch große Wassermengen ungehemmt durch das Entwässerungssieb abströmen können, werden die spezifisch schwersten Teilchen der Stoffmischung, zu denen außer den Füllstoffen und Farbstoffpigmenten, den Farbstofflacken, den groben Zellstoff- und Holzschliff-Fasern, auch andere Inkrusten sowie faserfremde Verunreinigungen zu zählen sind, das Bestreben zeigen, sich direkt auf dem Siebgeflecht oder in unmittelbarer

---

[1] Wochenblatt für Papierfabrikation 1911, S. 3820; 1921, S. 3441 u. 3864; Sondernummer 1929, S. 119; 1929, S. 76 u. 799. – Papierfabrikant 1929, S. 528; 1930, S. 409; 1937, S. 516. – Die Farbstoffe in der Papierindustrie (I.G. Farben) S. 65.

[2] B. Cornely, Die Zweiseitigkeit farbiger Papiere, Zellstoff und Papier 1938, Nr. 4.

[3] B. Cornely, Wie kann man die Zweiseitigkeit farbiger Papiere eindämmen? Allg. Papierrundschau 14, 1949, S. 681 ff.

Nähe darüber abzulagern. Die Entmischung wird jedoch nicht vollständig sein, denn der sich sofort bildende geschlossene Faserfilz wird als Filter für alle übrigen groben, frei beweglichen und noch im Papierbrei befindlichen feinen Schwebestoffe dienen.

Die fortschreitende Entwässerungsarbeit hinterläßt im entstehenden Papierblatt noch weitere charakteristische Spuren. Durch die Sogwirkung der Registerwalzen und durch die Vacuumwirkung der Saugkästen und Saugwalzen tritt je nach der Wasserführung mehr oder weniger stark ein Auswaschen der Siebseite von feinsten Faserteilchen, vor allem aber von Füllstoff- und Farbstoffteilchen ein. Die Summenwirkung dieser Vorgänge

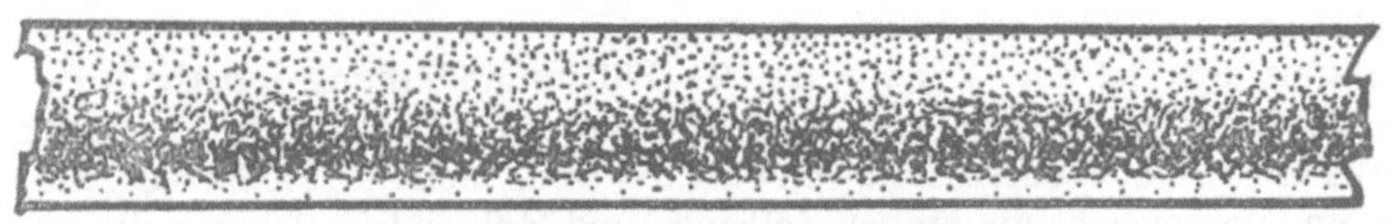

Abb. 17. Schnitt durch ein stark beschwertes Papier
O: Oberseite – I: Füllstoffkonzentration im Innern – S: Siebseite.

spiegelt sich nun in der Zweiseitigkeit der Langsiebpapiere wider. Die verschiedenen Erscheinungsformen sind so bekannt, daß es sich erübrigt, sie aufzuzählen.

Notwendig ist es jedoch, sich mit der Verteilung der Füllstoffe im Papierblatt auseinanderzusetzen, denn die organischen und anorganischen Pigmente und die Farbstofflackteilchen sind hinsichtlich ihrer Ablagerung etwa den gleichen physikalisch-chemischen Gesetzmäßigkeiten unterworfen, wie sie für die Beschwerungsmittel gelten.

Diese Erkenntnisse sind insofern wichtig, als sie nicht nur deutlich die Wege abzeichnen, die zur Verringerung der *strukturellen* Zweigesichtigkeit führen können, sondern auch den Hinweis dafür bieten, wie die Auswirkungen der uneinheitlichen Affinitätsbeziehungen zwischen Farbstoff einerseits und Papierfaser und Füllstoff andererseits – die bekanntlich Anteil an der *farbigen* Zweiseitigkeit haben – durch rein färberische Maßnahmen zu bekämpfen sind.

Die Füllstoffverteilung bzw. Schichtung im Papier, wie sie in obenstehender Skizze angedeutet ist, ist in einfacher Weise durch Aschebestimmungen (ergänzt durch mikroskopische Untersuchungen) in ihrer Tendenz festzustellen (Abb. 17).

So ergaben sich zum Beispiel bei vier untersuchten Papieren die folgenden Werte (Mittel aus je 5 Bestimmungen):

Papier 1:	Gesamtasche	21,6%
	Asche der Oberseite[1]	20,7%
	Asche der Siebseite[1]	15,6%

[1] Entweder werden Mikrotomschnitte hergestellt, oder die Proben sind durch vorsichtiges Abschaben zu gewinnen.

Papier 2:	Gesamtasche	19,1%
	Asche der Oberseite	14,2%
	Asche der Siebseite	6,4%

Papier 3:	Gesamtasche	24,1%
	Asche der Oberseite	22,5%
	Asche der Siebseite	13,9%
Papier 4:	Gesamtasche	26,3%
	Asche der Oberseite	20,2%
	Asche der Siebseite	5,5%

In allen untersuchten Fällen zeigt sich das überaus charakteristische Bild, daß die Werte für die Gesamtasche immer höher liegen als die entsprechenden Werte für die Oberseite, die für sich wieder die Aschewerte der Siebseite zum Teil beträchtlich übersteigen.

Damit aber ist eine Zone optimaler Füllstoffanhäufung innerhalb des Papierblattes erwiesen. Gleichzeitig erscheint die füllstoffreiche Oberseite heller und geschlossener als die von Füllstoff weitgehend entblößte Siebseite, die ein Übergewicht an groben Zellstoff- und Holzschliffteilchen aufweist.

Es bedarf wohl keines besonderen Hinweises darauf, daß die skizzierten Entmischungs- und Schichtungstendenzen, wie wir ihnen bei holzhaltigen, beschwerten Druck- und Schreibpapieren begegnen, für schmierig bzw. gallertig gemahlene Papierstoffe keine Gültigkeit besitzen. Als Methode zur Verhinderung von Zweiseitigkeit kann man jedoch den erhöhten Mahlungsgrad nicht so einspannen, wie es notwendig wäre, denn für Druck- und Schreibpapiere z. B. würde durch die Schmierigmahlung eine untragbare Änderung im Papiercharakter eintreten. Pergamyn- und Pergamentersatzpapiere aber pflegt man nicht zu beschweren. Dennoch kennt der Papiermacher einige Spezialpapiere, bei denen durch höchste Schmierigmahlung die strukturelle Zweiseitigkeit trotz stärkster Füllstoffbeladung in praktisch genügender Weise vermieden wird. Zu ihnen gehören die Zigaretten- und Umblattpapiere und die Dünndruckpapiere (Bibeldruckpapiere).

Dieses Beispiel zeigt eine Möglichkeit, die im Spezialfall geeignet ist, der Zweiseitigkeit entgegenzuarbeiten. Weitere *fabrikationstechnische* Maßnahmen zur Eindämmung der strukturellen Zweiseitigkeit sind gegeben durch:

1. Verarbeitung von hochgebleichtem Holzschliff;
2. Verarbeitung von feinst verteilten Füllstoffen bei günstigsten p_H-Werten;
3. Schmierigmahlung soweit nur irgend angängig, oder Anwendung von quellenden Bindemitteln;
4. Verringerung der Maschinengeschwindigkeit;
5. Verwendung eines Wasserpolsters im ersten Teil der Registerpartie (Ausschaltung des Soges durch die Registerwalzen!).

Zweifellos wird es schon aus kalkulatorischen Gründen nicht immer möglich sein, diesen Vorschlägen nachzugehen. Sie können im übrigen durch rein *färberische* Maßnahmen ergänzt werden. So ist es möglich, der strukturellen Zweiseitigkeit entgegenzuarbeiten, wenn man Farbstoffe auswählt, die sowohl die Papierfaser als auch den Füllstoff gut anfärben. Auch die gleichzeitige Anwendung von Produkten verschiedener Gruppenzugehörigkeit, die untereinander und auch mit dem Füllstoff Farblacke bilden, wird zu einer Angleichung von Oberseite und Siebseite beitragen.

An einigen Beispielen seien die Vorschläge färberischer Art erläutert.

So empfiehlt es sich, bei *Weißfärbungen* einen basischen Blaufarbstoff in Kombination mit einem sauren zu verwenden. Die beiden Produkte sollen etwa dem gleichen Nuancenbereich angehören, sie sollen miteinander eine gute Lackbildung eingehen, und der basische Farbstoff für sich allein soll vom Füllstoff ebenfalls weitgehend verlackt werden. Die Kaolinlacke zeigen allerdings oft eine unerwünschte Farbtonänderung und Abtrübung, wie wir bereits im vorhergehenden Kapitel bei der Erörterung der Beziehungen zwischen Farbstoff und Füllstoff feststellen konnten. Es ist deshalb zu empfehlen, eine geeignete Kaolinsorte (Kaolinerden werden fast ausnahmslos verarbeitet) auszuwählen, die nicht nur den rein papiertechnischen Anforderungen entspricht, sondern auch den Wünschen des Färbers gerecht wird. Die saure Komponente soll gut flockende Tonerdelacke ergeben, dabei aber auch eine gewisse Affinität zum Zellstoff und Holzschliff zeigen.

Das basische Äthylviolett und das saure Wasserblau IN erfüllen weitgehend diese Forderungen. Diese beiden Farbstoffe werden eine Lackbildung miteinander eingehen, die jedoch nicht vollständig sein wird, so daß jeder Farbstoff für sich noch seine färberischen Funktionen unbehindert ausüben kann. Der basische Anteil wird in der Hauptsache auf der Siebseite des Papiers infolge seiner größeren Affinität zum Zellstoff und Holzschliff anzutreffen sein, während die entstandenen Farblackteilchen in der füllstoffreichen Oberseite zu finden sind und somit dieser, zusammen mit dem angefärbten Füllstoff, einen Ton verleihen, der demjenigen der Siebseite nahekommt.

Gleich gute Erfolge werden mit den Methylviolett-, Viktoriablau- und Nuancierblaumarken, als basische Vertreter, und den Wasserblau- und Reinblaumarken, als saure Partner, erzielt.

Beim gleichzeitigen Arbeiten mit basischen Farbstoffen und organischen Blaupigmenten (Indanthrenblaumarken) wird der Ausgleich von Oberseite und Siebseite ebenfalls gefördert, und zwar dadurch, daß der vorwiegend basischen Anfärbung der Siebseite eine Anhäufung farbiger Pigmentteilchen auf der Oberseite entgegensteht. Dieser Möglichkeit wird man aber aus Preisgründen kaum nachgehen können.

Das gleiche gilt von der Anwendung mineralischer Farbstoffe wie Berliner Blau und Ultramarin, die in ihrem Verhalten am besten als farbige Füllstoffe anzusprechen sind. Sie werden in Kombination mit basischen Farbstoffen den gleichen Entmischungs- und Verteilungstendenzen folgen wie Füllstoff und löslicher Farbstoff und hierbei infolge der Einlagerung feinst verteilter Farbstoffkörperchen in die füllstoffreiche Oberschicht einen Nuancenausgleich zwischen Oberseite und Siebseite unterstützen.

Ähnlich wie basische Blaufarbstoffe zusammen mit sauren, wird sich auch die Kombination aus basischen und substantiven Farbstoffen verhalten. Sie gehen eine Lackbildung miteinander ein, die ebenfalls nicht vollständig ist, so daß jeder Farbstoff für sich noch seine spezielle Affinität zur Faser bzw. zum Füllstoff zeigen kann. Die substantiven Farbstoffe sind, verglichen mit den basischen und sauren Farbstoffen, von trüber, gedeckter Eigenfarbe, so daß sie im allgemeinen für Weißfärbungen nicht heranzuziehen sind.

Hingegen eignen sich diese Farbstoffkombinationen für *ausgesprochene Färbungen*, die nunmehr betrachtet werden sollen, ausgezeichnet.

Bei Gelbfärbungen zum Beispiel, die etwa im Bereich des Auramintones liegen, ist die Kombination einer Auraminmarke mit einer Stilbenmarke zur Eindämmung der farbigen Zweiseitigkeit gut brauchbar. Die gleichzeitige Mitverwendung eines sauren Farbstoffes, wie Chinolingelb, ist der Farbtonangleichung der beiden Papierseiten nur förderlich, da die Überdeckung der rein strukturellen Zweigesichtigkeit, optisch gesehen, vollständiger wird.

Was für Gelb gilt, trifft auch für die anderen Grundfarben und ebenso für alle gemischten Farbtöne zu. Aus der großen Zahl der im Handel befindlichen Anilinfarbstoffe lassen sich stets die geeigneten Partner herausfinden.

Weder das Färben mit zwei Farbstoffen noch das Ausmustern mit drei Produkten verschiedener Gruppenzugehörigkeit bringen besondere Schwierigkeiten mit sich, solange man sich an die allgemein bekannten Löse- und Verarbeitungsvorschriften hält. Man muß nur darauf sehen, daß die jeweiligen Partner etwa dem gleichen Nuancenbereich angehören oder zur Nachbildung des gesuchten Farbtons als Mischkomponenten geeignet sind.

Der Färber kann noch ein übriges tun, wenn er den Füllstoff (evtl. zusammen mit einem Bindemittel) *vor* der Zugabe zum Holländer mit einem Teil des basischen oder substantiven Farbstoffes anfärbt. Er erreicht dadurch eine bessere Verlackung, d. h. intensivere Anfärbung des Füllstoffes und damit eine bessere Angleichung des Tones der Oberseite an den der Siebseite.

Bei der kritischen Untersuchung dieser Fragen darf eine Färbeweise nicht vergessen werden, die von vielen Papierfärbern nicht nur wegen ihres niedrigen Einstandspreises allein bevorzugt wird. Es handelt sich um die Kombination Anilinfarbstoff + Ruß, wobei – wenn nicht gerade Schwarz- oder Graufärbungen hergestellt werden sollen – Ruß lediglich zum Abtrüben der Färbung benutzt wird. Bei solchen mit Ruß abgestumpften Färbungen tritt aber die farbige Zweiseitigkeit in besonders typischer Weise in Erscheinung. Das kommt daher, daß sich Ruß als organisches Pigment, wie wir es bereits vom Indanthrenblau her wissen, überwiegend in der oberen Papierschicht, ja man kann zutreffend sagen, *direkt auf* der Oberfläche absetzt. Die fast restlose Entblößung der Siebseite von den feinsten Rußteilchen ergibt dann eine Kontrastwirkung, die meist ihren Ausdruck in einer volleren, stumpferen Oberseite und einer schwächeren, dafür aber reineren Siebseite findet.

Es ist nun charakteristisch für solche Rußfärbungen, daß sie sowohl bei unbeschwerten Papieren als auch bei einheitlichen Grundstoffen – also z. B. auch bei reinen Zellstoffpapieren – zu einer Zweigesichtigkeit führen. Es liegt somit eine völlig selbständige, d. h. von den übrigen Entmischungsvorgängen unabhängige, *farbige* Zweiseitigkeit vor, die ihre kennzeichnenden Merkmale fast immer in einer farbstärkeren Oberseite besitzt.

Es bedarf keines besonderen Hinweises, daß bei ausgesprochenen Schwarzfärbungen, bei denen Ruß also nicht lediglich als Abtrüber dient, die charakteristische *Rußzweiseitigkeit*, wie sie kurz genannt sei, sehr bedenkliche Ausmaße annehmen kann. Der routinierte Färber wird auch damit fertig; er kennt diesen Mangel des an sich billigst einstehenden Schwarzfarbstoffes sehr genau und verwendet deshalb Ruß nur in Kombination mit einer direktziehenden Schwarzmarke oder anderen geeigneten Kombinationen. Dadurch wird eine Vertiefung des Farbtones auf der Siebseite und somit eine gewisse Angleichung an den Ton der Oberseite gewährleistet.

In diesem Zusammenhang sei der Vollständigkeit halber auch die Färbeweise mit *Erdfarbstoffen* wie Ocker, Englischrot und Umbra, um nur einige zu nennen, untersucht. Diese verhalten sich beim Färben wie die künstlichen Mineralfarbstoffe, d. h. sie folgen in ihren Entmischungstendenzen den Füllstoffen. Bei den Erdfarbstoffen ist deshalb durch Mitverwendung geeigneter Anilinfarbstoffe eine Verringerung der Sichtbarkeit der strukturellen Zweiseitigkeit ebenfalls gegeben. Allerdings ist dabei zu berücksichtigen, daß sie als „farbige Füllstoffe" die Oberseite des Papieres weitgehend vertiefen können – also nicht aufhellen, wie die weißen Füllstoffe –; daraus ergibt sich aber die Forderung, ihre Anwendungsmengen in bestimmten Grenzen zu halten. Das ist übrigens auch schon deshalb ratsam, da die Erdfarbstoffe, ebenso wie die Füllstoffe und Mineralfarbstoffe, das Papiergefüge auflockern und die Festigkeitswerte stark beeinträchtigen.

Zu diesen 3 Arten der Zweiseitigkeit kommt noch eine weitere Art *farbiger* Zweiseitigkeit, die der Papiermacher und -färber gewöhnlich mit „Zylinderempfindlichkeit" bzw. „Hitzeempfindlichkeit" bezeichnet und die zweckmäßig mit dem Namen *Zylinder-Zweiseitigkeit* belegt wird. Diese Zylinder-Zweiseitigkeit ist nur jenen löslichen Farbstoffen eigen, die nicht genügend auf der Faser verankert sind, die also keine oder aber nur eine geringe Verwandtschaft zu den Papierrohstoffen zeigen. Sie hängt nicht mit der unterschiedlichen Speicherungsfähigkeit der einzelnen Farbstoffe für die Papierfasern und auch nicht unmittelbar mit den Entmischungsvorgängen dieser Faserbestandteile zusammen. Sie ist damit zu erklären, daß beim Verdampfungsvorgang die noch im Wasser gelösten Farbstoffe infolge der einseitigen Kontakterhitzung der Trockenzylinder auf die andere Papierseite befördert werden. Hier findet eine Anreicherung des zum Auskristallisieren gezwungenen Farbstoffes statt, wodurch meist beim Arbeiten mit Einzelfarbstoffen oder Farbstoffen ein und derselben Gruppe Stärkeunterschiede oder aber beim Färben mit Vertretern verschiedener Farbstoffgruppen *Tönungsunterschiede* entstehen.

Die Zylinder-Zweiseitigkeit wird noch dadurch erhöht, daß einzelne Farbstoffe an sich eine ungenügende Hitzebeständigkeit zeigen und zum *Verbrennen* neigen, denn dieser Vorgang geht meist mit einer starken Farbtonänderung Hand in Hand. Dieses „Herausbrennen" zeigt sich besonders stark, wenn die nach dem Verlassen der ersten Zylindergruppe bereits mit Farbstoffen angereicherte Seite der Papierbahn sofort in Berührung mit den zu stark geheizten Zylindern der zweiten Trockengruppe kommt.

Ebenso wie die *farbige* Zweiseitigkeit kann aber auch die *Zylinder*-Zweiseitigkeit in manchen Fällen derart gelenkt werden, daß die Schäden der *strukturellen* Zweiseitigkeit teilweise überdeckt und deshalb die Nuancenunterschiede der beiden Papieroberflächen verringert werden. Dies ist beispielsweise dann der Fall, wenn bei einem holzhaltigen, beschwerten Papier, das mit einer basisch-sauren Kombination eingefärbt wurde, (wobei die einzelnen Komponenten etwa dem gleichen Nuancenbereich angehören müssen) dafür Sorge getragen wird, daß beim Beginn des Trockenprozesses die Siebseite des Papieres auf eine stark geheizte Zylinderpartie gebracht wird. Dadurch wird erreicht, daß der nicht fixierte, zum Teil noch gelöste saure Farbstoff in die füllstoffreiche Oberseite abwandert und hier durch stärkere Anfärbung einen gewissen Ausgleich mit der an sich schon mehr gefärbten Siebseite herbeiführt.

Die *Zylinder*-Zweiseitigkeit kann durch technische Maßnahmen in jedem Falle behoben werden. Sie ist eine Erscheinung, die durch den Ruf nach Produktion überhaupt erst in so starkem Ausmaße auftreten konnte, und es ist bemerkenswert, daß auch die *strukturelle* Zweiseitigkeit, wie wir bereits feststellten, die gleiche Entwicklungslinie aufzeigt. Wenn früher wesentlich weniger Klagen über die Zweiseitigkeit laut wurden, so lag das daran, daß eben früher mit geringeren Maschinengeschwindigkeiten gearbeitet wurde, bei welchen die Entmischungsvorgänge nicht in dem gleichen Umfange auf dem Langsieb stattfinden konnten, und bei welchen eine den Eigenschaften der jeweils verarbeiteten Farbstoffe angepaßte Trocknung durchzuführen war.

Ist eine Abstimmung der Trocknungsarbeit mangels Vorhandenseins einer ausreichenden Trockenpartie nicht gegeben, so besteht noch immer die Möglichkeit, die Quellen der *Zylinder*-Zweiseitigkeit dadurch zu verstopfen, daß man zum Färben des Papiers nur gut fixierbare (zylinderechte) Farbstoffe auswählt. Eine solche Auswahl ist praktisch in allen Fällen möglich, wenngleich zugegeben werden muß, daß diese Sicherheit in der Fabrikation oftmals nur durch Preisopfer zu erkaufen ist. Eine genaue Kenntnis des Verhaltens der gebräuchlichen Papierfarbstoffe bezüglich der *Zylinder*-Zweiseitigkeit ist deshalb für den praktischen Färber unerläßlich, denn nur dann hat er es in der Hand, die Erfordernisse des Betriebes mit einer vernünftigen Kalkulation gegeneinander abzuwägen.

In dem Kapitel über die „Echtheitsprüfung" zeigten wir einen Weg zur Beurteilung der Hitzeechtheit bzw. Zylinderzweiseitigkeit. Wir stellten dabei fest, daß als praktisch vollkommen widerstandsfähig gegen die Trocknungsschäden im allgemeinen und die Hitzeeinflüsse im besonderen die organischen und anorganischen Pigmente bezeichnet werden müssen. Es folgen die Schwefelfarbstoffe und die direktziehenden Farbstoffe. Aber auch unter den basischen Farbstoffen befinden sich genügend beständige Produkte, so daß mit ihnen und einer Auswahl aus der Gruppe der substantiven Farbstoffe jeder beliebige Farbton in guter Zylinderechtheit herzustellen ist.

11. Das Auftreten von Melierungen und deren Bekämpfung.

Bei der Besprechung der färberischen Grundlagen mußte schon des öfteren auf die recht unangenehme Eigenschaft des Melierens gewisser Rohstoffe und Farbstoffe hingewiesen werden. Wir sahen, daß diese *ungewollten* Melierungen ihre tieferen Ursachen in der großen Verwandtschaft der basischen, direktziehenden (und Schwefel-) Farbstoffe vorwiegend zu den ungebleichten Zellstoffen besitzen, und mußten feststellen, daß das lästige Melieren durch unsachgemäße Verarbeitung von Farbstoffen dieser drei Gruppen, wenn auch nicht direkt verursacht, so doch unerwartet stark begünstigt wird.

Die Bekämpfung und Abstellung dieses Übelstandes müssen deshalb auch an dieser Stelle einsetzen, d. h. bei der Verarbeitung der Farbstoffe. Beim Lösen und Zuteilen muß streng darauf geachtet werden, daß die Vorschriften, die ja aus den speziellen Eigenschaften dieser Produkte abgeleitet wurden, bis ins einzelne eingehalten werden.

Aber selbst bei peinlichster Beachtung aller Vorsichtsmaßregeln werden sich die ungewollten Melierungen nicht immer ganz vermeiden lassen, da sich die chemische Verwandtschaft zwischen Farbstoff und Faser durch technische Maßnahmen allein nicht in die vom Papiermacher gesuchten Bahnen lenken läßt.

Dies ist besonders bei ungleichmäßig aufgeschlossenen, harten Zellstoffen oder bei gemischten Rohstoffen der Fall, die in ihrem färberischen Verhalten sehr verschieden sein können. In diesen uneinheitlichen Stoffen werden sich besonders die inkrustierten, mit natürlichen Beizen durchsetzten Fasern schneller und intensiver anfärben als andere, die vielleicht weiter heruntergekocht sind.

In den meisten Fällen läßt sich das lästige Melieren, wie es bereits angedeutet wurde, schon durch vorsichtiges Färben beseitigen oder zum mindesten weitgehend verringern. Man halte sich vor allem an die Grundregeln des Lösens und Zuteilens und vermeide, daß die Farbstofflösungen zu konzentriert und zu heiß dem Stoff im Holländer zugesetzt werden. Äußerst wichtig ist es dabei, daß die zugesetzte Farbstofflösung sofort verteilt wird, denn es muß unter allen Umständen vermieden werden, daß die von der Farbstofflösung zuerst getroffenen Fasern zu lange mit dieser in Berührung bleiben und hierdurch Zeit finden, sich intensiver anzufärben als die benachbarten.

Man kann die notwendige Verteilung auf verschiedenen Wegen erreichen: einmal durch eine weitgehende Verdünnung der Farbstofflösung und zum andern durch die Zugabe dieser stark verdünnten Farbstofflösung direkt vor der Holländerwalze. Der Papiermacher hat diese Methode insofern verfeinert, als er das Holländerwasser schon vor dem Eintrag des Fasermaterials mit einem Teil der erforderlichen Farbstoffe anfärbt. Diese Arbeitsweise empfiehlt sich vor allem beim Weißtönen. Hierdurch tritt auch keine Störung des Wasserhaushalts im Holländer ein, die aber, wenn man sich an die angegebenen Löse- und Zuteilungsvorschriften halten wollte, besonders bei vollen Färbungen unvermeidlich wäre. Der gleich günstige Effekt wird übrigens auch durch die Anfärbung der Füllstoffanschlämmung mit einem Teil des basischen oder direktziehenden Farbstoffes erzielt. Auch mit Rücksicht auf eine Verringerung der farbig-strukturellen Zweiseitigkeit bietet diese letzte Färbeweise nicht zu unterschätzende Vorteile.

Bei holzschliffhaltigen Stoffmischungen besteht weiterhin die Möglichkeit, den Holzschliff für sich allein, entweder im Kollergang oder auch im Holländer, *vor*zufärben. Bei grobem, splitterigem Holzschliff ist diese Arbeitsweise besonders auch deshalb zu empfehlen, da durch sie gleichzeitig die sogenannten *schipprigen* Färbungen, die mindestens ebenso stören wie die ungewollten Melierungen, vermieden werden können.

Die Anfärbung der Harzmilch, die von manchen Seiten ebenfalls zur Melierungsverhinderung vorgeschlagen wird, kann nicht gutgeheißen werden. Zahlreiche basische Farbstofflösungen besitzen p_H-Werte zwischen 2, 3 und 4, so daß vorzeitige Ausflockungen bei der Vereinigung von Farbstofflösung und Harzleimlösung unausbleiblich sind. Empfindlichere Störungen sind aber durch die intensive Anfärbung der größeren Harzzusammenballungen, besonders bei freiharzreichen Leimen, zu erwarten.

Ein interessantes Verfahren zur Melierungsverhinderung ist uns durch die sogenannte „Haubenfärbung" in die Hand gegeben[1]. Die Arbeitsweise ist ebenso einfach wie zuverlässig. Direkt über der Holländerwalze wird die Haube angebohrt und der normal gelöste Farbstoff durch einen Trichter dem in stärkster Bewegung befindlichen Holländerstoff zugeteilt. Die Durchmischung, mit der eine weitgehende Verdünnung der noch nicht fixierten Farbstofflösung verbunden ist, ist vollständig, so daß örtliche Überfärbungen praktisch unmöglich sind.

Die bisher skizzierten Methoden stellen Vorbeugungsmaßnahmen dar, sie sind aber nicht geeignet, bereits bestehende Melierungen rückgängig zu machen oder sie zu überdecken. Beim Färben gemischter, zum Teil farbiger Papierspäne wird diese Frage manchmal akut. Hier hilft nur das Färben mit sauren Farbstoffen unter Mitverwendung von organischen oder anorganischen Pigmenten. Durch die an der Faser angelagerten sauren Farbstofflacke und Körperfarbstoffe kann die Einzelfaser weitgehend mit färbender Substanz eingehüllt werden, was einer Vergleichsmäßigung der Färbung gleichkommt. Diese Färbeart ist aber preislich in den meisten Fällen nicht tragbar; außerdem besitzt sie den Nachteil, die Festigkeitseigenschaften des Papiers unter Umständen stark zu beeinträchtigen.

Das Färben von Papierspänen, besonders von gemischtem Altpapier, bringt auch dann Schwierigkeiten, wenn es sich um ungefärbte Späne handelt. So können die verschiedensten Rohstoffe nebeneinander vorkommen, die in ihren färberischen Eigenschaften so grundverschieden sind, daß eine Egalisierung, auch mit den ausgeklügeltsten Methoden, beim Färben mit basischen und direktziehenden Farbstoffen nicht zu erreichen ist. Neben den verschiedenen Zellstoffarten werden Holzschliff, Braunschliff, Halbzellstoffe, Jute, Gelbstroh usw. im Altpapier anzutreffen sein,

[1] BASF, Ludwigshafen.

und es wird jedem Färber klar sein, daß selbst bei Anwendung nicht melierender Farbstoffe, d. h. bei der Verarbeitung von sauren Farbstoffen und organischen und anorganischen Pigmenten, eine Überdeckung des im äußeren Erscheinungsbild so heterogenen Fasermaterials nicht möglich ist.

Die bisher erörterten Arten der Melierungsverhinderung stellen rein fabrikationstechnische Maßnahmen dar. Der einfachste und zuverlässigste Weg, in erster Linie für die basischen Farbstoffe, besteht aber in einer Veränderung, und zwar Vergleichmäßigung der Affinitätsverhältnisse zwischen Farbstoff und Faser. Eine solche egalisierende Wirkung besitzt Tamol bzw. Solegal. Diese synthetischen Gerbstoffe stellen Verlackungsmittel für basische Farbstoffe dar und können zum Vorbeizen des zur Melierung neigenden Fasergemisches benutzt werden. Man verfährt dabei so, daß man dem Holländer vor dem Färben je nach der Tiefe der Färbung $^1/$–1% des vorher in heißem Wasser gelösten Tamols bzw. Solegals zusetzt (bezogen auf den lufttrockenen Stoffeintrag). Ist das Holländerwasser bereits sauer, so erübrigt sich eine Fixierung des synthetischen Gerbstoffes; im anderen Falle ist jedoch eine Fällung mit $^1/_2$% schwefelsaurer Tonerde notwendig.

Durch die Vorbeize wird das Aufziehvermögen der verschiedenen Fasern gleichgehalten, ein Vorgang, welcher in der auf der Faser entstehenden Lackbildung seine Erklärung findet.

Tamol NOP (Lu) und NL (Le) sowie Solegal S (Hö) sind übrigens auch geeignet, die substantiven Farbstoffe gleichmäßiger aufziehen zu lassen. Da Tamol bzw. Solegal die substantiven Farbstoffe nicht fällt, ist die egalisierende Wirkung wohl in der zusätzlichen Beladung der Einzelfaser zu suchen, die, wie wir es z. B. bei vorgeleimten Stoffen feststellen können, zu ruhigen, gleichmäßigen, allerdings schwächeren substantiven Färbungen führt.

Die Anwendung von Tamol NOP (Lu) bzw. NL (Le) sowie Solegal S (Hö) kann außerdem so erfolgen, daß man der Tamol- bzw. Solegallösung die Lösung des basischen Farbstoffes direkt einverleibt. Es entsteht zunächst eine Fällung, die aber im Tamol- bzw. Solegalüberschuß wieder löslich ist. Es bilden sich kolloidale Lösungen (Pseudolösungen), die keine Verwandtschaft mehr zur Faser besitzen und deshalb auch nicht mehr melieren können. Es ist jedoch als ein Nachteil zu betrachten, daß sehr große Tamol- bzw. Solegalüberschüsse erforderlich sind. Die einzelnen basischen Farbstoffe verhalten sich nicht gleich, und man muß bei der Herstellung der Pseudolösungen mit Tamol- bzw. Solegalmengen rechnen, die bei den verschiedenen Farbstoffen zwischen dem 5- bis 8fachen Gewicht vom aufgewendeten Farbstoff liegen. Das Verfahren kann deshalb nur beim Weißtönen zur Herstellung von Vorratslösungen empfohlen werden. Hierbei bietet es allerdings nicht zu unterschätzende Vorteile. Es ist noch darauf hinzuweisen, daß solche Pseudo-Stammlösungen erst nach etwa zweitägigem Stehen verarbeitet werden können, da sie erst zu diesem Zeitpunkt beste Ausgiebigkeit gewährleisten.

Es ist keine Inkonsequenz, den nächstliegenden Weg zur Melierungsverhinderung erst am Schlusse dieser Betrachtung zu zeigen. Gemeint ist das Färben mit sauren Farbstoffen bzw. mit organischen und anorganischen

Pigmenten, die bekanntlich keine Verwandtschaft zur Papierfaser besitzen und deshalb auch nicht melieren können. Die Auswahl der sauren Farbstoffe ist groß genug, um zahlreiche Farbtöne nachstellen zu können, aber die Eigenschaften der sauren Färbungen würden in den weitaus meisten Fällen den normalen Ansprüchen hinsichtlich Reibechtheit, Wasser- und Zylinderechtheit nicht genügen können. Bereits an der Preisfrage würde eine Reihe solcher Ausweichfärbungen scheitern müssen. Man denke z. B. an mittlere bis volle Blau- und Grüntöne, die sich rein basisch wesentlich billiger herstellen lassen, als dies bei saurer Färbeweise möglich ist. Aus diesem Grunde kommen Färbungen mit organischen Pigmenten überhaupt nicht in Betracht. Das Färben mit anorganischen Pigmenten kann in manchen Fällen zu ruhigen Färbungen führen, aber selbst bei billigsten Brauntönen wird man auf Grund papiertechnischer Erwägungen immer wieder zu basischen oder substantiven Farbstoffen greifen und sich deshalb auch mit den Möglichkeiten der Vermeidung ungewollter Melierungen beschäftigen müssen.

12. Die farbigen Abwässer in der Papierindustrie.

Wenn es sich verwirklichen ließe, zum Papierfärben nur solche Farbstoffe zu verarbeiten, die vollkommen von der Papierfaser aufgenommen werden, dann wäre die Frage der farbigen Abwässer leicht zu lösen. Leider lassen sich aber die „blutenden“ Farbstoffe aus dem Papiersortiment nicht ausschalten. Man denke nur an die große Gruppe der sauren Farbstoffe, die uns färberisch so wertvolle, nicht ersetzbare Produkte wie Metanilgelb extra, Papiergelb AX, Orange II, Orange RO, Baumwollscharlach extra, Brillantcrocein MOOL u. a. m. in die Hand gibt. Immerhin muß es das Bestreben eines jeden Papierfärbers sein, gut aufziehende Farbstoffe, die auch die besten Abwässer ergeben, soweit es sich technisch nur irgendwie vertreten läßt, zu verarbeiten. Das erfordert im übrigen schon die wirtschaftliche Seite des Färbens, denn die ins Abwasser gelangenden löslichen Farbstoffe werden auch in einem geschlossenen Abwassersystem kaum noch veranlaßt werden können, auf die Faser aufzuziehen. Sie sind für den Papierfärber verloren.

Günstiger liegen die Verhältnisse bei den Farbstoffpigmenten und Farbstofflacken, die bei der Kreislaufwiederverwendung der Papiermaschinenabwässer – eine Arbeitsweise, die heute wohl allgemein durchgeführt wird – in gleicher Weise wie die Füllstoffe beim längeren Versuch fast zu 100% ausgenutzt werden.

In der Tauchfärberei allerdings muß mit größeren Farbstoffverlusten gerechnet werden. Die in den Tauchwannen zurückbleibenden Reste der Farbstofflösung sind in den seltensten Fällen noch verwendbar, und sie können, zusammen mit den Spülwässern, wenigstens zeitweilig zu einer starken Verschmutzung des Vorfluders beitragen.

Die heute in der Papierindustrie angewandten Stoff-Fänger und Abwasser-Klärverfahren arbeiten im allgemeinen derart vorzüglich, daß Faser-, Erde- und Farbstoffteilchen (organische und anorganische Pigmente, verlackte Farbstoffe) nahezu vollständig aus den Abwässern entfernt werden. Die durch die modernen Kläreinrichtungen erzielte fast 100%ige Zurückhaltung aller im Abwasser enthaltenen organischen und anorganischen Schwebestoffe führt aber gleichzeitig zu einer weitgehenden Entfärbung der Abwässer. Das ist so zu erklären, daß die im Abwasser suspendierten feinsten gefärbten Fasertrümmer, gefärbten Füllstoffe, Farbstoffpigmente und Farbstofflacke entweder eine Färbung nur vortäuschen oder, falls gelöste Farbstoffe gegenwärtig sind, das Abwasser tiefer gefärbt erscheinen lassen. Die nach der Abwasserklärung noch verbleibende Anfärbung ist auf lösliche Farbstoffe, heute wohl ausschließlich auf Anilinfarbstoffe, zurückzuführen.

Ihre Beseitigung bietet seit jeher besondere Schwierigkeiten. Die Farbkraft zahlreicher Anilinfarbstoffe ist so groß, daß schon geringste Mengen eines solchen Farbstoffes dem Wasser eine deutlich sichtbare Färbung verleihen. Das menschliche Auge ist imstande, noch Färbungen in einer Verdünnung wahrzunehmen, bei welcher analytische Bestimmungsmethoden oft keine eindeutigen Ergebnisse mehr zulassen. In einer Verdünnung von 1:2500000 sind viele Anilinfarbstoffe noch zu erkennen, und es ist verständlich, daß sie infolge dieser außerordentlich hohen Färbekraft eine starke Verunreinigung vortäuschen, die in Wirklichkeit aber kaum den Anlaß zu einer Beanstandung geben kann. Dennoch wird immer wieder von den Abwässern gefordert, daß sie entfärbt dem Vorfluder zugeführt werden.

Die einfachste Lösung der Beseitigung der Abwässer wäre, theoretisch, sie einzudampfen. Aber in Anbetracht der anfallenden außerordentlich großen Abwassermengen und der hohen Kosten für die Eindampfung ist diese Methode zum Scheitern verurteilt.

Eine Reinigung der gefärbten Abwässer auf Rieselfeldern oder künstlichen biologischen Körpern ist nicht durchführbar, da eine Zerstörung der Farbstoffe durch Zersetzung (unter Entfärbung) nicht eintritt. Der Rieselboden, ebenso die Schlacke und der Koks der biologischen Körper absorbieren zwar für kurze Zeit den Farbstoff. Es tritt aber sehr rasch eine Übersättigung des Bodens und der biologischen Körper ein, so daß die Abwässer ebenso stark gefärbt abgehen, wie sie aufgeleitet werden. Es wäre also eine ständige, mit hohen Kosten verbundene Erneuerung der Filtermassen notwendig.

Zu einer wirksamen Beseitigung der Farbstoffe sind nach bisherigen Erfahrungen daher immer chemische Zusätze erforderlich, wobei die Entfärbung der Abwässer bestimmte chemische Kenntnisse über ihre Zusammensetzung und über die Struktur der in ihnen vorhandenen Farbstoffe voraussetzt. Die chemischen Zusätze können aber in keinem Fall ein Universalmittel darstellen. Es hat sich gezeigt, daß bestimmte Verfahren und Mittel, die bei einigen Farbstoffen günstige Ergebnisse hinsichtlich Entfärbung zeigen, bei anderen Farbstoffen hingegen ohne Wirkung bleiben. So wirkt beispielsweise ein stark oxydierendes Mittel wie Ozon entfärbend auf basisches Fuchsin und andere Triphenylmethanfarbstoffe, ferner auch auf manche Diamin- und Polyaminfarbstoffe ein, während es bei anderen Farbstoffen versagt. Es kann sogar der Fall eintreten, daß der aktive Sauerstoff des Ozons verstärkend und vertiefend auf den Farbton einiger farbiger Abwässer einwirkt.

Im allgemeinen haben sich bisher zur Entfärbung von Abwässern reduzierende Mittel am besten bewährt. Aber auch bei ihrer Anwendung ist eine genaue Kenntnis der abzubauenden Farbstoffe im besonderen deren Reaktionsmöglichkeiten gegenüber den Reduktionsmitteln Vorbedingung für den Erfolg.

Ein vor allem von Farbenfabriken oft angewendetes Reduktions-Entfärbungsverfahren ist dasjenige, das auf der Einwirkung von Eisenoxydverbindungen auf die Farbstoffe beruht. Eisenabfälle werden in Salzsäure gelöst; die hierbei entstehende Eisenchlorürlösung wird mit Kalkmilch neutralisiert und mit dem zweckmäßig schwach alkalisch gemachten farbigen Abwasser unter Einleitung eines kräftigen Luftstromes gemischt. Das ausfallende Eisenoxyd und die entstehenden basischen Eisensalze wirken dabei reduzierend und zerstörend auf die im Abwasser vorhandenen Farbstoffe. Gleichzeitig werden die basischen Farbstoffe durch Kalk und überschüssiges Alkali gefällt und in filtrierfähiger Form zu Boden geschlagen. Ein Nachteil dieses Verfahrens ist in der außerordentlich starken Schlammbildung zu erblicken. Weitere Nachteile ergeben sich aus der Notwendigkeit des Vorhandenseins sehr großer Absitzbecken und schließlich aus der Gegenwart der im Abwasser gelöst bleibenden Eisensalze.

Eine wirtschaftlich sehr günstige Form der Eisenfällung soll nach HERMANN JUNG[1] durch das sogenannte „Niersverfahren" gegeben sein, das auch bei farbigen Abwässern beste Erfolge aufweisen soll. Aber es kann hier nicht der Ort sein, die einzelnen bekannten Verfahren gegeneinander abzuwägen. Die Reinigungstechnik der industriellen Abwässer hat in den letzten Jahrzehnten sehr beachtliche Fortschritte gemacht. Aber bei der Vielfalt der gewerblichen Abwässer und im besonderen der farbigen Abwässer von Papierfabriken wird es niemals ein allgemein gültiges Verfahren der Abwasserreinigung geben können. Man muß sich wohl oder übel mit einer Zwischenlösung, die jedoch immer nur eine Teillösung sein kann, zufrieden geben.

Die Eisenfällungsverfahren und vor allem auch das des weiteren in Betracht kommende Natriumhydrosulfitverfahren – bei diesem werden vor allem Azofarbstoffe und Triphenylmethanfarbstoffe reduziert, die dann in Gegenwart von Kalk als unlösliche, absitzfähige Verbindungen ausfallen – erfordern die Aufwendung beträchtlicher Bau- und Wartekosten, so daß ihre praktische Anwendung nur in besonders gelagerten Fällen möglich sein dürfte. Eine kleine Fabrik mit etwa 2 Papiermaschinen oder eine Tauchfärberei können sich aus wirtschaftlichen Gründen den Bau einer solchen Anlage nicht gestatten.

Berücksicht man die Vor- und Nachteile der angedeuteten Verfahren, so kommt man zu dem Schluß, daß eine wirksame Beseitigung der restlich im Abwasser enthaltenen gelösten Farbstoffmengen nur mit Mitteln durchführbar ist, die zumeist mit der Rentabilität des Betriebes nicht in Einklang gebracht werden können.

[1] HERMANN JUNG, „Fortschritte in der Reinigung technischer Abwässer". Das Papier 1950, Heft 7/8.

Aus diesem Grunde wird eine Zwischenlösung immer noch das Zweckdienlichste sein, nämlich die Anwendung von Ätzkalk, Eisenvitriol, Eisenchlorid oder schwefelsaurer Tonerde, d. h. billiger chemischer Mittel, mit denen zwar nicht alle farbigen Abwässer entfärbt werden können, mit denen es aber oft gelingt, einen praktisch ausreichenden Erfolg zu erzielen. Dabei darf aber nicht verschwiegen werden, daß durch die Anwendung der entfärbenden Chemikalien den entfärbten oder aufgehellten Abwässern chemische Verbindungen zugeführt werden, die voraussichtlich größere Nachteile mit sich bringen werden als die oftmals recht geringen Mengen des gelösten Farbstoffes. Durch eine genaue Kontrolle müßte deshalb auf die Entfernung der schädlichen Chemikalien gleichfalls gedrungen werden.

Ohne die möglichen Schäden bestimmter farbiger Abwässer im Vorfluter bagatellisieren zu wollen, ist es notwendig, sich von einer Vorstellung zu lösen, die mit der Erfindung der Teerfarbstoffe aufgekommen ist, nämlich von dem Märchen der Giftigkeit der Anilinfarbstoffe. In den Anfängen der Anilinfarbstofferzeugung wurde allerdings die giftige Arsensäure nicht selten in den chemischen Herstellungsprozeß eingegliedert. Inzwischen aber ist man zu ganz anderen Arbeitsverfahren übergegangen, und schon seit vielen Jahrzehnten wird Arsensäure bei der Herstellung von Anilinfarbstoffen überhaupt nicht mehr verwendet. Die Anilinfarbstoffe des Handels enthalten Arsen höchstens in minimalen Spuren, wie sie in fast allen Naturprodukten einschließlich der Lebensmittel zu finden sind. Diese geringen Spuren aber sind völlig gesundheitsunschädlich.

Eine Frage, die immer wieder lebhaft diskutiert wird, ist die der Schädlichkeit der farbigen Abwässer für den Fischbestand, besonders in kleinen Flußläufen. Unter meist örtlich bedingten, sehr ungünstigen Verhältnissen scheint es im Bereich der Möglichkeit zu liegen, daß bestimmte Farbstofftypen auf die Süßwasserorganismen nachteilig einwirken. Bereits vor etwa 40 Jahren berichtete A. THIENEMANN[1] hierüber wie folgt:

„... Es ergibt sich also aus dem Vorstehenden, daß von den Farben, die von Papierfabriken verwendet werden, Viktoriablau, Methylviolett, Kohlschwarz und Diamantgrün B auch in so starker Verdünnung für die Süßwasserorganismen noch tödlich wirken, daß Abwässer, die diese Farben enthalten, sehr wohl die Fischerei in den Vorflutern schädigen können, mögen sie nun direkt Fischsterben verursachen oder die niederen Tiere des Wassers und damit die Nahrungsquelle der Fische vernichten oder wenigstens vermindern ..."

Der Beweis für eine Verödung der Tierwelt im Vorfluter infolge einer chronischen Schädigung durch farbige Abwässer kann durch Laboratoriumsuntersuchungen nicht erbracht werden. Die tatsächlich herrschenden Verhältnisse sind nicht zu reproduzieren. Es kann hier aber nicht der Ort sein, die möglichen Schäden durch andere Einflüsse näher zu behandeln.

[1] A. THIENEMANN, „Die Einwirkung von bei der Papierfabrikation verwendeten Farbstoffen auf die Tierwelt des Wassers". Münster i. W. 1911.

Quellen- und Literaturverzeichnis.

Um den Text nicht allzusehr mit Erläuterungen und Fußnoten zu durchsetzen, wurden nur hier und da Hinweise gegeben. Das nachfolgende Verzeichnis enthält das Schrifttum, das bei der Bearbeitung dieses Buches benutzt wurde, oder das zum ergänzenden Studium herangezogen werden kann.

Geschichte.

BECKMANN, Johann: „Papiermacherey". Neudruck aus der Anleitung zur Technologie, 1777.

— „Beiträge zur Oekonomie, Technologie, Polizey- und Cameralwissenschaft". Vierter Teil XII, Göttingen 1781.

BOCKWITZ, Dr. Hans H.: „Zur Kulturgeschichte des Papiers". Chronik der Feldmühle, 1935.

— „Zur Geschichte des Papiers und seiner Wasserzeichen". Archiv für Buchgewerbe und Gebrauchsgraphik 1939, 8.

BUCHMANN, Dr. Gerhard: „Geschichte der Papiermacher zu Oberweimar". Fritz Fink Verlag. Weimar 1936.

CORNELY, Dipl.-Ing. Berthold: „Geschichte des Bläuens und Weißtönens von Papier". Wochenblatt für Papierfabrikation 1942, 9.

— „Von Aldus Manutius bis Johann Adolph Engels". Gutenberg-Jahrbuch 1944/49.

ENGELS, Johann Adolph: „Über Papier und einige andere Gegenstände der Technologie und Industrie".

HALLE, J. S.: „Werkstätte der heutigen Künste", 15. Abschnitt, „Der Papiermacher", S. 125–152. Brandenburg und Leipzig 1762.

HERMBSTÄDT, Dr. Sigismund Friedrich: „Grundriß der Färbekunst". Berlin und Stettin 1808.

— „Bulletin des Neuesten und Wissenswürdigsten aus der Naturwissenschaft", 1801 und folgende Jahre.

HÖSSLE, Friedrich von: „Württembergische Papiergeschichte". 1925.

— „Alte Papiermühlen der Rheinprovinz". Wochenblatt für Papierfabrikation 1926, 24 A.

JAFFÉ, Dr. Albert: „Aus dem Kunst-Büchlein für verschiedene Farben zu machen und Filze zu lohen" von Friedr. LORCH, Papiermacher in Annweiler 1810.

— „Geschichte der Papiermühlen im ehemaligen Herzogtum Zweibrücken". Pirmasens 1933.

KARABACEK: „Umdet el-Kuttâb".

KEFERSTEIN, Meister Georg Christoph: „Unterrichtung eines Papiermachers an seine Söhne diese Kunst betreffend". Mit Erläuterungen von A. SCHULTE (Asten & Co. AG.).

KRÜNITZ, Johann Georg: „Oekonomisch-Technologische Encyklopädie". 106. Band, S. 489–894 „Papier". Berlin 1807.

KURRER, Dr. Heinrich von: „Die Kunst vegetabilische, vegetabilisch-animalische und rein animalische Stoffe zu bleichen". S. 243–266 (Das Bleichen von Hadern). Nürnberg 1831.

de la Lande: „Die Kunst Papier zu machen". Übersetzt von v. Justi. Schauplatz der Künste und Handwerke 1. Band, S. 295–484. Berlin, Stettin, Leipzig 1762.

Receptbuch aus der Unterfichtenmühle bei Schwand: Original im Besitz von Karl Quinat, Nürnberg (Forschungsstelle für Papiergeschichte, Mainz).

Renker, Armin: „Das Buch vom Papier". Insel Verlag, Leipzig 1934.

Sammlung der Papyrus Erzherzog Rainer: Mitteilungen Vierter Band „Neue Quellen zur Papiergeschichte". (Wiesner und Karabacek).

Schmitz, Dr. Ferdinand: „Die Papiermühlen und Papiermacher des bergischen Strundertals". Bergisch-Gladbach 1921.

Schulte, Alfred: „Die ältesten Papiermühlen der Rheinlande". Gutenberg-Jahrbuch 1934.

Thiel, Viktor: „Papiererzeugung und Papierhandel vornehmlich in den deutschen Ländern von den ältesten Zeiten bis zum Beginn des 19. Jahrhunderts". Archivalische Zeitschrift, 3. Folge, 8. Band. München 1932.

— „Geschichte der Papiererzeugung im Donauraum".

Wehrs, Georg Friedrich: „Vom Papier, den vor der Erfindung desselben üblich gewesenen Schreibmassen und sonstigen Schreibmaterialien". Halle 1789.

— „Supplemente zu dem voriges Jahr in Halle herausgekommenen Buche vom Papier". Hannover 1790.

Weiss, Karl Theodor: „Alte deutsche Papiermühlen". Wochenblatt für Papierfabrikation, Jubiläumsausgabe 1934, S. 54–64.

Wiesner, J. von: „Über die ältesten bis jetzt aufgefundenen Hadernpapiere". Ein neuer Beitrag zur Geschichte des Papieres. Wien 1911.

Verfasser unbekannt: „Vollständige Entdeckung des bisher so geheim gehaltenen Cotton- oder Indiennendruckes nebst beygefügtem Unterricht von der sächsischen Schönfärberei wie das Berliner Blau gemacht werde". Nr. 70, S. 104.

Theorie und Technologie.

Becke, Dr. Max: „Natürliche Farbenlehre". Wien 1924.

Brecht und Pfretzschner: „Untersuchungen über die Beschwerung der Papiere". Schriften des Vereins der Zellstoff- und Papier-Chemiker und -Ingenieure, Nr. 21.

Cornely, Dipl.-Ing. Berthold: „Das Färben von Papier". D.A.F. Berlin-Zehlendorf, Teltower Damm, 1938.

Dalén, Prof. G.: „Chemische Technologie des Papiers". Verlag Ambrosius-Barth. Leipzig 1921.

Déribéré, M.: „La Coloration des papiers. Verlag La Papeterie, 1936.

Erfurt, Julius: „Färben des Papierstoffs". III. Auflage. Verlag der Papierzeitung. Berlin 1912.

Gottlöber, M.: „Das Färben des Papiers". Schriften des Vereins der Zellstoff- und Papier-Chemiker und -Ingenieure, Nr. 19.

Heuser, Dr. Emil: „Das Färben des Papiers auf der Papiermaschine". Schriften des Vereins der Zellstoff- und Papier-Chemiker und -Ingenieure, Nr. 7.

Hofmann, Carl: „Praktisches Handbuch der Papierfabrikation". 1923, III. Band: Leimen, Füllen, Färben des Papierstoffes, bearbeitet von Dr. Ing. R. Sieber und H. Dierdorf.

Hoyer, Fritz: „Einführung in die Papierkunde". Leipzig 1941, Verlag K. W. Hiersemann.

I. G. Farbenindustrie Aktiengesellschaft: „Die Farbstoffe in der Papierindustrie". 1936.

KIRCHNER, Ulrich: „Ratgeber für den Betrieb". II. Auflage. Güntter-Staib-Verlag. Biberach 1941.

KLEMM, Prof. Dr.: „Papierindustrie-Kalender". Verlag Eisenschmid und Schulze, Leipzig.

KOTTE, Hans: „Papier im Druck". 1948. Carl Garte Verlag, Einbeck.

Mayer, F.: „Chemie der organischen Farbstoffe". Springer-Verlag, Berlin 1935.

MEYER, Dipl.-Ing. J. B.: „Die Sicherungstechnik der Wertpapiere". Paco-Verlag. Zürich 1935.

MÖHLAU, R. und H. T. BUCHERER: „Farbenchemisches Praktikum. Einführung in die Farbenchemie und Färbereitechnik". 3. Aufl. 1926, W. de Gruyter & Co., Berlin.

NAGEL: „Die Diagnose der praktischen, richtigen, angeborenen Störungen des Farbensinns". 1889.

OST, Hermann: „Lehrbuch der chemischen Technologie". 18. Aufl. Verlag Jaenecke, Leipzig, 1932.

OSTWALD, Wilhelm: „Die Farbenlehre". 4 Bände, Leipzig 1939 ff.

RICHTER, Dr. Manfred: „Grundriß der Farbenlehre der Gegenwart". Verlag Theodor Steinkopf 1940.

RISTENPART, Prof. Dr. E.: „Papierfärberei". 1920/21. Aus E. KIRCHNER: „Das Papier". IV. Ganzstoffe.

SCHULTZ, G.: „Farbstofftabellen". Lehmann, Leipzig 1931.

SIEBER, Dr. Ing. Rudolf: „Die Chemisch-Technischen Untersuchungsmethoden der Zellstoff- und Papierindustrie". Springer-Verlag, Berlin 1943.

STILLING: „Pseudoisochromatische Tafeln zur Prüfung des Farbensinns". 18. Auflage 1929, Verlag G. Thieme, Leipzig.

VARLOT, J. G.: „Coloration du papier". Paris 1919, Librairie polytechnique Ch. BÉRANGER.

WEICHELT, August: „Buntpapier-Fabrikation". II. Auflage. Verlag der Papierzeitung, Berlin 1927.

Veröffentlichungen in der Fachpresse.

AINSWORTH HARRISSON, H.: „Normalisierte Methoden zur Bestimmung der Lichtechtheit farbiger Papiere". Papier-Fabrikant 1936, Nr. 34.

BRECHT, Prof. Dr. W.: „Das Eastman-Kolorimeter". Papier-Fabrikant 1926, Festheft.

CHALON, O. T.: „Die absolute Lichtechtheit gefärbter Papiere". Paper Trade J. 66 Vol. 105, Heft 10.

CORNELY, Dipl.-Ing. Berthold: „Was muß der praktische Färber über die Fixierungsmöglichkeiten der gebräuchlichsten Papierfarbstoffe wissen?" Zellstoff und Papier 1939, Nr. 6/7.

— „Die Zweiseitigkeit farbiger Papiere". Zellstoff und Papier 1938, Nr. 4.

— „Wie kann man die Zweiseitigkeit farbiger Papiere eindämmen?" Allgemeine Papier-Rundschau 1949, Nr. 14.

— „Über eine neue Methode des Weißfärbens". Zellstoff und Papier 1941, Nr. 5.

— „Die p_H-Kontrolle in der Papierfärberei". Wochenblatt für Papierfabrikation 1938, Nr. 42.

— „Geschichte des Bläuens und Weißtönens von Papier". Wochenblatt für Papierfabrikation 1942, Nr. 9.

DÉRIBÉRÉ, Maurice: „Fluorescence des papiers colorés". Le Papier, September 1935.

— „Lumineszenzpapiere, ihre Möglichkeiten und ihre Zukunft". Zellstoff und Papier 58, 1936 (La Papeterie 1936, Nr. 22).

HADERT, Hans: „Der Ruß, seine Herstellung, Eigenschaften und Verwendung". Elsners chemisches Taschenbuch.

HANSEN, Dr. Otto: „Die Anwendung von Kronos Titanweiß bei der Herstellung von Wachsrohpapieren". Zellstoff und Papier 1938, Nr. 12.

HEUSER, Prof. Dr. E.: „Füllstoffe und Farbstoffe". Wochenblatt für Papierfabrikation, Festnummer 1914.

I. G. Farbenindustrie Aktiengesellschaft Ludwigshafen: „Über die Lichtechtheit farbiger Papiere". Papier-Fabrikant 1928, Nr. 26.

LANDOLT, A.: „Über das Färben von Seidenpapier mit Säurefarbstoffen für wasserechte Töne". Papier-Fabrikant 1929, Nr. 27.

MENZEL, Fritz Wolfgang: „Die Herstellung gemusterter Papiere in der Papiermaschine". Zellstoff und Papier 1941, Nr. 12.

NAUMANN, Dr. K.: „Über das Färben mit Pflanzenfarbstoffen". Die Chemie 1942, Nr. 41/42.

NIEDERHÄUSER, M.: „Fortschritte, die bei der Färbung von Papier im Stoff in lichtechten Nuancen erzielt wurden". Le Papier 1934, Nr. 37.

PESTALOZZI, Dr. S.: „Einfluß der Wasserstoffionenkonzentration auf die Färbung des Papiers". Zellstoff und Papier 1932, Nr. 12.

— „Über den Einfluß der Beschwerung auf die Lichtechtheit gefärbter Papiere". Zellstoff und Papier 1935, Nr. 12.

— Bewertung der Lichtechtheit gefärbter Stoffe". Zellstoff und Papier 1937, Nr. 2.

RIBIÈRE-RAVERLAT: „Graphische Darstellung der Färbung mit Hilfe der photoelektrischen Zelle". La Papeterie 1932, Nr. 54.

RICHTER, Dr. Manfred: „Über Farbmessungen". Papier-Fabrikant 1940, Nr. 17.

SOMMER, Prof.: „Neue Wege der Lichtechtheitsprüfung von Färbungen". Mitteilungen der deutschen Materialprüfungsanstalt. Zellstoff und Papier 1934, Sonderheft 24.

THIENEMANN, Prof. August: „Mitteilung aus der Hydrobiologischen Abteilung der Landwirtschaftlichen Versuchsstation Münster i. W." Juli 1911.

Sachverzeichnis.

I. Alphabetisches Verzeichnis der Papierrohstoffe und der Papiersorten.

II. Alphabetisches Verzeichnis der Farbstoffgruppen, der Einzelfarbstoffe und der Färbereihilfsmittel.

Badische Anilin- & Soda-Fabrik
Ludwigshafen a. Rhein

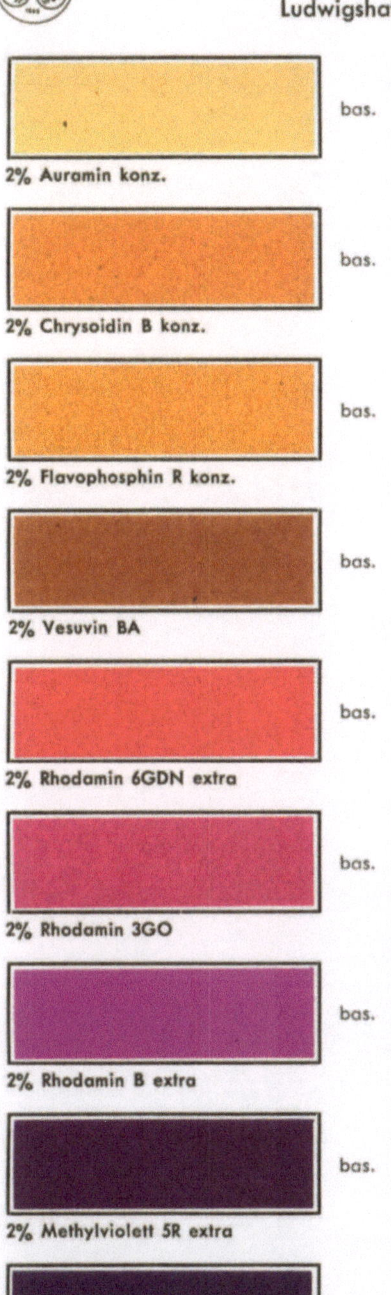

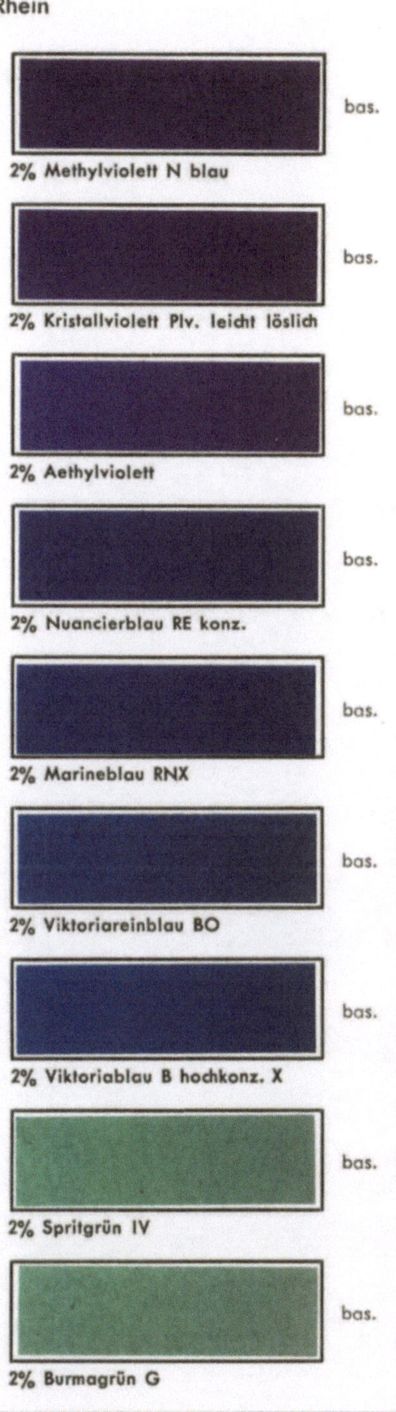

Badische Anilin- & Soda-Fabrik
Ludwigshafen a. Rhein

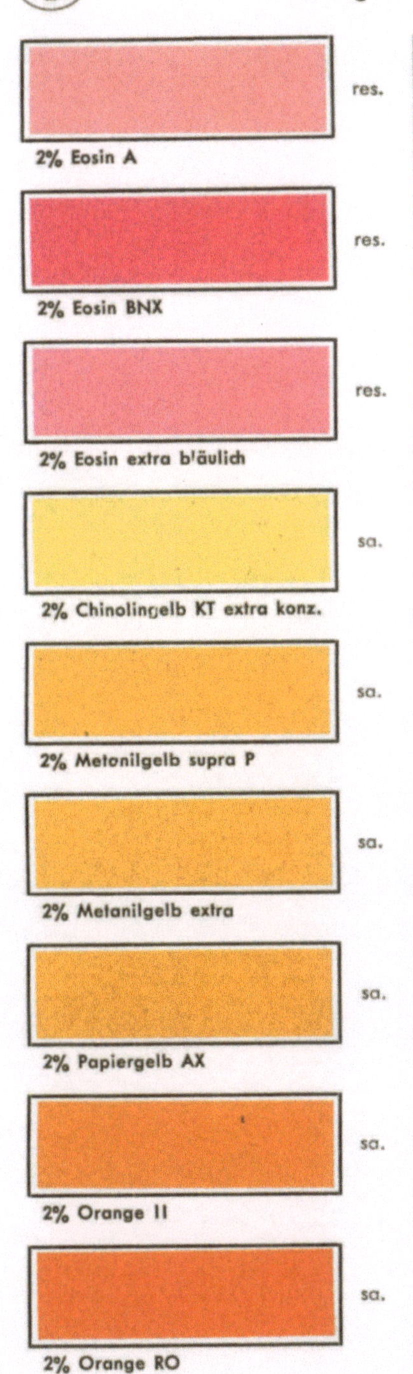

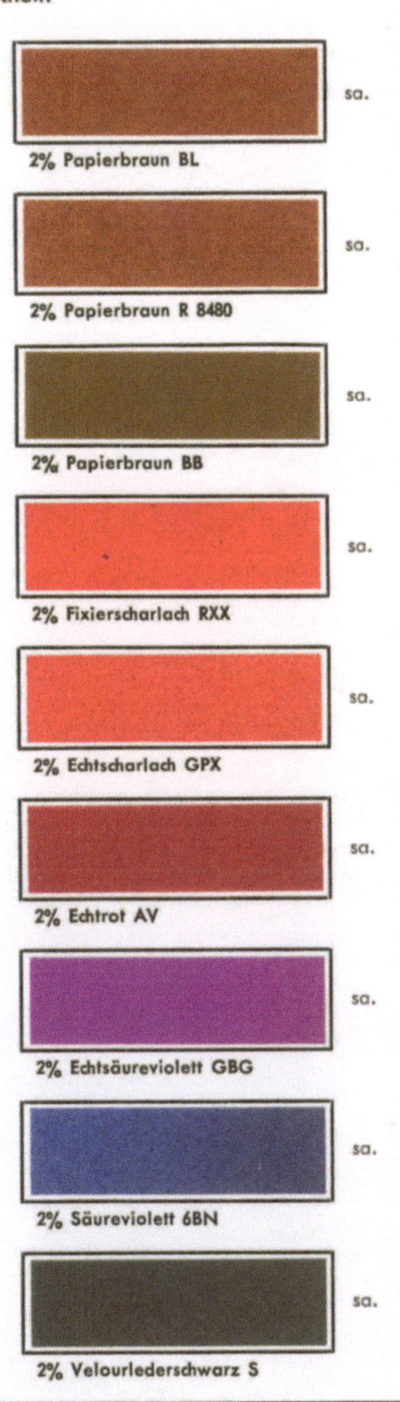

Badische Anilin- & Soda-Fabrik
Ludwigshafen a. Rhein

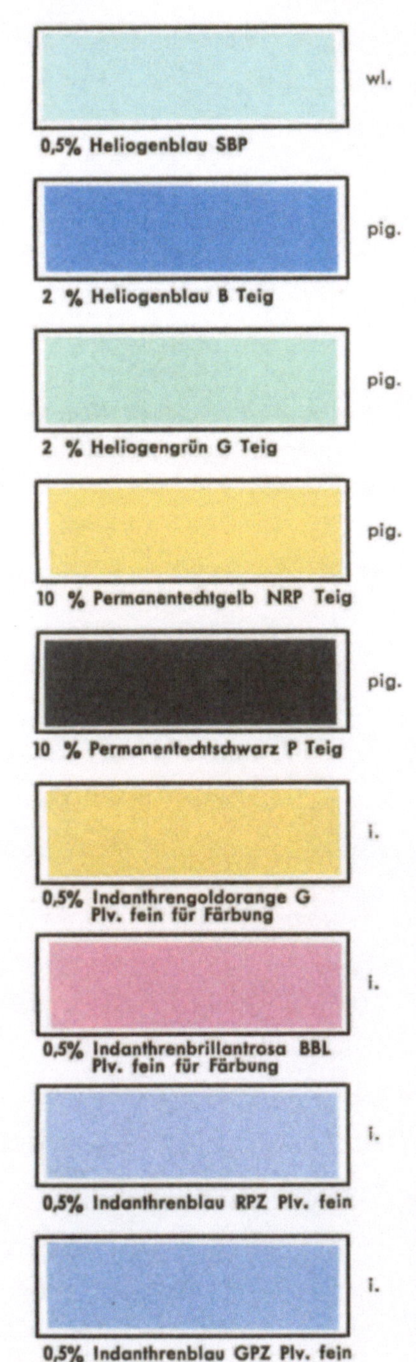

wl. 0,5% Heliogenblau SBP

pig. 2 % Heliogenblau B Teig

pig. 2 % Heliogengrün G Teig

pig. 10 % Permanentechtgelb NRP Teig

pig. 10 % Permanentechtschwarz P Teig

i. 0,5% Indanthrengoldorange G Plv. fein für Färbung

i. 0,5% Indanthrenbrillantrosa BBL Plv. fein für Färbung

i. 0,5% Indanthrenblau RPZ Plv. fein

i. 0,5% Indanthrenblau GPZ Plv. fein

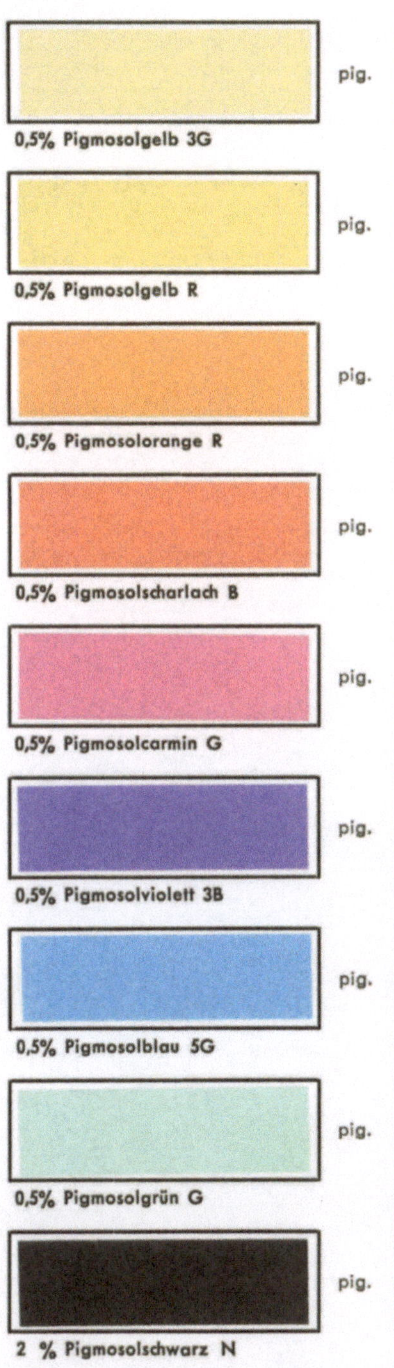

pig. 0,5% Pigmosolgelb 3G

pig. 0,5% Pigmosolgelb R

pig. 0,5% Pigmosolorange R

pig. 0,5% Pigmosolscharlach B

pig. 0,5% Pigmosolcarmin G

pig. 0,5% Pigmosolviolett 3B

pig. 0,5% Pigmosolblau 5G

pig. 0,5% Pigmosolgrün G

pig. 2 % Pigmosolschwarz N

Badische Anilin- & Soda-Fabrik
Ludwigshafen a. Rhein

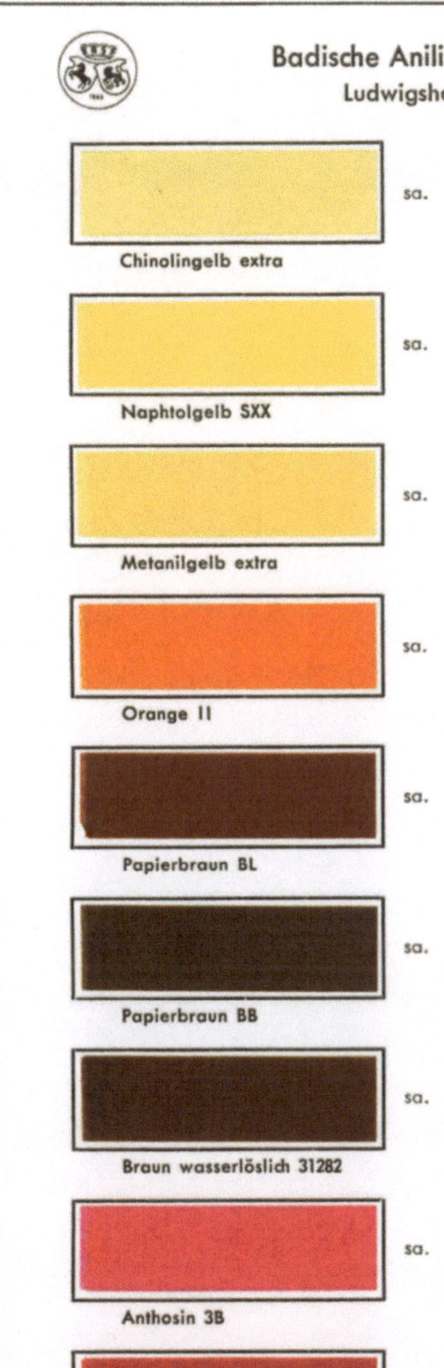

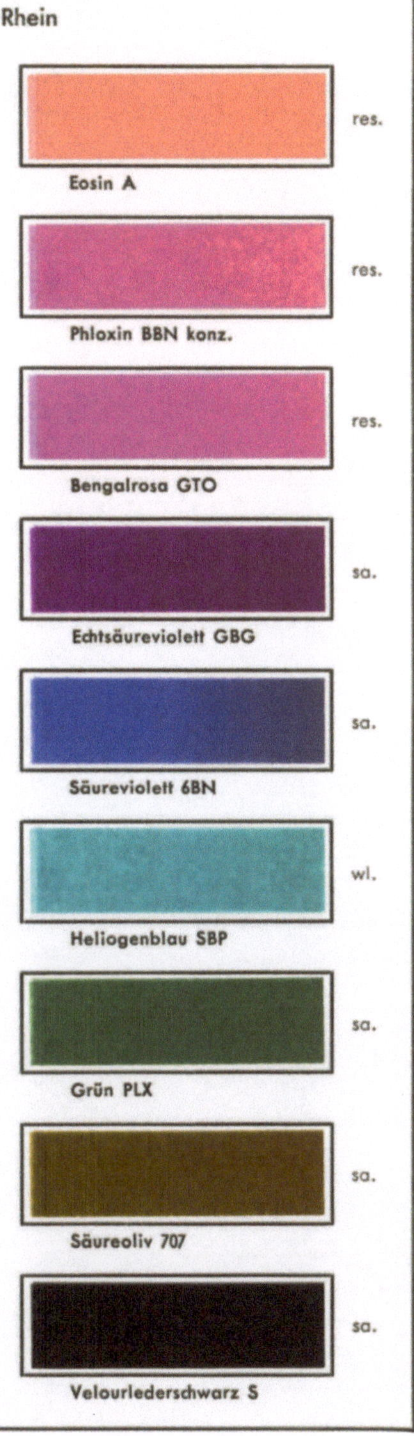

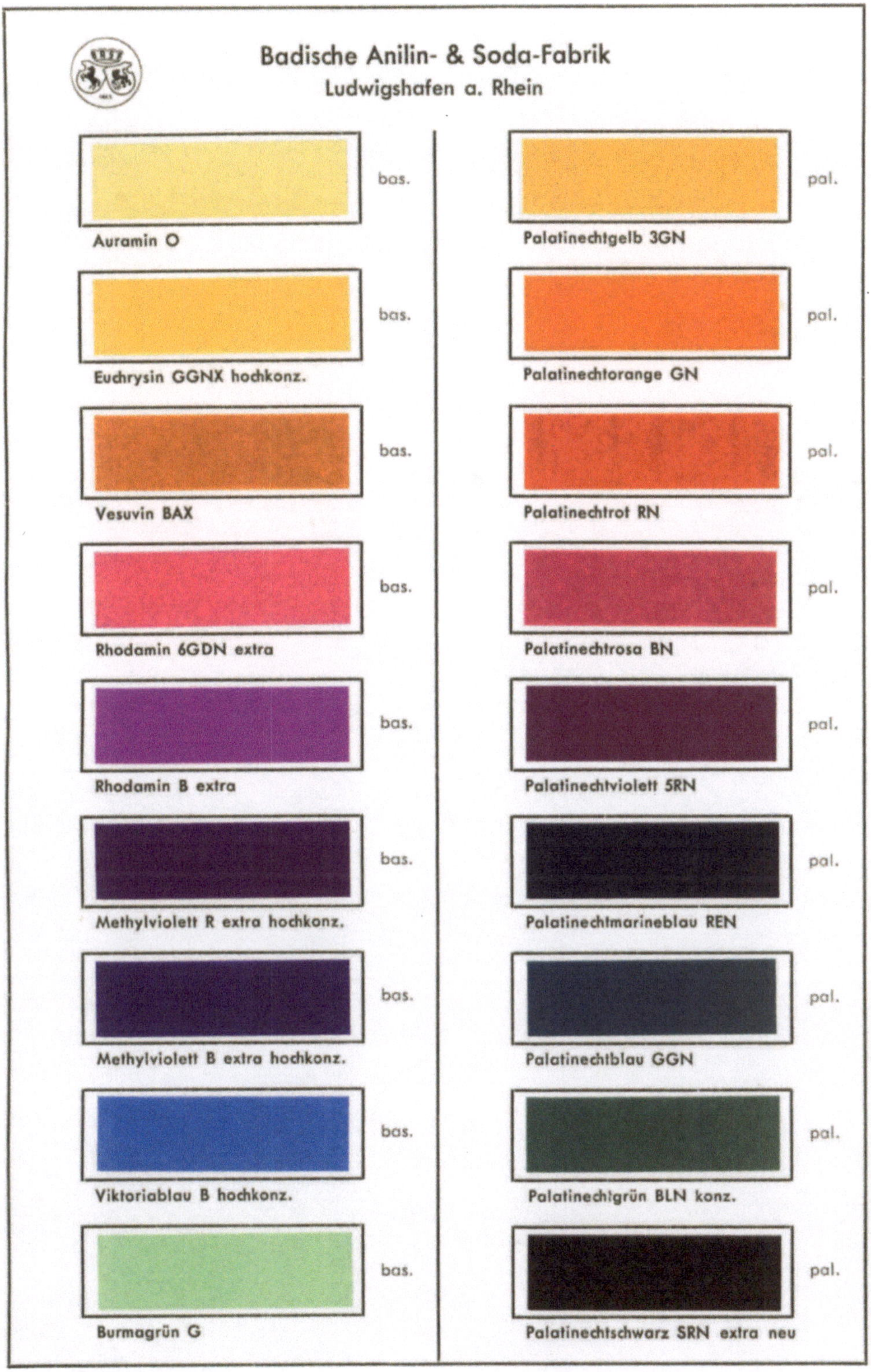

Badische Anilin- & Soda-Fabrik
Ludwigshafen a. Rhein

Auramin O — bas.

Euchrysin GGNX hochkonz. — bas.

Vesuvin BAX — bas.

Rhodamin 6GDN extra — bas.

Rhodamin B extra — bas.

Methylviolett R extra hochkonz. — bas.

Methylviolett B extra hochkonz. — bas.

Viktoriablau B hochkonz. — bas.

Burmagrün G — bas.

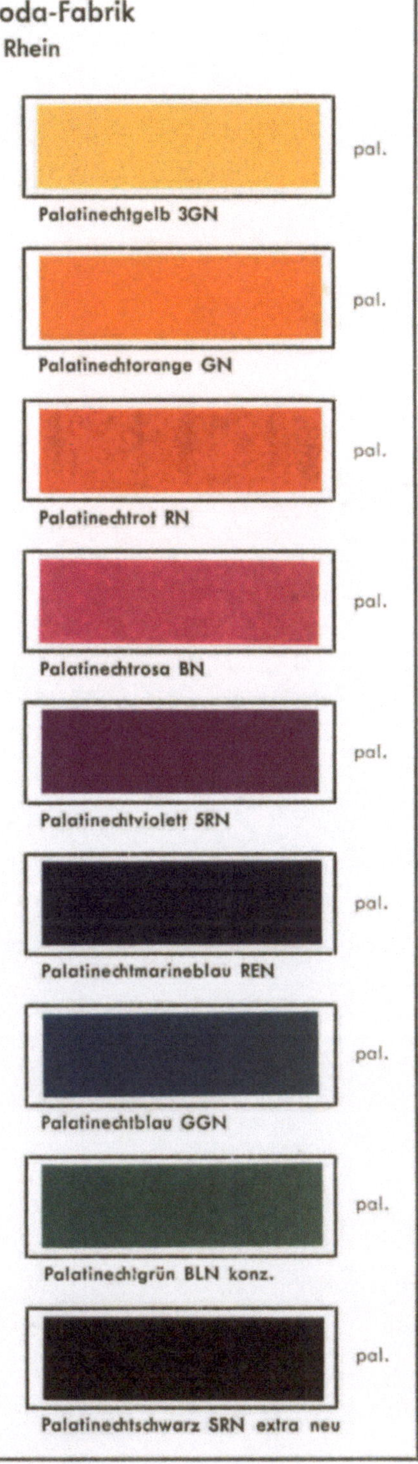

Tafel 5

Farbenfabriken Bayer
Leverkusen
BAYER
bas.
1% Chrysoidin A konz.
bas.
1% Vesuvin BL
bas.
1% Astrarot 3 G konz.
bas.
1% Astraphloxin FF extra
bas.
1% Cerise B / 45415 S
bas.
1% Pulverfuchsin AB
bas.
1% Astrablau 3 R konz.
bas.
1% Astrablau G konz.
bas.
1% Rhodulinblau 5 B extra konz.
bas.
1% Rhodulinblau 6 G konz.
bas.
1% Malachitgrün Krist. 3—4 extra konz. / 25 SE
bas.
1% Diamantgrün BXX Pulver
bas.
1% Diamantgrün GX
bas.
1% Kohlschwarz CH konz.
bas.
1% Kohlschwarz ZX5 konz.
bas.
1% Kohlschwarz D
bas.
1% Kohlschwarz BTX konz.

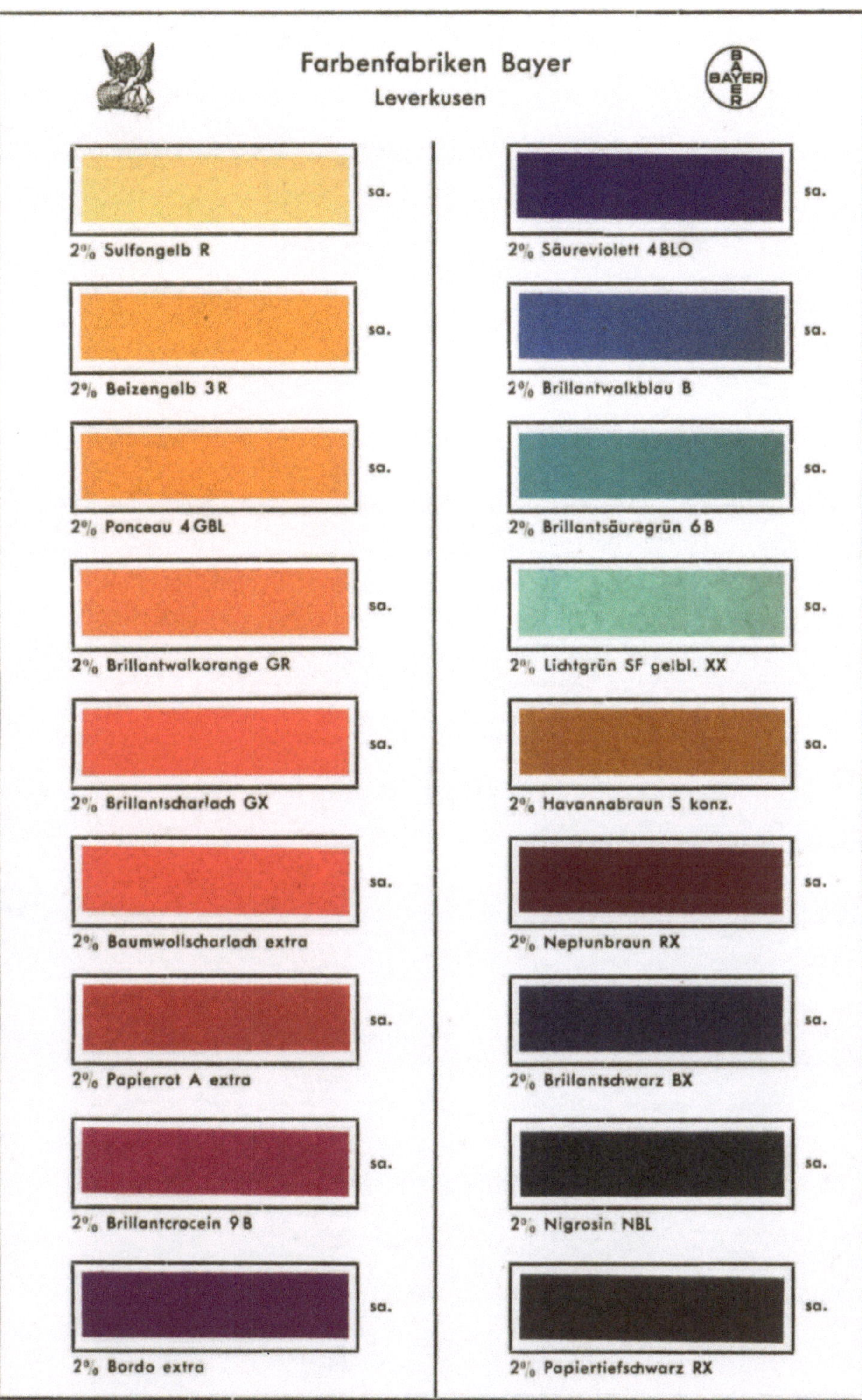
Farbenfabriken Bayer
Leverkusen
BAYER
sa.
2% Sulfongelb R
2% Beizengelb 3R
2% Ponceau 4GBL
2% Brillantwalkorange GR
2% Brillantscharlach GX
2% Baumwollscharlach extra
2% Papierrot A extra
2% Brillantcrocein 9B
2% Bordo extra
2% Säureviolett 4BLO
2% Brillantwalkblau B
2% Brillantsäuregrün 6B
2% Lichtgrün SF gelbl. XX
2% Havannabraun S konz.
2% Neptunbraun RX
2% Brillantschwarz BX
2% Nigrosin NBL
2% Papiertiefschwarz RX

Farbenfabriken Bayer
Leverkusen

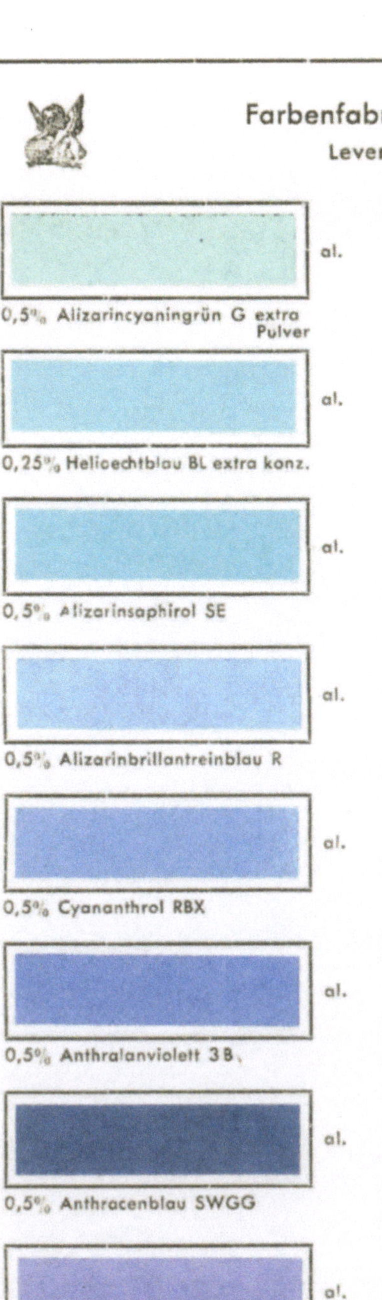

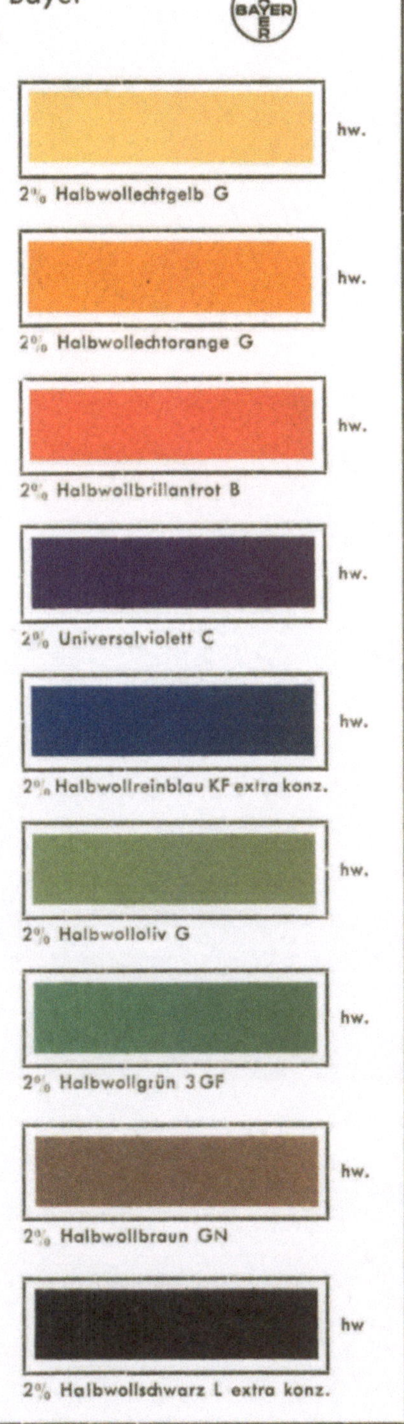

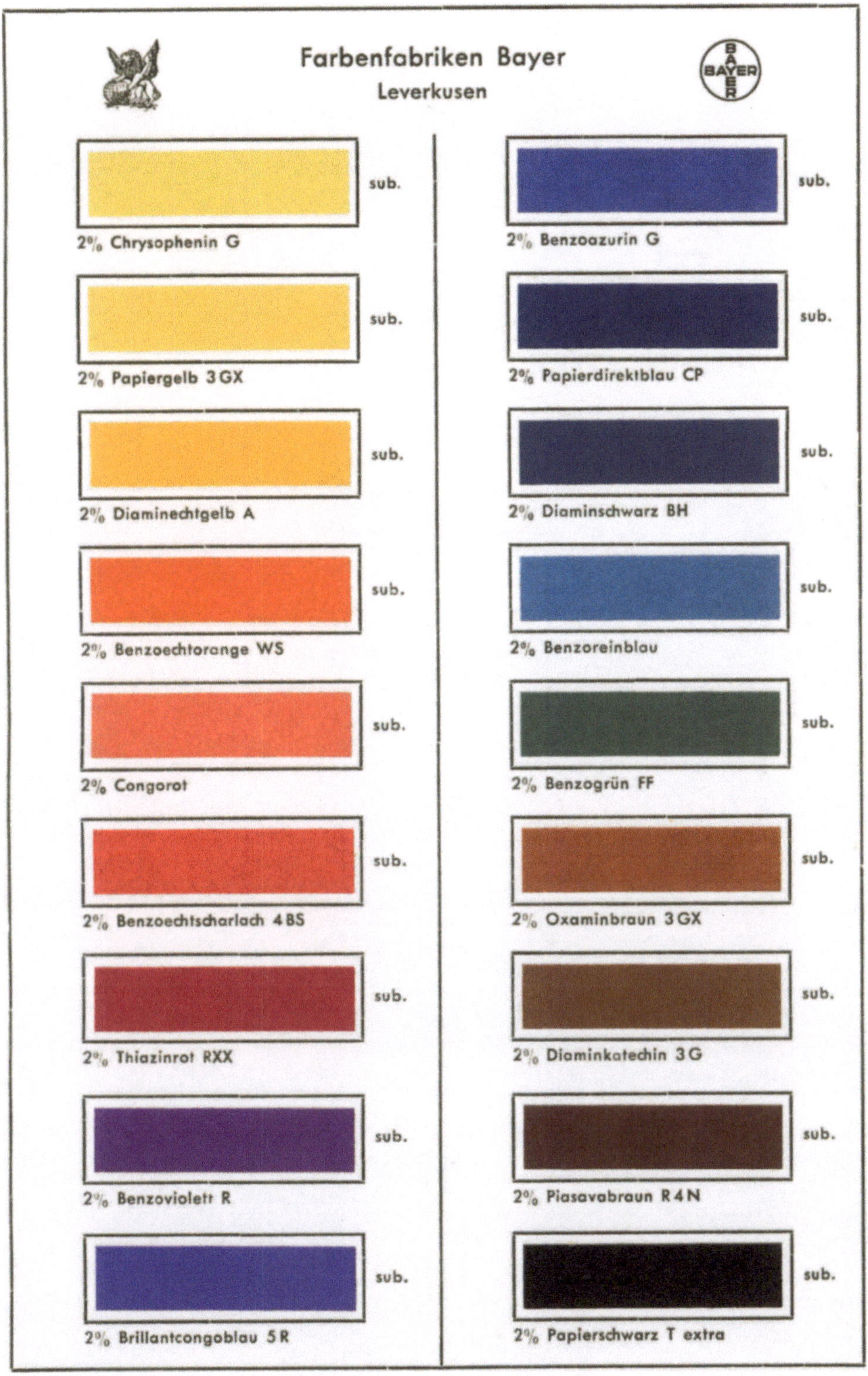

Farbenfabriken Bayer
Leverkusen

BAYER

2% Chrysophenin G — sub.

2% Papiergelb 3 GX — sub.

2% Diaminechtgelb A — sub.

2% Benzoechtorange WS — sub.

2% Congorot — sub.

2% Benzoechtscharlach 4 BS — sub.

2% Thiazinrot RXX — sub.

2% Benzoviolett R — sub.

2% Brillantcongoblau 5 R — sub.

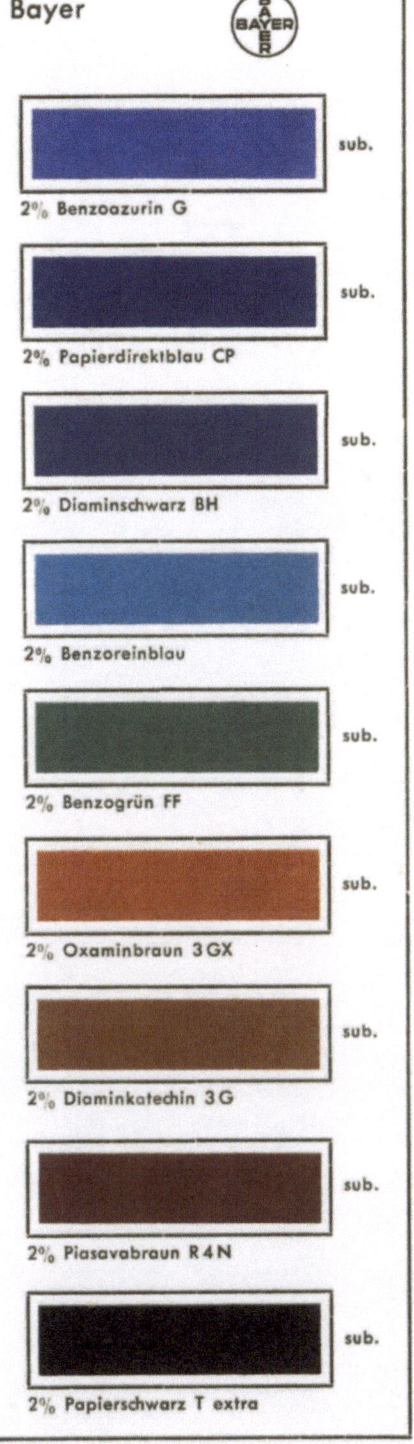

2% Benzoazurin G — sub.

2% Papierdirektblau CP — sub.

2% Diaminschwarz BH — sub.

2% Benzoreinblau — sub.

2% Benzogrün FF — sub.

2% Oxaminbraun 3 GX — sub.

2% Diaminkatechin 3 G — sub.

2% Piasavabraun R 4 N — sub.

2% Papierschwarz T extra — sub.

Farbenfabriken Bayer
Leverkusen

si.

2% Siriuslichtgelb 5G

si.

2% Siriuslichtgelb R

si.

2% Siriuslichtorange 7GL

si.

2% Siriuslichtorange 3R

si.

2% Siriusscharlach B

si.

2% Siriusrot 4B

si.

2% Siriusrosa G

si.

2% Siriuslichtrotviolett RL

si.

2% Siriusviolett BB

si.

2% Siriuslichtblau B

si.

2% Siriusblau 6G

si.

2% Siriusgrün G

si.

2% Siriuslichtbraun 5G

si.

2% Siriuslichtbraun BRS

si.

2% Siriuslichtbraun T

si.

2% Siriusgrau GB

si.

2% Siriuslichtgrau R

si.

2% Siriusschwarz L konz.

Farbenfabriken Bayer
Leverkusen

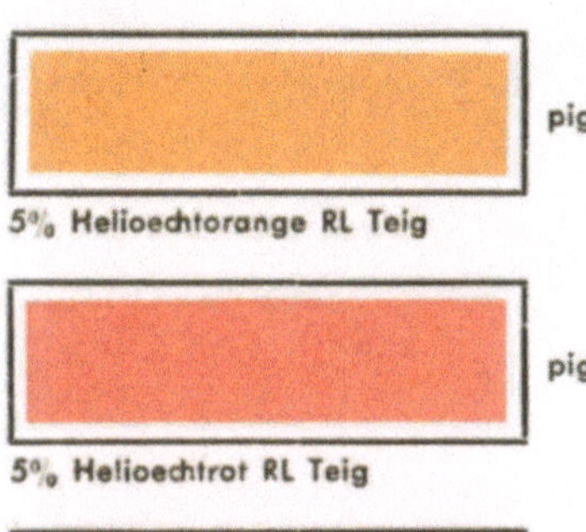

pig.

5% Helioechtorange RL Teig

pig.

5% Helioechtrot RL Teig

pig.

5% Helioechtrot BB Teig

pig.

5% Heliomarin RL Teig

pig.

5% Eisenoxydgelb 420

pig.

5% Eisenoxydrot 140 F

pig.

5% Eisenoxydbraun 660 F

pig.

5% Eisenoxydbraun spezial

pig.

5% Chromoxydhydratgrün Le 70

i.

0,5% Indanthrengelb 5 GK Pulver fein für Färbung

i.

0,5% Indanthrengoldorange 3 G Pulver fein für Färbung

i.

0,5% Indanthrenrot 5 GK Pulver

i.

0,5% Indanthrenbrillantviolett RK Pulver fein für Färbung

i.

0,5% Indanthrenbrillantblau 4 G Pulver fein für Färbung

i.

0,5% Indanthrengrün 4 G Pulver fein für Färbung

i.

0,5% Indanthrenbraun R Pulver fein für Färbung

i.

0,5% Indanthrenrotbraun 5 RF Pulver fein für Färbung

i.

0,5% Indanthrengrau BG Pulver fein für Färbung

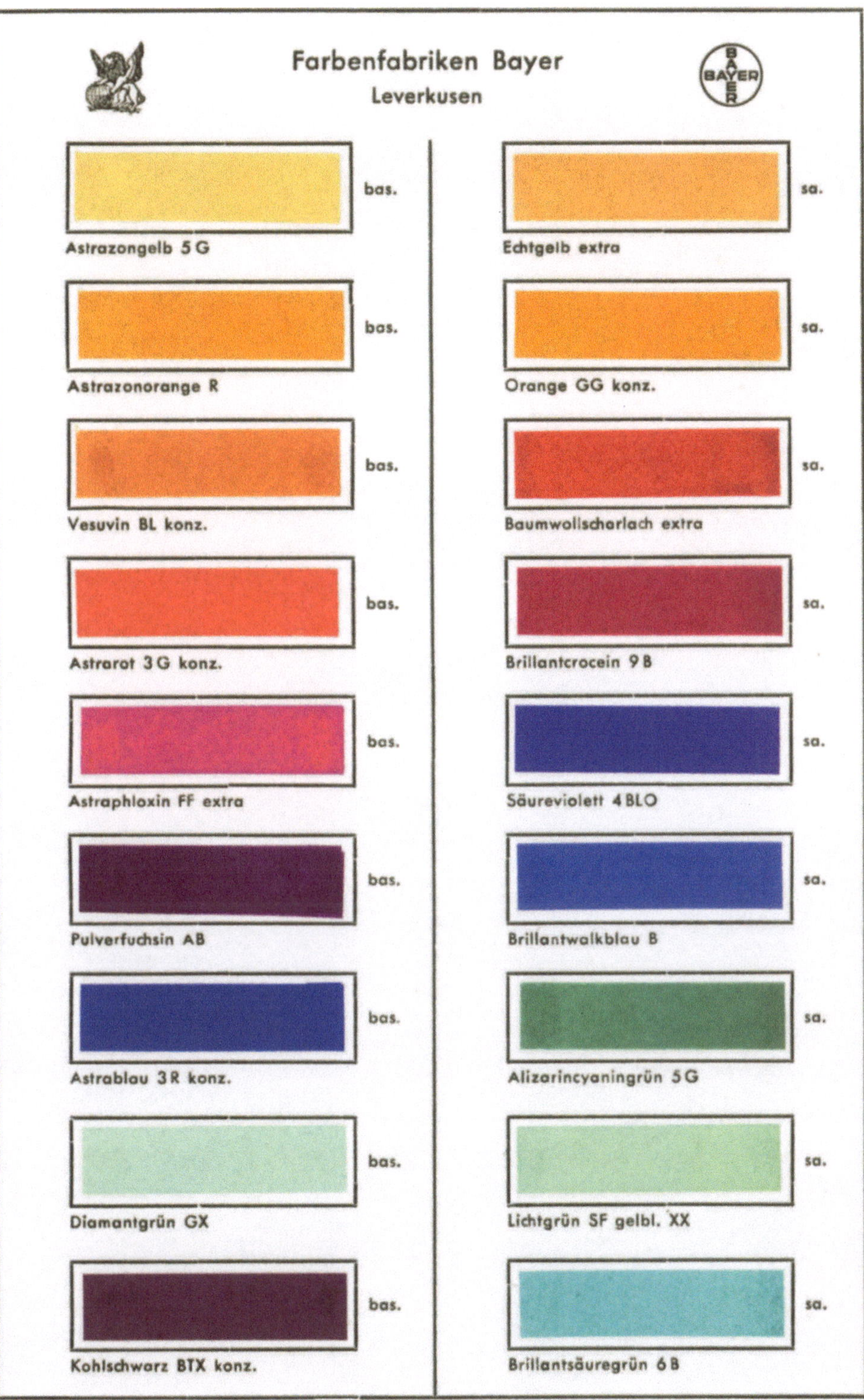
Farbenfabriken Bayer
Leverkusen
BAYER
bas.
Astrazongelb 5 G
bas.
Astrazonorange R
bas.
Vesuvin BL konz.
bas.
Astrarot 3 G konz.
bas.
Astraphloxin FF extra
bas.
Pulverfuchsin AB
bas.
Astrablau 3 R konz.
bas.
Diamantgrün GX
bas.
Kohlschwarz BTX konz.
sa.
Echtgelb extra
sa.
Orange GG konz.
sa.
Baumwollscharlach extra
sa.
Brillantcrocein 9 B
sa.
Säureviolett 4 BLO
sa.
Brillantwalkblau B
sa.
Alizarincyaningrün 5 G
sa.
Lichtgrün SF gelbl. XX
sa.
Brillantsäuregrün 6 B

Farbenfabriken Bayer
Leverkusen

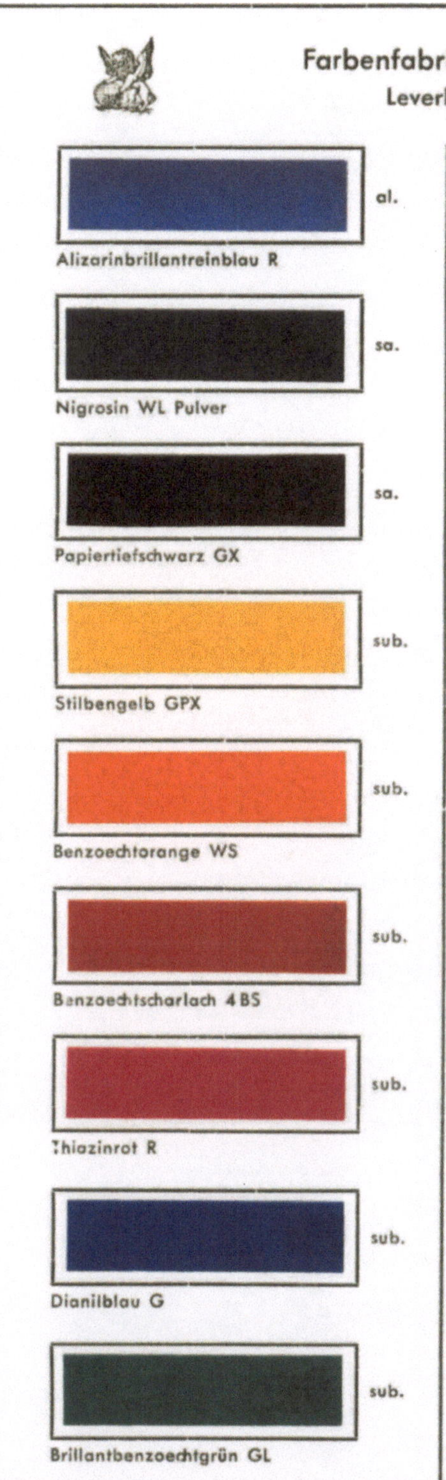

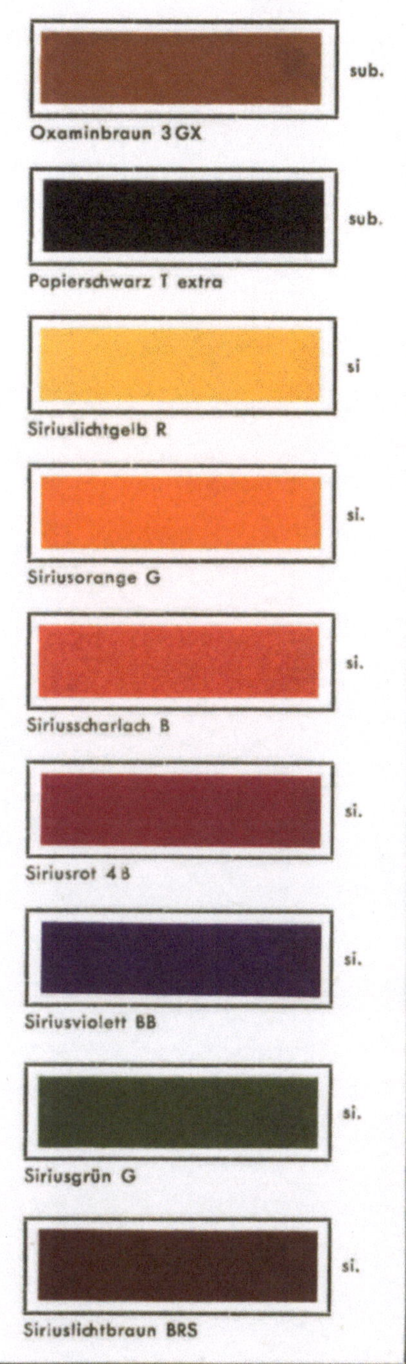

FARBWERKE HOECHST
vormals Meister Lucius & Brüning
Frankfurt (M)-Höchst
MLB
HOECHST
bas.
2% Chrysoidin HG konz.
bas.
2% Vesuvin H3R
bas.
2% Brillantrhodulinrot B
bas.
2% Safranin TH extra konz.
bas.
2% Fuchsin MLB Pulver
bas.
2% Marineblau BNX
bas.
2% Methylenblau BB extra hochkonz.
bas.
2% Basischgrün HB konz.
bas.
2% Kohlschwarz HB konz.
sa.
2% Supramingelb R
sa.
2% Spezialorange H
sa.
2% Papierrot HRR
sa.
2% Wasserblau 1R
sa.
2% Wasserblau TBA
sa.
2% Wasserblau IN
sa.
2% Cyanolechtgrün G extra hochkonz.
sa.
2% Amidoschwarz HTT
sa.
2% Anthralanblau B

FARBWERKE HOECHST
vormals Meister Lucius & Brüning
Frankfurt (M)-Höchst

sub.

2% Dianilgelb 5G hochkonz.

sub.

2% Dianilgelb RR

sub.

2% Dianilorange G

sub.

2% Papierdirektbraun CM

sub.

2% Papierdirektgrün FGL

si.

2% Siriuslichtblau F3GL

si.

2% Siriuslichtblau FF2GL

si.

2% Siriuslichtblau FFRL

sub.

2% Papierdirektschwarz H extra konz.

pig.

10% Hansagelb 10 GT Teig

pig.

10% Hansagelb GT Teig

pig.

10% Litholechtorange RN Teig

pig.

10% Litholechtscharlach RGN dopp. Teig

i.

2% Indanthrengoldgelb RK Plv. fein
für Färbung

i.

2% Indanthrenbrillantorange GR Plv. fein
für Färbung

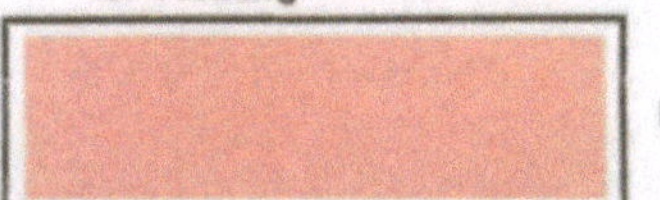

i.

2% Indanthrenscharlach GG Plv. fein
für Färbung

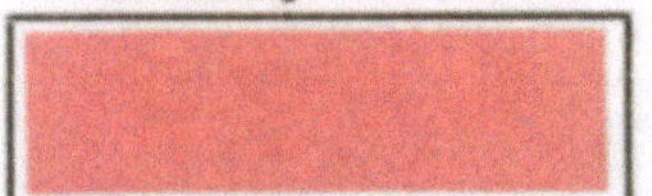

i.

10% Indanthrendruckscharlach GG Teig fein

i.

10% Indanthrendruckviolett RH Teig

Cassella Farbwerke Mainkur
Frankfurt (Main)-Fechenheim

sub.

2% Diaminlichtgelb RR extra

sub.

2% Papiergelb RF

sub.

2% Diaminorange D

sub.

2% Papierbraun HM

sub.

2% Diaminbordo BC

sub.

3% Diaminschwarz BHM konz.

sub.

2% Papiergrün BG

sub.

2% Brillantdianilgrün GP

sub.

3% Papiertiefschwarz C extra konz.

schw.

8% Immedialgelb G extra

schw.

8% Immedialorange FRR extra

schw.

10% Immedialindon RB extra

schw.

6% Immedialdirektblau BX extra hochkonz.

schw.

8% Immedialgrün GG extra

schw.

10% Immedialcarbon LP

i.

1% Indanthrengelb GFP Teig

i.

0,5% Indanthrenbrillantrosa RP Teig

i.

0,5% Indanthrenblau BP Teig